Matthias Stapelfeldt, Martin Granzow, Matthias Kopp (Hrsg.)

Greening Finance

Der Weg in eine nachhaltige Finanzwirtschaft

Logos Verlag Berlin

λογος

Bibliografische Information der Deutschen Nationalbibliothek

Die Deutsche Nationalbibliothek verzeichnet diese Publikation in der
Deutschen Nationalbibliografie; detaillierte bibliografische Daten sind
im Internet über http://dnb.d-nb.de abrufbar.

Gedruckt auf FSC®-zertifiziertem Papier: BIO TOP 3® 90g/m².

© Copyright Logos Verlag Berlin GmbH 2018
Alle Rechte vorbehalten.

ISBN 978-3-8325-4564-2

Logos Verlag Berlin GmbH
Comeniushof, Gubener Str. 47,
10243 Berlin

Tel.: +49 (0)30 / 42 85 10 90
Fax: +49 (0)30 / 42 85 10 92
http://www.logos-verlag.de

Die Herausgeber

„Sustainable Finance und Green Finance rücken als Begriffe zunehmend in den Fokus einer allgemeinen öffentlichen Debatte bezüglich des Beitrags der Finanzwirtschaft zu einer nachhaltigen Entwicklung. Dabei werden die Möglichkeiten und Grenzen von Green Finance in wissenschaftlicher Theorie und praktischer Anwendung oft nur verkürzt diskutiert. Mit diesem Buch möchten wir einen Einblick geben in den derzeitigen Stand der Entwicklung und die Perspektiven, die sich für die Finanzwirtschaft auf dem Wege zu mehr Nachhaltigkeit ergeben."

MATTHIAS STAPELFELDT
(Leiter Nachhaltigkeitsmanagement,
Union Investment Asset Management Holding AG)

„Mit diesem Buch wird deutlich, wie groß das Engagement auf Seiten vieler Akteure ist, einen inhaltlichen Beitrag zur Diskussion um zentrale Aspekte von Green Finance zu leisten. Einen Mehrwert stiftet es vor allem deshalb, weil es oft mündlich geführte Diskussionen strukturiert bzw. konkretisiert und einer breiten Leserschaft zugänglich macht. Gerade hierin besteht eine wichtige Aufgabe, soll Green Finance zu einem Bestandteil des Kerngeschäfts werden."

DR. MARTIN GRANZOW
(Inhaber, Nextra Consulting)

„Die aktuelle Diskrepanz der Ansätze internationaler Finanzakteure und des deutschen Mainstreams ist bemerkenswert, die Distanz zu wirklich nachhaltig wirkendem Investmentverhalten ein großes Problem, denn die Tragfähigkeitsgrenzen des Planeten sind überstrapaziert. Die geringe Sichtbarkeit konkreter Umsetzungsansätze und Entwicklungsbedarfe neben der Nische ist eine weitere Hürde. Die Beiträge hier sollen die Machbarkeit der Integration derartiger Belange verdeutlichen. Die zunehmende europäische Dynamik gibt dem deutschen Markt die Vorlage."

MATTHIAS KOPP
(Head Sustainable Finance, WWF Deutschland)

Vorwort

Der Mensch ist zur treibenden Kraft von Veränderungen im Erdsystem geworden – im ökologischen, sozialen und natürlich ökonomischen Sinne. Die Weltbevölkerung wächst rasant, doch weder unsere Produktionsweisen, noch die Produkte oder unsere Konsummuster berücksichtigen dabei, dass die Tragfähigkeit des Planeten im Auge zu behalten ist. Mit dem Beginn der industriellen Revolution, mit Nutzung fossiler Rohstoffe und der Automatisierung und Mechanisierung hat der Mensch die bestimmende Rolle für die Entwicklung des Erdsystems übernommen, Wissenschaftler sprechen konsequenterweise daher vom Anthropozän.

Beim Klima erleben wir heute bereits tiefgreifende Veränderungen unseres Planeten, die eindeutig auf die Nutzung fossiler Brennstoffe zurückzuführen sind. An diesem Beispiel zeigt sich auch die zweite Seite des Dilemmas sehr deutlich. Systeme lassen sich nur sehr selten mit einfachen Lösungen schnell und unmittelbar wieder „einrenken" und sie besitzen Trägheit und ein „Gedächtnis" – sind also über die Zeit, gewissermaßen mit Vorlauf, zu betrachten. Für die erfolgreichen Anpassungen und Veränderungsstrategien bedeutet dies, dass wir vor grundlegenden und tiefgreifenden Transformationsprozessen in Wirtschaft und Gesellschaft stehen. Veränderungen, die heute begonnen und die langfristig nachverfolgt werden müssen. Veränderungen, aus denen sehr viel Innovation und Wachstum entstehen wird. Veränderungen, die zu großen Teilen auf heute bereits verfügbarer Technologie, Prozesswissen und Erfahrung beruhen, sich jedoch kontinuierlich weiterentwickeln werden. Veränderungen, die sich langfristig umfassend auf nahezu alle Wirtschaftsbereiche auswirken werden. Die erfolgreiche Umsetzung und damit Sicherung der Zukunftsfähigkeit wird unserer Generation, aber vor allem der Generation unserer Kinder ein stabiles Umfeld sichern, und langfristig für Folgegenerationen die Stabilität unserer Lebensgrundlagen erhalten. Diese Erkenntnis ist 2015 in ambitionierten globalen Übereinkommen wie den nachhaltigen Entwicklungszielen der Vereinten Nationen (SDGs) und der Agenda 2030 oder dem Pariser Klimaabkommen in rechtlich verbindlicher Form umgesetzt worden.

Die Rolle des Finanzsystems wird in diesem Sinne in der öffentlichen Debatte in parallelen Wegen geführt – einerseits im Sinne einer umfassenderen *Sustainable Finance*-Diskussion, und andererseits aufgrund der besonderen Bedeutung und Dringlichkeit der Klimafragen mit einem Fokus auf *Climate-* oder *Green Finance*. Aus beiden Perspektiven folgt, dass sich eine umfassende Transformation in Kapitalstöcken und Investitionsentscheidungen abbilden wird.

Gelingen kann eine solch umfassende Transformation jedoch nur, wenn sie durch die Finanzwirtschaft begleitet wird. Kapitalreallokationen in Billionenhöhe werden schon in den nächsten Jahren erforderlich sein, sollen die gesetzten Ziele erreicht werden. Für die Finanzmärkte und ihre Akteure bedeutet dies, dass sie die damit einhergehenden Veränderungsrisiken identifizieren, erfassen, bewerten und managen müssen. Die erforderliche Finanzierung dieser Transformation bedeutet aber auch, dass Leistungen und Produkte der Finanzwirtschaft in einem Umfang entstehen müssen, der *Sustainable Finance* aus einer Nische in das breite Kerngeschäft eines jeden Finanzdienstleisters bringt. Wir stehen vor einem Innovationsschub, der die Geschäftsmodelle vieler Akteure deutlich verändern wird. Erste Schritte auf dem Weg in eine nachhaltige Finanzwirtschaft sind bereits unternommen, doch das Tempo, mit dem der Finanzmarkt *ergrünt*, wird angesichts der Herausforderungen weiter steigen.

Das Herausgeberwerk *Greening Finance* hebt daher in einem Leitbeitrag von ANDREAS DOMBRET hervor, wie das Finanzsystem zum Übergang zu einer emissionsärmeren, nachhaltigen Wirtschaft beitragen kann und welche Rolle die Finanzmarktaufsicht und -regulierung mit Blick auf die genannten Risiken sowie Nachhaltigkeit im Allgemeinen spielen kann.

Die sich anschließenden drei Kapitel des Buches adressieren zudem die notwendigen Rahmenbedingungen für eine nachhaltige Finanzwirtschaft, die Funktionsweise nachhaltiger Kapitalanlagen sowie die heute bereits in der Praxis zur Anwendung kommenden Ansätze zur Umsetzung nachhaltigen Handelns in Finanzinstituten. Die nachfolgende Abbildung 1 stellt die Struktur des Herausgeberwerks noch einmal im Überblick dar.

Leitbeitrag:	Greening Finance – Die Rolle der Finanzwirtschaft im Übergang zu mehr Nachhaltigkeit
Erster Teil:	Rahmenbedingungen für eine nachhaltige Finanzwirtschaft
Zweiter Teil:	Funktionsweise nachhaltiger Kapitalanlagen
Dritter Teil:	Greening Finance in der praktischen Umsetzung

Abbildung 1: Struktur des Herausgeberwerks

Dieses Buch erscheint zu einer Zeit, in der die öffentliche Debatte, politische Initiativen, aber auch neue wissenschaftliche Erkenntnisse über nachhaltige Finanzmärkte sich in einer Geschwindigkeit fortentwickeln, die wir uns bis vor kurzem nicht haben vorstellen können. Initiativen auf europäischer Ebene, wie der kürzlich veröffentlichte Sustainable Finance Aktionsplan der Europäischen Kommission, aber auch auf nationaler Ebene werden in den nächsten Monaten und Jahren die Themenbereiche, die zu der beabsichtigten Risikominimierung für die Finanzmärkte und der politisch gewünschten Steuerungswirkung von Kapital führen sollen, weiterentwickeln und zu neuen Standards führen. Ob die angestoßenen Initiativen dann auch die gewünschte Wirkung erzielen, wird letztlich vom Zusammenwirken der verschiedenen Stakeholdergruppen und von der Stringenz und Geschwindigkeit der Umsetzung in der Finanzwirtschaft, aber auch in der Politik abhängen. Wir befinden uns in einem Wettlauf mit der Zeit und dürfen nicht darauf hoffen, dass der Klimawandel für uns eine Pause einlegt. Schnelles Handeln und eine umfassende Implementierung sinnvoller finanzpolitischer Maßnahmen auf europäischer und nationaler Ebene sind zwingend erforderlich.

Dieses Herausgeberwerk wurde mit dem Bestreben erstellt, die Materie und Vielfalt des Themenkomplexes einer breiteren Leserschaft nahezubringen, und so neue Mitstreiter für das „*Greening der Finanzwirtschaft*" zu gewinnen.

Wir bedanken uns bei allen Autorinnen und Autoren für die investierte Zeit und die wertvollen Beiträge. Wir wünschen allen Lesern eine spannende und erkenntnisreiche Lektüre.

Mai 2018
Die Herausgeber

Matthias Stapelfeldt   Dr. Martin Granzow   Matthias Kopp

Teil 1: Rahmenbedingungen für eine nachhaltige Finanzwirtschaft

MATTHIAS KOPP widmet sich in seinem Beitrag dem Konzept der Planetaren Grenzen, das die Erde als ein komplexes System versteht, das durch anthropogene Einflüsse permanent verändert wird. Planetare Grenzen beschreiben für verschiedene Themenfelder – darunter Klimawandel, Biodiversität, Luftverschmutzung etc. – den Grenzbereich, bei dem das Gesamtsystem Erde instabil zu werden droht. Ausgehend von diesen gegebenen natürlichen Limits, leitet *MATTHIAS KOPP* die Notwendigkeit eines breiten und tiefgreifenden Wandels der Wirtschaft ab und geht dabei insbesondere auf die Rolle der Finanzwirtschaft bei der Unterstützung dieses Veränderungsprozesses ein.

Gerade im Umgang mit öffentlichen Gütern wie dem Klimaschutz, bei denen ressourcenschonende Akteure oftmals keine Vorteile oder gar Nachteile gegenüber ressourcenverschwendenden Akteuren haben, kommt der Politik eine immense Verantwortung zu. *ANNA MÜLLER-DEBUS* und *CHRIS BARRETT* reflektieren daher in ihrem Beitrag zunächst die politischen Entwicklungen auf internationaler wie nationaler Ebene und bestimmen auf dieser Basis Anforderungen für die Ausgestaltung der weiteren politischen Agenda.

Als ein Element der politischen Agenda greift *KARSTEN LÖFFLER* die Bedeutung der Finanzmarktregulierung auf. Er geht insbesondere auf die Notwendigkeit eines systematischen Einbeziehens von klimabezogenen Risiken in Investitionsentscheidungen, auf die Bedeutung der Schaffung von Transparenz über Klimarisiken und Klimaperformance sowie auf die Rolle von Anreizsystemen zur Umlenkung von Investitionen ein. Darüber hinaus zeigt er drei Szenarien für das Jahr 2030 auf, die verdeutlichen, welch große Wirkung die erfolgreiche Umsetzung einer zielgerichteten Finanzmarktregulierung auf die Erreichung der politischen Zielsetzungen haben kann.

Die formulierten politischen Zielsetzungen aufgreifend leiten *ALEKSANDRA NOVIKOVA, INGMAR JUERGENS, KATERYNA STELMAKH, FELIX PETERKA* und *JULIE EMMRICH* in ihrem Beitrag den Investitionsbedarf ab, der sich aus der Umsetzung der Transition hin zu einer verbesserten Nachhaltigkeitsperformance ergibt. Sie gehen dabei sowohl auf den aktuellen Status als auch auf Investitionstrends als zwei Elemente einer Standortbestimmung ein.

Eine Schlüsselfunktion für die Erreichung der angestrebten Kapitalreallokationsziele kommt den Zentralbanken zu. Sie sind einerseits in ihrer Rolle als Regulierungs- und Aufsichtsbehörden dafür verantwortlich, dass Finanzinstitute möglicherweise die Finanzmarktstabilität bedrohende Klima- und Transitionsrisiken in das Risikomanagement integrieren. Darüber hinaus treten sie aber auch als Finanzierer und Investor am Markt auf. *ALEXANDER BARKAWI* beleuchtet daher in seinem Beitrag das bisherige Handeln verschiedener Zentralbanken und leitet zahlreiche Handlungsempfehlungen für diese für eine erfolgreiche Transition bedeutende Akteursgruppe ab.

RALF FRANK und *HENRIK PONTZEN* diskutieren in ihrem Beitrag die Rolle, die Nachhaltigkeit beim Handeln von Investment Professionals einnehmen sollte. Hierzu definieren sie zunächst die Charakteristika professionellen Handelns und setzen diese anschließend zu verschiedenen Nachhaltigkeitsaspekten in Beziehung. Auch eine Bewertung der bei der Ausbildung von Investment Professionals zum Einsatz kommenden Literatur nehmen sie vor und illustrieren damit, welche Schritte notwendig sind, um bereits in der Ausbildung sicherzustellen, dass Nachhaltigkeit in die Denkmuster der Akteure frühzeitig und systematisch Einzug hält.

Teil 2: Funktionsweise nachhaltiger Kapitalanlagen

Der Begriff *Sustainable Finance* wurde im letzten Jahr sehr oft verwendet, um zu beschreiben, auf welches Zielbild sich die Finanzwirtschaft ausrichten muss, um dem Anspruch einer nachhaltig ausgerichteten europäischen Wirtschaft gerecht zu werden und diese zu finanzieren. Hierbei wird oft auf nachhaltige Kapitalanlagen Bezug genommen, ohne dass ein geteiltes Verständnis zu Begrifflichkeiten vorliegt. *MATTHIAS STAPELFELDT* löst dieses Defizit in seinem Beitrag auf, indem er die Hintergründe nachhaltiger Kapitalanlagen beleuchtet und eine Abgrenzung verantwortlichen und nachhaltigen Investierens vornimmt. Er zeigt des Weiteren auf, welche Dynamik der Markt in den vergangenen Jahren entwickelt hat und welche Perspektiven der Bereich nachhaltiger Kapitalanlage bietet.

In seinem Beitrag greift auch *HELGE WULSDORF* die Problematik einer fehlenden allgemeingültigen Definition von Nachhaltigkeit nochmals auf und arbeitet heraus, unter welchen Umständen Nachhaltigkeit als visionäres Leitbild für eine zukunftsgerechte Gesellschaftsgestaltung dienen kann. Er geht dabei auf die Sustainable Development Goals als Legitimationsrahmen für ethisches und nachhaltiges Handeln ein und setzt diese in Bezug zu den ESG-Kriterien als Kernbestandteil nachhaltigen Investierens. *HELGE WULSDORF* beschreibt zudem ausführlich die Bausteine und Umsetzungsstrategien im Bereich nachhaltiger Kapitalanlagen und reflektiert die mit ihnen verbundenen unterschiedlichen Wirkungseffekte.

Mit der Wirkung eines nachhaltigen Kapitalmarktes befassen sich auch *SABINE PEX* und *DIETER NIEWIERRA*. Sie analysieren dabei den Einfluss, den Anforderungen des nachhaltigen Kapitalmarktes auf das Nachhaltigkeitsmanagement der Unternehmen haben. Anhand einer umfassenden empirischen Analyse legen sie u. a. die Motive offen, die Unternehmen zu Nachhaltigkeitsaktivitäten sowie zur Integration von Nachhaltigkeit in die Unternehmensstrategie veranlassen. In einem gesonderten Kapitel beleuchten die Autoren zudem die Sustainable Development Goals und die Rolle, die ihnen Unternehmen in ihrem Nachhaltigkeitsmanagement derzeit zuweisen.

Ein ergänzendes Bild zur Wirkung nachhaltiger Kapitalanlagen zeichnen *TIMO BUSCH, ALEXANDER BASSEN* und *GUNNAR FRIEDE*. Sie widmen sich im ersten Teil ihres Beitrags der Auflösung des nach wie vor hartnäckig bestehenden Vorurteils einer schlechteren Finanzperformance nachhaltiger Kapitalanlagen und stellen hierzu die Ergebnisse einer umfassenden Metastudie vor. Im zweiten Teil des Beitrags gehen sie dann auf die direkten und indirekten Wirkungen nachhaltiger Kapitalanlagen in Abhängigkeit von der zur Anwendung kommenden Investitionsstrategie ein.

Die nach Umsatzwachstum wohl erfolgreichste Form der nachhaltigen Kapitalanlage stellen Green Bonds dar. In der Vergangenheit wurde vor allem der Zusatznutzen häufig infrage gestellt, den Green Bonds gegenüber herkömmlichen Anleihen entfalten. Dies nehmen *TOBIAS BAUCKLOH, CHRISTIAN KLEIN* und *ANTJE SCHNEEWEIß* zum Anlass, um zunächst die Nachhaltigkeitsperformance von Green-Bond-Emittenten und eines Green Bond Fonds quantitativ zu überprüfen und anschließend das Konzept der Additionalität zu hinterfragen. Sie enden mit einem Alternativvorschlag, um die positiven Wirkungen von Green Bonds besser beschreiben zu können.

Mit seinem Beitrag zur Klima-Aktienindizes adressiert ROLF D. HÄßLER kein minderbedeutendes Thema. So sind Aktenindizes ein wichtiger Indikator für die Entwicklung der globalen Wirtschaft sowie der Entwicklung von Ländern oder Branchen. Sie dienen als Benchmark, an der sich der Anlageerfolg von Vermögensverwaltern messen lässt und sie sind die Basis zahlreicher Anlageprodukte wie ETFs. ROLF HÄßLER gibt daher in seinem Beitrag zunächst einen Überblick über die verschiedenen Ansätze der am Markt verfügbaren Klimaindizes, bevor er stärker auf die verschiedenen Konstruktionsweisen eingeht. Schließlich widmet er sich der Gretchenfrage und beleuchtet den Einfluss der Klimakriterien auf die finanzielle Performance.

Teil 3: Greening Finance in der praktischen Umsetzung

Asset Manager haben die zentrale Pflicht, bei der treuhänderischen Verwaltung von Vermögen im ausschließlichen Interesse der Anleger zu handeln. In Bezug zu diesen treuhänderischen Pflichten kommt immer wieder auch die Forderung nach der Integration von Nachhaltigkeitsaspekten auf. JULIA BACKMANN betrachtet daher umfassend rechtliche Rahmenbedingungen, bestehende Selbstverpflichtungen der Fondsbranche, stellt politische Initiativen vor, die sich derzeit der Klärung des Treuhänderprinzips widmen und bewertet abschließend, inwieweit eine Anpassung bestehender Rechtstexte für die Einbeziehung von Nachhaltigkeitsaspekten in das Treuhandprinzip notwendig erscheint.

Aus Praxissicht stellt INGO SPEICH anschließend den Engagement-Ansatz der Union Investment als Element zur Sicherstellung eines erfolgreichen treuhänderischen Handelns vor. Anhand zweier Beispiele für erfolgreiches Engagement beschreibt er den umfassenden Engagement-Ansatz und geht auch auf die Wirkung regulatorischer Triebfedern wie die CSR-Richtlinie oder die EU-Aktionärsrechterichtlinie ein.

Dass Nachhaltigkeit nicht nur unter ethischen Gesichtspunkten in Investmententscheidungen einbezogen werden sollte sondern auch aus einer Risikoperspektive heraus, untermauert der Beitrag von FLORIAN SOMMER. Er geht zunächst auf verschiedene Risikofaktoren ein, die in der Vergangenheit bereits zu starken Kursschwankungen führten und damit in das Aufgabenfeld eines Portfoliomanagers einzubeziehen sind. Darüber hinaus stellt er den von der Union Investment verfolgten Ansatz zur Integration von ESG-Faktoren in die Unternehmens- und Geschäftsmodellanalyse sowie bei der Analyse von Staatsanleihen vor.

Ein wesentliches Element des Risikomanagements ist die Arbeit mit unterschiedlichen Zukunftsszenarien. Im Kontext des Klimawandels können sie einerseits dazu genutzt werden, Abschätzungen über eine wahrscheinliche Entwicklung des globalen Klimas zu treffen. Andererseits können sie aber auch dazu dienen, Dekarbonisierungspfade zu zeichnen, die erforderlich wären, um ein bestimmtes Klimaziel – z. B. das 2°C-Ziel – zu erreichen. JAKOB THOMÄ und NIKOLAUS HAGEDORN nehmen daher in ihrem Beitrag eine Verortung dieses wichtigen Instruments vor, zeigen auf, welche Daten zur Nutzung von Szenarioanalysen erforderlich sind und beschreiben die mit ihr verbundenen Anwendungspotenziale.

Die Anwendungspotenziale in Finanzinstituten werden im Beitrag von NICOLE RÖTTMER im Detail beleuchtet. Sie leitet zunächst die Relevanz der Anwendung von Szenarien in der Finanzwirtschaft her und führt dann aus, welche Ergebnisse aus der Szenarioanalyse für spezifische Anwendergruppen gewonnen werden können. Darüber hinaus gibt sie einen Überblick über die Schritte, die zur Bottom-up-Modellierung von Klimarisiken erforderlich sind.

Die Analyse der Auswirkungen eines 2°C-Szenarios auf die eigenen Geschäftsaktivitäten ist die Basis, um Chancen und Risiken zu identifizieren und einen Fahrplan für die Zukunft zu entwickeln. JAN VON MALLINCKRODT und CAROLIN KÖLLNER beschreiben daher in ihrem Beitrag, wie dies im Immobiliensektor gelingen kann und welche Ansätze die Union Investment Real Estate heute bereits zur Erreichung eines 2°C-kompatiblen Handelns verfolgt.

Einen Einblick in den Umgang mit Nachhaltigkeitskriterien gibt auch der Beitrag von CHRISTOPH OTT und RÜDIGER SENFT. Sie stellen zunächst allgemein dar, welche Rolle den Banken bei der Erreichung von Nachhaltigkeitszielen zukommt und gehen anschließend am Beispiel der Commerzbank AG konkret darauf ein, wie Nachhaltigkeitsrisiken im Kreditvergabeprozess Berücksichtigung finden. Zudem geben die Autoren einen Überblick über verschiedene zur Verfügung stehende nachhaltige Kreditprodukte.

Auch der Beitrag von MARTIN GRANZOW und FABIENNE NAASZ stellt den Bankensektor in den Mittelpunkt der Betrachtungen. Er fokussiert sich jedoch auf das Privatkundengeschäft und beleuchtet anhand eines Feldversuchs den Status Quo des Vertriebs von nachhaltigen Kapitalanlagen in Bankfilialen. MARTIN GRANZOW und FABIENNE NAASZ gehen dabei zunächst auf die besonderen Herausforderungen des Vertriebs ein und stellen anschließend die Ergebnisse einer Customer-Journey-Analyse vor. Abschließend leiten sie Implikationen für Marketing und Vertrieb ab, die eine Steigerung des Absatzes nachhaltiger Kapitalanlagen versprechen.

Inhaltsverzeichnis

Greening Finance – Leitbeitrag   1

Greening Finance   3
Die Rolle der Finanzwirtschaft im Übergang zu mehr Nachhaltigkeit
Andreas Dombret
(Deutsche Bundesbank)

Teil 1:   Rahmenbedingungen für eine   17
              nachhaltige Finanzwirtschaft

Planetare Grenzen – ein Handlungsrahmen für ein nachhaltiges Finanzsystem   19
Matthias Kopp
(WWF Deutschland)

Politische Ambition: Eine europäische Finanzwende   31
Anna Müller-Debus und *Chris Barrett*
(European Climate Foundation)

Finanzmarktregulierung 2030 – ein gutes Klima für Greening Finance?   45
Karsten Löffler
(Frankfurt School – UNEP Collaborating Centre for Climate & Sustainable Energy Finance und *Green Finance Cluster Frankfurt e.V.)*

Klimafinanzierung in Deutschland – Investitionen in die Transformation   59
Aleksandra Novikova, *Ingmar Juergens*, *Kateryna Stelmakh*, *Felix Peterka* und *Julie Emmrich*
(IKEM und *DIW)*

Zentralbanken und Klimarisiken ... 81
ALEXANDER BARKAWI
(Council on Economic Policies)

Nachhaltigkeit als modernes Selbstverständnis von Investment Professionals ... 93
RALF FRANK und HENRIK PONTZEN
(DVFA Berufsverband der Investment Professionals e.V. und HSBC)

Teil 2: Funktionsweise nachhaltiger Kapitalanlagen ... 113

Nachhaltige Kapitalanlagen:
Bestimmung eines vermeintlich bekannten Marktes ... 115
MATTHIAS STAPELFELDT
(Union Investment)

Nachhaltige Geldanlagen:
Ethisches Verständnis – Systematik – Wirkung ... 135
HELGE WULSDORF
(Bank für Kirche und Caritas eG)

Der Einfluss nachhaltiger Kapitalanlagen auf die Unternehmen –
eine empirische Analyse ... 153
SABINE PEX und DIETER NIEWIERRA
(ISS-oekom)

Performance und Wirkung nachhaltiger Kapitalanlagen ... 171
TIMO BUSCH, ALEXANDER BASSEN und GUNNAR FRIEDE
(Universität Hamburg)

Green Bonds: Emittenten und Additionalität auf dem Prüfstand ... 187
TOBIAS BAUCKLOH, CHRISTIAN KLEIN und ANTJE SCHNEEWEIß
(Universität Kassel und Südwind)

Klima-Aktienindizes als Beitrag zur klimaverträglichen Kapitalanlage 203
ROLF D. HÄßLER
(NKI – Institut für nachhaltige Kapitalanlagen)

Teil 3: Greening Finance in der praktischen Umsetzung **217**

Treuhänderische Pflicht von Fondsgesellschaften 219
JULIA BACKMANN
(BVI)

Engagement und Corporate Governance – wirkungsvoll für
ein erfolgreiches treuhänderisches Investment 231
INGO SPEICH
(Union Investment)

Potenziale der ESG-Integration für ein verbessertes Risikomanagement 243
FLORIAN SOMMER
(Union Investment)

2°C-Szenarioanalyse für Firmen – Verortung und Anwendungspotenziale 255
JAKOB THOMÄ und NIKOLAUS HAGEDORN
(Conservatoire National des Arts et Métiers und 2° Investing Initiative)

Szenarioanalysen und TCFD – ein Beitrag zum Risikomanagement
und zur Finanzierungs- bzw. Investitionsstrategie? 269
NICOLE RÖTTMER
(The CO-Firm)

Umsetzung einer 2-Grad-Strategie im Immobiliensektor 283
JAN VON MALLINCKRODT und CAROLIN KÖLLNER
(Union Investment Real Estate GmbH)

Nachhaltigkeitskriterien in der Kreditvergabepraxis
von Banken am Beispiel der Commerzbank AG 297
Christoph Ott und *Rüdiger Senft*
(Commerzbank AG)

Vertrieb nachhaltiger Kapitalanlagen im Privatkundengeschäft 313
Martin Granzow und *Fabienne Naasz*
(Nextra Consulting)

Autorenverzeichnis 331

**Greening Finance
Leitbeitrag:**

Greening Finance

Die Rolle der Finanzwirtschaft im Übergang zu mehr Nachhaltigkeit

Andreas Dombret

Deutsche Bundesbank

1	Der „grüne Wandel"	5
2	Eine globale und generationenübergreifende Herausforderung	5
3	Die Dimensionen klimabezogener Risiken	7
4	Eine erste Annäherung an Transitionsrisiken für das deutsche Bankensystem	9
5	Wie Banken mit den Risiken umgehen können	11
6	Wie Banken vom Wandel profitieren können	12
7	Die Rolle der Aufsicht	13
8	Ausblick	14
Quellenverzeichnis		16

1 Der „grüne Wandel"

Der Klimawandel und der Übergang zu einem emissionsärmeren Wirtschaften stellen unsere Gesellschaft und Wirtschaft vor große Herausforderungen. Der *grüne Wandel* hat das Potenzial, neben technischem Fortschritt, Digitalisierung und künstlicher Intelligenz einer der großen disruptiven Treiber des 21. Jahrhunderts zu werden.

Es ist eine Kernkompetenz langfristig erfolgreicher Unternehmen, Wandel und Fortschritt mitzugestalten. In einer sich stetig verändernden Welt müssen sie sich immer wieder neu positionieren – neue Geschäftsfelder erschließen, alte Geschäftsfelder aufgeben, und ihre Produkte kontinuierlich weiterentwickeln. Auch das Finanzsystem muss sich dem Wandel stellen. Nicht nur hinsichtlich seiner eigenen Dienstleistungen und Technologien, sondern auch in seiner Rolle als Kreditgeber, der die Zukunftsfähigkeit und damit Kreditwürdigkeit seiner Kunden möglichst akkurat einschätzen muss.

Angesichts des Klimawandels und seiner Folgen sind diese Fähigkeiten heute mehr gefragt denn je. Im Rahmen des Pariser Übereinkommens zum Klimaschutz hat sich weltweit der Großteil aller Länder verpflichtet, Emissionen deutlich zu reduzieren, um die Erderwärmung zu begrenzen. Eine Vielzahl von Branchen steht daher unter großem Anpassungsdruck.

Aus dem Klimawandel und dem Übergang zu einer emissionsärmeren Wirtschaft entstehen jedoch nicht nur Risiken für Unternehmen und Finanzinstitute, sondern auch Chancen. Neue Geschäftsfelder können erschlossen und neue Produkte entwickelt werden. Umfangreiche Investitionen werden notwendig sein, um den Wandel zu finanzieren und damit zu ermöglichen. Wie können Finanzinstitute auf die Risiken und Chancen reagieren? Welche Rolle kann und sollte das Finanzsystem bei der Erreichung der Klimaziele spielen? Welche Möglichkeiten der Einflussnahme bestehen aus politischer oder regulatorischer Perspektive, in welchem Umfang sollten sie genutzt werden und wie erfolgversprechend sind sie?

Dieser Leitbeitrag wird zunächst die grundlegenden Koordinationsprobleme behandeln, die die Erreichung des Ziels einer gemeinsamen, verbindlichen Klimapolitik erschweren. Es folgt eine Diskussion der Risiken, mit denen sich Finanzinstitute im Zuge des Klimawandels konfrontiert sehen, sowie der Frage, wie sie auf diese Risiken reagieren sollten. Hierbei wird insbesondere der deutsche Banken- und Sparkassensektor beleuchtet. Darauf aufbauend wird diskutiert, wie das Finanzsystem zum Übergang zu einer emissionsärmeren, nachhaltigen Wirtschaft beitragen kann und welche Rolle die Finanzmarktaufsicht und -regulierung mit Blick auf die genannten Risiken sowie Nachhaltigkeit allgemeiner spielen kann. Der Beitrag schließt mit einem Ausblick.

2 Eine globale und generationenübergreifende Herausforderung

Die hohen CO_2-Emissionen und der voranschreitende Klimawandel stellen die internationale Gemeinschaft vor große Herausforderungen. Zwar herrscht weltweit ein breiter Konsens darüber, dass eine Reduktion der Emissionen sowie verstärkte Bemühungen im Bereich Klimaschutz notwendig sind, jedoch verläuft die Umsetzung dieser Ziele schleppend.

Ein wesentlicher Grund hierfür liegt darin, dass unser aktuelles Wirtschaften und unser Lebensstil der Natur und dem Klima zwar nachhaltig schaden, wir als Verursacher selbst aber die Folgen unseres Handelns nur in geringerem Umfang direkt tragen müssen.

Das Klima ist damit ein typisches *common good*, ein öffentliches Gut, das dem in der Literatur ausführlich beschriebenen Problem der *tragedy of the commons* [1] unterliegt: Charakteristisch ist dabei, dass die Nutzung – und damit auch die Übernutzung und Beeinträchtigung – eines Gutes nicht mit persönlichen Kosten verbunden ist, sondern Kosten von anderen bzw. der Gemeinschaft getragen werden. Die volkswirtschaftliche Theorie hat für derartige Konstellationen, bei denen wirtschaftliche Entscheidungen Auswirkungen auf Dritte als Leidtragende oder theoretisch auch als Profiteure haben, einen weiteren Begriff etabliert: negative bzw. positive Externalitäten oder externe Effekte.[2]

Die ökonomische Theorie besagt, dass in einer derartigen Lage die Maximierung des gesellschaftlichen Gesamtnutzens ohne Ausgleichsmechanismen nicht erreicht wird, da die Entscheidungsträger die Kosten bzw. den Nutzen, den sie selbst nicht tragen, nicht in ihre Kalkulation und Entscheidung einbeziehen.

In der Beschreibung des Problems deutet sich bereits eine von der volkswirtschaftlichen Theorie vorgeschlagene Lösung an: Die Internalisierung der externen Effekte. Dabei werden durch die Einführung von Steuern, Subventionen oder Ausgleichszahlungen zwischen den Parteien die Konsequenzen des eigenen Handels auch für die jeweiligen Entscheidungsträger spürbar und fließen damit in deren Entscheidung ein.

Im Falle des Klimawandels kommt nun jedoch erschwerend hinzu, dass die negativen externen Effekte a) eine globale Dimension haben und b) mit signifikanter zeitlicher Verzögerung zum Tragen kommen. Anstelle des konkreten Verursachers tragen nicht nur die Gemeinschaft, sondern insbesondere die künftigen Generationen den Großteil der Folgekosten. Der Gouverneur der *BANK OF ENGLAND*, Mark Carney, hat in Anlehnung an den zuvor beschriebenen Ausdruck *tragedy of the commons* den Begriff *tragedy of the horizon* geprägt, in dem diese zusätzliche zeitliche Dimension zum Ausdruck kommt.[3]

Angesichts der beschriebenen Schwierigkeiten ist es ein großer Durchbruch, dass sich fast alle Länder weltweit im Zuge der UN-Klimakonferenz in Paris im Dezember 2015 darauf geeinigt haben, die Erderwärmung auf deutlich unter 2° Celsius gegenüber dem vorindustriellen Wert zu begrenzen und Anstrengungen für eine noch weitergehende Begrenzung zu unternehmen.

Damit ist es erstmals gelungen, konkrete Obergrenzen der Erderwärmung in einem völkerrechtlich bindenden Vertrag zu vereinbaren. Staaten verpflichten sich, eigene Klimaziele zu formulieren und diese alle fünf Jahre mit neuen, noch ehrgeizigeren Zielen fortzuschreiben. Diese nationalen Beiträge (nationally determined contributions) werden regelmäßig auf globaler Ebene begutachtet, um erzielte Fortschritte zu bewerten und zwischenstaatliche Transparenz herzustellen. Der erste sogenannte *Überprüfungsdialog* findet im Jahr 2018 statt.

Neben der Reduktion der CO_2-Emissionen enthält das Pariser Klimaabkommen auch weitere Ziele, darunter a) die Klimaresistenz der Volkswirtschaften zu erhöhen sowie b) die Vereinbarkeit zwischen den globalen Finanzströmen und den beschlossenen Klimazielen sicherzustellen. Klimaresistenz – also die Fähigkeit, mit veränderten klimatischen Bedingungen sowie der Zunahme von extremen Wetterereignissen umgehen zu können – wird in den kommenden Jahrzehnten eine wichtige Rolle spielen. Sie entscheidet darüber, wie stark klimatische Veränderungen Wirtschaft und Gesellschaft beeinflussen.

Die klimatische Anpassungsfähigkeit und die Widerstandskraft von Ländern und Wirtschaftsräumen zu steigern, wird nicht ohne erhebliche Mehrinvestitionen gelingen. Daher ist es ein weiteres Ziel des Pariser Abkommens, Finanzströme mit der klimapolitischen Agenda in Einklang zu bringen. Unter dem Abkommen sind Industrienationen entsprechend verpflichtet,

---

[1] HARDIN (1968).
[2] PIGOU (1932).
[3] CARNEY (2015).

Entwicklungsländer mit Hilfe eines Klimafonds bei der Umsetzung von Nachhaltigkeitsprojekten zu unterstützen. Aber auch Entwicklungsländer und aufstrebende Volkswirtschaften sind angehalten, zukünftig einen größeren Beitrag zu leisten und regelmäßig über erzielte Fortschritte zu berichten.

Das Prinzip einer gemeinsamen aber differenzierten Verantwortung hat entscheidend dazu beigetragen, in Paris ein ambitioniertes Abkommen zu erzielen, das fast alle Staaten versammelt und den Grundstein für eine nachhaltig erfolgreiche, globale Klimastrategie legt.

Die gesetzten Ziele müssen nun erreicht und die notwendigen Maßnahmen umgesetzt werden. Erst hier wird sich zeigen, ob die Selbstverpflichtung der Länder tatsächlich eine Wirkung entfaltet oder anderen politischen Abwägungen zum Opfer fällt. Eine Nicht-Umsetzung der Vereinbarungen hätte schwerwiegende Folgen – dafür spricht die überwältigende Mehrheit der klimawissenschaftlichen Analysen und Prognosen.

Dass hingegen auch in der erfolgreichen Umsetzung ambitionierter Klimaziele Risiken stecken, mag zunächst überraschend erscheinen. Aber wenn der Übergang zu einer emissionsärmeren, nachhaltigen Wirtschaft gelingen soll, erfordert dies tiefgreifende Reformen. Würde dieser Weg überhastet bestritten, könnte dies zu massiven, kurzfristig fällig werdenden Anpassungskosten führen, die potenziell destabilisierend auf Wirtschaft und Finanzsystem wirken könnten.[4]

Eine klare und vorhersehbare Klimapolitik ist daher entscheidend, um Planungssicherheit zu gewährleisten. Nur so können Investitions- und andere langfristige Unternehmensentscheidungen entsprechend ausgerichtet und der Wandel zu einer emissionsärmeren Wirtschaft möglichst reibungslos gestaltet werden.

Für Banken und das Finanzsystem bedeutet der wirtschaftliche Wandel Chancen und Herausforderungen zugleich. Einerseits muss der wirtschaftliche Umbau finanziert werden – hierzu sind enorme zusätzliche Investitionen notwendig, weshalb Banken unmittelbar profitieren können. Gleichzeitig stecken im wirtschaftlichen Wandel aber auch Risiken.

3 Die Dimensionen klimabezogener Risiken

Bei klimabezogenen Risiken wird häufig zwischen physischen Risiken und Transitionsrisiken unterschieden.[5]

Physische Risiken beschreiben die Risiken direkter Schäden durch Klimaereignisse wie Stürme, Überflutungen oder Dürren, sowie mögliche indirekte Folgeschäden solcher Ereignisse. Nach breiter wissenschaftlicher Überzeugung steigen die Wahrscheinlichkeit extremer klimatischer Bedingungen und damit auch die Eintrittswahrscheinlichkeit physischer Klimaschäden mit zunehmender globaler Erwärmung.[6] Der emissionsbedingte Anstieg physischer Risiken kann deshalb gewissermaßen als der Preis des Nichthandelns verstanden werden: Werden heute keine geeigneten Maßnahmen getroffen, um den Ausstoß von Treibhausgasen zu reduzieren, steigen hierdurch die zukünftigen Kosten durch Klimaschäden.

Transitionsrisiken hingegen beschreiben Risiken, die im Wandel hin zu einer kohlenstoffärmeren Wirtschaft auftreten können. Unbestritten fordert die Erreichung der in Paris vereinbarten

---

[4] Das Advisory Scientific Committee des European Systemic Risk Boards beschreibt mögliche Gefahren einer zu späten und zu abrupten Umsetzung von Klimapolitik, vgl. *ESRB* (2016). Mark Carney hat den Effekt mit dem Begriff *sucess will be failure* überspitzt auf den Punkt gebracht, vgl. *CARNEY* (2016).

[5] *DOMBRET* (2017).

[6] *ECIU* (2017).

Klimaziele erhebliche Anpassungsmaßnahmen. Es kann nicht ausgeschlossen werden, dass es hierbei in stark betroffenen Wirtschaftszweigen zu Verwerfungen kommt, sofern die Anpassungsprozesse abrupt erfolgen. Zur Minimierung transitorischer Risiken ist entscheidend, dass die Umsetzung politischer Maßnahmen transparent und aus Sicht der Betroffenen mit hoher Planungssicherheit einhergeht.

Physische und transitorische Risiken stehen im Zusammenhang. Werden politisch keine Impulse gesetzt, die den Wandel hin zu einer emissionsarmen Wirtschaft einleiten, dürften Transitionsrisiken zwar zumindest auf kurze Frist geringer ausfallen. Bleibt der wirtschaftliche Wandel aber aus, steigt die Wahrscheinlichkeit von Schäden durch extreme Wetterlagen und klimatische Veränderungen – die physischen Risiken nehmen zu. Gesucht ist also die goldene Mitte: Ein zügiger, aber gradueller Wandel zur Erreichung ambitionierter Klimaziele kann sowohl Transitionsrisiken als auch physische Risiken begrenzen.

Für Finanzunternehmen stellen sowohl physische als auch transitorische Risiken eine Herausforderung dar, wenn sie potenziell betroffene Unternehmen und Vermögenswerte finanzieren oder versichern.

Von physischen Risiken können Vermögenswerte wie Immobilien, Produktionsanlagen oder Handelsgüter direkt betroffen sein. Indirekt kann es zu Störungen von Wertschöpfungs- und Lieferketten kommen. Zwar können sich Unternehmen häufig gegen wetter- und klimabedingte Schadensfälle versichern. Allerdings steht die Versicherbarkeit solcher Risiken zukünftig in Frage, sollten sich die Wahrscheinlichkeiten und die erwarteten Schadenssummen durch klimabedingte Ereignisse drastisch erhöhen.

Transitorische Risiken können insbesondere dort zu Tage treten, wo der Pfad der zukünftigen Entwicklung mit großer Unsicherheit verbunden ist. Können Unternehmen und Investoren ihre Planungen nicht langfristig ausrichten, weil sie auf kurzfristige politische Impulse reagieren müssen, drohen Klippeneffekte, die zumindest kurzfristig zu Verwerfungen und finanziellen Verlusten führen können.

Transitionsrisiken bestehen auch, wenn Investoren aufgrund fehlender Informationen nicht einschätzen können, in welchem Maße ein bestimmtes Unternehmen vom Übergang in eine kohlenstoffärmere Wirtschaft betroffen ist. Die Kohlenstoffintensität einer Unternehmung zuverlässig bewerten zu können darf hierfür als Grundvoraussetzung gelten. Dies kann durchaus eine Herausforderung sein, etwa mit Blick auf Mischkonzerne, die sowohl *grüne* als auch *braune* Geschäftszweige pflegen. Wie ist etwa aus heutiger Sicht die zukünftige Kohlenstoffintensität eines Energieversorgers einzuschätzen, der sowohl Kohlekraftwerke betreibt als auch auf regenerative Energiequellen setzt? Wenn Investoren aufgrund mangelnder Informationen über klimabezogene Unternehmensdaten den zukünftigen Wert eines Unternehmens nur unzureichend einschätzen können, kann es zu unerwünschten Klippeneffekten in Form von Preiskorrekturen kommen.

Ein zentrales Anliegen ist es deshalb, Investoren und Kreditgebern vollständige und vergleichbare Informationen zur Verfügung zu stellen, die eine verlässliche Bewertung auch bei langfristigen Anlageentscheidungen ermöglicht. Vor diesem Hintergrund hat das Financial Stability Board im Dezember 2015 die *Task Force on Climate-related Financial Disclosures* (TCFD) ins Leben gerufen. Ihr Auftrag ist die Entwicklung eines Rahmenwerks für eine konsistente, vergleichbare und effiziente Unternehmensberichterstattung zu klimabezogenen Aspekten. Die Arbeitsgruppe hat im Juni 2017 ihre Ergebnisse vorgestellt. Die Empfehlungen gehen dabei über die Identifizierung und Bewertung bestehender klimabezogener Risiken im Rahmen des Risikomanagements hinaus. Im Sinne eines Chancenmanagements hat sich die Gruppe auch für die Einbeziehung von Klimaaspekten in Unternehmensstrategie und Unternehmenssteuerung ausgesprochen.

Zwar ist die Umsetzung dieser Empfehlungen durch Unternehmen freiwillig und räumt zudem die Möglichkeit einer vorgeschalteten Kosten-Nutzenabwägung ein. Die Arbeitsergebnisse der

TCFD sind nichtsdestotrotz ein bedeutender Impuls zur Etablierung internationaler Standards, die die Einbeziehung klimarelevanter Informationen in finanzwirtschaftliche Investitions- und Finanzierungsentscheidungen ermöglichen. Zum Jahresende 2017 hatten bereits etwa 240 Unternehmen, darunter rund 150 Finanzunternehmen, die zusammen Vermögenswerte in Höhe von 81,7 Bio. US-Dollar verwalten, ihre Unterstützung der von der *TCFD* erarbeiteten Vorschläge erklärt.[7]

Der Grad an klimabezogener Transparenz bei Unternehmen spielt auch im Zusammenhang mit einer weiteren Risikokategorie eine Rolle: den *Reputationsrisiken*. Diese bestehen insbesondere für solche Unternehmen, die als besonders klimaschädlich wahrgenommen werden oder die hinsichtlich der Emissionsintensität zentraler Geschäftseinheiten bislang wenig Transparenz zeigen. Nicht nur die betroffenen Unternehmen selbst, sondern auch Geschäftspartner oder Kreditgeber können dann von Reputationsrisiken betroffen sein. Schon heute entscheiden sich einige Fondsgesellschaften oder Finanzinstitute daher bewusst dafür, auf besonders emissionsintensive Unternehmen oder Sektoren in ihrem Portfolio zu verzichten bzw. ihre Geschäftsbeziehungen mit entsprechenden Sektoren zurückzufahren. Auch erste Versicherungsdienstleister haben sich öffentlich dazu bekannt, künftig keine Unternehmen mehr zu versichern, deren Geschäftsmodell zu einem erheblichen Teil auf dem Abbau oder der Verwertung von Kohle basiert.

In einigen Ländern kann klimaschädliches Wirtschaften zudem bereits mit konkreten Rechts- bzw. Haftungsrisiken einhergehen.

4 Eine erste Annäherung an Transitionsrisiken für das deutsche Bankensystem

Für eine erste Annäherung an die Frage, wie stark der deutsche Banken- und Sparkassensektor von der Transition zu einer emissionsärmeren Wirtschaft betroffen sein könnte, können die Kreditvolumina deutscher Institute gegenüber besonders CO_2-intensiven Sektoren herangezogen werden.[8]

Als einer der potenziell am stärksten betroffenen Sektoren gilt die Kohlenindustrie. Selbst im Vergleich mit anderen fossilen Energieträgern werden bei der Verbrennung von Kohle pro Energieeinheit besonders hohe Emissionen freigesetzt.[9] Ein *Kohleausstieg* ist deshalb eine häufig diskutierte klimapolitische Maßnahme. Die Millionenkredite deutscher Banken an Unternehmen im Kohlenbergbau belaufen sich auf rund 840 Mio. Euro. Dies entspricht einem minimalen Anteil der insgesamt begebenen Millionenkredite und ist somit aus einer systemischen Perspektive vernachlässigbar. Allerdings ist zu beachten, dass diese Kredite nur von einem kleinen Kreis von weniger als 40 Instituten vergeben werden. Bei einzelnen Instituten können Kredite an Kohlebergbauunternehmen in einzelnen Fällen deshalb 1-2 Prozent aller Millionenkredite ausmachen.

---

[7] *TCFD* (2017).

[8] Die folgende Auswertung der Kreditvergabe deutscher Finanzinstitute nach Wirtschaftszweigen bezieht sich auf die von den Instituten gemeldeten Millionenkredite per September 2017. Ein Millionenkredit liegt vor, wenn der einem Kreditnehmer bzw. einer Kreditnehmereinheit gewährte Kredit mindestens 1,0 Mio. Euro beträgt. Die Institute haben vierteljährlich ihre Groß- und Millionenkredite nach Artikel 394 CRR und § 14 KWG der Deutschen Bundesbank anzuzeigen.

[9] *IPCC* (2011).

Erweitert man die Betrachtung um weitere Sektoren, deren Geschäft auf der Ausbeutung fossiler Energieträger basiert, steigen auch die Außenstände deutscher Banken. Unter zusätzlicher Berücksichtigung von Krediten an Unternehmen im Bereich der Gewinnung von Erdöl und Erdgas sowie im Bereich der Verarbeitung von Kohlen und Mineralölen, erhöht sich das Volumen der von Banken ausgereichten Millionenkredite auf fast 20 Mrd. Euro. Dies entspricht ca. 0,6 Prozent der Gesamtkreditvergabe an alle inländischen Nichtbanken bzw. rund 2 Prozent der Gesamtkreditvergabe an inländische Unternehmen. Obwohl deutlich höher, scheint auch dieses Volumen für sich genommen im Fall eines Totalausfalls verkraftbar, zumal sich das Kreditvolumen auf über 600 Institute verteilt. Allerdings kann auch hier die Situation aus Sicht des Einzelinstituts anders aussehen. So haben einzelne Institute bis zu 6 Prozent ihrer Millionenkredite in diesen Sektoren vergeben.

Betrachtet man zusätzlich noch den Sektor der Energieversorger, so ergibt sich abermals ein weitaus größeres ausstehendes Kreditvolumen in Höhe von mehr als 157 Mrd. Euro. Dies entspricht rund 4,7 Prozent der Gesamtkreditvergabe deutscher Banken an alle inländischen Nichtbanken. Betrachtet man nur die Kredite an inländische Unternehmen, machen Millionenkredite an diese Wirtschaftszweige sogar knapp 16 Prozent der Kreditvergabe aus. Auch hier lohnt der Blick auf die Einzelinstitutsebene. Eine nicht unerhebliche Anzahl von rund 60 Instituten vergibt mehr als 10 Prozent ihrer Millionenkredite an die betreffenden fünf Wirtschaftszweige. Bei rund einem Drittel davon sind es sogar über 20 Prozent. Für eine Bewertung mit Blick auf Klimarisiken ist an dieser Stelle jedoch zu berücksichtigen, dass sowohl Kredite an Energieversorgungsunternehmen enthalten sind, die mehrheitlich auf Energieerzeugung aus fossilen Energieträgern setzen, als auch solcher Unternehmen, die bereits verstärkt auf die Nutzung regenerativer Energiequellen setzen oder dies in ihrer Unternehmensstrategie verankert haben. Hier zeigt sich: Eine fundierte Risikoeinschätzung erfordert zusätzliche Informationen.

Die Betrachtung der sektorenspezifischen Kreditvolumina erlaubt aber zumindest eine erste Einordnung, inwiefern der deutsche Bankensektor betroffen sein könnte, sollten einzelne Branchen durch den *grünen Wandel* in wirtschaftliche Schwierigkeiten geraten. Für die betrachteten Wirtschaftszweige zeigen sich die identifizierten Volumina insgesamt handhabbar, einzelne Institute sind jedoch unterschiedlich stark betroffen.

Bei dieser Betrachtung wie auch generell bei einer Analyse der Bedeutung von Klimarisiken sind jedoch zwei Einschränkungen zu berücksichtigen: Zum einen lässt die Granularität der verfügbaren Daten eine Bewertung der Sensitivität deutscher Banken gegenüber Klimarisiken nur in begrenztem Umfang zu. Etwa für Mischkonzerne oder Unternehmen im Bereich der Energieversorgung ist es nur bedingt möglich, deren Kohlenstoff- oder Emissionsintensität zuverlässig zu bestimmen. Eine präzisere Abschätzung würde zusätzliche Granularität erfordern, sowohl hinsichtlich der Sektorenzuordnung einzelner Unternehmen als auch hinsichtlich der Nachhaltigkeit ihrer Geschäftsmodelle.

Zudem besteht ein erhebliches Maß an Unsicherheit über die Gestalt eines *grünen Wandels* und damit darüber, wie einzelne Wirtschaftszweige davon beeinflusst werden. Als Beispiel sei die Automobilindustrie genannt. Inwiefern einzelne Hersteller oder nationale Automobilsektoren von der wirtschaftlichen Transition betroffen sein werden, hängt nicht nur stark von zukünftigen klimapolitischen Maßnahmen ab, sondern auch davon, welche technischen Standards sich im Bereich nachhaltige Mobilität zukünftig durchsetzen und inwieweit es den Automobilherstellern gelingt, in diesen Technologien eine führende Rolle zu erlangen.

Neben sektorspezifischen Risiken dürfen Banken im Übrigen auch mögliche Länderrisiken nicht vernachlässigen. Einige Länder bekennen sich zwar zu einer nachhaltigen Klimapolitik, bauen aber derzeit noch auf ein volkswirtschaftliches Fundament, das stark abhängig ist von der Produktion oder Verarbeitung fossiler Energieträger. Diese Länder stehen vor besonders großen Herausforderungen. Hier müssen Banken genau hinschauen und prüfen, ob sie mögliche künftige Kosten in ihrem Risikomanagement bereits ausreichend berücksichtigen.

Unter den genannten Umständen – erhebliche Unsicherheit hinsichtlich der Gestalt der Transition sowie Unvollständigkeit verfügbarer Daten – sind die Grenzen der Prognosefähigkeit schnell erreicht. Umso wichtiger ist es deshalb, dass Politik, Finanzinstitute und Aufsicht den Übergangsprozess mit wachem Blick bestreiten, um auch auf unvorhergesehene Ereignisse reagieren zu können. Eine vorausschauende Planung und frühzeitige Auseinandersetzung mit dem Thema Klimawandel, Klimapolitik und Klimarisiken bilden hierfür die Grundlage.

Die Chancen und Herausforderungen der *grünen Revolution* mögen andere sein als die der *digitalen Revolution*. In beiden Fällen jedoch können Banken davon profitieren, sich frühzeitig und umfassend mit dem Wandel auseinanderzusetzen. Sie müssen sich die Frage stellen, wie sie bereits heute die Weichen stellen können, um die Risiken der Transition im Griff zu behalten und die Chancen zu nutzen.

5 Wie Banken mit den Risiken umgehen können

Die in Kapitel 3 eingeführten Begrifflichkeiten können den Eindruck erwecken, dass in Verbindung mit dem Klima- und dem wirtschaftlichen Wandel gänzlich neue Risikoarten entstehen. Tatsächlich sind zwar die Risikoquellen neu, ihre Auswirkungen spiegeln sich aber in den etablierten finanzwirtschaftlichen Risikokategorien wider: Kreditrisiken, Marktrisiken und operationelle Risiken. Für Banken gilt es entsprechend, die neuen Risikoquellen in ihrem bestehenden Risikomanagement für diese Risikokategorien zu berücksichtigen.

An dieser Stelle ist es vorteilhaft, dass das regulatorische Rahmenwerk im Bereich Risikomanagement einem prinzipienorientierten Ansatz folgt. Dies bedeutet, dass aufsichtliche Regelungen und Standards Grundsätze und Mindestanforderungen formulieren, die von Banken und Aufsehern mit Leben gefüllt werden müssen. Der Vorteil dieses prinzipienorientierten Ansatzes besteht in seiner Flexibilität angesichts neuer Risikoquellen. Anforderungen müssen nicht laufend angepasst werden, sondern können immer wieder neu auch auf sich ändernde Gegebenheiten angewendet werden.

So ist beispielsweise in der Europäischen Eigenkapitalrichtlinie (CRD) formuliert, dass Institute in ihrem Risikomanagement alle wesentlichen Risiken berücksichtigen müssen, denen ihr Institut ausgesetzt ist oder ausgesetzt sein könnte, unabhängig davon, in welchem Kontext sich ein bestimmtes Risiko verwirklicht.[10] Dies umfasst damit grundsätzlich auch jene Risiken, die sich aus dem Klimawandel bzw. einer Transition zu einer emissionsärmeren Wirtschaft ergeben. Detailliertere aufsichtliche Anforderungen sind in Deutschland in einem Rundschreiben der BaFin mit dem Titel „*Mindestanforderungen an das Risikomanagement*", bekannt unter der Abkürzung „*MaRisk*", definiert.[11]

Für Finanzinstitute ist es also nicht ausreichend, das Thema Klimawandel nur aus Sicht der Corporate Social Responsibility (CSR) zu betrachten. Mögliche klimabezogene Risiken müssen im Rahmen des Risikomanagements berücksichtigt werden. Banken und Sparkassen müssen wissen, inwieweit sie und ihre Kunden sowie deren Geschäftsmodelle von klimabezogenen Risiken betroffen sein könnten und welche Risiken sich daraus für die finanziellen Außenstände der Bank ergeben. Dabei sollten sowohl Risiken aus einer zügigen Umsetzung der Pariser Übereinkunft zum Klimaschutz berücksichtigt werden als auch die Risiken einer Nicht-Umsetzung.

---

[10] Siehe Artikel 76 (1) der EU Directive 2013/36/EU: Capital Requirements Directive (CRD).
[11] Rundschreiben 09/2017 (BA), Mindestanforderungen an das Risikomanagement (MaRisk).

Risiken aus der zügigen Umsetzung, also Transitionsrisiken, bestehen zum Beispiel potentiell für Forderungen gegenüber besonders emissionsintensiven Branchen, die im Zuge einer Verschärfung des Klimaschutzes mit Einschränkungen ihrer Geschäftstätigkeit rechnen müssen. Außerdem betroffen sind Branchen, in denen Emissionsreduktionsziele die Geschwindigkeit des technologischen Wandels beschleunigen können. Risiken aus einer Nicht-Umsetzung, also unmittelbare physische Risiken und längerfristige klimatische Veränderungen, treffen stärker andere Sektoren. Neben dem Umfang der entsprechenden Forderungen sind dabei auch das konkrete Risikoprofil, die Laufzeit und die Existenz und Verfügbarkeit von Absicherungsmechanismen von Relevanz.

Szenarioanalysen können ein nützliches Instrument sein, um ein Problembewusstsein zu schaffen. Jedoch können historische Daten und etablierte statistische Verfahren für die Identifikation und Quantifizierung klimagebundener Risiken nicht im üblichen Maße herangezogen werden. Der lange zeitliche Horizont führt zu größeren Konfidenzintervallen in den Schätzungen und erhöht somit die Unschärfe der Analyse. Darüber hinaus erhöht sich das Modellrisiko durch die starke Abhängigkeit von den getroffenen Annahmen. Nichtsdestotrotz können Szenarioanalysen eine wertvolle Ergänzung im Risikomanagementprozess eines Instituts sein.

Bei den bestehenden Ansätzen und Methoden besteht aber angesichts der neuen Risikoquellen Raum für Verbesserungen. Es wäre zu begrüßen, wenn innerhalb des Finanzsystems und darüber hinaus eine Diskussion um Best Practices stattfände. Im Wettbewerb untereinander sollten neue Ansätze zur Risikomessung entwickelt und auf ihre Wirksamkeit und ihren Nutzen hin evaluiert werden.

6 Wie Banken vom Wandel profitieren können

Der Klimawandel wird zu Recht vor allem als Herausforderung wahrgenommen. Darüber darf nicht vergessen werden, dass im Wandel hin zu einer grüneren Wirtschaft neben den genannten Risiken für Finanzinstitute auch beachtliche Chancen stecken.[12] Denn im Rahmen der wirtschaftlichen Neuausrichtung eröffnen sich auch neue Geschäftsfelder für Banken und Sparkassen.

Zur Erreichung der Pariser Klimaziele sind zusätzliche Investitionen in beachtlichem Umfang notwendig. Der globale Investitionsbedarf, der zur Erreichung des 2°C-Ziels notwendig ist, wird im zweistelligen Billionen-Bereich geschätzt. Für den europäischen Wirtschaftsraum rechnet die EU Kommission mit einem jährlichen zusätzlichen Investitionsbedarf in Höhe von 180 Mrd. Euro, um die Pariser Klimaziele bis 2030 umzusetzen.[13] Ein Teil dieser Investitionen betrifft die Finanzierung grenzüberschreitender Großprojekte, etwa im Bereich der Energieversorgung. Aber auch alltägliche Finanzdienstleistungen, wie etwa die Finanzierung von Wohnimmobilien, werden sich verändern. So könnten Klima- und Nachhaltigkeitsstandards künftig eine noch gewichtigere Rolle spielen. In den Niederlanden etwa sollen ab 2023 allein solche Gebäude als Büros genutzt werden dürfen, die ein Mindestmaß an Energieeffizienz aufweisen.[14]

Die Erreichung der Klimaziele von Paris und die Umsetzung nationaler und europäischer Aktionspläne erfordern signifikanten technischen Fortschritt und Innovationen in vielen Bereichen: Energieerzeugung, -übertragung und -speicherung, E-Mobilität, effizientes Recycling,

---

[12] DOMBRET/LE LORIER (2017).
[13] DOMBROVSKIS (2017).
[14] DNB (2017).

usw. Für die hierfür notwendigen Investitionen muss auch privates Kapital mobilisiert werden. Tatsächlich zeigt sich in den letzten Jahren ein deutlich verstärktes Interesse privater Investoren an Anlagen in grüne Vermögenswerte. Zwischen 2006 und 2016 hat sich etwa das Anlagevolumen in nachhaltige Investments in Deutschland, Österreich und der Schweiz mit einem Anstieg von €19,7 Mrd. auf €242,2 Mrd. mehr als verzwölffacht.[15]

Die Politik kann diese Entwicklung unterstützen, zum Beispiel, indem sie Innovationsbarrieren abbaut und die Herausbildung finanzwirtschaftlicher Standards im Bereich Green Finance fördert. Luxemburg etwa führt gegenwärtig aufsichtliche Definitionen für Vermögenswerte ein, die im Deckungsstock grüner Pfandbriefe (lettre de gage énergies renouvelable) enthalten sein dürfen. Dies trägt dazu bei, definitorische Unklarheiten bei der Emission grüner Finanzprodukte zu verringern und deren Transparenz zu stärken.

Institute, die bei der Finanzierung grüner Investitionen eine Rolle spielen wollen, müssen frühzeitig Expertise in relevanten Bereichen auf- oder ausbauen. Nur so können sie auch den zukünftigen Erwartungen und Anforderungen ihrer Kunden entsprechen und von der wirtschaftlichen und gesellschaftlichen Neuausrichtung unternehmerisch profitieren. *Green Finance* kann also mehr sein als ein Baustein der Öffentlichkeitsarbeit im Rahmen der CSR Strategie – mittelfristig betrachtet steckt im Übergang in eine emissionsärmere Wirtschaft für Finanzinstitute deutlich mehr Potential als die Gelegenheit, sich ein *grünes Gesicht* zu verleihen.

Gleichzeitig dürfen Banken und Sparkassen bei allen Innovationsbestrebungen nicht aus dem Blick verlieren, dass überschwängliche Erwartungen leicht neue Risiken bergen können. Dort, wo Technologien oder innovative Produkte zum Hype werden, können verzerrte Bewertungen mit der Gefahr plötzlicher Preiskorrekturen die Folge sein. Um die Entstehung solcher Bewertungsblasen zu verhindern, kann auch die Politik einen Beitrag leisten, indem sie genau abwägt zwischen gezielter Förderung grüner Innovationen einerseits und den Risiken einer möglichen Übersteuerung andererseits. Es geht also darum, die Bedingungen für notwendige Investitionen zu schaffen, ohne dabei Überkapazitäten oder Fehlallokationen herbeizuführen.

7 Die Rolle der Aufsicht

Welche Rolle sollte nun der Regulierung und Aufsicht im Hinblick auf den Klimawandel zukommen – und wo gibt es Grenzen? Zunächst kann die Aufsicht das Bewusstsein für klimabezogene Risiken fördern um sicherzustellen, dass Banken und Sparkassen sie angemessen in ihrem Risikomanagement berücksichtigen. Im Einzelfall können klimabezogene Risiken auch im aufsichtlichen Dialog mit den Instituten zum Thema werden. Die aufsichtsrechtliche Grundlage hierfür besteht bereits in Form der CRD und der MaRisk (vgl. Kapitel 5). Darüber hinaus können Aufseher in der Diskussion um international einheitliche Unternehmensberichterstattung über klimabezogene Aspekte einen Beitrag leisten.

In der Debatte um die Umsetzung der Pariser Klimaziele wurde darüber hinaus vorgeschlagen, das finanzaufsichtliche Rahmen- und Regelwerk zur aktiven Steuerung von Finanzströmen einzusetzen – weg von emissionsintensiven, hin zu umweltfreundlichen Sektoren. Die Förderung des *grünen Wandels* muss jedoch Sache der Politik bleiben. Sie darf nicht durch die Hintertür über Finanzmarktregulierung und Bankenaufsicht erfolgen. Die Finanzmarktregulierung im Allgemeinen und Bankenaufsicht im Speziellen müssen sich auf ihre Kernaufgaben konzentrieren und dabei stets risikoorientiert sein. Wenn etwa Nachhaltigkeit des Bankgeschäfts als eigenständiges Ziel neben der Prüfung der ökonomischen Tragfähigkeit eines Instituts Einzug

---

[15] *FORUM NACHHALTIGE GELDANLAGEN* (2017).

in das aufsichtliche Rahmenwerk erhielte, würde das aufsichtliche Mandat hierdurch verwässert. Aus einer Verknüpfung des Aufsichtsrechts mit politischen Zielen können deshalb Risiken für die Finanzstabilität erwachsen.

Hinsichtlich des Risikogehaltes grüner Technologien und Projekte muss beachtet werden, dass die positiven externen Effekte dieser Projekte – also ihr Beitrag zum Umweltschutz – nicht automatisch einen geringeren Risikogehalt implizieren. Nur ein geringerer Risikogehalt würde jedoch aus aufsichtlicher Perspektive eine bevorzugte Behandlung rechtfertigen. Entsprechend sollte insbesondere die Höhe von Risikogewichten, die für die Berechnung der Eigenkapitalanforderungen herangezogen werden, ausschließlich vom Risikogehalt der entsprechenden Forderungen abhängen.

Die Effektivität von Sonderregelungen in der Bankenregulierung wäre zudem zweifelhaft, sowohl was eine Bevorzugung *grüner* als auch eine Benachteiligung *klimaschädlicher* Forderungen betrifft. Zudem ist in der Debatte um eine regulatorische Sonderbehandlung zu beachten, dass zusätzliche Sonderregelungen die Komplexität des europäischen Rahmenwerks der Bankenregulierung weiter erhöhen würden. Auch könnten weitere Forderungen nach Entlastung ganzer Sektoren oder Geschäftszweige die Folge sein.

Aufsicht und Zentralbanken haben eine besondere Vorbildfunktion. Konkrete Maßnahmen zur Förderung des *grünen Wandels* sind jedoch Aufgabe der Politik. Eingriffe in die Finanzmarktregulierung sind dabei das falsche Mittel. Die Förderung grüner Wirtschaftszweige kann effektiver und mit geringeren Nebenwirkungen über klassische Instrumente wie steuerliche Anreize, Subventionen, Maßnahmen zur Internalisierung externer Effekte, usw. erfolgen.

8 Ausblick

Das Pariser Übereinkommen ist ein starkes politisches Bekenntnis zum Klimaschutz. Jedoch bleibt der Prozess der Umsetzung weiterhin eine Herausforderung – auf nationaler wie internationaler Ebene. Würde die Umsetzung verschleppt, würden die Gefahren aus dem Klimawandel weiter ansteigen und gleichzeitig die Glaubwürdigkeit klimapolitischer Ankündigungen leiden. Angesichts der weitreichenden Veränderungen und umfangreichen Investitionen, die im Zuge des Übergangs zu einer emissionsärmeren Wirtschaft erforderlich sein werden, sind Planungssicherheit und ein verlässliches Rahmenwerk entscheidende Erfolgsfaktoren. Finanzmärkte und Unternehmen werden die Pariser Klimaziele und die zu ihrer Erreichung notwendigen Schritte nur dann vollständig einpreisen und in ihren Entscheidungen berücksichtigen, wenn sie die Klimapolitik als klar und glaubwürdig wahrnehmen.

Der *grüne Wandel* wird nur dann erfolgreich sein, wenn die Marktmechanismen in die richtige Richtung wirken: Nachhaltigkeit muss sich rechnen, klimaschädliches Verhalten auf Kosten künftiger Generationen darf sich nicht mehr lohnen. Eine effektive Bepreisung von CO_2, wie zum Beispiel auch von der geschäftsführenden Direktorin des IWF, Christine Lagarde, befürwortet,[16] wäre ein entscheidender Schritt in diese Richtung. In jedem Fall dürften sich direkte Eingriffe als wesentlich wirksamer erweisen als indirekte und riskante Steuerungsversuche über den Umweg der Finanzregulierung.

Nichtsdestotrotz ist der Klimawandel nicht nur ein Thema für die Politik. Auch Finanzinstitute sind in der Verantwortung, sich mit Fragen des Klimawandels und der Klimapolitik auseinanderzusetzen – nicht nur aus Sicht der CSR, sondern im Rahmen ihrer Risikomanagementpro-

---

[16] *IMF* (2015).

zesse. Die aufsichtsrechtliche Grundlage hierfür besteht im Rahmen der entsprechenden EU-Richtlinien und der MaRisk schon heute.

Banken sollten entsprechend überprüfen, inwieweit sie und ihre Kunden sowie deren Geschäftsmodelle von klimabezogenen Risiken betroffen sein könnten und welche Risiken sich daraus für die finanziellen Außenstände der Bank ergeben. Dabei sollten sowohl Risiken aus einer Umsetzung der Pariser Übereinkunft zum Klimaschutz berücksichtigt werden als auch die Risiken aus einer Nicht-Umsetzung. Wichtige Voraussetzung für eine fundierte Risikoeinschätzung ist dabei eine gute Informationsbasis, unter anderem durch eine entsprechende Unternehmensberichterstattung. Die Empfehlungen der *Task Force on Climate-related Financial Disclosures* bieten dafür eine gute Orientierung.

Der *grüne Wandel* der Wirtschaft wird die Zukunftsfähigkeit ganzer Branchen und einzelner Unternehmen entscheidend beeinflussen – positiv wie negativ. In seiner Rolle als Kreditgeber für die Realwirtschaft muss sich auch das Finanzsystem diesem Wandel stellen. Wenn Banken und Sparkassen diese Aufgabe frühzeitig und proaktiv angehen, können sie nicht nur die Risiken effektiver managen, sondern auch von den Chancen profitieren.

Quellenverzeichnis

CARNEY, M. (2015): Breaking the Tradegy of the Horizon – Climate Change and Financial Stability, Rede gehalten am 29.09.2015 in London.

CARNEY, M. (2016): Resolving the Climate Paradox, Rede gehalten am 22.09.2016 in Berlin.

DNB (2017): Waterproof? An exploration of climate-related risks for the Dutch financial sector, online: https://www.dnb.nl/en/binaries/Waterproof_tcm47-363851.pdf?2017110615, Stand: 2017, Abruf: 20.01.2018.

DOMBRET, A. (2017): Behind the curve? The role of climate risks in banks' risk management. Remarks at the National University of Singapore, Rede gehalten am 02.10.2017 in Singapur.

DOMBRET, A./LE LORIER, A. (2017): "Green Finance": Risiko und Chance. Gastbeitrag im Handelsblatt und in Les Echos vom 10.07.2017, online: https://www.bundesbank.de/Redaktion/DE/Standardartikel/Presse/Gastbeitraege/2017_07_10_dombret_handelsblatt_les_echos.html, Stand: 10.07.2017, Abruf: 30.12.2017.

DOMBROVSKIS, V. (2017): Greening finance for sustainable business, Rede gehalten am 12.12.2017 in Paris.

EBA (2016): EBA Report on SMEs and SME Supporting Factor, online: https://www.eba.europa.eu/documents/10180/1359456/EBA-Op-2016-04++Report+on+SMEs+and+SME+supporting+factor.pdf, Stand: 23.03.2016, Abruf: 26.01.2018.

ECIU (2017): Heavy Weather. Tracking the fingerprints of climate change, two years after the Paris summit, online: http://eciu.net/assets/Reports/ECIU_Climate_Attribution-report-Dec-2017.pdf, Stand: 12.2017, Abruf: 26.01.2018.

ESRB (2016): Too late, too sudden. Transition to a low-carbon economy and systemic risk, online: https://www.esrb.europa.eu/pub/pdf/asc/Reports_ASC_6_1602.pdf, Stand: 02.2016, Abruf: 09.03.2018.

FORUM NACHHALTIGE GELDANLAGEN (2017): Marktbericht Nachhaltige Geldanlagen 2017, online: https://goo.gl/ux17EY, Stand: 05.2017, Abruf: 26.01.2018.

HARDIN, G. (1968): The Tragedy of the Commons, in: Science, 1968, S. 1243–1248.

IMF (2015): The Managing Director's Statement on the Role of the Fund in Addressing Climate Change, online: https://www.imf.org/external/np/pp/eng/2015/112515.pdf, Stand: 25.11.2015, Abruf: 20.01.2018.

IPCC (2011): Special Report on Renewable Energy Sources and Climate Change Mitigation, online: https://www.ipcc.ch/pdf/special-reports/srren/SRREN_FD_SPM_final.pdf, Stand: 2012, Abruf: 26.01.2018.

PIGOU, A. C. (1932): The Economics of Welfare, 4. Auflage, London 1932.

TCFD (2017): Pressemitteilung vom 12.12.2017, online: https://www.fsb-tcfd.org/wp-content/uploads/2017/12/TCFD-Press-Release-One-Planet-Summit-12-Dec-2017_FINAL.pdf, Stand: 12.12.2017, Abruf: 26.01.2018.

Kapitel I

Rahmenbedingungen für eine nachhaltige
Finanzwirtschaft

Planetare Grenzen – ein Handlungsrahmen für ein nachhaltiges Finanzsystem

Matthias Kopp

WWF Deutschland

1	Planetare Grenzen als Orientierungsrahmen	21
	1.1 Biodiversität	23
	1.2 Klimawandel	24
	1.3 Wasserverfügbarkeit	26
2	Zukunftsgerichtete Handlungsrahmen	26
3	Entscheidungen in den Investitions- und Finanzierungswertschöpfungsketten	28
Quellenverzeichnis		30

1 Planetare Grenzen als Orientierungsrahmen

Wir leben im Holozän seit etwa 10.000 Jahren in einem erdgeschichtlich extrem glücklichen und raren Zeitfenster unerhörter Temperaturstabilität. Diese Rahmenbedingungen haben dem Menschen heutiger Prägung seine Schritte der Zivilisationsentwicklung erlaubt.

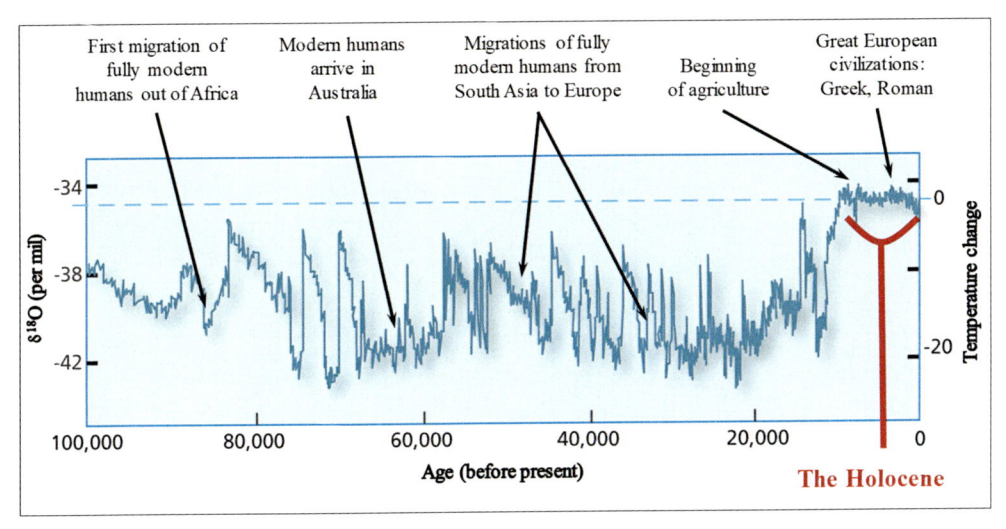

Abbildung 1:   *Der letzte Eiszeitenzyklus, ausgewählte Ereignisse der Evolution des Menschen und das Holozän*[1]

Erst mit dem seit 10.000 Jahren bestehenden stabilen Temperaturniveau wurde Landwirtschaft sowie die darauf aufbauenden Schritte der Zivilisation möglich, die letztlich zur Entwicklung heutigen Wissens und Wohlstands geführt haben.
Mit Beginn der industriellen Revolution greift der Mensch derartig in die Stabilität des Erdsystems ein, dass er zum ersten Mal zu einer – wenn nicht der - entscheidenden Einflussgröße mit Blick auf die zukünftige Stabilität des Erdsystems aus biologischer, geologischer und atmosphärischer Prozessperspektive wird. Wissenschaftler bezeichnen entsprechend die Epoche, in der wir leben, mittlerweile als das Anthropozän.[2] Die Ressourcenintensität unseres auf ausgedehntem Konsum basierenden Lebensstils insbesondere im Hinblick auf die Nutzungsmuster von Transport, Mobilität, Energie und vielem mehr ist längst nicht mehr mit den verfügbaren Ressourcen im weitesten Sinne vereinbar. Verstärkt wird diese Problemlage zusätzlich durch die weiterhin steigende Weltbevölkerung, die zusätzliche Ressourcen beansprucht.
Seit etwa 250 Jahren haben unsere Nutzungsmuster zu einem für die Kürze der Zeiträume nie dagewesenen exponentiellen Wachstum kritischer Indikatoren für die Gesundheit des Erdsystems geführt. Entwicklungen bei Emissionen, Temperaturen, Fischentnahme, Landnutzung, Entwaldung tropischer Waldregionen und anderer ähneln sich sehr. Sie haben alle exponentielle Gestalt. Sie sind enorm beschleunigt und schon lange jenseits möglicher Gleichgewichte. Die Abbildung 2 stellt diese Entwicklungen noch einmal grafisch dar.

---

[1] ROCKSTRÖM ET AL. (2009).
[2] Vgl. u. a. TITZ (2016).

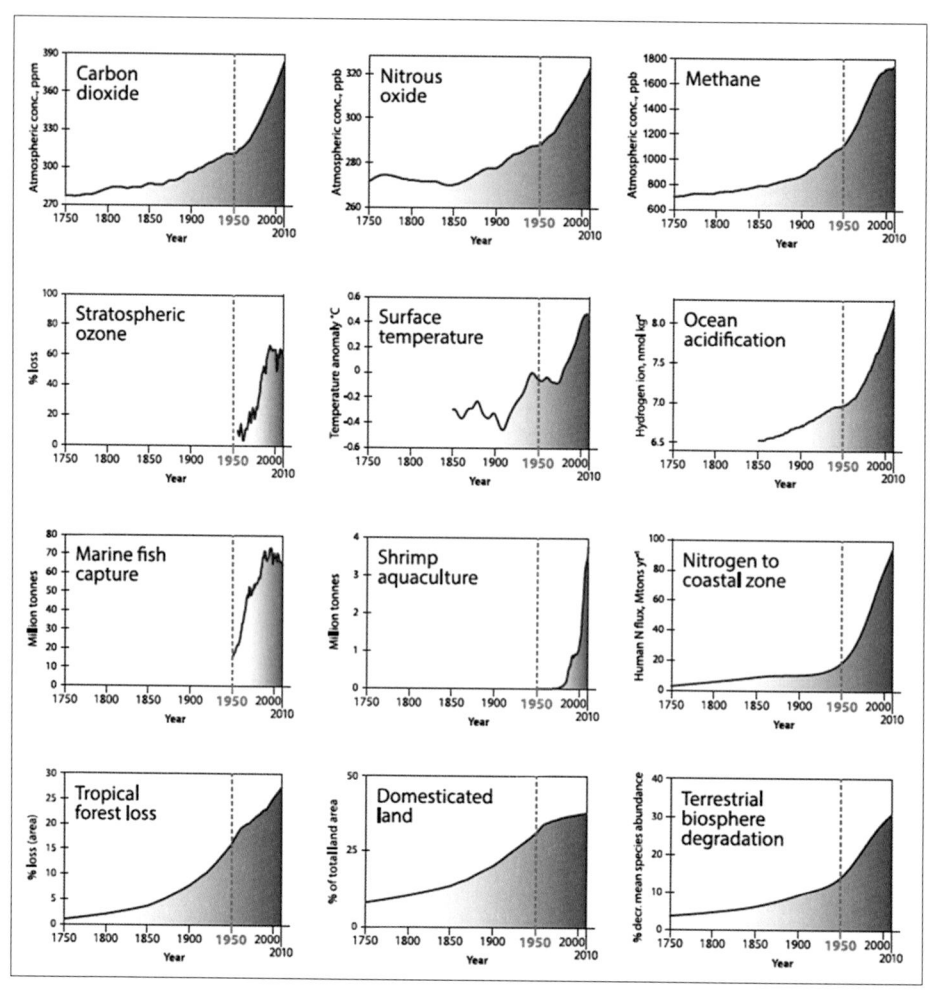

Abbildung 2: Trends von 1750 bis 2010 – Indikatoren des Erdsystems[3]

Einzelne Bereiche scheinen wir gemäß des Kurvenverlaufs in den Griff zu bekommen. Wir haben als Gesellschaft jedoch den sicheren Betriebsbereich längst verlassen, und die bestehende Dynamik ist grundlegend falsch ausgerichtet – wir leben vom Kapital unseres Planeten. Die vor uns liegende Aufgabe ist die Umkehr der Kurvendynamik – „Bending the Curves"[4] ist zu einem Leitbegriff insbesondere beim Kampf gegen den Verlust der biologischen Vielfalt geworden.

---

[3] STEFFEN ET AL. (2016).

[4] Vgl. STOCKHOLM RESILIENCE CENTER (2018).

1.1 Biodiversität

Die Situationsbeschreibung für den Verlust biologischer Vielfalt ist vielleicht am bedrohlichsten. Analysen zeigen einen Verlust der biologischen Vielfalt bis 2012 von etwa 58 %, der bis 2020 extrapoliert auf 67 % ansteigen wird.[5] Die negative Trenddynamik ist bis heute ungebrochen und es lässt sich keine natürliche Grenze für den Trend erkennen. Bis 2020 muss es die Aufgabe sein, diese Trenddynamik grundlegend durchbrochen und eine Trendumkehr eingeleitet zu haben. Wir müssen das „*bending the curve on biodiversity loss*" erreichen. Die dazu erforderlichen Handlungsfelder liegen unter anderem im Bereich des Stopps der Entwaldung, der Degradation von Flächen, der Vermeidung von Treibhausgasemissionen.

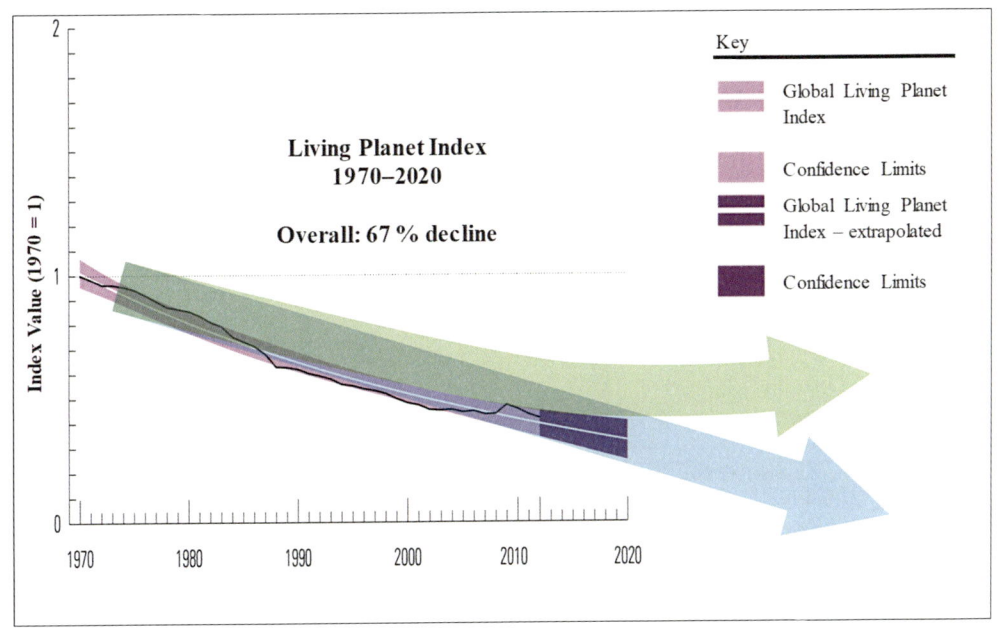

Abbildung 3: *Entwicklung der biologischen Vielfalt, historisch und bis 2020 extrapoliert (eigene Darstellung aufbauend auf WWF/ZSL)*[6]

Am Beispiel ausgewiesener Schutzgebiete mit dem höchsten Schutzstatus der Unesco, als Welterbestätten (World Heritage Sites, WHS), wird der Zusammenhang zwischen dem Verlust an Biodiversität und seinen Ursachen in wirtschaftlicher Tätigkeit und Ressourcenintensität aufbauend auf WWF Analysen unmittelbar klar. Eine Vielzahl selbst dieser ausgewiesenen Schutzgebiete mit einem relativ robusten Schutzstatus stehen unter enormen Druck, da nationale Regierungen Konzessionen für Erkundung, Erprobung und letztlich Abbau mineralischer Rohstoffe und fossiler Brennstoffe vergeben. Grund hierfür ist die ungebremste Rohstoffnachfrage. Die nachfolgende Abbildung 4 zeigt das globale Ausmaß der Bedrohung.

---

[5] Vgl. *WWF/ZFL/GLOBAL FOOTPRINT NETWORK* (2016).
[6] Vgl. *WWF/ZFL/GLOBAL FOOTPRINT NETWORK* (2016).

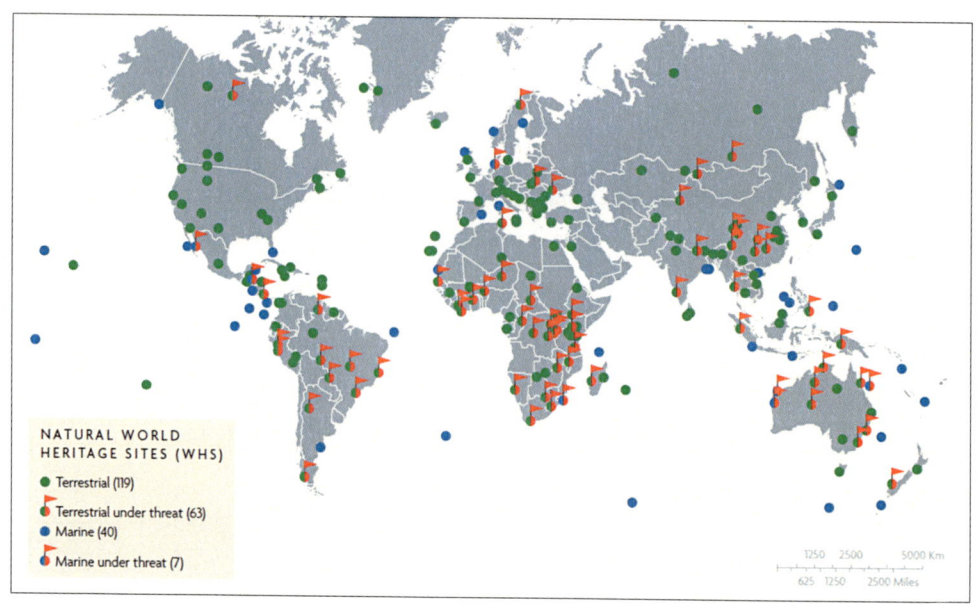

Abbildung 4:   *Bedrohung von Welterbestätten durch Konzessionsvergaben für den Abbau mineralischer Rohstoffe, geographische Flächenüberlappung[7]*

1.2   Klimawandel

An dieser Stelle besteht kein Raum für eine umfassende Erörterung des Wissenstands zum Klimawandel, der aktuellen Lage und möglicher Entwicklungsszenarien, zumal es hierzu eine Vielzahl detaillierter, sehr belastbarer Einschätzungen an anderer Stelle leicht verfügbar gibt. Zwei Aussagen sind dennoch angebracht.

Erstens – wenn die Menschheit die Trendumkehr im Bereich Treibhausgasemissionen nicht bis in die frühen 2020er Jahre umsetzt, werden wir Temperaturentwicklungen im Erwärmungsbereich jenseits von 2 °C verglichen zur vorindustriellen Zeit bereits in der ersten Hälfte dieses Jahrhunderts erleben. Die aktuell beobachteten tatsächlichen Erwärmungsgrade liegen im Übrigen noch immer relativ genau im Bereich eines Szenarios, das zu einer Erwärmung jenseits von 4 °C bis zum Jahr 2100 führen wird.[8] Analysen deuten darauf hin, dass die Auswirkungen einer derartigen Erwärmung vielfältig sind. Veränderte Niederschlagsmuster, Extremwetterereignisse, Sturm- und Sturmflutereignisse, Meeresspiegelanstieg durch thermische Expansion, Abschmelzen von Wassereisschichten und Festlandeis in Arktis und Antarktis, sowie die Effekte aus sogenannten *„Tipping Points"* im Erdsystem sind nur einige Beispiele. Diese Veränderungen geschehen teilweise nicht-linear, sind äußerst gefährlich und unvorhersehbar, und zumindest insoweit hinlänglich beschrieben, dass völlig klar sein sollte, dass ein sich vollziehender Klimawandel eine extrem unsichere und risikoreiche Zukunft bereits in den kommenden Jahrzehnten bedeuten wird.

Deutschland hat in den jüngsten Jahren seine Emissionen ebenfalls nicht mehr reduziert und ist nach aktuellem Stand ohne ergänzende Maßnahmen nicht mehr in der Lage seine eigenen

---

[7]   *WWF UK* (2015) aufbauend auf Daten des *UNESCO World Heritage Centre*.
[8]   Siehe rote Linie in Abbildung 5.

Emissionsreduktionsziele von minus 40 % bis 2020 verglichen zum Basisjahr 1990 einzuhalten.

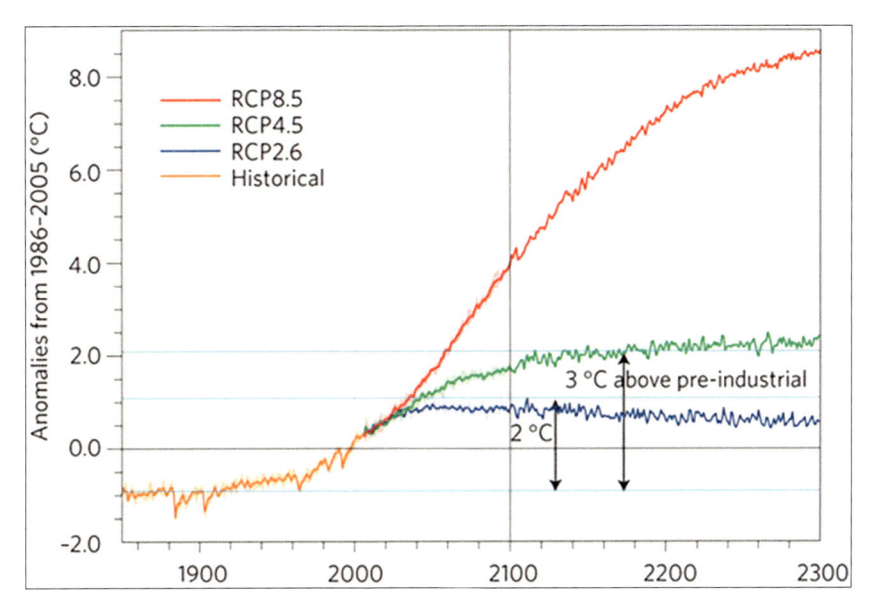

Abbildung 5: Temperaturentwicklung bei zukünftigen Treibhausgaskonzentrationsentwicklungen[9]

Zweitens sei eine Beispielanalyse der Economist Intelligence Unit[10] und anderer aus dem Jahr 2015 angeführt, die Abschätzungen für die Kosten des Nichthandelns mit Bezug zu Wertverlusten für investierbare Vermögenswerte (global stock of manageable assets) untersucht haben. Derartige Abschätzungen sind selbstredend nur grob möglich, jedoch von hoher prinzipieller Wertigkeit, da in der Diskussion die Konsequenzen heutigen Handelns gerade mit Blick auf zukünftige Auswirkungen sehr gerne gegen heute erforderliche Anstrengungen aufgerechnet und dann vernachlässigt werden. Die Abschätzungen von Wertverlusten (Barwertebene) für Investoren reichen, bei Annahme üblicher Diskontsätze eines privatwirtschaftlichen Investors, von 4,2 Billionen USD (etwa der Börsenwert aller Ölunternehmen) über 7 Billionen USD für ein 5°C-Szenario bis hin zu knapp 14 Billionen USD in einem 6°C-Szenario (entspricht etwa 10 % des Welthandels). Setzt man einen Diskontsatz an, der eher der Perspektive eines staatlichen Akteurs entspricht – und Schäden des Klimawandels sind zuvorderst systemische Fragen mit sozialen Wirkungen – so liegen die Barwerte der Verluste eines 6°C-Szenarios in der Größenordnung von 43 Billionen USD. Das entspricht 30 % der überhaupt privatwirtschaftlich handelbaren Vermögenswerte (von in Summe etwa 143 Billionen USD). Der Wert dieser Analysen liegt im Verweis auf die Konsequenzen, die mit Nichthandeln einhergehen. Sie werden in jedem Fall umfangreich sein, da Nichthandeln zu Erwärmung jenseits von 3–4 °C führen wird, und sie werden unvorhersehbar sein, da das System nicht-lineare Effekte erfährt und möglicherweise destabilisiert.

---

[9] Vgl. hierzu *IPCC* (2013).
[10] THE ECONOMIST INTELLIGENCE UNIT (2015).

1.3 Wasserverfügbarkeit

Als weiteres Beispiel eines destabilisierenden Risikobereichs sei der Zugang zu Süßwasser angeführt. Süßwasser ist eine zunehmend kritische Ressource, sowohl für die Frage von funktionierenden Wertschöpfungsketten mit entsprechenden wirtschaftlichen Auswirkungen, als auch als zentrale Risikogröße für intakte Flussgebiete und damit Lebensgrundlagen vieler Menschen und Ökosysteme. Wasserrisiken äußern sich grundsätzlich durch Knappheit dort, wo für gegebene Flussgebiete oder Wassereinzugsgebiete die Entnahme zu groß im Verhältnis zur „Wiederbefüllungskapazität" ist. Sie sind aber auch zurückzuführen auf Wasserverschmutzung bzw. -verunreinigung sowie auf Unklarheiten mit Blick auf die Regulierung oder Governance von Wasserzugriffsrechten und Pflichten im Rahmen der Bewirtschaftung eines Flussgebiets. Ohne hier auf flächendeckende Details eingehen zu können, zeigt seit Jahren die Befragung im Rahmen des „Global Risk Reports"[11] durch das Weltwirtschaftsforum die Bedeutung von Wasser als Risikofaktor auf. In den letzten Jahren wurden wasserbezogene Risiken und Krisen immer unter den fünf auswirkungsrelevantesten Risiken genannt – zusammen mit Risiken, die sich aus erfolglosem Klimaschutz bzw. Emissionsvermeidungen ergeben.

Wasserrisiken und Klimawandel sind in diesem Kontext ein gutes Beispielpaar für die zunehmende Verknüpfung und den Zusammenhang einzelner Risikobereiche. Diese sind schon längst nicht mehr isoliert zu sehen, sondern Ergebnis systemischer Abhängigkeiten. Die wirtschaftliche Bedeutung von Wasserknappheiten wird in den letzten Jahren zunehmend deutlich. Südafrika unterliegt aktuell einer Dürre, die zentrale Bereiche der südafrikanischen Wirtschaft im Bereich Agrarprodukte schädigt. Im März 2018 mussten im Vereinigten Königreich Nahrungsmittel und Automobilhersteller kurzfristig ihre Produktionen einstellen, da Wasserrohrbrüche im Zuge eines Wintereinbruchs keine stabile Produktion mehr erlaubten und sich die Verletzlichkeit der Wertschöpfungsketten bezüglich des Produktionsfaktors Wasser selbst in hochentwickelten Ländern wie Großbritannien zeigte (wobei hier sicherlich nicht von einem strukturellen Risiko in UK zu sprechen ist).

2 Zukunftsgerichtete Handlungsrahmen

Wir leben also aktuell deutlich und zunehmend über unsere natürlichen Verhältnisse. Wir merken das an den Auswirkungen in Bereichen des Verlusts der biologischen Vielfalt, des Klimawandels und andernorts. Dieses sind zwei von neun Bereichen, die eine Forschungsgruppe um JOHAN ROCKSTRÖM schon 2009 als die planetaren Belastungsgrenzen identifiziert hat, für die die Menschheit sich in einem „*safe operating space*"[12] bewegen sollte. Gelingt dies nicht, dann stören wir das Erdsystem nachhaltig und wirken damit negativ auf die eingangs beschriebene Systemstabilität ein.

---

[11] Vgl. *WEF* (2018).
[12] Dieser Bereich ist in Abbildung 6 grün dargestellt.

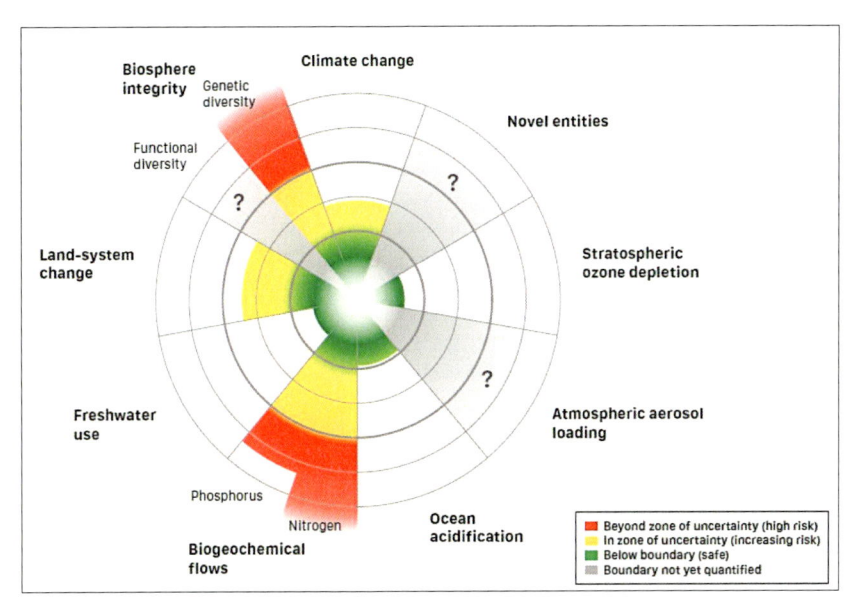

Abbildung 6: Konzept der planetaren Grenzen[13]

Das Konzept der planetaren Grenzen soll hier nicht detaillierter ausgeführt werden. Die Entwicklung in den drei zuvor skizzierten Bereichen zeigen bereits eindringlich, dass wir die Sicherheitszone verlassen haben. Klimawandel erscheint in der Grafik als eine einigermaßen stabile Dimension. Dabei ist zu berücksichtigen, dass diese Grafik das Problem der Systemträgheit nicht illustrieren kann. Durch strukturelle Abhängigkeiten haben wir bis Mitte des 21. Jahrhunderts bereits eine Erderwärmung von etwa 2 °C verglichen mit vorindustriellen Werten im System angelegt. Durch zukünftiges Handeln kann dieser Wert eventuell wieder auf 1,5 Grad gesenkt werden. Das Beispiel stratosphärisches Ozon gibt Grund zur Hoffnung, denn auch hier hatten wir den Sicherheitsbereich im Jahr 2009 deutlich verlassen. Es ist in der Folge jedoch gelungen, den Schritt zurück in die Sicherheitszone zu vollziehen. Die wichtige Botschaft, die sich aus Konzepten wie dem der planetaren Grenzen auf Ebene des Erdsystems ergibt ist vielmehr die folgende:

Wir müssen uns umgehend darauf konzentrieren, die realwirtschaftlichen Strukturen, Verbrauchsmuster und Entscheidungsprozesse in unseren wirtschaftlichen Systemen an einem Handlungsrahmen auszurichten, der sich auf in die Zukunft gerichtete Leitlinien bezieht. Insbesondere Entscheidungen mit Auswirkungen auf den mittel- bis langfristigen Aufbau von Infrastrukturen und Kapitalstöcken müssen sich sehr viel stärker an den Erfordernissen zukünftiger Belastungsgrenzen und an Fragen der Widerstandsfähigkeit gegen Störungen durch Ereignisse in diesen Bereichen, die wir schon ausgelöst haben, ausrichten.

Die Anforderungen an zukünftige Entwicklungen sind zumindest in den Eckpunkten soweit klar, dass sich sektorale Transformations- oder Veränderungspfade ableiten lassen. Die Übersetzung auf Entscheidungen in den Investment- und Finanzierungswertschöpfungsketten lassen sich ebenfalls sehr viel weiter und sehr viel tiefergehend bereits heute verbessern, als das bislang in der deutschen Finanzwirtschaft umgesetzt wird.

---

[13] STEFFEN ET AL. (2015).

3 Entscheidungen in den Investitions- und Finanzierungswertschöpfungsketten

Spätestens das Jahr 2015 hat den politischen Rahmen so weiterentwickelt, dass eine sehr robuste Grundlage für eine systematische Berücksichtigung der angesprochenen Fragen, in Investment- und Finanzierungsentscheidungen, über die reine wissenschaftliche Notwendigkeit hinaus, gegeben ist.

Die internationalen Übereinkommen zur Agenda 2030, den nachhaltigen Entwicklungszielen der Vereinten Nationen (Sustainable Development Goals/SDGs) und dem Pariser Klimaabkommen sind völkerrechtlich relevante politische Rahmenabkommen. Sie sind vom allergrößten Teil der Weltgemeinschaft getragen. Das Klimaabkommen als solches enthält eine interne Verschärfungsmechanik. Sie gewährleistet, dass Länderzielwerte nur verstärkt werden können und in regelmäßigen Abständen überprüft werden. Und man hat ein System vereinbart, das die alte Trennwelt von Industrie- und Schwellenländern hinter sich gelassen hat und von allen Beteiligten entsprechende Beiträge einfordert. Die tatsächlichen Verpflichtungserklärungen der Länder reichen vom Niveau zwar nicht zur Stabilisierung der Erwärmung auf deutlich unter 2 °C aus, allerdings müssen die Länder detaillierte Umsetzungspläne vorlegen, in denen sie erläutern, wie sie ihre jeweiligen Ziele erreichen wollen. Damit ist auch auf politischer Ebene eine neue Denkstruktur eingeführt. Die Umsetzung von Transformationspfaden steht im Zentrum der Betrachtungen. Der Schwerpunkt liegt damit auf der Bewältigung zukunftsorientierter Strategien und entsprechender Operationalisierungen. Von besonderer Bedeutung für das Finanzsystem ist im „Paris Agreement" dazu noch Art. 2.1.c, der explizit die Rolle des Finanzsystems aufnimmt. Er stellt heraus, dass der Finanzwirtschaft bei der Transformation der Wirtschaft eine bedeutende Rolle zukommt. Sie ist es, die schlussendlich die notwendigen Kapitalallokationen umsetzen muss, die eine Finanzierung des Veränderungsprozesses den politischen Zielen entsprechend erst ermöglichen.

In anderen Beiträgen dieses Herausgeberwerks wird detaillierter auf politische Entwicklungen eingegangen, weshalb dies hier nicht geschehen soll. Allerdings, ohne im Einzelnen Aspekte herauszugreifen, ist mit Blick auf Entscheidungsrelevanz für Entscheider im Finanzsystem folgendes zunehmend klar: Auf internationaler Ebene über Foren wie G20 und G7 wurden nicht mehr nur politische Prozesse in Gang gesetzt, es haben sich für die Finanzwirtschaft zentrale und originär zuständige Foren mit den Fragen von umwelt- und klimabezogenen Risiken und Kapitalallokation zu beschäftigen begonnen. Zentralbanken, Finanzaufseher, Ministerien, internationale Gremien wie der Finanzstabilitätsrat – alle diese Akteure haben noch vor drei Jahren zu den Themen kaum Sichtbarkeit besessen.

Die Art der Diskussion hat sich ebenfalls enorm konkretisiert. Technische Diskussionen um Daten, Datenqualitäten, Modelle, Kapazitäten und Fragen nach der strukturierten Erfassung zukunftsgerichteter Aspekte werden in diesen Foren erörtert und zu Prüfaufträgen. Zentralbanken führen in den Niederlanden und Großbritannien Workshops zu Ansätzen von Szenarioanalysen und Stresstests bezogen auf Klimarisiken in Finanzportfolien durch. Transparenzanforderungen an Investoren sind in Frankreich für Investoren bestimmter Größe gesetzlich mittlerweile vorgeschrieben und Informationen zum Beitrag von Finanzportfolios zur Erreichung länderspezifischer Klimaziele werden von Investoren erwartet und vom Finanzministerium abgeprüft. Grundsätzliche Klimarisikoberichterstattungen für Industrie- und Finanzwirtschaftsakteure werden empfohlen, und Unternehmen verpflichten sich zur Umsetzung. In Europa zeigen die Empfehlungen der High Level Expert Group on Sustainable Finance auf vergleichsweise sehr konkretem Niveau ebensolche konkreten Handlungsfelder auf, die geeignet sind, um Europa zum mit Abstand nachhaltigsten Finanzplatz weltweit werden zu lassen. Dies würde sicher auch einen entsprechenden Signaleffekt haben. Die EU-Kommission reagiert in einem zeitlichen Abstand von nicht einmal sechs Wochen mit einem eigenen Aktionsplan auf diese Empfehlungen, die sicher nicht perfekt, jedoch sehr viel weitreichender sind, als vieles, was sich noch vor einem Jahr abgezeichnet hat. Auf Investoren kommen in Europa Anforderungen zur strukturellen und systematischen Integration von Nachhaltigkeitsaspekten zu. Dies betrifft die Kapitalanlage sowie die Risikoerfassung, -bewertung und -vermeidung – also das komplette Risikomanagement. Der Bereich Transparenz und Standardisierung von Kriterien, aber auch die Aufklärung von Privatanlegern stehen ebenfalls auf der Agenda.

Mit diesen hier nur kurz skizzierten jüngsten Entwicklungen ist nicht das Ende der Entwicklung erreicht. Es ist zudem auch noch nicht sichergestellt, dass die eingangs beschriebenen extrem ernsten Problemlagen in der Realwelt – und somit in unser aller Lebensumgebung – gelöst sind. Dazu sind diese Herausforderungen viel zu komplex, zu umfassend und erfordern vor allem einen langfristigen, kontinuierlichen, aber eben richtungssicher verfolgten Umbau. Das Finanzsystem spielt hier eine zentrale, ermöglichende Rolle. Ohne die Anpassung von Kapitalallokationsentscheidungen in der Art, dass sie die erforderlichen Entwicklungen mit Kapital ausstatten, werden wir die planetaren Grenzen nicht einhalten können. In diesem Prozess der Umgestaltung unserer Realwirtschaft werden enorme Investitionsmöglichkeiten und Chancen liegen, auf die hier nicht eingegangen werden kann. Das World Economic Forum hat 2014[14] abgeschätzt, dass eine „2°C-verträgliche Entwicklung" bis 2035 Investitionsbedarfe in der Größenordnung von über 90 Billionen USD erfordert. Damit ist der zukünftige Investitionsbedarf, den ein entsprechend ausgerichtetes Finanzsystem leisten kann, eher noch größer, als in einer klassischen „weiter-so-wie-bisher-Welt", die auf Klimawandel und andere Grenzbereiche keine Rücksicht nimmt.

Die skizzierten Entwicklungen mit dem speziellen Fokus auf das Finanzsystem zeigen jedoch zum einen sehr deutlich auf, dass die Zeit, in der Nachhaltigkeitsfragen und -aspekte in der Nische friedlich vor sich hindämmerten, vorbei sein dürfte. Regulierer, Aufsichtsbehörden, Marktakteure und die Öffentlichkeit erhöhen die Intensität. Die Risiken aus verpassten Entwicklungen wie den Umbrüchen im Bereich der Stromversorgung und die aktuelle Dynamik mit Blick auf den Automobilsektor geben den Themen eine ergänzende Wesentlichkeit.

Jeder für Investment- und Finanzierungsentscheidungen Verantwortliche ist aufgefordert, die konkrete Umsetzung und Operationalisierung im eigenen Hause und Umfeld voranzutreiben – im ureigenen Interesse und im Interesse eines stabilen Planeten für uns Menschen. Dieses Herausgeberwerk bietet Ansatzpunkte und Ansprechpartner für konkrete Schritte und trägt damit hoffentlich dazu bei, dass sich in Deutschland Verantwortliche in diesem Umfeld zu konkreten Schritten aufgefordert und eingeladen fühlen.

---

[14] *WEF* (2013).

Quellenverzeichnis

IPCC (2013): Climate Change 2013, online: http://www.climatechange2013.org/images/report/WG1AR5_ALL_FINAL.pdf, Stand: 2013, Abruf: 21.03.2018.

ROCKSTRÖM, J. ET AL. (2009). Planetary Boundaries: Exploring the Safe Operating Space for Humanity, in: Ecology and Society, 14. Jg. (2009), Nr. 2, ohne Seitenangabe.

STEFFEN, W./BROADGATE, W./DEUTSCH, L./GAFFNEY, O./LUDWIG, C. (2015): The trajectory of the Anthropocene: The Great Acceleration, online: https://openresearch-repository.anu.edu.au/bitstream/1885/66463/8/01_Steffen_GREAT%20ACCELERATION_2015.pdf, Stand: 2015, Abruf: 21.03.2018.

STEFFEN, W. ET AL. (2015): Planetary boundaries: Guiding human development on a changing planet, in Science, Vol. 347 (2015), Nr. 6223, S. 1–17.

STOCKHOLM RESILIENCE CENTER (2018): Bending the biodiversity curve, online: http://www.stockholmresilience.org/research/research-news/2011-06-09-bending-the-biodiversity-curve.html, Stand: 21.03.2018, Abruf: 21.03.2018.

THE ECONOMIST INTELLIGENCE UNIT (2015): The cost of inaction: Recognising the value at risk from climate change, online: https://www.eiuperspectives.economist.com/sites/default/files/The%20cost%20of%20inaction_0.pdf, Stand: 2015, Abruf: 21.03.2018.

TITZ, S. (2016): Ein gut gemeinter Mahnruf, online: https://www.nzz.ch/wissenschaft/klima/ausrufung-des-anthropozaens-ein-gut-gemeinter-mahnruf-ld.126251, Stand: 04.11.2016, Abruf: 21.03.2017.

WORLD ECONOMIC FORUM (2013): The green Investment Report, online: http://www3.weforum.org/docs/WEF_GreenInvestment_Report_2013.pdf, Stand: 2013, Abruf: 21.03.2018.

WORLD ECONOMIC FORUM (2018): The Global Risks Report 2018, online: http://www3.weforum.org/docs/WEF_GRR18_Report.pdf, Stand: 2018, Abruf: 21.03.2018.

WWF UK (2015): Safeguarding outstanding natural value – The role of institutional investors in protecting natural World Heritage sites from extractive activity, online: http://assets.wwf.org.uk/downloads/wwf_nwh_investor_report_a4_web_v2_1.pdf, Stand: 09.2015, Abruf: 21.03.2018.

WWF/ZSL/GLOBAL FOOTPRINT NETWORK (2016): Living Planet Report 2016, online: http://awsassets.panda.org/downloads/lpr_living_planet_report_2016.pdf, Stand: 2016, Abruf: 21.03.2018.

Politische Ambition: Eine europäische Finanzwende

Anna Müller-Debus und *Chris Barrett*

European Climate Foundation

1	Einführung	33
2	Risiko als Chance	33
3	Politische Entwicklungen	35
	3.1 Das öffentliche Gut Klimaschutz	35
	3.2 Eine internationale Bewegung	36
	3.3 Der Beitrag Europas	38
4	Fahrplan 2050	39
Quellenverzeichnis		42

1 Einführung

Der Übergang zu einer emissionsfreien und klimaneutralen Gesellschaft stellt hohe Anforderungen an alle Wirtschaftssektoren. Auch für die Finanzwirtschaft gibt das Pariser Klimaabkommen einen Rahmen vor. Artikel 2, Absatz 1c des Abkommens verlangt, dass Finanzströme in Einklang mit einer Temperaturentwicklung von deutlich unter zwei Grad gebracht werden. Über das Abkommen hat sich die internationale Staatengemeinschaft effektiv auf nichts weniger als eine Finanzwende geeinigt.

Die Umsetzung dieser Vereinbarung steckt noch in den Kinderschuhen. Es stellt sich die Frage, welche Schritte die Politik gehen muss, um zu gewährleisten, dass sich der Finanzsektor den Notwendigkeiten entsprechend transformiert. Grundlage muss ein *Fahrplan* sein, der mit konkreten Meilensteinen einen machbaren und effektiven Weg in Richtung 2050 aufzeigt. Erste Vorschläge liegen vor. Die Europäische Kommission handelt mit ihrem Aktionsplan zur Finanzierung nachhaltigen Wachstums[1] derzeit auf Grundlage eines Berichts, den eine von ihr beauftragte Expertengruppe, die High-Level Expert Group on Sustainable Finance (HLEG)[2] entwickelt hat.

Die Vorwärtsgewandtheit der Debatte hat letztlich zweierlei Antrieb. Der *Klimawandel* und die *Finanzkrise* vereinen sich zu einem Ruf nach mehr Stabilität und Nachhaltigkeit im Finanzsektor, dessen Ansehen seit der Finanzkrise erschüttert ist. Die systematische Berücksichtigung des Klimaschutzes könnte Gelegenheit für mehr Glaubwürdigkeit und Stabilität sein. Allein die Integration von Langfristigkeit, die der Klimaschutz verlangt, erfordert eine Neuausrichtung und wirkt sich auch auf soziale Themen und Fragen zur Unternehmensführung aus. Es gilt, Risiken zu minimieren und zugleich die Basis für neue Märkte, Instrumente und Produkte zu schaffen. Die Politik muss dabei sicherstellen, dass das nötige Ambitionsniveau gemäß den Zielen von Paris erreicht wird.

2 Risiko als Chance

Der Think Tank Carbon Tracker brachte im Jahr 2011 eine Studie heraus, die wegweisend war für die Ausrichtung eines Klimadiskurses, der sich bis dato kaum mit den Implikationen der Energiewende für den Finanzmarkt beschäftigt hatte.[3] Die Studie diagnostizierte eine *Kohlenstoffblase*. Wesentliche Vermögenswerte würden verloren gehen, wenn aufgrund des Übergangs zu klimafreundlichen Volkswirtschaften nur ein Bruchteil der Gesamtreserven fossiler Brennstoffe tatsächlich genutzt werden.

Mit der Rede des Gouverneurs der englischen Zentralbank, *MARK CARNEY*, im September 2015, kurz vor der Einigung auf das Klimaabkommen in Paris, kam das Thema klimabezogener Finanzmarktrisiken im Mainstream an.[4] *Drei zentrale Risikotypen* zählte CARNEY darin auf. Physische Risiken beziehen sich ihm zufolge auf Herausforderungen für Versicherungen. Da es zunehmend schwieriger werde, flächendeckend gegen Klimakatastrophen zu versichern, könnten Risikoprämien steigen oder Versicherungsschutz entfallen. Haftungsrisiken, die zweite Risikokategorie, entstünden durch mögliche Schadensersatzforderungen von Verbrauchern, die

---

[1] Vgl. *COM* (2018).
[2] Vgl. *HLEG* (2018).
[3] Vgl. *CARBON TRACKER* (2011).
[4] Vgl. *CARNEY* (2015).

von Verlusten betroffen sind. Davon berührt wären unter anderem auch Fragen zur Forderung der Offenlegung von Risiken des Klimawandels für Geschäftsmodelle. Drittens könnten mit dem Übergang zu klimafreundlichen Volkswirtschaften einhergehende politische und technologische Veränderungen ebenso wie physische Risiken eine Neubewertung vieler Vermögenswerte nach sich ziehen.[5] Während die Folgen für das Finanzsystem unklar seien, betonte CARNEY, könne das Risiko eines weitverbreiteten, abrupten Vermögenswertverfalls aber deutlich reduziert werden, wenn die bereits begonnene Umstellung vorausschauend gesteuert würde.

Untersuchungen des UCL Institute for Sustainable Resources zufolge dürfen weltweit bis 2050 ein Drittel aller Ölreserven, die Hälfte der Gasreserven sowie mehr als 80 Prozent der Kohlereserven nicht mehr gefördert werden, damit die globale Erwärmung auf deutlich unter zwei Grad Celsius eingedämmt werden kann.[6] Eine Analyse von Carbon Tracker aus dem Jahr 2017 zeigt, dass in der Öl- und Gasindustrie Upstream-Projekte in Höhe von 2,3 Billionen US-Dollar – das ist rund ein Drittel der bisherigen Projekte bis 2025 – den globalen Verpflichtungen zur Begrenzung des Klimawandels auf maximal 2°C widersprechen.[7]

Ausmaß und Wahrscheinlichkeit der damit einhergehenden Gefährdung variieren dabei innerhalb des Finanzsektors. Zum Beispiel sind nach Angaben des französischen Finanzministeriums französische Banken Klimarisiken über ein Engagement in Höhe von 1% bis 15% in anfälligen Sektoren / Regionen ausgesetzt (physische und transitorische Risiken). Allerdings stehen die potenziellen Anfälligkeiten der Banken gegenüber dem Klimawandel nicht für eine neue Risikokategorie. Tatsächlich treten diese Risiken in Form von traditionellen finanziellen Risiken auf, die bekannt seien und überwacht würden.[8] Die Studie „Waterproof" der niederländischen Zentralbank zeigt, dass der Klimawandel und der Übergang zu einer CO_2-neutralen Wirtschaft Risiken für den niederländischen Finanzsektor mit sich bringen und dass diese Risiken in den kommenden Jahren noch zunehmen können.[9]

Nach Berechnungen von BATTISTON ET AL. ist zum einen nicht davon auszugehen, dass die direkten Auswirkungen klimapolitischer Maßnahmen auf den fossilen Brennstoff- und Versorgungssektor zu systemrelevanten Dominoeffekten mit Hinblick auf den Finanzsektor führen. Für EU-Banken bestehe durch die Einführung klimapolitischer Regelungen keine Gefahr. Zum anderen zeigen BATTISTON ET AL. jedoch, dass die kombinierten Auswirkungen auf die Aktienportfolios der Finanzmarktakteure in den klimapolitikrelevanten Sektoren potenziell groß sind. Ebenfalls von Bedeutung sind die gegenseitigen Verflechtungen, die das Risiko verstärken.[10] Diese potenziellen Auswirkungen zeigen, dass zumindest *auf systemischer Ebene Risiken* bestehen, weshalb die Wesentlichkeit des Klimarisikos für die Finanzpolitik und -regulierung ein dringendes Thema ist. Es geht letztlich um die grundsätzliche Klimakompatibilität aller Finanzstrukturen und Finanzströme.

Im September 2018 jährt sich der Zusammenbruch der amerikanischen Investmentbank Lehman Brothers zum zehnten Mal. Davor war in den USA eine Immobilienblase geplatzt. Überall auf der Welt hatten Banken faule US-amerikanische Hypothekendarlehen in ihren Büchern. Mit einem Schlag waren diese Verbriefungen enorm beschädigt. Handlungsbedarf

---

[5] Obwohl CARNEYS Unterscheidung vielfach zitiert wird, gibt es auch andere Klassifizierungen. Eine Kategorie, die oft genannt wird, bezieht sich explizit auf den Wandel von Märkten. Ein sich verändernder Energieerzeugungsmix und neue Anforderungen an Rohstoffe beeinflussen Betriebskosten in der gesamten Wertschöpfungskette. Siehe zum Beispiel TCFD (2017).

[6] EKINS/GLADE (2015).

[7] CARBON TRACKER (2017).

[8] TRESOR (2017).

[9] DE NEDERLANDSCHE BANK (2017).

[10] BATTISTON ET AL. (2017).

seitens der Politik besteht daher nicht nur aufgrund des genannten systemischen Risikos. Es stellt sich zudem auch die Frage, wie ein Sektor, der durch spekulatives und kurzsichtiges Verhalten das Vertrauen der Gesellschaft auf eine harte Probe gestellt hat, zur Bewältigung einer so grundlegenden, langfristigen Herausforderung wie dem Klimaschutz beitragen sollte.

Fehlanreize müssen behoben werden. Ein wesentliches Grundproblem, an das der Klimawandel vehement erinnert, obgleich es unabhängig von dieser Herausforderung existiert, ist die zeitliche Begrenztheit des finanziellen Ausblicks. Dies führt dazu, dass wesentliche Fragen außen vor bleiben. Damit liegt eine Tragödie mangelnder Weitsicht vor – frei nach CARNEYS „Tragedy of the Horizon". Viele Unternehmen und Finanzinstitute, die sich für langfristige Wertschöpfung interessieren, sind einem kurzfristigen Markt- und Regulierungsdruck ausgesetzt und investieren daher zu wenig in Human-, Technologie- und Naturkapital. Laufzeitinkongruenzen zwischen langfristigen Projekten, langfristigen Risiken und ihren kurzfristigen Marktpassiva sind daher das Ergebnis.[11] Mangelnde Transparenz hemmt dazu die Identifizierung und das Management langfristiger Risiken.

Der Umschwung hat längst begonnen, aber ohne umfassende Initiative seitens der Politik ging es bisher nicht und wird es auch in Zukunft nicht gehen. Es braucht eine konstruktive Steuerung, die Dynamik und Innovation fördert und somit vielfältige Chancen eröffnet. Nach Angaben von Bloomberg New Energy Finance (BNEF) betrugen Investitionen in saubere Energie im Jahr 2017 333,5 Milliarden US-Dollar. Das sind 3% mehr als im Vorjahr.[12] Weltweit unterzeichneten Unternehmen ein Rekordvolumen von Stromabnahmeverträgen für grüne Energie. Der Anstieg der Aktivität wurde BNEF zufolge sowohl durch Nachhaltigkeitsinitiativen als auch durch die steigende Wettbewerbsfähigkeit erneuerbarer Energien vorangetrieben. In Europa wurden beispielsweise mit Hilfe politischer Maßnahmen wie Subventionen und Zertifikaten Stromabnahmeverträge in Höhe von mehr als 1 GW unterzeichnet.[13]

Eine ähnliche Entwicklung vollzieht sich dementsprechend auch im Finanzsektor. Beispielsweise wurde 2017 eine weltweite Herausgabe von Green Bonds in Höhe von US-Dollar 155,5 Mrd. verzeichnet. Das bedeutet 78% Wachstum gegenüber 2016 und geht über optimistische Prognosen der Climate Bonds Initiative hinaus.[14] In Arbeit sind derzeit eine Reihe von Initiativen zur Etablierung überregionaler einheitlicher Definitionen und Standards für Nachhaltigkeit und damit zur Überwindung individueller oder lokaler Lösungen. Je mehr Klarheit herrscht, desto besser kann sich Investitionstätigkeit entfalten. Um die Ziele von Paris zu erreichen, ist es längst an der öffentlichen Hand, nicht nur über die Energiepolitik, sondern auch über die *Finanzpolitik* zu justieren.

3 Politische Entwicklungen

3.1 Das öffentliche Gut Klimaschutz

Genau wie beispielsweise Gesundheitsfürsorge und soziale Dienste ist der Klimaschutz ein *öffentliches Gut*. Das heißt, dass zum einen das Ausschlussprinzip nicht greift, das als die unzureichende Zuweisung oder Durchsetzbarkeit von Eigentumsrechten an einem Gut definiert ist. Zum anderen liegt keine Rivalität im Konsum vor. Somit kann ein öffentliches Gut zeitgleich

---

[11] *HLEG* (2017) und vgl. auch *HLEG* (2018).
[12] *BNEF* (2018a).
[13] *BNEF* (2018b).
[14] *CLIMATE BONDS INITIATIVE* (2018).

von verschiedenen Individuen und/oder Organisationen genutzt werden.[15] In den Wirtschaftswissenschaften wird in diesem Zusammenhang gerne auf das Gefangenendilemma verwiesen. Dabei handelt es sich um eine stilisierte Interaktionssituation, in der zwei Spieler jeweils die Wahl haben zwischen Kooperation und Nicht-Kooperation. Gemäß der Logik des Spiels entschließen sich die Spieler dazu nicht zu kooperieren, weil jeder davon ausgehen muss, dass auch der andere nicht kooperiert und beide vermeiden wollen ausgebeutet zu werden. Das Ergebnis ist jedoch, dass das öffentliche Gut, um das es geht, nicht bereitgestellt wird und beide Spieler damit letztlich in eine Situation gelangen, die für sie nachteilig ist im Vergleich zu jener, in der beide kooperieren würden. Das lässt sich gut auf den Klimaschutz übertragen: Warum einen Beitrag leisten, wenn andere dies auch nicht tun? Das gilt für Akteure jeglichen Typs, wie zum Beispiel Staaten, Unternehmen, Individuen. Das Ergebnis wäre Fortschreiten und unkontrollierte Konsequenzen des Klimawandels. Man kann argumentieren, dass die gleiche Logik ebenfalls auf die Finanzmarktstabilität anwendbar ist. Es ist jedenfalls nicht ohne Grund, dass diese Interaktionssituation oft als ein wichtiges Instrument bei der Begründung von *Regeln und Institutionen* dient, die den Akteuren helfen, Risiken zu reduzieren, Verlässlichkeit zu schaffen und ein vorteilhaftes (pareto superiores) Resultat zu verwirklichen.

Das Klimaabkommen von Paris vom Dezember 2015 gilt daher als ein Meilenstein der internationalen Diplomatie. Der angekündigte Ausstieg der USA belegt jedoch, wie stark die genannten Nicht-Kooperationsanreize wirken. 2018 bewegt sich die internationale Gemeinschaft nun auf eine Klimakonferenz in Polen zu, bei der es unter anderem zu einer Bestandsaufnahme kommen wird, auf deren Basis die Staaten im Jahr 2020 ihre bisherigen Klimaziele anheben sollen. Derzeit steht die Mehrheit der „National Determined Contributions (NDCs)"[16] nicht im Einklang mit der Vereinbarung von Paris. Der Climate Action Tracker zeigt, dass 24 Regierungen unzureichende Ziele formuliert haben und dass davon 16 Regierungen eine Politik umsetzen, die nicht einmal zur Erreichung ihrer eigenen Ziele führt.[17]

Das Ziel der EU, die Treibhausgasemissionen bis zum Jahr 2030 um mindestens 40 % zu senken, reicht nicht für eine Begrenzung der Erwärmung auf unter 2 °C, geschweige denn auf 1,5 °C.[18] Allein um jedoch das 40 %-Ziel zu erreichen sind nach Angaben der Europäischen Kommission zusätzliche jährliche klimafreundliche Investitionen in Höhe von 180 Mrd. EUR erforderlich.[19] Der öffentliche Sektor akzeptiert zunehmend die Aufgabe, Klimafragen auch in den Verantwortungsbereich des Finanzsektors zu integrieren, um Risiken zu minimieren und um privates Kapital für eine klimaneutrale Wirtschaft zu aktivieren.

3.2 Eine internationale Bewegung

Im Juli 2012 brachte der US-amerikanische Autor und Gründer der Nichtregierungsorganisation 350.org BILL MCKIBBEN die ersten Ergebnisse von Carbon Tracker mit Nachdruck in den politischen Diskurs. Ein großer Anteil fossiler Ressourcen sei zwar noch im Boden, doch

---

[15] Vgl. ERLEI ET AL. (1999) und OLSON (1968).

[16] NDCs, das heißt die „national festgelegten Beiträge", sind Ziele der Staaten zur Senkung von Treibhausgasemissionen. Die Länder legen ihre NDCs selbst fest und melden sie dem UN-Klimasekretariat zur Prüfung des Klimanutzens.

[17] CLIMATE ACTION TRACKER (2017a).

[18] Vgl. CLIMATE ACTION TRACKER (2017b).

[19] DOMBROVSKIS (2017).

„Unternehmen leihen sich Geld dagegen, Nationen stützen ihre Budgets auf die mutmaßlichen Erträge aus ihrem Vermögen."[20]

„Divestment!" war die sich daran anschließende Forderung einer Reihe zivilgesellschaftlicher Akteure. „Divestment" wird dabei als das Gegenteil einer Investition verstanden und bedeutet zugleich, solche Aktien, Anleihen oder Investmentfonds abzustoßen, die moralisch nicht vertretbar sind. Der Divestment-Bewegung gelang es innerhalb weniger Jahre, Unternehmen, Staatsfonds, Universitäten, Stiftungen und Städte dazu zu bewegen, ihr Geld aus fossilen Rohstoffen abzuziehen. Zu den größten Erfolgen dieser Bewegung zählen unter anderem der versprochene Rückzug aus der Kohle von Allianz und Norwegischem Pensions-Fonds im Jahr 2015.

Bald war jedoch auch klar, dass es schwierig sein kann, klimaschädigenden Aktivitäten über Desinvestitionsentscheidungen die Finanzierungsgrundlage zu entziehen. Vattenfall machte 2016 deutlich, dass sich selbst in einem höchst riskanten Marktumfeld wie der Braunkohle in Deutschland ein Käufer finden lässt.

Das Abkommen von Paris erreichte den Durchbruch nicht nur für den Klimaschutz im Allgemeinen, sondern im Besonderen auch mit der unscheinbaren aber wesentlichen Zusage, dass Finanzströme mit einem klimafreundlichen Entwicklungspfad in Einklang gebracht werden sollten. Damit war gesetzt, dass die Finanzwirtschaft sich umstellen und einen entscheidenden Beitrag leisten muss. Unter Vorsitz von MARK CARNEY hatte der Finanzstabilitätsrat (FSB) noch vor der Klimakonferenz von Paris einen Vorschlag für die G20 zur Schaffung einer Industriegeleiteten Taskforce zur Offenlegung von Klimarisiken in Finanzunterlagen veröffentlicht, die „Task Force on Climate-related Financial Disclosures (TCFD)". Dies war eine Reaktion auf die Anfrage der G20 im April, eine Überprüfung dahingehend zu unternehmen, wie man klimabezogene Aspekte sinnvoll offenlegen und berücksichtigen könnte. Zu der von Unternehmer MICHAEL BLOOMBERG geführten Initiative gehörten unter anderem die Axa-Gruppe, JP Morgan Chase und EnBW. Ziel war, einen freiwilligen Rahmen für Unternehmen zu entwickeln. Die Empfehlungen wurden beim G20-Gipfel in Hamburg im Sommer 2017 an Regierungen und Staatsoberhäupter übergeben. Am Ende desselben Jahres hatten bereits 237 Unternehmen mit einer gemeinsamen Marktkapitalisierung von über US-Dollar 6,3 Billionen öffentlich ihre Unterstützung der TCFD-Empfehlungen erklärt. Dazu gehören über 150 Finanzunternehmen, die für Vermögenswerte von über 81,7 Billionen US-Dollar verantwortlich sind.[21] Inzwischen verlangt zudem auch eine Koalition *institutioneller Anleger*, dass Unternehmen ihr Engagement gegen den Klimawandel verstärken. 225 Anleger mit einem verwalteten Vermögen von mehr als US-Dollar 26,3 Billionen wollen sicherstellen, dass Unternehmen rasch handeln, damit Emissionen eingedämmt und klimabezogene Finanzinformationen bereitgestellt werden.[22]

Neben der TCFD hat auch die G20 Green Finance Study Group, die unter chinesischer Präsidentschaft lanciert und gemeinsam mit den Briten etabliert wurde, das Thema auf internationaler Ebene *institutionalisiert*. Diese offizielle Arbeitsgruppe befasste sich zunächst vor allem mit den mit einer grünen Transition einhergehenden Herausforderungen und Möglichkeiten rund um das Bankgeschäft, institutionelle Investoren und den Markt für grüne Anleihen (Green Bonds).[23] China verfolgt bereits seit einigen Jahren systematisch den Übergang zu einer klimafreundlichen Gesellschaft. Dabei ist Klimaschutz für die Volksrepublik nicht nur ein Mittel, die massive *Luftverschmutzung* in seinen Metropolen zu bekämpfen. Der Übergang zu einer

---

20 ROLLINGSTONE (2018).
21 BLOOMBERG/CARNEY (2017).
22 CLIMATEACTION 100+ (2017).
23 G20 GREEN FINANCE STUDY GROUP (2016). Der Schwerpunkt der Untersuchungen wurde im Anschlussbericht unter deutscher G20-Präsidentschaft auf Daten und Risiken gelegt, vgl. G20 GREEN FINANCE STUDY GROUP (2017).

klimafreundlichen Gesellschaft wird auch als Chance gesehen, sich in vielen Wirtschaftsbereichen *neue Märkte zu erschließen*. Eine Reihe von Finanzsystemreformen sollen privates Engagement verstärkt in grüne Investitionen lenken. Dazu gehört unter anderem, dass die People's Bank of China die Pflicht zur Offenlegung von Umweltinformationen für börsennotierte Unternehmen fordert und mit Akzeptanz der TCFD-Empfehlungen im chinesischen Unternehmenssektor gerechnet werden kann.

3.3 Der Beitrag Europas

In Europa hat sich vor allem Frankreich im Zuge der *Vorbereitung auf die Klimakonferenz* in Paris 2015 durch das Setzen neuer Maßstäbe hervorgetan. Artikel 173 (VI) des französischen Energiewendegesetzes definiert innovative Maßnahmen, die institutionelle Anleger dazu verpflichten darüber zu berichten, wie sie ESG-Faktoren, insbesondere Klimaschutzaspekte, in ihre Anlage- und Risikomanagementstrategie einbeziehen. Beim von Präsident EMMANUEL MACRON initiierten One Planet Summit im Dezember 2017 betonte Frankreich seine Unterstützung der TCFD-Empfehlungen[24] und forderte mehr Dynamik von den internationalen Partnern.[25]

Über das Engagement von Zentralbankchef CARNEY hat Großbritannien sich zu einem wichtigen Mitspieler bei der Entwicklung eines nachhaltigen Finanzsystems entwickelt. Dafür war die systematische, innovative Arbeit der vielschichtigen zivilgesellschaftlichen Gemeinschaft vor Ort sowohl inhaltlich als auch im Dialog unter anderem mit Aktionären und institutionellen Investoren ein wesentlicher Antrieb. Gerade auch in Zeiten des Brexits kann man aber inzwischen auch von einer *Standortwettbewerbsdynamik* sprechen, in der Nachhaltigkeit als ein entscheidender Faktor gilt. Die britische Regierung hat über die Einrichtung einer Green Finance Initiative und einer Green Finance Taskforce ihre Absicht bekräftigt, London zu einem wichtigen Zentrum für grüne Finanzen zu machen.[26]

Nach langem Zögern zieht Deutschland nach. Forderungen aus der Zivilgesellschaft zur Gründung einer Green Finance Initiative Frankfurt im Rahmen der von Bündnis 90/Die Grünen Bundestagsfraktion und Die Grünen/Europäische Freie Allianz organisierten International Conference for Sustainable Financial Market Reform im September 2016 gaben über das Engagement des hessischen Wirtschaftsministers TAREK AL WAZIR den Anstoß zur Entwicklung und schließlich Gründung des Green Finance Clusters Frankfurt im November 2017. Ziel ist es, den Finanzstandort Frankfurt als zentralen Ort für klimaschonende und nachhaltige Finanzanlagen zu positionieren. Zu den Mitgliedern der bei der Frankfurt School of Finance and Management angesiedelten Initiative gehören die Deutsche Bank AG, die Helaba, die Deutsche Börse AG, die Metzler Asset Management GmbH, die Commerzbank AG, die Dekabank Deutsche Girozentrale sowie die DZ Bank AG. Gleichzeitig setzt sich die Deutsche Börse zusammen mit dem Rat für Nachhaltige Entwicklung dafür ein, den Hub for Sustainable Finance (H4SF) zu etablieren, der als offenes Netzwerk von Finanzmarktakteuren und weiteren Stakeholdern zu einem nachhaltigen Finanzsystem in Deutschland beitragen soll. Mit der Frankfurter Erklärung ist ein freiwilliges Bekenntnis zur Umsetzung einer gemeinsamen Nachhaltigkeitsinitiative abgelegt worden. Zu den Unterzeichnern gehörten unter anderem die Allianz, EY, HSBC, BNP Paribas, Deutsche Bank, Climate Bonds Initiative und CDP.

---

[24] Auch Schweden und Großbritannien sagten ihre Unterstützung für die Umsetzung der TCFD-Empfehlungen zu.
[25] UNITED NATIONS (2017).
[26] GOV.UK (2017).

Bei einer Veranstaltung in Singapur im Oktober 2017 warnte schließlich auch Bundesbank-Vorstand *ANDREAS DOMBRET* vor der Unterschätzung von Klimarisiken seitens des Finanzsektors. Kurz darauf wurde die Bundesbank neben der Banco de Mexico, der Bank of England, der Banque de France und Autorité de Contrôle Prudentiel et de Résolution (ACPR), De Nederlandsche Bank, der schwedischen Finansinspektionen, der Monetary Authority of Singapore und der People's Bank of China Gründungsmitglied des Central Banks and Supervisors Network for Greening the Financial System. Dem *Risiko durch die systemische Verästelung* über nationale Grenzen hinweg entsprechend leitet die zentrale deutsche Finanzinstitution ihr eigenes offizielles Engagement damit über ein Netzwerk auf internationaler Ebene ein.

Während das Engagement in Europa zunimmt, zum Beispiel auch in den Niederlanden, in Schweden und in der Schweiz, prüft die Europäische Kommission, wie Nachhaltigkeitsaspekte systematisch in den finanzpolitischen Rahmen der EU integriert werden können, um *Mittel für nachhaltiges Wachstum* zu mobilisieren. Dazu hat die Europäische Kommission die HLEG mit der Erarbeitung strategischer Empfehlungen betraut. Mitglieder der im Dezember 2016 einberufenen Gruppe sind Experten aus Zivilgesellschaft, Finanzsektor und Wissenschaft neben Beobachtern aus europäischen und internationalen Institutionen. Auf dem One Planet Summit in Paris im Dezember 2017 betonte Vizepräsident *VALDIS DOMBROVSKIS*, dass „wir mehr brauchen als Stück-für-Stück, Sektor-für-Sektor"[27].

Vorsitzender der HLEG ist *CHRISTIAN THIMANN*, der auch als Vice-Chair bei der TCFD fungiert und Group Head of Regulation, Sustainability and Insurance Foresight beim in Paris ansässigen Versicherungskonzern AXA ist. AXA ist Vorreiter und kann über sein Engagement einen wesentlichen Beitrag zur *Formulierung neuer Standards* leisten. Nach einem ersten Rückzug aus Kohleinvestitionen im Jahr 2015 kündigte das Unternehmen im Dezember 2017 an, dass weitere Kohleanlagen im Wert von EUR 2,4 Mrd. und Teersandanlagen im Wert von EUR 700 Mio. im Rahmen seiner Klimaschutzstrategie veräußert würden.

Der Abschlussbericht der HLEG wurde von Vertretern der Zivilgesellschaft als „*bisher umfassendster Plan zur systematischen Integration von Nachhaltigkeitsaspekten im Finanzwesen in der Europäischen Union*" bezeichnet.[28] Der im März 2018 vorgestellte Aktionsplan[29] der Europäischen Kommission baut auf diesen Bericht auf. Zu den zentralen Bausteinen gehören unter anderem ein einheitliches EU-Klassifikationssystem zwecks Definition und Festlegung zentraler Begrifflichkeiten und Bereiche; die Klärung der Pflicht von Vermögensverwaltern und institutionellen Anlegern hinsichtlich der Berücksichtigung des Kriteriums der Nachhaltigkeit; sowie eine größere Transparenz der Unternehmensbilanzen. Der Plan ist zwar ein wichtiger Schritt nach vorne, die *Umsetzung* wird jedoch eine Herausforderung sein, denn es gilt zügig voranzuschreiten.

4 Fahrplan 2050

Der Klimaschutz ist ein öffentliches Gut. Ein angemessener, kontinuierlich steigender CO_2-Preis hätte geholfen, die bestehenden *externen Effekte*[30] einzupreisen. So lange es diesen CO_2-Preis jedoch nicht gibt, baut sich das Risiko im Finanzsystem auf. Die Gefahr besteht, dass der

---

[27] *DOMBROVSKIS* (2017).
[28] *WWF ET AL.* (2018).
[29] *COM* (2018).
[30] Gemeint sind die Kosten, die nicht vom Verursacher, sondern von Außenstehenden getragen werden.

Planungshorizont von Politik und Finanzsektor hinter den Auswirkungen auf Vermögenswerte und Finanzmarktstabilität zurückbleibt. Auch die Finanzmarktstabilität ist ein öffentliches Gut. Anreize zu setzen, um eine Nische für grüne Finanzprodukte zu entwickeln, greifen daher zu kurz.

Gleichwohl ist das Thema längst nicht voll erschlossen. Innerhalb der gesetzlichen Vorgaben spielt bei der Entwicklung eines neuen Themenbereiches zwecks Sicherstellung von *Legitimität* zum einen die Problemlösungsqualität einer Handlung eine wesentliche Rolle. Zum anderen geht es aber auch um die partizipatorische Qualität eines Entscheidungsprozesses.[31] Es braucht einen Fahrplan für Europa und auf nationaler Ebene, der ausreichend Spielraum sowohl für die öffentliche Hand als auch für die Privatwirtschaft lässt, gleichzeitig jedoch explizit mit den Klimazielen von Paris verknüpft ist und damit für das notwendige Ambitionsniveau sorgt. Wesentlich dafür ist jedenfalls eine allgemeine Bereitschaft zur Veränderung, denn der Status quo wird nicht reichen. Dies muss einhergehen mit gleichberechtigter Beteiligung aller Stakeholder.

Offenlegung und Berichterstattung sind grundlegende Voraussetzungen um fundierte Anlageentscheidungen zu ermöglichen. Mangelnde Einheitlichkeit in der Unternehmensberichterstattung, einschließlich einer unzureichenden Analyse der finanziellen Wesentlichkeit von ESG-Themen[32], macht eine Beurteilung der Auswirkungen genannter Risikofaktoren auf Investitionen zu einer Herausforderung. Die TCFD hat einen freiwilligen, privatwirtschaftlichen Ansatz verfolgt. Das ist wichtig, aber nur ein erster Schritt in Richtung einer umfassenden Offenlegungsregelung, mit der zum einen die meisten Risiken identifiziert werden können und die zum anderen zügig verpflichtend gilt – auch aus Wettbewerbsgründen.

Damit Anleger den Übergang zu einer klimaneutralen Finanzstruktur steuern können, sind quantitative *auf die Zukunft ausgerichtete* Instrumente notwendig, die zugleich auf Vergleichbarkeit ausgerichtet sind. Investoren müssen die Möglichkeit haben, das Risiko eines Unternehmens mit dem eines anderen in einem bestimmten Sektor *zu vergleichen*. Ein wichtiger Fortschritt in dieser Hinsicht wäre die Entwicklung einer standardisierten Szenarioanalyse per Sektor. Die Szenarioanalyse ist eine Methode, mit der mögliche zukünftige Zustände, denen Unternehmen in einem bestimmten Zeitraum ausgesetzt sein könnten, greifbar gemacht werden. Sie ermöglicht es zu prüfen, welche Ergebnisse mit unterschiedlichen Unternehmensstrategien unter vielfältigen wirtschaftlichen, regulatorischen und gesellschaftlichen Bedingungen erwartet werden können.

Wenn es nicht gelingt, langfristige Anlagewerttreiber, zu denen Umwelt, Soziales und Unternehmensführung gehören, systematisch zu berücksichtigen, ist das in der Anlagepraxis auch eine Verletzung der Treuhandpflicht. Die Treuhandpflicht kann für eine Berücksichtigung grüner Kriterien im Finanzsystem sorgen und engen Beschränkungen innerhalb von Nischenmärkten vorbeugen.

Vermögenseigentümer sind in der Pflicht, Engagement bei Risikoanalysen und dem Austausch von Best Practices zu zeigen, um ihre eigene Anfälligkeit zu verstehen und zu verwalten. Das wird einen großen Anteil des erfolgreichen Übergangsmanagements ausmachen. Regulierungsbehörden und politische Entscheidungsträger tragen jedoch letztlich die Verantwortung dafür, ein Gesamtverständnis zu entwickeln. Wie zum Beispiel addieren sich diese Anfälligkeiten, insbesondere wenn miteinander über nationale Grenzen hinweg verbundene Finanzmarktakteure berücksichtigt werden? Wie vergleichen sich Anfälligkeiten mit den aktuellen

---

[31] Vgl. SCHARPF (1999).
[32] Gemeint sind die Themen Umwelt, Soziales und Unternehmensführung (Environment, Social, Governance).

Kapitalpuffern? In welchem Maße muss Regulierung angewendet werden, um Finanzmarktstabilität zu gewährleisten? Grundsätzlich gilt, dass die Bedeutung der Zukunft angemessen berücksichtigt werden muss. Dazu wird auch eine Bewertung geltender Regulierung notwendig sein, um feststellen zu können, inwieweit Kurzfristigkeit in Geschäftsmodellen angeregt wird. Neben vielen offenen Fragen, sticht eine besonders heraus: Was ist der richtige Standard für politisches Handeln, der sicherstellt, dass der Finanzmarkt im Einklang mit dem Ziel von Paris steht, die Erderwärmung auf deutlich unter zwei Grad Celsius zu halten? Es braucht ambitionierte, übergreifend geltende Kriterien, die Finanzmarktsteuerung, Finanzinstrumente und -produkte mit den europäischen und nationalen (ausbaufähigen) Klimastrategien in Einklang bringen. Und es müssen klare Meilensteine formuliert werden, die Kapitalströme sukzessive auf solche Vermögenswerte lenken, die zu einer nachhaltigen wirtschaftlichen Entwicklung beitragen.

Bis 2020 sollte die deutsche Bundesregierung einen Anforderungskatalog an das Finanzsystem zur Erreichung der Klimaziele vorlegen und ein klares Vorgehen verabschieden – gerade rechtzeitig, um auch die Agenda der dann neu besetzten Europäischen Kommission konstruktiv zu begleiten. Institutionen wie zum Beispiel Zentralbanken werden eine entscheidende Rolle bei der Sicherstellung eines angemessenen und ehrgeizigen Übergangs des Finanzsektors spielen. Im Gegensatz zum Finanzsektor und auch zu den Zyklen der Politik sind Zentralbanken aufgrund ihrer Unabhängigkeit und Funktion langfristig ausgerichtet. Eine Analyse ihrer eigenen Regularien sowie ihrer Steuerungsfunktion wäre ein wichtiger nächster Schritt.

Politische Entscheidungsträger und Regulierungsbehörden sehen sich einer großen Aufgabe gegenüber, die sie nicht ablehnen können. Freiwilliges Handeln gibt Führungspersönlichkeiten aus der Privatwirtschaft eine Bühne und öffnet neue Räume. Nachzügler bewegen sich aber nur, wenn es sein muss. Kompetenzübergreifendes Denken und Handeln sind gefordert, wenn die Herausforderung einer Transition zu einem klimakonsistenten Wirtschafts- und Finanzsystem nicht mit Ad-hoc-Maßnahmen, sondern systematisch, effizient und erfolgreich gemeistert werden soll.

Quellenverzeichnis

BATTISTON, S./MANDEL, A./MONASTEROLO, I./SCHÜTZE, F./VISENTIN, G. (2017): A climate stress-test of the financial system, in: Nature Climate Change, Jg. 7 (2017), S. 283–288.

BNEF (2018a): The Force Is With Clean Energy: 10 Predictions for 2018, online: https://about.bnef.com/blog/clean-energy-10-predictions-2018/, Stand: 16.01.2018, Abruf: 08.03.2018.

BNEF (2018b): Corporations Purchased Record Amounts of Clean Power in 2017, online: https://about.bnef.com/blog/corporations-purchased-record-amounts-of-clean-power-in-2017/, Stand: 22.01.2018, Abruf: 08.03.2018.

BLOOMBERG, M./CARNEY, M. (2017): Mike Bloomberg and FSB Chair Mark Carney Announce Growing Support for the TCFD on the Two-Year Anniversary of the Paris Agreement, TCFD-Pressemitteilung, 12.12.2017.

CARBON TRACKER (2011): Unburnable Carbon: Are the World's Financial Markets Carrying a Carbon Bubble?, online: https://www.carbontracker.org/reports/carbon-bubble/, Stand: 13.07.2011, Abruf: 13.03.2018.

CARBON TRACKER (2017): 2 degrees of separation – Transition risk for oil and gas in a low carbon world, online: https://www.carbontracker.org/reports/2-degrees-of-separation-transition-risk-for-oil-and-gas-in-a-low-carbon-world-2/, Stand: 20.07.2017, Abruf: 08.03.2018.

CARNEY, M. (2015): Breaking the Tragedy of the Horizon – climate change and financial stability, online: https://www.bankofengland.co.uk/-/media/boe/files/speech/2015/breaking-the-tragedy-of-the-horizon-climate-change-and-financial-stability.pdf?la=en&hash=7C67E785651862457D99511147C7424FF5EA0C1A, Stand: 29.09.2015, Abruf: 08.03.2018.

CLIMATEACTION 100+ (2017): Global investors launch new initiative to drive action on climate change by world's largest corporate greenhouse gas emitters, Pressemitteilung, online: https://climateaction100.wordpress.com/news-and-events-2/, Stand: 12.12.2017, Abruf: 13.03.2018.

CLIMATE ACTION TRACKER (2017a): Improvement in warming outlook as India and China move ahead, but Paris Agreement gap still looms large, online: http://climateactiontracker.org/publications/briefing/288/Improvement-in-warming-outlook-as-India-and-China-move-ahead-but-Paris-Agreement-gap-still-looms-large.html, Stand: 13.11.2017, Abruf: 08.03.2018.

CLIMATE ACTION TRACKER (2017b): Country Rating, online: http://climateactiontracker.org/countries/eu.html, Stand: 06.11.2017, Abruf: 08.03.2018.

CLIMATE BONDS INITIATIVE (2018): Green Bonds Highlights 2017, online: https://www.climatebonds.net/files/reports/cbi-green-bonds-highlights-2017.pdf, Stand: 01.2018, Abruf: 08.03.2018.

COM (2018): Aktionsplan: Finanzierung nachhaltigen Wachstums, online: http://eur-lex.europa.eu/legal-content/DE/TXT/PDF/?uri=CELEX:52018DC0097&from=EN, Stand: 08.03.2018, Abruf: 13.03.2018.

DE NEDERLANDSCHE BANK (2017): Waterproof? An exploration of climate-related risks for the Dutch financial sector, online: https://www.dnb.nl/en/binaries/Waterproof_tcm47-363851.pdf?2017110615, Stand: 16.10.2017, Abruf: 13.03. 2018.

DOMBROVSKIS, V. (2017): Greening finance for sustainable business (Rede), Paris 12.12.2017.

EKINS, P./GLADE, C. (2015): The geographical distribution of fossil fuels unused when limiting global warming to 2 degree Celsius, in: Nature, 2015, S. 187–190.

G20 GREEN FINANCE STUDY GROUP (2016): G20 Green Finance Synthesis Report, online: http://unepinquiry.org/wp-content/uploads/2016/09/Synthesis_Report_Full_EN.pdf, Stand: 05.09.2016, Abruf: 13.03.2018.

G20 GREEN FINANCE STUDY GROUP (2017): G20 Green Finance Synthesis Report, online: http://unepinquiry.org/wp-content/uploads/2017/07/2017_GFSG_Synthesis_Report_EN.pdf, Stand: 07.2017, Abruf: 13.03.2018.

GOV.UK (2017): UK government launches plan to accelerate growth of green finance, Pressemitteilung, online: https://www.gov.uk/government/news/uk-government-launches-plan-to-accelerate-growth-of-green-finance, Stand: 18.09.2017, Abruf: 13.03.2018.

HLEG (2017): Financing a Sustainable European Economy. Interim Report, High-Level Expert Group on Sustainable Finance, online: https://ec.europa.eu/info/sites/info/files/170713-sustainable-finance-report_en.pdf, Stand: 18.07.2017, Abruf: 13.03.2018.

HLEG (2018): Financing a Sustainable European Economy. Final Report, High-Level Expert Group on Sustainable Finance, online: https://ec.europa.eu/info/sites/info/files/180131-sustainable-finance-final-report_en.pdf, Stand: 31.01.2018, Abruf: 13.03.2018.

ERLEI, M./LESCHKE, M./SAUERLAND, D. (1999), Neue Institutionenökonomik, Stuttgart 1999.

OLSON, M. (1968): Die Logik des kollektiven Handelns. Kollektivgüter und die Theorie der Gruppen, Tübingen 1968.

ROLLINGSTONE (2018): Global Warming's Terrifying New Math, online: https://www.rollingstone.com/politics/news/global-warmings-terrifying-new-math-20120719, Stand: 08.03.2018, Abruf: 08.03.2018.

SCHARPF, F. W. (1999): Regieren in Europa. Effektiv und demokratisch?, Frankfurt a. M. 1999.

TCFD (2017): Final Report: Recommendations of the Task Force on Climate-related Financial Disclosures, online: https://www.fsb-tcfd.org/publications/final-recommendations-report/, Stand: 15.06.2017, Abruf: 13.03.2018.

TRESOR (2017): Assessing climate changerelated risks in the banking sector. Synthesis of the project report submitted for public consultation with regard to Article 173 (V°) of the 2015 French Energy Transition Act, online: https://www.tresor.economie.gouv.fr/Ressources/File/433465, Stand: 19.02.2017, Abruf: 13.03.2018.

UNITED NATIONS (2017): Announcement: French Government identifies 12 key One Planet Commitments, online: https://cop23.unfccc.int/news/french-government-identifies-12-key-one-planet-commitments, Stand: 14.12.2017, Abruf: 13.03.2018.

WWF/GERMANWATCH/KLIMAALLIANZ/FAIR FINANCE INSTITUTE/SÜDWIND/FOSSIL FREE BERLIN (2018): Stellungnahme zum Endbericht der EU Expertengruppe zum nachhaltigen Finanzwesen (HLEG), online: http://mobil.wwf.de/fileadmin/fm-wwf/Publikationen-PDF/Stellungnahme-NGOs-nachhaltige-Finanzen.pdf, Stand: 01.2018, Abruf: 13.03.2018.

Finanzmarktregulierung 2030 – ein gutes Klima für Greening Finance?

KARSTEN LÖFFLER

Frankfurt School – UNEP Collaborating Centre for Climate & Sustainable Energy Finance und *Green Finance Cluster Frankfurt e.V.*[1]

1	Klimabezogene Finanzmarktregulierung – vom schlafenden Riesen zum Retter?	47
2	Klimaperspektive 2030 – Herausforderungen für den Finanzsektor	48
3	Handlungsfelder klimabezogener Finanzmarktregulierung	49
	3.1 Klimabezogene Risiken	49
	3.2 Transparenz	51
	3.3 Anreizsysteme	51
4	Finanzmarktregulierung 2030	52
	4.1 Szenario 1: Der schlafende Riese	52
	4.2 Szenario 2: Der Retter?	53
	4.3 Szenario 3: Das Ideal	54
5	Fazit	55
	Quellenverzeichnis	56

---

[1] Der Beitrag gibt die Auffassung des Autors wieder, nicht die der genannten Institutionen.

1 Klimabezogene Finanzmarktregulierung – vom schlafenden Riesen zum Retter?

Klimabezogene Finanzmarktregulierung ist primär Ausfluss wohlverstandener langfristiger gesamtwirtschaftlicher Abwägungen im Kontext eines unzureichenden Fortschritts in der Realwirtschaft, sichtbar z. B. anhand stagnierender Emissionsreduktion,[2] der zunehmenden Wahrnehmung in Hinblick auf mögliche systemische Risiken im Finanzsektor, verursacht durch den Klimawandel,[3] und das wachsende Verständnis für die Rolle des Finanzsektors bei der Transformation zu einer CO_2-freien Wirtschaft.[4]

So würde eine dezidiert klimabezogene Finanzmarktregulierung vermutlich nicht diskutiert, würde zum einen die Bepreisung von Klimagasen ausreichende Investitionsanreize bieten[5] und wären zum anderen weitere Maßnahmen, die in der Realwirtschaft ansetzen, wie z. B. die konsequente Umstellung der Energieversorgung und des Verkehrssektors, nicht ins Stocken geraten. Dabei geht es inzwischen nicht mehr darum, grüne Nischen im Finanzsektor zu hätscheln, sondern den Finanzsektor insgesamt fit für die Herausforderungen zu machen, die sich mit den Pariser Klimazielen[6] und der globalen Nachhaltigkeitsagenda 2030[7] verbinden.

Unter klimabezogene Finanzmarktregulierung, hier *Greening Finance* genannt, fallen Gesetze, Regulierungen und Richtlinien, die direkten Einfluss auf das Verhalten der Finanzmarktakteure haben, wie zum Beispiel Regeln für das Risikomanagement, Kapitalunterlegungsanforderungen sowie Aufklärungs-, Berichts- und Treuhänderpflichten. Maßnahmen hingegen, die in der Realwirtschaft ansetzen, wie zum Beispiel Einspeisetarife für erneuerbare Energien und Regelungen zur Energieeffizienz von Gebäuden, fallen nicht unter diese Definition, auch wenn sie selbstverständlich (indirekt) Einfluss auf das Verhalten von Finanzmarktakteuren haben.

Die Finanzmarktakteure umfassen ein breit verstandenes Institutionenspektrum mit jeweils unterschiedlichen Perspektiven und Rollen: Banken, Vermögensverwalter, Versicherungen, Börsen, Rating-Agenturen und Investmentberater. Sie unterliegen großteils einer sehr intensiven Regulierung, die die Stabilität und die Effizienz des Finanzmarktes sicherstellen soll.

In diesem Beitrag geht es um die Rolle, die klimabezogene Finanzmarktregulierung in gut einer Dekade, im Jahr 2030, in Bezug auf Greening Finance haben wird. Eine Systematisierung entlang von drei klimabezogenen Finanzmarktregulierungspfaden soll einen groben Überblick ermöglichen.

➢ Der schlafende Riese – Greening Finance findet mangels klimabezogener Finanzmarktregulierung nicht oder kaum statt, bleibt im kommerziellen Bereich eine Randerscheinung bzw. Nischenangelegenheit

➢ Der Retter – Greening Finance wird in Abwesenheit zielgerichteter klimabezogener Regulierung der Realwirtschaft zum entscheidenden Faktor

➢ Das Ideal – Greening Finance und Realwirtschaft ergänzen und fördern sich in natürlicher Weise

---

[2] Vgl. UMWELTBUNDESAMT (2018).
[3] Vgl. z. B. EUROPEAN SYSTEMATIC RISK BOARD (2016).
[4] Vgl. ALLIANZ (2015), AXA (2015), BOISSINOT/SAMAMA (2018), S. 11 ff.
[5] Vgl. AGORA ENERGIEWENDE (2015).
[6] Vgl. UNFCCC (2015), Art. 2 § 1c.
[7] Vgl. UN (2015).

Selbstverständlich kann heute niemand mit Sicherheit sagen, wie die Integration der Auswirkungen des Klimawandels in die Entscheidungen von Finanzmarktakteuren und in Risikomodelle 2030 ausgestaltet sein wird. Ebenso wenig lässt sich vorhersagen, inwieweit es gelungen sein wird, belastbare Messmethoden zu entwickeln, die als Grundlage für (Investitions-)Entscheidungen von Finanzmarktakteuren unerlässlich sind, und die darüber hinaus auch in der Kommunikation mit Investoren und sonstigen Interessengruppen Nutzen stiften. Dennoch ist es die Mühe wert, sich mit verschiedenen Szenarien zu befassen, die in eine fiktive Erzählung eingebunden sind, lassen sich hieraus doch auch aus heutiger Perspektive interessante Anhaltspunkte in Bezug auf das Zusammenspiel von klimabezogener Finanzmarktregulierung mit der Rahmensetzung für die Realwirtschaft ableiten.

2 Klimaperspektive 2030 – Herausforderungen für den Finanzsektor

Auch die Finanzsektorakteure müssen sich in den nächsten Jahren und Jahrzehnten auf weitreichende Folgen im Zusammenhang mit dem Klimawandel einstellen. Die globale Durchschnittstemperatur wird im Zeitraum 2016 bis 2035 gegenüber dem Zeitraum 1986 bis 2005 um weitere 0,3 bis 0,7 °C angestiegen sein. Die Erwärmung gegenüber dem vorindustriellen Niveau liegt bereits bei 0,61 °C.[8]
Die meisten Risiken für den Finanzsektor liegen inzwischen auf der Hand, lediglich ihr Umfang und der Zeitpunkt, zu dem sie relevant werden, sind unsicher. *MARK CARNEY*[9] hat bereits 2015 eine immer wieder aufgegriffene Systematik geprägt:

➢ Physikalische Risiken, z. B. im Zusammenhang mit Extremwetterereignissen, aber auch durch sich langsam vollziehende Entwicklungen wie den Anstieg des Meeresspiegels

➢ Übergangsrisiken, und zwar in mehrfacher Hinsicht

➢ Disruptive Regulierung, z. B. die plötzliche Abschaltung von mit fossilen Brennstoffen betrieben Kraftwerken und die Einführung strenger Energieeffizienzanforderungen für Gebäude

  ➢ Technologiesprünge, z. B. die Entwicklung konkurrenzfähiger Ersatzmaterialien und Preisvorteile alternativer Antriebe

  ➢ Sich plötzlich änderndes Nachfrageverhalten, z. B. nach nachhaltig und CO_2-arm produzierten Gütern

➢ Haftungsrisiken, z. B. aus der potenziellen Inanspruchnahme für notwendige Schutzmaßnahmen gegen klimabedingte Schäden.[10]

Zusätzlicher Anpassungsdruck dürfte aus der noch einmal verschärften Aspiration auf eine maximale Erwärmung in Höhe von 1,5 °C resultieren, wie sie sich im Pariser Klimaabkommen

---

[8] *IPCC* (2014), S. 58 f.
[9] Vgl. *CARNEY* (2015), S. 3.
[10] Vgl. *FRANK* (2017).

findet. Der im Oktober 2018 erwartete *IPCC Special report on the impacts of global warming of 1.5 °C above pre-industrial levels*[11] könnte hierzu ein weiterer Treiber werden.
Für die Finanzindustrie dürften darüber hinaus die Auswirkungen des Klimawandels auf die globale Volkswirtschaft relevant sein. Denn es ist durchaus naheliegend, dass das globale Wachstum bei ungebremster Erwärmung per Saldo auf lange Sicht durchschnittlich niedrigere Raten aufweist als im 1,5°C- oder 2°C-Szenario. Dazu trägt ebenfalls bei, dass die Prämien für Elementarschadenversicherungen vor allem in Küstenregionen mit starker Konzentration von Vermögenswerten deutlich steigen und im Extremfall sogar unbezahlbar werden, mit weitreichenden Konsequenzen für die Werthaltigkeit der Vermögenswerte.[12] Das Einschwenken auf einen geringeren Wachstumspfad und disruptive Effekte können aufgrund seiner Prozyklität deshalb erhebliche Wirkungen auf die Stabilität von Finanzinstitutionen haben.[13]
Gesamtwirtschaftlich wäre deshalb eine auf die Herausforderungen des Klimawandels konsistent ausgerichtete langfristige Strategie vorteilhaft, um die oben genannten Risiken zu minimieren. Wenn diesen Risiken nicht rechtzeitig begegnet wird oder sie sogar schon eingetreten sind, ist es dafür zu spät. Hierfür hat sich der von MARK CARNEY geprägte Begriff *the tragedy of the horizon* etabliert.[14]

3 Handlungsfelder klimabezogener Finanzmarktregulierung

Klimabezogene Finanzmarktregulierung kann die oben erwähnte primär in Betracht zu ziehende klimabezogene Regulierung, die sich direkt auf die Realwirtschaft richtet, sinnvoll ergänzen, indem systematische Schwächen des Finanzmarkts in Bezug auf das Einbeziehen langfristig bedeutender Risiken beseitigt werden und indem die Finanzmarktakteure aktiver zur Finanzierung der Transformation beitragen. Die in diesem Kontext diskutierten Regulierungskonzepte sind im Wesentlichen:

➢ Systematisches Einbeziehen von klimabezogenen Risiken in Investitionsentscheidungen

➢ Transparenz über Klimarisiken und Klima-Performance konsistent über die Stufen der Wertschöpfungskette hinweg

➢ Anreizsysteme, die zu einem Umlenken von Investitionen beitragen

3.1 Klimabezogene Risiken

Das Einbeziehen klimabezogener Risiken (vgl. Kapitel 2) ist Grundlage für das Verständnis der Auswirkungen des Klimawandels auf bestehende und zusätzliche Investitionen von Finanzmarktakteuren, positive wie negative, und unerlässlich für das Management von Finanzanlageportfolios.

---

[11] Vgl. *IPCC* (2018).
[12] Vgl. THE NATIONAL ACADEMY OF SCIENCES (2015) zum National Flood Insurance Protection Program.
[13] Vgl. SACHVERSTÄNDIGENRAT ZUR BEGUTACHTUNG DER GESAMTWIRTSCHAFTLICHEN ENTWICKLUNG (2008), S. 179 ff.
[14] CARNEY (2015). S. 3 ff.

Wirtschaftliche Auswirkungen ergeben sich beispielsweise potenziell aus Einflüssen auf die Bewertung von Vermögenswerten, die mit den Zielen des Pariser Klimaabkommens inkompatibel sind, und bei denen folglich vorzeitige Abschreibungen und Wertverluste drohen. Offensichtlich relevant ist dies für Reserven fossiler Brennstoffe[15] und mit fossilen Brennstoffen befeuerte Kraftwerke.[16] Komplexer ist der Sachverhalt für Sektoren, für deren Hauptprodukte (noch) keine Substitute vorhanden sind (z. B. die Zement- und Stahlindustrie), und die voraussichtlich stark auf die CO_2-Abscheidung angewiesen wären. Diese würden insbesondere durch einen stark steigenden Preis für CO_2 betroffen sein, dessen Wirkungen zwar zum Teil durch Anpassung der Produktionsprozesse abgefedert werden können,[17] bzw. die Kosten für die CO_2-Abscheidung, sodass die wirtschaftliche Beurteilung wesentlich von den Preisüberwälzungsspielräumen determiniert wird.

Finanzinstitute sind deshalb zunehmend gefordert,[18] die klimabezogenen Risiken zu analysieren und hierfür auch plausible Szenarien heranzuziehen, wie sie zum Beispiel die IEA[19] liefert. Die Herausforderungen hierfür sind signifikant.[20] Sie zu überwinden ist entscheidend für den Erfolg klimabezogener Finanzmarktregulierung.

➢ Physikalische Klimarisiken erfordern eine Übersetzungsleistung aus der Klimamodellierung über alle relevanten Schadensursachen hinweg in (volks-)wirtschaftliche Parameter mit hinreichender sektoraler und regionaler Detailtiefe. Noch erfassen Klimamodelle jedoch in der Regel nicht alle Schadensursachen. Auch die regionale Auflösung ist eine Herausforderung. Schlussendlich ist die Übersetzung in wirtschaftliche Effekte mit großen Schwierigkeiten verbunden

➢ Übergangsrisiken sind durch ihre tendenziell binäre Eigenschaft gekennzeichnet: Regulierungsanpassungen wie auch Technologiesprünge üben in der Regel eine unmittelbare Wirkung aus, die ex ante eine signifikante Unsicherheit im Hinblick auf den Zeitpunkt ihres Eintretens bedeutet (Point-in-time-Risiken)

➢ Haftungsrisiken bedürfen aufgrund fehlender Präzedenzfälle Annahmen, die großer Unsicherheit unterliegen.

Nicht zu unterschätzen sind zudem die Herausforderungen in der Praxis für die Rezeption klimabezogener Risiken und damit ebenfalls für klimabezogene Regulierungsschritte. Aufgrund ihrer Komplexität, ihrer Langfristigkeit sowie fehlender Vertrautheit in den Finanzinstitutionen braucht es einfach zu handhabende Systeme, die darüber hinaus hinreichend zuverlässig sein müssen, um Vertrauen bei den handelnden Personen zu schaffen. Regulierung kann Anreize für diesen Prozess setzen. Es dürfte jedoch voreilig sein, von ihr die Lösung für die bestehenden Herausforderungen zu erwarten.

Ergänzt werden können die regulatorischen Anforderungen, indem die fiduziarische Verantwortung explizit um klimabezogene Aspekte erweitert wird.

Das Berücksichtigen von Klimarisiken beeinflusst das Risiko-Ertrags-Profil von Investitionen, sodass sich in der Gesamtschau und basierend auf der Annahme effizienter Finanzmärkte eine volkswirtschaftlich vorteilhafte Kapitalallokation erwarten lässt.

---

[15] Vgl. CARBON TRACKER INITIATIVE (2011).
[16] Vgl. BARCLAYS (2016), S. 43 ff.
[17] Vgl. UNIVERSITY OF CAMBRIDGE INSTITUTE FOR SUSTAINABILITY LEADERSHIP (CISL) (2016).
[18] Vgl. HIGH LEVEL EXPERT GROUP ON SUSTAINABLE FINANCE (2018).
[19] Vgl. IEA (2018).
[20] Für eine Übersicht der Optionen vgl. 2 DEGREE INVESTING INITIATIVE (2016), S. 3.

3.2 Transparenz

Transparenz zum einen über klimabedingte Risiken für den Finanzsektor insgesamt, auf Portfolioebene wie auch im Hinblick auf einzelne Finanzierungs- und Investitionsentscheidungen, und zum anderen über die Wirkung (Impact) von Investitionen und Krediten ist Voraussetzung dafür, dass Akteure vom privaten Anleger über Kreditentscheider bis zu Aufsichtsgremien fundierte Entscheidungen treffen können.
Neben den inhaltlichen Herausforderungen z. B. in Bezug auf Messmethoden, geht es auch darum, in welcher Form Klimarisiken und -wirkungen entlang der verschiedenen Stufen der Investitions- und Kreditwertschöpfungskette transparent gemacht werden:

- Transparenz in Bezug auf die Klimaperformance und die Klimarisiken gegenüber Privatinvestoren, z. B. in Form von grünen Produktlabeln;
- Fiduziarische Verantwortung der Vermögensverwalter, ihre Kunden auf mögliche Klimarisiken sowohl hinzuweisen als auch aktiv in Bezug auf ihre Anlageziele in Bezug auf Klimawirkungen zu befragen;
- Dokumentation, inwieweit die Anlage- und Kreditpolitik mit den Pariser Klimazielen übereinstimmt bzw. einen Beitrag zu ihrem Erreichen leistet;
- Bericht über die Verankerung der Verantwortlichkeit für das Klimarisikomanagement und die -strategie in den Unternehmensgremien.

Für den Nutzen von Transparenz kommt es entscheidend auf qualitativ ausreichend hochwertige Grunddaten aus den zu finanzierenden Aktivitäten an. Hierfür kann Regulierung den entscheidenden Impuls geben und alle relevanten Institutionen auf Standards verpflichten.

3.3 Anreizsysteme

Staatliche Anreizsysteme haben das Potenzial, eine Lenkungswirkung zu entfalten. Ein Beispiel hierfür sind der Green-Support- und der Brown-Penalty-Faktor, die in Abhängigkeit von dem zu finanzierenden Investitionsobjekt Ent- oder Belastungen im Hinblick auf die Eigenkapitalunterlegung bewirken. Diskutiert werden in diesem Zusammenhang mögliche unerwünschte Nebenwirkungen, z. B. im Hinblick darauf, dass die Eigenkapitalunterlegung damit ihren Risikokonnex verlöre und Fehlallokationen hervorriefe. Dem wird entgegengehalten, dass es auch im jetzigen System mit der Privilegierung von Staatsanleihen und der Finanzierung kleiner und mittlerer Unternehmen bereits Systeminkonsistenzen gebe. Zur Bestimmung der in Frage kommenden Investitionsobjekte wäre in jedem Fall eine Taxonomie erforderlich. Darüber hinaus kann eine Selbstverpflichtung des Staates zur Nachfrage nach Finanzdienstleistungen führen, die Klimarisiken und/ oder -wirkungen in den Mittelpunkt stellen. Dies ist ein nicht zu unterschätzender Treiber für die Produktentwicklung und das -angebot. Ebenso können bewusst Nachhaltigkeitsindizes zur Performance-Messung für staatliche Pensionsvermögen verwendet werden.
Ein weiterer Anreiz klimabezogener Finanzmarktregulierung kann in der Verpflichtung bestehen, in die Anreizstrukturen für Gremienmitglieder das Erreichen bestimmter Ziele aufzunehmen, die sich auf Klimarisiken und -wirkungen beziehen.

4 Finanzmarktregulierung 2030

Die Bedeutung klimabezogener Finanzmarktregulierung im Jahr 2030 ist eine spannende Frage, die jedoch erfordert, den realwirtschaftlichen Kontext mit zu betrachten.
Zwar fand klimabezogene Finanzmarktregulierung in Deutschland bis Ende 2017 so gut wie nicht statt. Es zeichnet sich allerdings ab, dass die EU in den nächsten Jahren den Takt auf Basis der Empfehlungen der von der Europäischen Kommission eingesetzten High Level Expert Group on Sustainable Finance vorgeben wird.[21]

	Keine ambitionierte klimabezogene Regulierung des Finanzsektors	Ambitionierte klimabezogene Regulierung des Finanzsektors
Keine ambitionierte klimabezogene Regulierung der Realwirtschaft	Szenario 1 Der schlafende Riese	Szenario 2 Der Retter
Ambitionierte klimabezogene Regulierung der Realwirtschaft	---[22]	Szenario 3 Das Ideal

Tabelle 1: Regulierungsszenarien 2030

Den folgenden fiktiven Narrativen liegen Ideen und mögliche Gründe für den Umfang grundsätzlich denkbarer klimabezogener Regulierungsaktivität bezogen auf den Zeitraum bis zum Jahr 2030 zugrunde. Die Szenarien und die Analyse ihrer Folgewirkungen sind Ausdruck unterschiedlichen politischen Ambitionsniveaus und unterschiedlicher politischer Dynamik in Bezug auf klimabezogene Regulierung in der Realwirtschaft und im Finanzsektor.

4.1 Szenario 1: Der schlafende Riese

Das erste 2030-Szenario ist durch die Abwesenheit ambitionierter klimabezogener Regulierung sowohl in der Realwirtschaft als auch im Finanzsektor gekennzeichnet. Wie konnte es dazu kommen?
Es begann vielversprechend. Die von einigen EU-Mitgliedsstaaten ausgehenden klimabezogenen Regulierungsansätze wurden 2018 von der EU-Kommission aufgenommen und mittels eines EU-Arbeitsplans (*Roadmap*) konkretisiert. Doch sie stießen im Europäischen Rat auf starken Widerstand.
Im Rückblick ist es immer noch unklar, was die wahren Gründe für den Widerstand einiger EU-Mitgliedsländer waren. Vermutungen deuten in unterschiedliche Richtungen.
Eine Erzählrichtung spricht davon, dass die Widerstände wichtiger Industrieverbände und ihrer Mitglieder das entscheidende Moment waren. Sie befürchteten offensichtlich verschlechterte Finanzierungsbedingungen für traditionelle Industrien.

---

[21] Vgl. HIGH LEVEL EXPERT GROUP ON SUSTAINABLE FINANCE (2018).

[22] Dieses Szenario wird nicht vertieft, da eine ambitionierte klimabezogene Regulierung der Realwirtschaft bereits weitgehende Anreize setzt, die auch im Finanzsektor sichtbar werden. Ergänzende Impulse für den Finanzsektor werden in Szenario 3 betrachtet.

Eine zweite Erzählrichtung berichtet von massiven Widerständen in Teilen des Finanzsektors selbst. Ermüdungserscheinungen nach dem massiven Regulierungsschub infolge der Finanzkrise führten dazu, dass weitere Regulierungsschritte als zu einschränkend und wirtschaftlich bedrohlich angesehen wurden. Nicht auszuschließen ist aber auch, dass sich sowohl die von verschlechterten Finanzierungsbedingungen betroffenen Industrien wie auch einflussreiche Stimmen aus den Finanzmarktregulierungsbehörden zu Wort gemeldet haben und Einfluss auf die Position der Finanzindustrie hatten.

Eine dritte, weniger öffentlich diskutierte Erzählrichtung spricht von Widerstand einiger EU-Mitgliedsstaaten. Zum einen war die britische Seite nicht daran interessiert, ihren Vorsprung in Bezug auf klimabezogene Finanzmarktregulierung angesichts des bevorstehenden Brexits zu Lasten des Finanzplatzes London aufzugeben. Zum anderen sorgten sich einige andere EU-Mitgliedsstaaten offensichtlich um die heimische Energieerzeugungsindustrie. Weitere Analysen deuten zudem darauf hin, dass der zunehmende chinesische Einfluss in Europa ebenfalls eine Rolle spielen könnte, wenn es darum geht, die führende fernöstliche Position in Bezug auf grüne Technologien weiter zu stärken.[23]

Die Versuche der Zivilgesellschaft, Einfluss zu nehmen und zur Unterstützung zu aktivieren, scheiterten. Möglicherweise rief die ungewöhnliche Allianz mit progressiven Finanzmarktakteuren bei vielen Aktivisten Misstrauen und Berührungsängste hervor.

Trotz einer weiteren sehr intensiven Wintersturmsaison 2020/ 2021 mit hohen Schäden sowie zunehmender Schwierigkeiten vor allem in den Niederlanden, mit dem Meeresspiegelanstieg zurechtzukommen, und nicht zu sprechen von den Milliardeninvestitionen für die Erhöhung und Kräftigung der Deiche entlang der deutschen Nordseeküste, verlief Anfang der 2020-er Jahre ein erneuter Versuch im Sande, für klimabezogene Finanzmarktregulierung zu werben.

Die Realität im Jahr 2030 zeigt, dass der geschäftliche Erfolg von Finanzinstituten bereits unmittelbar von den negativen Folgen des Klimawandels berührt ist. Zunehmend sind physikalische Schadenereignisse nicht mehr oder nur zur sehr hohen Prämien von Versicherungen gedeckt, mit entsprechender Relevanz für die Kreditqualität. Das durchschnittliche Wachstum der globalen Volkswirtschaft ist im Trend rückläufig, weitere gesellschaftliche Verwerfungen aufgrund immer noch zunehmender Migration aus vom Klimawandel besonders betroffenen Regionen sorgen für Instabilität.

Green Finance findet zwar statt, ist jedoch eine Randerscheinung geblieben und weit davon entfernt, ihr volles Potenzial zu entfalten. Von einer Ausrichtung des Finanzsystems auf die übergeordneten Politikziele (Greening Finance) kann keine Rede sein.

4.2 Szenario 2: Der Retter?

Das zweite 2030-Szenario sticht durch eine ambitionierte klimabezogene Finanzmarktregulierung hervor. In der Realwirtschaft hingegen ist kaum Fortschritt zu verzeichnen. Was waren die entscheidenden Faktoren? Drei Aspekte stechen heraus.

Erstens waren die progressiven Vertreter in der Finanzindustrie das womöglich wichtigste Zünglein an der Waage. Sowohl durch die Mitarbeit in und die Ergebnisse der auch mit Vertretern der Finanzindustrie besetzten Taskforce on Climate-related Financial Disclosure[24] und der High Level Expert Group der EU-Kommission[25] wurde bereits frühzeitig deutlich, dass wichtige Teile der Finanzindustrie Greening Finance unterstützten, in der Praxis vorangingen, und auf diese Weise zeigten, dass sie es ernst meinten, und dass entsprechende Ideen

---

23   BENNER/GASPERS/OHLBERG/POGETTI/SHI-KUPFER (2018).
24   Vgl. TASKFORCE ON CLIMATE-RELATED FINANCIAL DISCLOSURE (2017).
25   Vgl. HIGH LEVEL EXPERT GROUP ON SUSTAINABLE FINANCE (2018).

längerfristig geschäftlich sinnvoll und umzusetzen seien, und nicht zuletzt förderlich für die angekratzte Reputation waren. Dies wäre nicht ohne das weitreichende persönliche Engagement einiger Schlüsselpersonen möglich gewesen. Zudem ließ sich beobachten, dass die Vorreiter vornehmlich langfristig ausgerichteten Institutionen wie Versicherungen und Pensionsfonds sowie Vermögensverwaltern entstammten, die frühzeitig ein umfassendes Verständnis für den Bedarf ihrer Kundschaft hatten.

Zweitens hatten einige europäische Aufsichtsbehörden und auch Regierungen ebenfalls rechtzeitig erkannt, dass es im Sinne der langfristigen Stabilität des Finanzsystems ist, der langfristigen Risiken im Zusammenhang mit dem Klimawandel nicht erst dann gewahr zu werden, wenn es zu spät ist. Hervorzuheben sind die öffentliche Rolle der Bank of England und des französischen Trésor. Aber auch weniger offensichtliche Unterstützung wie die Thematisierung von Klimarisiken im Rahmen der regelmäßigen Aufsichtsgespräche trug dazu bei, Finanzinstitute in der Breite für das Thema zu sensibilisieren.

Drittens wäre das alles nichts ohne die EU-Kommission, die dafür sorgte, die Thematik pragmatisch zusammen mit der Finanzindustrie voranzutreiben, seinerzeit die Bedeutung des Finanzsektors für die Finanzierung der europäischen Transformation hin zu einer Niedrigkohlenstoffwirtschaft erkennend, und dass China bereits einige wichtige Schritte voraus war. Die Aussicht auf nachhaltige Investitionen hat auch skeptische EU-Mitgliedsstaaten überzeugt.

In Abwesenheit einer klimabezogenen realwirtschaftsbezogenen Regulierung war es jedoch weiterhin herausfordernd, grüne Investitionsobjekte, die im Einklang mit den Zielen des Pariser Klimaabkommens sind, allein aufgrund der relativ besseren Finanzierungsbedingungen zu entwickeln. So erstaunt es nicht, dass der Wunsch nach ausreichenden grünen Investitionsmöglichkeiten weit oben auf der Investorenwunschliste stand und steht. Nichtsdestotrotz haben sich die Finanzierungsbedingungen im vergangenen Jahrzehnt so weit verbessert, dass sich die Realwirtschaft zum Teil mit ihren Investitionen darauf eingestellt hat.

Der Finanzsektor ist im Jahr 2030 stabil im Hinblick auf den Klimawandel aufgestellt. Die klimawandelbezogenen Risiken in den Portfolien sind erkannt. Sie sind natürlicher Teil des Risikomanagementprozesses geworden. Umfassende Transparenz für Investoren, Kunden und die Öffentlichkeit ergänzen das traditionelle finanzorientierte Berichtswesen. Bis Mitte der 2020-er Jahre wurden zudem alle notwendigen Analysewerkzeuge so weit entwickelt, dass sie eine verlässliche Entscheidungsbasis darstellen und Grundlage für ein standardisiertes Berichtswesen sind. Um aber zu Deutschlands Retter in Bezug auf die Berücksichtigung des Klimawandels zu werden, war der Finanzsektor zu sehr auf sich allein gestellt.

Denn der Finanzsektor ist traditionell zurückhaltend in seiner Positionierung gegenüber der Realwirtschaft. Hinter vorgehaltener Hand ist jedoch hier und dort zu vernehmen, dass ein Umdenken auch für die Realwirtschaft als wünschenswert angesehen wird, um Deutschland in eine noch stärker führende und zukunftsgerichtete wirtschaftliche Position zu bringen.

4.3 Szenario 3: Das Ideal

Das dritte 2030-Szenario besticht durch eine ambitionierte und aufeinander abgestimmte klimabezogene Finanzmarkt- und Realwirtschaftsregulierung. Was hat zu dem Umdenken geführt? Neben den unter 4.2 genannten Aspekten für den Finanzsektor schienen insbesondere zwei darüberhinausgehende Aspekte relevant zu sein.

Erstens reifte nach dem Verfehlen der nationalen 2020-er Klimaziele die Einsicht im politischen Berlin, dass eine langfristig ausgerichtete, konsistente und glaubwürdige Klimapolitik Voraussetzung für eine international wettbewerbsfähige deutsche Wirtschaft ist. Schlussendlich wurden die Beharrungskräfte überwunden, die mit kurzfristigen Belastungen für Wirtschaft und Arbeitskräfte durch das Umsteuern auf eine nachhaltige ausgerichtete Wirtschaft argumentierten. Vielmehr traten die Folgen des Unterlassens der Anpassung mehr und mehr in den Vordergrund, und der Mut, in den wirtschaftlichen und sozialen Wandel zu investieren, stieg im 20. Bundestag[26] und unter neuer Kanzlerschaft.

Befördert wurde diese Entwicklung zudem durch die Führungsrolle Chinas. Besonders deutlich wurde dies neben der Übernahme der Weltmarktführerschaft für grüne Technologien schon frühzeitig durch die rasante Umstellung des Verkehrssektors auf Elektromobilität. Für Deutschland wurde es zu einer großen Herausforderung, den zwischenzeitlichen chinesischen Vorsprung aufzuholen und das Ingenieurswissen wieder auf ein Niveau anzuheben, das den einmal bestehenden Technologievorsprung wiederherstellte.

Auch gesellschaftspolitische Herausforderungen wie Tendenzen zum Rückbezug auf die Nation und Infragestellen wissenschaftlicher Erkenntnisse konnten diese Entwicklung nicht stoppen.

Damit wurde im letzten Jahrzehnt erreicht, dass sich Finanz- und Realwirtschaft in natürlicher Weise ergänzen und gegenseitig befördern.

5 Fazit

Es liegt im Ermessen der Leserinnen und Leser, die Wahrscheinlichkeit und die Herleitung der Szenarien einzuschätzen. Genauso aber auch, völlig andere Szenarien zu entwerfen.

Im Rückblick ist es beeindruckend, welche Entwicklung sich aus der Mitte des Finanzsektors kommend vollzogen hat. Ohne das tiefe Verständnis für die Stellschrauben und die Herausforderungen der Praxis wäre es nicht so weit gekommen. Aber auch nicht, ohne dass nicht herausragende Persönlichkeiten die richtigen Fragen und Dilemmata in die Mitte des Bewusstseins der Industrie gerückt hätten, und Lösungsvorschläge erarbeitet hätten.[27]

Zentral war, ist und bleibt das Überwinden der Kurzfristorientierung im Denken und Handeln, bei der Vergabe von Krediten, beim Portfolio- und Risikomanagement, bei der Erfolgsmessung, aber ebenso auch im politischen Handeln. Transparenz auf allen Ebenen ist ein Werkzeug, dies soweit es geht zu beobachten und z. B. die wohlverstandenen Interessen von (künftigen) Pensionären zu berücksichtigen. Wie viele Menschen würden auf ein paar Basispunkte Rendite zugunsten einer lebenswerten Umwelt und funktionierender Gesellschaften verzichten? Ein Szenario mit fortgeschrittener klimabezogener Finanzmarktregulierung und dem einen oder anderen Fortschritt im Realsektor scheint derzeit am Wahrscheinlichsten.

Traditionelle Geschäftsmodelle werden durch die unvermeidliche Transformation kontinuierlich unter Druck stehen. Gut beraten ist, wer sich frühzeitig darauf einstellt und dabei nicht nur die einzelwirtschaftlichen Interessen, sondern auch die gesamtwirtschaftliche und damit die gesellschaftliche Entwicklung im Blick behält.

---

[26] Die konstituierende Sitzung des 19. Bundestags fand am 24. Oktober 2017 statt. Der 20. Bundestag wird regulär im Herbst 2021 gewählt werden.

[27] Vgl. beispielhaft *ANDERSSON/BOLTON/SAMAMA* (2016) und HIGH LEVEL EXPERT GROUP ON SUSTAINABLE FINANCE (2018).

Quellenverzeichnis

AGORA ENERGIEWENDE (2015): Die Rolle des Emissionshandels in der Energiewende. Perspektiven und Grenzen, Berlin 2015.

ALLIANZ (2015): Climate protection will become part of core business, Pressemitteilung, online: https://www.allianz.com/en/press/news/financials/stakes_investments/151126_climate-protection-will-become-part-of-core-business/, Stand: 26.11.2015, Abruf: 28.02.2018.

2 DEGREE INVESTING INITIATIVE (2016): Investor Climate Disclosure – Stitching together Best Practice, online: https://www.bafu.admin.ch/dam/bafu/en/dokumente/klima/externe-studien-berichte/investor_climatedisclosurestitchingtogetherbestpractices.pdf.download.pdf/investor_climatedisclosurestitchingtogetherbestpractices.pdf, Stand: 01.05.2016, Abruf: 28.02.2018.

ANDERSSON, M./BOLTON, P./SAMAMA, F. (2016): Hedging Climate Risk, in: Financial Analysts Journal, 2016, Nr. 72 (3), S. 13–32.

AXA (2015): AXA accelerates its commitment to fight climate change, Pressemitteilung, online: https://www.axa.com/en/newsroom/press-releases/axa-accelerates-its-commitment-to-fight-climate-change, Stand: 12.2017, Abruf: 28.02.2018.

BARCLAYS (2016): German Utilities: Scoping the 'Tragedy of the Horizon', online: http://www.longfinance.net/images/reports/pdf/Barclays-%20German%20Utilities%20Scoping%20the%20Tragedy%20of%20the%20Horizon%202016%20(1).pdf, Stand: 01.09.2016, Abruf: 28.02.2018.

BENNER T./GASPERS, J./OHLBERG, M./POGETTI, L./SHI-KUPFER, K. (2018): Authoritarian Advance: Responding to China's Growing Political Influence in Europe GPPi & MERICS, Berlin 2018.

BOISSINOT, J./SAMAMA, F. (2018), Climate Change: A Policy Making Case Study of Capital Markets' Mobilization for Public Good, unpublished.

CARBON TRACKER INITIATIVE (2011): Unburnable Carbon – Are the world's financial markets carrying a carbon bubble?, online: https://www.carbontracker.org/wp-content/uploads/2014/09/Unburnable-Carbon-Full-rev2-1.pdf, Stand: 10.10.2017, Abruf: 28.02.2018.

CARNEY, M. (2015): Breaking the tragedy of the horizon - climate change and financial stability, Speech, London 2015, online: https://www.bankofengland.co.uk/-/media/boe/files/speech/2015/breaking-the-tragedy-of-the-horizon-climate-change-and-financial-stability.pdf?, Stand: 29.09.2015, Abruf: 28.02.2018.

EU HIGH-LEVEL EXPERT GROUP ON SUSTAINABLE FINANCE – HLEG (2018): Financing a Sustainable European Economy. Final Report, online: https://ec.europa.eu/info/sites/info/files/180131-sustainable-finance-final-report_en.pdf, Stand: 2018, Abruf: 28.02.2018.

EUROPEAN SYSTEMATIC RISK BOARD (2016): Too late, too sudden: Transition to a low-carbon economy and systemic risk, Reports of the Advisory Scientific Committee No 6, Frankfurt 2016.

FRANK, W. (2017): The Huaraz Case (Lluiya v. RWE) – German Court opens Recourse to Climate Law Suit against Big CO2-Emitter, online: http://blogs.law.columbia.edu/climatechange/2017/12/07/the-huaraz-case-lluiya-v-rwe-german-court-opens-recourse-to-climate-law-suit-against-big-co2-emitter/#_ftnref1, Stand: 07.12.2017, Abruf: 28.02.2018.

IEA (2018): Scenarios and projections, online: https://www.iea.org/ publications/scenarios andprojections/, Stand: 19.02.2018, Abruf: 20.02.2018.

IPCC (2014): Climate Change 2014: Synthesis Report. Contribution of Working Groups I, II and III to the Fifth Assessment Report of the Intergovernmental Panel on Climate Change [Core Writing Team, *PACHAURI, R. K./MEYER, L. A.* (Hrsg..)]. IPCC, Geneva/Switzerland, 2014.

IPCC (2018): Global Warming of 1.5 °C, online: http://www.ipcc.ch/report/sr15/, Stand: 2017, Abruf: 28.02.2018.

SACHVERSTÄNDIGENRAT ZUR BEGUTACHTUNG DER GESAMTWIRTSCHAFTLICHEN ENTWICKLUNG (2008): Jahresgutachten 2008/09, Die Finanzkrise meistern – Wachstumskräfte stärken, Wiesbaden 2008.

TASKFORCE ON CLIMATE-RELATED FINANCIAL DISCLOSURE (2016): Final Report. Recommendations of the Taskforce on Climate-related Financial Disclosure, online: https://www.fsb-tcfd.org/wp-content/uploads/2017/06/FINAL-TCFD-Report-062817.pdf, Stand: 06.2017, Abruf: 28.02.2018.

THE NATIONAL ACADEMY OF SCIENCES (2015): Affordability of National Flood Insurance Program Premium – Report 1, online: https://www.nap.edu/resource/21709/Affordability-of-NFIP-final.pdf, Stand: 03.2015, Abruf: 28.02.2018.

UMWELTBUNDESAMT (2018): Klimagasemissionen stiegen im Jahr 2016 erneut an, Pressemitteilung, online: https://www.umweltbundesamt.de/presse/pressemitteilungen/klimagasemissionen-stiegen-im-jahr-2016-erneut-an, Stand: 23.01.2018, Abruf: 28.02.2018.

UN (2015): A/RES/70/1, Transforming our world: the 2030 Agenda for Sustainable Development, New York 2015.

UNFCCC (2015): Decision 1/CP.21 Adoption of the Paris Agreement. Transforming our world: the 2030 Agenda for Sustainable Development, online: http://www.un.org/ga/search/view_doc.asp?symbol=A/RES/70/1&Lang=E, Stand: 21.10.2015, Abruf: 28.02.2018.

UNIVERSITY OF CAMBRIDGE INSTITUTE FOR SUSTAINABILITY LEADERSHIP (CISL) (2016): Feeling the heat: An investors' guide to measuring business risk from carbon and energy regulation, Cambridge 2016.

Klimafinanzierung in Deutschland – Investitionen in die Transformation

Aleksandra Novikova, Ingmar Juergens, Kateryna Stelmakh, Felix Peterka und *Julie Emmrich*

Institut für Klimaschutz, Energie und Mobilität (IKEM) und *Deutsches Institut für Wirtschaftsforschung (DIW)*

1	Einleitung	61
2	Klimabezogene Verpflichtungen	61
	2.1 Klimaziele und Rahmensetzung der EU	61
	2.2 Deutschlands nationale Ziele	62
3	Investitionsbedarf und aktuelle Trends	63
	3.1 Schätzungen auf EU-Ebene	63
	3.2 Prognosen für Deutschland	64
4	Aktuelle Investitionen und Trends	65
	4.1 Erneuerbare Energieerzeugung	65
	4.2 Infrastruktur des Stromnetzes	67
	4.3 Sektoren der Endenergieverbraucher	68
5	Werden wir die Investitionslücke schließen?	71
	5.1 Notwendigkeit von Bottom-up-Schätzungen und harmonisierter Datenerhebung	71
	5.2 Einführung harmonisierter Datenerhebung im privaten wie öffentlichen Sektor	72
	5.3 Sind wir auf dem richtigen Weg?	73
6	Schlussbetrachtung	74
Quellenverzeichnis		76

1 Einleitung

Internationale Gutachten zum Klimawandel[1] stimmen darin überein, dass zur Begrenzung der Globalen Erwärmung auf das 2°C-Ziel ein tiefgreifender gesellschaftlicher Wandel vonnöten ist. Veränderungen in der Nutzung und Erzeugung von Energie, Flächennutzung, Ernährungsweise und Lebensstil sind nicht nur notwendig, um die globale Erwärmung zu begrenzen, sondern auch, um sich an das veränderte Klima und mögliche Folgeschäden anzupassen. Hierfür ist nicht nur eine Umverteilung der Investitionsflüsse entscheidend, sondern auch deren Erhöhung.

Die vorliegende Arbeit liefert anhand einer Literaturanalyse einen Überblick über den aktuellen Stand Deutschlands hinsichtlich Investitionen in den Klimaschutz. Dabei gilt es in erster Linie darzustellen, wieviel Deutschland bereits investiert hat und noch investieren muss, um nationale Ziele und seinen Beitrag zu internationalen Klimazielen zu erreichen. Außerdem identifizieren wir Herausforderungen in Bezug auf die Datenlage und Nachverfolgbarkeit klimaspezifischer Investitionen.

Die Arbeit gliedert sich in sechs Abschnitte. In Kapitel Zwei werden die Klimaziele der Europäischen Union und Deutschlands und somit der politische Rahmen der Arbeit dargestellt. Kapitel Drei zeigt die zu Erreichung dieser Ziele notwendigen Investitionen anhand aktueller Literatur auf. Kapitel Vier analysiert aktuelle Literatur zu gegenwärtigen Investmenttrends und -Lücken für die einzelnen Sektoren Deutschlands. Hierauf folgt in Kapitel Fünf eine Diskussion der dargelegten Zahlen, auf welche in Kapitel Sechs die Schlussbetrachtung folgt.

2 Klimabezogene Verpflichtungen

2.1 Klimaziele und Rahmensetzung der EU

Die Klimaziele der Europäischen Union und ihr rechtlicher Rahmen sind die Grundlage für die Verpflichtungen der Mitgliedsstaaten sowie deren politische und rechtliche Umsetzung. Das Engagement der EU, die Treibhausgas(THG)-Emissionen zu begrenzen, beginnt bereits in den 1990er Jahren. Als Teil der *Energieunion* ist der Kampf gegen den Klimawandel unter den zehn wichtigsten Prioritäten der *EUROPÄISCHEN KOMMISSION*. Diese Priorität steht im Einklang mit dem *Fahrplan für den Übergang zu einer wettbewerbsfähigen CO₂-armen Wirtschaft bis 2050*, der die langfristigen Ziele der EU zur Senkung der CO_2-Emissionen definiert. In aggregierter Form sieht der Fahrplan vor, dass die EU ihre THG-Emissionen um 20 % pro Jahrzehnt reduziert und bis 2050 ein Reduktionsziel von 80 % im Vergleich zu 1990 erreicht. Sie legt auch sektorspezifische Ziele fest, wie in Tabelle 1 dargestellt.

---

[1] Vgl. *IPCC* (2014).

Sektor	Deutschland	EU	
	2030	2030	2050
Energie	- 61 bis - 62 %	- 54 bis - 68 %	- 93 bis - 99 %
Gebäude	- 66 bis - 67 %	- 37 bis - 53 %	- 88 bis - 91 %
Transport	- 40 bis - 42 %	+ 20 bis - 9 %	- 54 bis - 67 %
Industrie	- 49 bis - 51 %	- 34 bis - 40 %	- 83 bis - 87 %
Landwirtschaft	- 31 bis - 34 %	- 36 bis - 37 %	- 42 bis - 49 %
Übrige	- 87 %	- 72 bis - 73 %	- 70 bis - 78 %
Insgesamt	- 55 bis -56 %	- 40 bis - 44 %	- 79 bis - 82 %

Tabelle 1: THG-Reduktionsziele Deutschlands und der EU, insgesamt und auf Sektorebene, im Vergleich zu 1990 [2]

Der *Rahmen für Klima- und Energiepolitik bis 2030* führte im Einklang mit seinen langfristigen Verpflichtungen eine Reihe von Zielvorgaben für die Dekarbonisierung zwischen den Mitgliedstaaten ein.[3] Dazu gehört ein verbindliches Ziel, bis zum Jahr 2030 einen Anteil von 27 % erneuerbarer Energien am Energieverbrauch zu erreichen; ein indikatives Ziel von 27 % Energieeinsparungen gegenüber dem *Business-as-usual-Fall* im selben Jahr; und ein THG-Emissionsreduktionsziel von 40 % im Jahr 2030 im Vergleich zu 1990.

2.2 Deutschlands nationale Ziele

Deutschland blickt auf eine lange Geschichte nachhaltiger Energiepolitik zurück, beginnend in den 1970er und 1980er Jahren und entwickelte entsprechend früh Ansätze wirksamer Klima- und Umweltschutzpolitik. Als Reaktion auf die EU-Klimaziele entwickelte die damalige Bundesregierung das Energiekonzept 2010 und setzte sich eine Reduktion der THG-Emissionen von 80–95 % in 2050 verglichen mit 1990 zum Ziel.[4] Mit der Fukushima-Kernschmelze wurde dieses um das Energiewende-Gesetz und den vollständigen Ausstieg aus der Atomenergie ergänzt. Als Reaktion auf den Klimagipfel in Paris folgte mit dem Klimaschutzplan 2050 die Festlegung von mittelfristigen und sektorspezifischen (Zwischen-)Zielen zur Senkung der THG-Emissionen für 2030 (siehe Tabelle 1), sowie Leitbilder und strategische Maßnahmen für jedes Handlungsfeld.[5] Er fasst den Klimaschutz als lernenden Prozess auf und sieht nach erfolgter Evaluation weitere Ziele für die nachfolgenden Dekaden vor.

Tabelle 1 zeigt, dass die Klimaziele Deutschlands über die Vorgaben der Europäischen Union hinausgehen. Beispielsweise sind die aggregierten Reduktionsziele 2030 mit 50–56 % deutlich höher als die 40–44 % Vorgabe der EU. Sektorspezifisch sticht vor allem der Gebäudesektor mit deutlich höheren Zielen (66–67 %) bis 2030 hervor im Vergleich zur Vorgabe der EU (37–53 %).

---

[2] Vgl. zu den Daten EUROPÄISCHE KOMMISSION (2011) und BMUB (2016).
[3] Vgl. EUROPÄISCHE KOMMISSION (2014).
[4] Vgl. BUNDESREGIERUNG (2010) und AGORA ENERGIEWENDE (2015).
[5] Vgl. BMUB (2016).

3 Investitionsbedarf und aktuelle Trends

Während die politischen Ziele bis 2050 auf EU- und Bundesebene bereits festgelegt sind, bleibt die Diskussion um Zielerreichung (v. a. 2020) und die korrespondierende Investitionslücke bestehen. Wie wir weiter unten zeigen, herrscht trotz Unterschieden in der akademischen wie politischen Diskussion weitgehend Einigkeit über die Höhe notwendiger Investitionen zwischen 0,5 und 2,0 % des Bruttoinlandsproduktes (BIP).
Gegenwärtig gibt es in Deutschland kein einheitliches System zur Erhebung und Darstellung öffentlicher und privater klimarelevanter Investitionsdaten. Auf EU-Ebene wurden 2017 Empfehlungen zur Nachverfolgung klimarelevanter Ausgaben im EU-Budget veröffentlicht.[6] Weder auf EU-Ebene noch in Deutschland gibt es fundierte Kenntnisse über gegenwärtige klimarelevante Investitionen. Lediglich *JUERGENS ET AL.* (2012) haben umfassend analysiert und berechnet, in welchem Umfang 2010 tatsächlich klimarelevante Investitionen getätigt wurden.[7] Aufgrund der mangelhaften Datenverfügbarkeit stützt sich die vorliegende Literatur zu Investitionslücken und zu Investitionsbedarfen weitestgehend auf die gleichen Top-Down-Modellierungsansätze.

3.1 Schätzungen auf EU-Ebene

Der *Fahrplan für den Übergang zu einer wettbewerbsfähigen CO$_2$-armen Wirtschaft bis 2050* liefert eine Schätzung des EU-weiten Investitionsbedarfs vom Zeitpunkt seiner Veröffentlichung 2011 bis 2050. Entsprechend werden jährlich private und öffentliche Investitionen in Höhe von ca. 270 Mrd. EUR oder 1,5 % des EU BIP benötigt. Der Plan legt hierbei besonderes Augenmerk auf die Rolle öffentlicher Finanzinstrumente als Anreiz für private Investoren.
TRINOMICS (2017)[8] werten u. a. vier Studien zum Investitionsbedarf auf EU Ebene aus, deren Szenariorahmen mit den EU-2030-Zielen übereinstimmen. Alle vier Studien haben anhand makro-ökonomischer Modellierungen Szenarien mit unterschiedlichen Annahmen und Definitionen durchgeführt und einen jährlichen Investitionsbedarf zwischen 233 und 900 Mrd. EUR[9] bis 2050 ermittelt. Diese Zahlen beinhalten alle relevanten Business-as-usual- und Einzelinvestitionen.
TRINOMICS (2017) und unserer eigenen Einschätzung nach ist die aktuellste und umfassendste Schätzung zum Investitionsbedarf in der Folgenabschätzung der *EUROPÄISCHEN KOMMISSION* zum *clean energy paket* enthalten[10]. Demnach sind zwischen 2020 und 2030 insgesamt 11,15 Bill. EUR bzw. jährlich 1,1 Bill. EUR an Investitionen erforderlich. Diese Zahlen beinhalten alle relevanten Referenz-[11] und Einzelinvestitionen. In einer Gegenüberstellung der

---

[6] Vgl. *EUROPÄISCHE KOMMISSION* (2017).
[7] Vgl. *JÜRGENS ET AL.* (2012).
[8] Vgl. *TRINOMICS* (2017).
[9] Umrechnung ausgehend von 300 Mrd. USD (2012).
[10] Vgl. *EUROPÄISCHE KOMMISSION* (2016) „Impact Assessment of the EU Commission Communication Clean Energy for All Europeans".
[11] Referenzinvestitionen sind die im Referenzszenario (also hier im „Business-as-usual-Szenario") bereits enthaltenen Investitionen.

verschiedenen Szenarien ergibt sich ebenfalls die Investitionslücke im Vergleich zum *Business-as-usual-Fall*. Werden die bereits implementierten Maßnahmen von 2016 an schlicht fortgeführt, entspricht dies Investitionen von 938 Mrd. EUR pro Jahr und damit einer Investitionslücke gegenüber dem Zielszenario von 177 Mrd. EUR pro Jahr.

3.2　Prognosen für Deutschland

In Deutschland arbeiten mehrere Forschungsgruppen an der Berechnung des Investitionsbedarfs und der Investitionslücke, wobei die Mehrheit auf makroökonomische Ansätze und manchmal ökonometrische Ansätze zurückgreift. Ihr Ansatz ähnelt dem der Folgenabschätzung: Sie schätzen die Gesamtinvestition für das Erreichen der Verpflichtungen des Landes im Jahr 2050 und ziehen daraus die Investition des Referenzszenarios mit historischen Trends und aktuellen Politiken ab.

Die jüngsten Schätzungen stammen von GERBERT ET AL. (2018) für Szenarien, in denen die Emissionsreduktionsziele von 80 % und 95 % im Jahr 2050 erreicht werden sollen.[12] Den Autoren zufolge beläuft sich der Investitionsbedarf für Szenarien über 2018-2050 auf insgesamt 1,5 bzw. 2,3 Billionen EUR. Davon sind 530 Mrd. EUR die Gesamtinvestition des Referenzszenarios. Dies entspricht einem zusätzlichen Investitionsbedarf von 30 bzw. 54 Mrd. EUR pro Jahr, entsprechend 0,9 % bzw. 1,6 % des deutschen BIP im Jahr 2017.[13]

SCHLESINGER ET AL. (2014) modellierten ebenfalls ein Zielszenario zur Erreichung des 80 % THG-Reduktionsziels bis 2050.[14] Ausgangslage für das Referenzszenario war hierbei die wirtschaftliche und politische Situation des Jahres 2014, welche bis 2050 fortgeschrieben wurde. Die Autoren kommen zu dem Schluss, dass zwischen 2012-2050 zusätzliche Investitionen in Höhe von 450 Mrd. EUR erforderlich sind. Dies entspricht einem jährlichen Durchschnitt von ca. 12 Mrd. EUR oder 0,3 % des deutschen BIP (2012).

Bis heute gibt es in Deutschland kein System zur Datenerhebung von öffentlichen oder privaten Investitionen in klimabezogene Maßnahmen. Die einzige Studie, die tatsächlich Investitionen auf nationaler Ebene berechnet und nach Geldquellen, Intermediären, Finanzierungsinstrumenten und Verwendungszweck bzw. Zielsektor aufschlüsselt, ist JUERGENS ET AL. (2012).[15] Die Autoren verwendeten einen empirischen, datenbasierten Bottom-up-Ansatz, bei dem Daten aus verschiedenen Datenquellen zusammengetragen wurden, wodurch es möglich war, die Struktur dieser Investitionen zu analysieren.

Demnach beliefen sich die klimabezogenen Investitionen in Deutschland im Jahr 2010 auf 37 Mrd. EUR bzw. etwa 1,5 % des deutschen BIP. Die Investitionen kamen größtenteils aus dem privaten Sektor, befördert durch Anreize wie Einspeisetarife und zinsgünstige Darlehen öffentlicher Banken[16]. Da es keine Schätzungen vergleichbarer Methodik zum Investitionsbedarf gab, konnte ein Rückschluss auf die Investitionslücke nicht getroffen werden.

---

[12]　Vgl. GERBERT ET AL. (2018), S. 86.
[13]　Deutschlands BIP betrug im Jahr 2017 3,26 Mrd. EUR nach *EUROSTAT*.
[14]　Vgl. SCHLESINGER ET AL. (2014).
[15]　Vgl. JUERGENS ET AL. (2012).
[16]　Hierbei handelt es sich v.a. um die KfW und die landwirtschaftliche Rentenbank, aber auch Landesförderinstitute.

4 Aktuelle Investitionen und Trends

Informationen zum aktuellen Investitionsstand klimabezogener Maßnahmen in Deutschland verteilen sich über eine breite Literatur, welche vor allem individuelle Maßnahmen und Einzelfälle betrachtet. Während der Investitionsbedarf wie oben diskutiert, mit Hilfe von Top-Down-Ansätzen berechnet wurde, verwenden Studien zur Berechnung tatsächlich getätigter Investitionen sowohl Top-down- als auch Bottom-up-Ansätze.

4.1 Erneuerbare Energieerzeugung

Die Bewertung des zusätzlichen Investitionsbedarfs, der sowohl auf EU-Ebene als auch auf deutscher Ebene mithilfe von Top-down-Ansätzen durchgeführt wurde,[17] zeigt keinen signifikanten Investitionsbedarf für erneuerbare Energien (Abbildung 1). Laut TRINOMICS (2016), welche die aggregierten Zahlen der EUROPÄISCHEN KOMMISSION (2016) weiter aufgeschlüsselt haben, beträgt der Investitionsbedarf auf EU-Ebene für Investitionen im *Business-As-Usual*-Fall 25 Mrd. EUR und für zusätzliche Investitionen 9 Mrd. EUR jährlich von 2020–2030. Allerdings hängt der Ausbaubedarf erneuerbarer Energien v. a. für längerfristige Szenarien stark von der Entwicklung v. a. der Stromnachfrage ab, die sich u. a. durch entsprechend grünstrombasierte Dekarbonisierungsstrategien in anderen Sektoren (v. a. Verkehr oder Industrie) erheblich erhöhen würde.

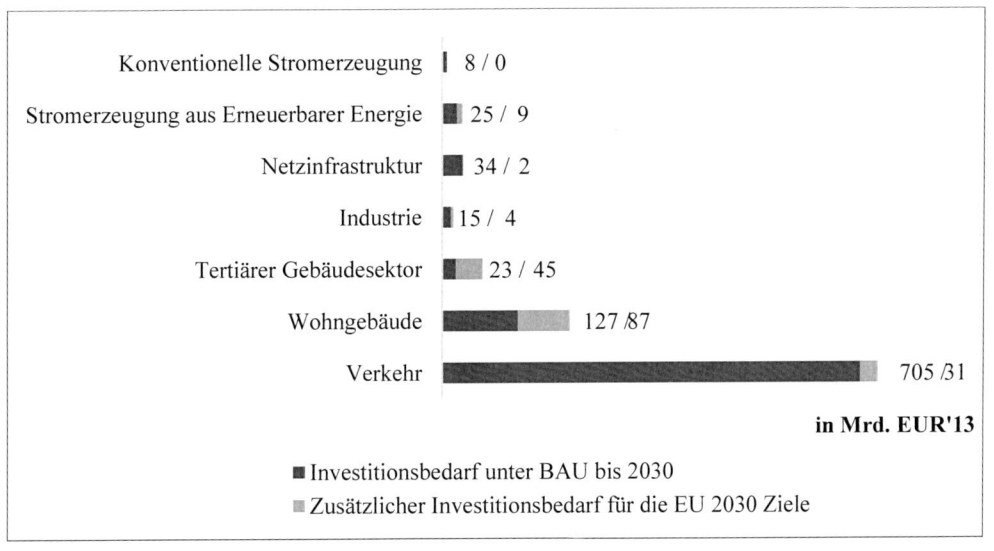

Abbildung 1:   *EU Investitionsbedarf für Europa zwischen 2020–2030 in Mrd. EUR'13 (Eigene Darstellung)*[18]

---

[17] Vgl. SCHLESINGER ET AL (2015) und EUROPÄISCHE KOMMISSION (2016).
[18] Vgl. zu den Daten TRINOMICS (2017).

NITSCH ET AL. (2012) schätzten den Gesamtinvestitionsbedarf Deutschlands bis 2050, wobei der Fokus auf die Erzeugung erneuerbarer Energien gelegt wurde und im Gegensatz zur oben genannten Studie im Laufe der Zeit eine große und zunehmende Investitionslücke in Deutschland ausgemacht wurde. Die Autoren stellten fest, dass 200 Mrd. EUR für den Zeitraum 2020–2030 und 350 Mrd. EUR für den Zeitraum 2040–2050 benötigt werden[19]

Für das BUNDESMINISTERIUM FÜR WIRTSCHAFT UND ENERGIE (BMWI) veröffentlicht die ARBEITSGRUPPE ERNEUERBARE ENERGIEN (AGEE STAT) regelmäßig Schätzungen für Deutschland, Europa und International. Abbildung 2 zeigt die Zeitreihe der Investitionen zwischen 2000 und 2016.

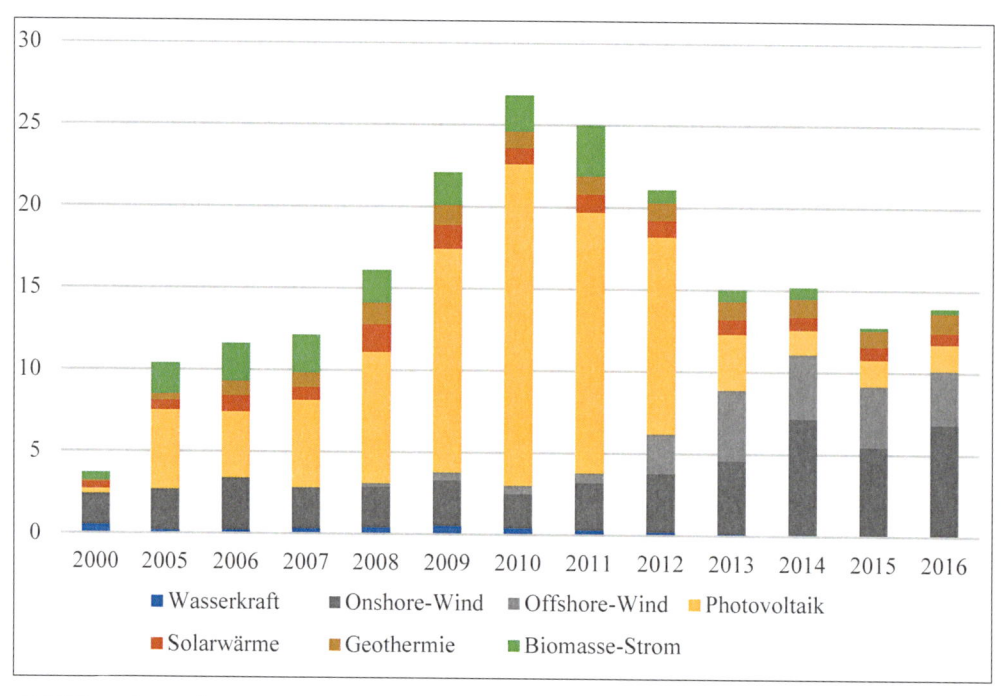

Abbildung 2:   *Investitionen in erneuerbare Energien zwischen 2000 und 2016 in Milliarden EUR (Eigene Darstellung)*[20]

Demnach sind die Gesamtinvestitionen in erneuerbare Energien bis 2010 stetig angestiegen, 2013 dann um die Hälfte zurückgegangen und haben sich seither stabilisiert. Bemerkenswert ist, dass die Investitionen in die Photovoltaik seit ihrem Boom im Jahr 2011 geschrumpft sind, während die Investitionen in Onshore-Wind immer noch steigen. BUCHNER ET AL. (2017) argumentieren, dass diese Trends durch die sinkenden Preise für Anlagen zur Nutzung erneuerbarer Energien verursacht werden, da die installierte Kapazität erneuerbarer Energien noch immer

---

[19] Vgl. NITSCH (2012).
[20] Vgl. zu den Daten BMWI (2017b).

zunimmt.[21] Aber auch der Bedarf an geeigneter Netzinfrastruktur[22] und der Wechsel von der Einspeisevergütung zu Ausschreibungen[23] werden als Investitionsbremse genannt.

Nach unseren Erkenntnissen stammt die neueste Analyse der Investitionen in erneuerbare Energien von AGORA ENERGIEWENDE für das Jahr 2013.[24] Den Autoren zufolge haben die Haushalte 35 % der Investitionen, die Industrie 31 % und der Dienstleistungssektor 19 % erbracht. JUERGENS ET AL (2012) haben für die 2010 getätigten Investitionen einen ähnlichen Anteil der Haushalte an den gesamten Investitionen in erneuerbare Energien ausgemacht.

Vergleicht man den Investitionsbedarf nach NITSCH ET AL. (2012) und den Investitionstrend, der vom BMWI ermittelt wurde, zeigt sich Deutschland auf einem guten Weg um die eigenen Ausbauziele für erneuerbare Energien zu erreichen. Dennoch bleiben Anstrengungen notwendig, beträgt die Lücke zwischen Investitionstrend und -bedarf doch ungefähr 25 %. Während erneuerbare Wärmequellen die größte Investitionslücke aufweisen (EUROPÄISCHE KOMMISSION 2015), ist Deutschland bei Investitionen in Stromerzeugung durch erneuerbare auf der Zielgeraden. Mit einem Anteil von 33 % an der Stromerzeugung im Jahr 2016 liegen die Erneuerbaren nur 2 % unter dem Ziel für 2020[25]. Der Anteil Erneuerbarer am Endenergieverbrauch liegt jedoch nur bei 12,6 %, verglichen mit dem Ziel von 18 % für 2030.[26]

4.2 Infrastruktur des Stromnetzes

Eine effiziente Netzinfrastruktur ist für eine kosteneffiziente Entwicklung und Integration erneuerbarer Energien unerlässlich. Im Jahr 2016 stiegen die Ausgleichszahlungen für Einschränkungen der Einspeisung erneuerbarer Energien von EUR 315 Mio. im Jahr 2015 auf EUR 643 Mio. aufgrund der fehlenden Investitionen in die Netzinfrastruktur.[27]

Wie schon beim Investitionsbedarf für erneuerbare Energien sind auch die Zahlen für Investitionen in die Netzinfrastruktur auf EU-Ebene von TRINCOMICS (2016), auf Grundlage der Daten der EUROPÄISCHEN KOMMISSION (2016), zu gering und nicht mit Schätzungen deutscher Quellen für den Investitionsbedarf vergleichbar. Laut TRINOMICS (2016) liegt der Investitionsbedarf für die gesamte EU im Zeitraum 2020–2030 bei 34 Mrd. EUR, und die Investitionslücke liegt bei 2 Mrd. EUR (Abbildung 1).

Demgegenüber schätzen die deutschen Übertragungsnetzbetreiber, dass der allein für Deutschland notwendige Gesamtinvestitionsbedarf für den Ausbau des Onshore- und Offshore-Netzes 34–36 Mrd. EUR bzw. 3,5 Mrd. EUR jährlich bis zum Jahr 2030 beträgt.[28] Bis 2016 wurden aus diesem Grund bereits 2,4 Mrd. Euro durch die Übertragungsnetzbetreiber (ÜNB) investiert sowie 7,1 Mrd. Euro durch die Verteilernetzbetreiber (VNB). Der verbleibende Investitions-

---

[21] Vgl. BUCHNER ET AL. (2017).
[22] Vgl. ALLIANZ (2017) S.38.
[23] Vgl. FRANKFURT SCHOOL-UNEP CENTRE/BNEF,(2017), S. 25.
[24] Vgl. AGORA ENERGIEWENDE (2015).
[25] Vgl. online DESTATIS (2018).
[26] Vgl. online DESTATIS (2017).
[27] Vgl. BUNDESNETZAGENTUR (2017), S.10.
[28] Vgl. ÜBERTRAGUNGSNETZBETREIBER (2017), S. 139.

bedarf für Onshore- und Offshore-Netze wird in einem Arbeitsdokument der EUROPÄISCHEN KOMMISSION auf 4,2 Mrd. EUR pro Jahr geschätzt.[29]

Den selben Autoren zur Folge besteht ein jährlicher Investitionsbedarf von 5,7–5,9 Mrd. EUR für die Erweiterung des Übertragungs- und Verteilnetzes zwischen 2013–2020. Demgegenüber stehen jährliche Investitionen der Netzbetreiber von 3,9 Mrd. EUR zwischen 2011–2013.[30] Insofern ist Deutschland ähnlich wie beim Ausbau der erneuerbaren Energien auf dem richtigen Weg, hat jedoch noch einige Anstrengungen zu bewältigen. Zu den Hauptgründen für das verlangsamte voranschreiten des Netzausbaus zählt die EUROPÄISCHE KOMMISSION (2016)[31] die Notwendigkeit für vereinfachte regulative wie administrative Prozesse sowie öffentliche Akzeptanz der größeren Netzinfrastrukturprojekte.[32]

Die Autoren der obigen Publikation stellen zwar Investitionsbedarf und tatsächliche Investitionen für den Netzausbau zur Verfügung, verweisen jedoch ebenfalls auf die Schwierigkeit der Datenerhebung, da momentan nicht in Investitionen zwischen Unterhaltung des Netzes und notwendigen Investitionen für die Integration der Erneuerbaren unterschieden wird. Die BUNDESNETZAGENTUR (BNETZA) fordert daher eine detaillierte Analyse des durch die Energiewende notwendig gewordenen Investitionsbedarfs, welcher nicht durch Kapitalrückflüsse des Netzes ausgeglichen werden kann.[33]

4.3 Sektoren der Endenergieverbraucher

Sowohl die EU als auch die nationalen Forschungsgruppen sind sich einig, dass sehr hohe Investitionen für die Dekarbonisierung der einzelnen energieverbrauchenden Sektoren erforderlich sind. In der Folgenabschätzung der Mitteilung der EUROPÄISCHEN KOMMISSION: *Saubere Energie für alle Europäer* wird geschätzt, dass in den Jahren 2020 bis 2020 70,5 Mrd. EUR für Verkehr; 12,7 Mrd. EUR für private Haushalte; 2,3 Mrd. EUR für den tertiären Sektor und 1,5 Mrd. EUR für den öffentlichen Sektor benötigt werden (Abbildung 1). Subtrahiert man die Investitionen des Business-as-usual-Szenarios, werden bis 2030 pro Jahr 8,7 Mrd. EUR für den Wohnungsbau; 4,5 Mrd. EUR für Tertiärgebäude; gefolgt von 3,1 Mrd. EUR für Verkehr und 0,4 Mrd. EUR für Industrie (Abbildung 1)[34] benötigt.

SCHLESINGER ET AL. (2015) ermittelten die Schätzung des zusätzlichen Investitionsbedarfs für Deutschland, welcher im Einklang mit der o. g. Folgenabschätzung ist. Sie kommen zu dem Schluss, dass die Dekarbonisierung der deutschen Haushalte jährlicher Investitionen von durchschnittlich 5,6 Mrd. EUR zwischen 2012 und 2050 bedarf. Für die einzelnen Sektoren ergeben sich damit jährliche Zusatzinvestitionen von 4,0 Mrd. EUR für den Transportsektor, 1,2 Mrd. EUR für den Industriesektor, und 1,1 Mrd. EUR für den tertiären Sektor (Abbildung 3).

---

[29] Vgl. EUROPÄISCHE KOMMISSION (2016).
[30] Vgl. EUROPÄISCHE KOMMISSION (2015), S. 35.
[31] Vgl. EUROPÄISCHE KOMMISSION (2016).
[32] Vgl. EUROPÄISCHE KOMMISSION (2015).
[33] Vgl. BUNDESNETZAGENTUR (2011), S. 25.
[34] Abbildung 1 zeigt die kumulativen Investitionsbedarfe von 2020–2030, im Text sind diese Zahlen als gleichverteilte jährliche Investitionsbedarfe dargestellt.

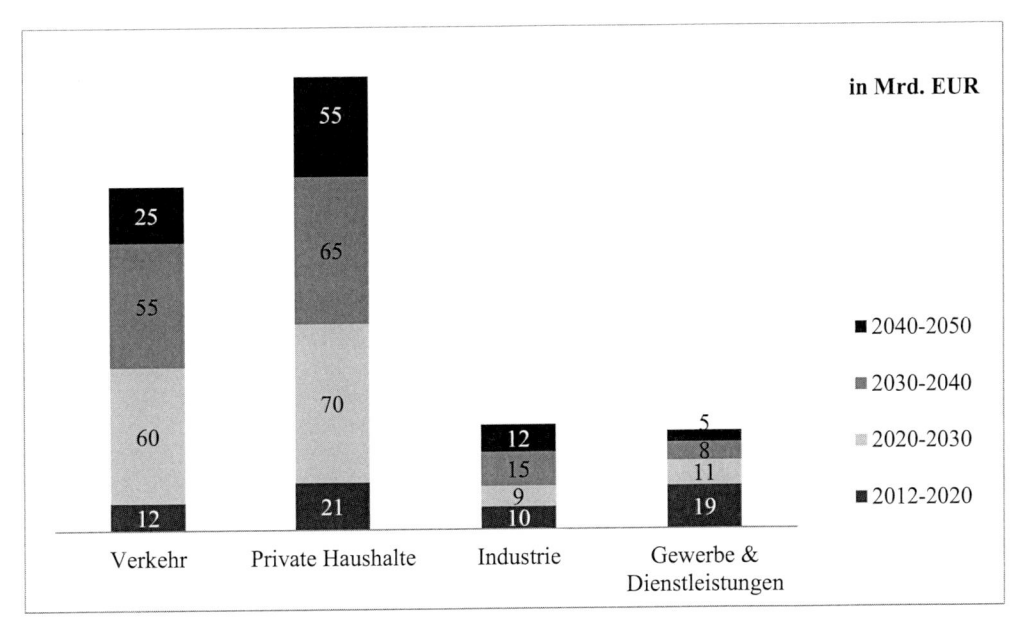

Abbildung 3: Zusätzlicher Investitionsbedarf in Deutschland zur Erreichung des 80 %-THG-Reduktionsziels 2050, in Jahrzehnten und Mrd. EUR (Eigene Darstellung)[35]

Im Rahmen des Energiekonzepts der Bundesregierung von 2010 soll bis 2020 der Primärenergieverbrauch um 20 % gesenkt werden. Laut dem DEUTSCHEN INSTITUT FÜR WIRTSCHAFTSFORSCHUNG sind hierfür Investitionen in Höhe von 75 Mrd. EUR zwischen 2014 und 2020 für Energieeffizienzmaßnahmen nötig.[36] Dies entspricht durchschnittlichen jährlichen Investitionen von 12,5 Mrd. EUR allein für den Wohngebäudesektor.[37]

Gebäudesektor: Trotz des höchsten Investitionsbedarfs im Wohnungs- und Dienstleistungssektor scheint dieser Sektor bei weitem den geringsten Anteil der erforderlichen Investitionen und wenig Aufmerksamkeit zu erhalten, da es keine neuen umfassenden, auf Fakten beruhenden Schätzungen gibt, wie dieser Sektor seine Ziele erreicht. Lediglich zwei veraltete Studien geben Details zu notwendigen Investitionen zur Dekarbonisierung des Gebäudesektors.

JUERGENS ET AL. (2012) berechneten die tatsächliche Investition für 2010, indem sie die Daten mit Hilfe des Bottom-up-Ansatzes aggregierten.[38] Den Autoren zufolge wurden 2010 10,5 Mrd. EUR in die Dekarbonisierung des Sektors investiert, davon 5,8 Mrd. EUR in Energieeffizienz-

---

[35] Vgl. zu den Daten: SCHLESINGER ET AL. (2015).
[36] Vgl. GORNIG ET AL. (2013), S. 9.
[37] Vgl. GORNIG ET AL. (2013), S. 9.
[38] Vgl. JÜRGENS ET AL. (2012).

investitionen in Gebäude und Haushaltsgeräte und der Rest in integrierte Erneuerbare-Energien-Systeme für Gebäude in Höhe von 5,8 Mrd. EUR.[39]

GORNIG ET AL. (2013)[40] schätzten das Investment 2011 mit einem ökonometrischen Modell. Im Gebäudesektor wurden laut den Autoren ca. 125 Mrd. EUR investiert, davon 38 Mrd. EUR in Maßnahmen der Energieeffizienz und Dekarbonisierung. Die Investitionen in thermische Effizienz beliefen sich auf 25 Mrd. EUR, ausgenommen kleinerer Maßnahmen und Photovoltaik. Hiervon entfallen 30–40 % auf zusätzliche Investitionen in Energieeffizienz, was 7,5–10 Mrd. EUR entspricht. Nach Angaben der Autoren beträgt die Investitionslücke im Vergleich zu den Klimazielen Deutschlands 6 Mrd. EUR. GORNIG/MICHELSEN (2018)[41] schließen aus einer Prognose der deutschen Bauwirtschaft für 2018/ 2019, dass es insgesamt zu einem Anstieg der Sanierungsmaßnahmen kommen wird und damit auch zur vermehrten energetischen Sanierung. Angesichts eines hohen Anteils an Investitionen in neue Gebäude haben JUERGENS ET AL (2012) bereits vor 6 Jahren herausgearbeitet, dass Deutschland sein sektorspezifisches Dekarbonisierungsziel nicht erreichen wird, wenn die Kapitalflüsse nicht mehr in Richtung energetische Sanierung geleitet werden. Im Jahr 2017 hat die Bundesregierung die Förderungsmaßnahmen zur Energieeffizienz um weitere Fördermittel, kostenlose Energieberatung sowie steuerliche Anreize für energetische Sanierungen[42] erweitert und sich verpflichtet, das Gebäudesanierungsprogramm bis 2018[43] weiterzuentwickeln, zu stabilisieren und zu erweitern, um vor allem private Haushalte bei der Sanierung des existierenden Gebäudebestands zu unterstützen. Da unseres Wissens nach noch keine aktuellen Schätzungen für den Sektor vorliegen, ist noch nicht klar, welche Auswirkungen diese Maßnahmen haben.

Industriesektor: Nach unserem Kenntnisstand ist die Studie von JUERGENS ET AL. (2012) die einzige umfassende Analyse zu klimaspezifischen Investitionen des Industriesektors.[44] Energieeffizienzinvestitionen sind Teil eines regelmäßigen Investitionszyklus und werden von den Unternehmen oft nicht systematisch dokumentiert, was es schwierig macht, die Investitionslücke für den Sektor zu schätzen. Der Studie zufolge beliefen sich die klimaspezifischen Investitionen im Industriesektor 2010 auf 579 Mio. EUR. Etwa 60 % davon entfielen auf Energieeffizienz, 20 % auf erneuerbare Energien und 19 % auf nicht mit Energie verbundene Treibhausgasemissionen.

Liegen diese Investitionen im Vergleich zum Investitionsbedarf von SCHLESINGER ET AL. (2015) im Rahmen, zeigt eine Betrachtung der Energieproduktivität, dass die Investitionen nicht auszureichen scheinen. Ziel der Bundesregierung war es, die Endenergieproduktivität um 2,1 % pro Jahr zu steigern. Bis 2015 betrug der reale Produktivitätsgewinn jedoch lediglich knappe 1 %. Damit müsste die Endenergieproduktivität zwischen 2016 und 2020 um durchschnittlich 3,2 % jährlich steigen, um das Ziel zu erreichen. Bei gleichbleibenden Investitionen ist ein solches Wachstum jedoch unwahrscheinlich.[45]

---

[39] Anders als das Energiekonzept aus 2010 definiert der Klimaschutzplan 2050 Haushaltsgeräte als Teil der Energieerzeugung und werden im Gebäudebereich nicht mehr berücksichtigt.
[40] Vgl. GORNIG ET AL. (2013).
[41] Vgl. GORNIG/MICHELSEN (2018).
[42] Vgl. BUNDESREGIERUNG (2017).
[43] Vgl. BUNDESREGIERUNG (2017).
[44] Vgl. JUERGENS ET AL. (2012b), S. 30.
[45] Vgl. EUROPÄISCHE KOMMISSION (2015) und LÖSCHEL ET AL. (2016).

Eine aktuelle vom BDI in Auftrag gegebene Studie[46] analysiert u. a. den Investitionsbedarf der deutschen Industrie unter einem „-80 %" und einem „-95 %" Emissionsminderungsszenario für 2050 und beziffert den zusätzlichen kumulativen Investitionsbedarf bis 2050 auf 120 Mrd. EUR („-80 %") bzw. 230 Mrd EUR („-95 %). Berücksichtigt man die eingesparten Energieträgerkosten, entspricht das kumulierten volkswirtschaftliche Mehrkosten von 54 Mrd. EUR zur Erreichung des 95 %-Ziels und kumulierten Einsparungen von 70 Mrd. EUR für das 80 %-Szenario.

Auf lange Sicht und v. a. für eine tiefgreifende Dekarbonisierung von 95 % bis 2050 werden bedeutende Innovationen erforderlich sein. Angesichts der langen Vorlaufzeiten zwischen Forschung, Entwicklung, Pilot- und Demonstrationslagen bis hin zur kommerziellen Nutzung von Innovationen werden entsprechende Investitionen bereits in den kommenden Jahren benötigt. Während der öffentliche Sektor allein nicht in der Lage sein wird, solche Investitionen zu finanzieren, wird es von entscheidender Bedeutung sein, ein klares Verständnis der erforderlichen Portfolios von politischen und finanziellen Maßnahmen, insbesondere für die energieintensiven (Material-) Industrien, zu entwickeln, die in der Lage wären, entsprechende Investitionen zu unterstützen und ausreichend attraktive Anreize zu setzen.

Verkehrssektor: Auch für den Verkehrssektor konnten wir außer *JUERGENS ET AL* (2012) keine anderen Referenzen finden, die sektorspezifische klimabezogene Investitionen untersuchen. Demnach bewegten Investitionen in THG-Emissionsvermeidung zwischen 268–851 Mio. EUR[47]. Der Großteil wurde von Haushalten und Unternehmen in effizientere Fahrzeuge investiert. Insgesamt beliefen sich die klimabezogenen Investitionen auf 3,1 Mrd. EUR was jedoch nicht nur den Straßenverkehr, sondern auch die Gesamtkapitalkosten von Investitionen in die Eisenbahn-, Wasser- und Fahrradinfrastruktur sowie Investitionen in die Verkehrsverlagerung und den kombinierten Verkehr einschließt. Die Separation der klimaspezifischen Investitionen war dafür nicht möglich.

Zieht man den von *SCHLESINGER ET AL.* (2015) ermittelten Investitionsbedarf von jährlich 4,0 Mrd. EUR heran, wird der Verkehrssektor ohne deutlich höhere Investitionen seinen Beitrag zu den Klimazielen verfehlen. Auch *GERBERT ET AL.* (2018) errechnen einen erheblich höheren Investitionsbedarf von 500 bzw.770 Mrd. EUR (kumulativ) bis 2050 für die beiden zugrunde gelegten 80 %- bzw. 95 %-Minderungsszenarien.

5 Werden wir die Investitionslücke schließen?

5.1 Notwendigkeit von Bottom-up-Schätzungen und harmonisierter Datenerhebung

Im Rahmen der Literaturanalyse zum Investitionsbedarf sind wir zu dem Schluss gekommen, dass Schätzungen durch Top-down-Ansätze signifikante Unterschiede aufweisen. Wie in den vorangehenden Abschnitten gezeigt, ist ein Vergleich zwischen Schätzungen für die EU und Deutschland nicht sinnstiftend, obwohl die Studien ähnliche Ziele verfolgen und Szenarien

---

[46] Vgl *GERBERT ET AL.* (2018).
[47] Vgl. *JÜRGENS ET AL.* (2012b), S. 47. Die Schätzungen beinhalten nicht den Anteil von Zug-, Wasser und Fahrradinfrastruktur.

modellieren. Der in einigen Studien für Deutschland ermittelte Investitionsbedarf ist so hoch, dass er sich nur schwerlich mit dem für die EU ermittelten Bedarf vergleichen lässt, geht man davon aus, dass auch andere Mitgliedsstaaten Investitionsbedarf haben. Wir gehen daher davon aus, dass Bottom-up-Methoden erheblich realistischer sind und mindestens im Vergleich zu den Schätzungen der EUROPÄISCHEN KOMMISSION einen deutlich höheren Investitionsbedarf für die einzelnen Mitgliedsstaaten aufweisen werden als die modellbasierten Top-down-Schätzungen.

Es erscheint daher notwendig, Bottom-up-Ansätze sowohl auf Ebene der Mitgliedsstaaten als auch auf Ebene der EU einzuführen. Erstens könnte dieser Unterschied eine Rolle bei der Finanzierung der Maßnahmen zur Dekarbonisierung in den Mitgliedsstaaten durch EU-Mittel spielen. Zweitens werden einige Schätzungen der tatsächlichen Investitionen unter Anwendung des Bottom-up-Ansatzes vorgenommen, was den Vergleich mit dem makroökonomisch ermittelten Investitionsbedarf erschwert und somit möglicherweise falsche Schlussfolgerungen zulässt.

Ein weiterer Rückschluss hieraus ist, dass es zumindest Leitlinien geben sollte, die die Datenerhebung und Schätzung zum Investitionsbedarf sowie zu tatschlichen Investitionen vereinheitlichen. Dies wird sektor- und länderübergreifende Vergleiche ermöglichen und somit helfen, den aktuellen Finanzierungsstand und die entsprechende Investitionslücke bzgl. Energiewende und Klimazielen besser einzuschätzen.

5.2 Einführung harmonisierter Datenerhebung im privaten wie öffentlichen Sektor

Die Notwendigkeit eines harmonisierten Ansatzes bringt uns zu Empfehlungen zurück, die bereits vor mehr als fünf Jahren von JUERGENS ET AL. (2012) gemacht wurden. Die Autoren kamen damals zu dem Schluss, dass Deutschland ein umfassenderes System zur Überwachung, Berichterstattung und Verifizierung klimabezogener Investitionen benötigt, um das Verständnis der Wirksamkeit von Klimaschutzbemühungen zu verbessern.

Während die Empfehlungen in Deutschland nicht aufgenommen wurden, wurde sie teilweise durch die EU-Kommission und in Frankreich umgesetzt. In Frankreich hat das INSTITUT FÜR KLIMAÖKONOMIE (I4CE) eine Methode zur Datenerhebung entwickelt, auf deren Grundlage ein jährlich erscheinender Bericht zu Energieeffizienz und Erneuerbaren Energien in Frankreich der französischen AGENTUR FÜR ENERGIEMANAGEMENT (ADEME) erscheint.[48] Mit dieser Methode werden seit 2011 erfolgreich jährlich angefallene Investitionen und deren Struktur abgebildet. Im Jahr 2017 hat die EUROPÄISCHE KOMMISSION Empfehlungen zur Datenerhebung für klimarelevante Ausgaben im EU-Budget in ihrem Bericht *Climate mainstreaming in the EU Budget: preparing for the next multiannual financial framework*[49] veröffentlicht und im Rahmen des mehrjährigen EU-Finanzrahmens 2014–2020 kommt ein entsprechender Climate-Tracking-Ansatz bereits zur Anwendung.

Allerdings ist eine Weiterentwicklung des EU-Ansatzes für den kommenden post-2020 Haushalt dringend erforderlich, da z. B. der EUROPÄISCHER RECHNUNGSHOF (2016)[50] erhebliche Schwachpunkte identifiziert hat, u. a. bzgl. der Orientierung an geplanten (statt getätigten)

---

[48] Vgl. *I4CE* (2018).
[49] Vgl. EUROPÄISCHE KOMMISSION (2017b).
[50] Vgl. EUROPÄISCHER RECHNUNGSHOF (2016).

Ausgaben, mangelnder Kohärenz zwischen den unterschiedlichen Politikbereichen, mangelnder Trennung zwischen Vermeidung- und Anpassungsausgaben oder Abweichungen von etablierten Prinzipien, wie dem Konservativitätsprinzip.

5.3 Sind wir auf dem richtigen Weg?

Wie in Abschnitt 3 und 4 gezeigt, werden die aktuellen Investitionen nicht ausreichen, die deutschen Klimaziele zu erreichen. LÖSCHEL ET AL. (2016) beschreiben, dass Deutschland seine Ziele nur für den Anteil erneuerbarer Energien an der Bruttostromerzeugung, Bruttoendenergieverbrauch und der Wärmenutzung erreichen wird.[51] Insbesondere werde Deutschland seine Ziele im Transportwesen und der Endenergieproduktivität nicht erreichen. MAY ET AL. empfehlen zudem eine Richtungsänderung der aktuellen Förderungspolitik für erneuerbare Energien in Richtung Risikoabsicherung, da sich Kapitalkosten zum größten Faktor der Finanzierung der Erneuerbaren entwickeln.[52]

Zusammen mit einem Ansatz zur Erhöhung der Systemfreundlichkeit von Anlagen erneuerbarer Energien könnte dies zu einer effizienteren Energiewende führen. MAY ET AL. schlagen vor, dass eine bessere Preisgestaltung anhand eines Marktwert-Modells Anreize für eine langfristige Perspektive während der Projektentwicklung schaffen könnte. Dies könnte zu einer systemfreundlicheren Standort- und Technologienutzung von neu installierten erneuerbaren Erzeugungssystemen führen.[53] Ein Vorteil wäre eine bessere Auslastung des Stromnetzes sowie weniger Redispatch-Maßnahmen.

Deutschland treibt den Anteil erneuerbarer Energien an seinem Energiemix voran. Die Nutzung von Kohle zur Energieerzeugung bleibt jedoch eines der Haupthindernisse der Dekarbonisierung. Im Jahr 2016 wurden 40,3 % des deutschen Stroms mit Kohlekraftwerken erzeugt.[54] Die hohe preisliche Wettbewerbsfähigkeit von Kohle u. a. durch die niedrigen CO_2-Preise der letzten Jahre hat negative Auswirkungen auf die deutsche Energiewende.[55] Während die Investitionen in Öl und Kernkraft deutlich durch die deutsche Politik reduziert wurden, fließen weiterhin Investitionen des Privatsektors und Subventionen in die Kohleindustrie.[56]

Abgesehen von einem steigenden Anteil erneuerbarer Energien an der Stromerzeugung ist eine Steigerung der Energieproduktivität sowie ein steigender Anteil der erneuerbaren Energien in allen Sektoren von entscheidender Bedeutung, um die Ziele bis 2050 zu erreichen. Eine Steigerung der Energieeffizienz verbunden mit systemfreundlicherem Anlagenbau sowie entsprechender Erneuerbaren-Technologien kann die Kosten für den notwendigen Netzausbau deutlich reduzieren.

Investitionen in die Netzinfrastruktur sind einerseits nötig, um den Energieverlust zu minimieren und so den Energieverbrauch zu reduzieren. Andererseits werden sie aber auch benötigt, um den Anteil erneuerbarer Energien am Strommix zu erhöhen. Trotz erhöhter Beachtung in den letzten Jahren, kommt dieser Bereich in der Datenerhebung zur Klimafinanzierung kaum vor. Eine zentrale Herausforderung beim Netzausbau liegt in der notwendigen Kombination

---

51 Vgl. LÖSCHEL ET AL. (2016), S. Z-4.
52 Vgl. MAY ET AL. (2017), S. 389.
53 Vgl. MAY ET AL. (2017), S. 472.
54 Vgl. BDEW (2017).
55 Vgl. AUER/ANATOLIS (2014) und AGORA ENERGIEWENDE (2015).
56 Vgl. AUER/ANATOLIS (2014).

aus schneller Übertragung vom Norden in den Süden bei zeitgleicher Gewährleistung der notwendigen Flexibilität für dezentrale Energieversorgung.

Da die Einspeisekapazität des Stromnetzes für alle Arten der Energieerzeugung einen Engpass darstellt, sollte der Netzausbau durch die Politik unterstützt werden, vor allem um die Attraktivität erneuerbarer Energien aufrecht zu erhalten. Gerade in der Erhöhung der Energieeffizienz liegt eine gute, indirekte Möglichkeit, die Dringlichkeit des Netzausbaus zu entschärfen. Wird weniger Energie verbraucht, muss langfristig auch weniger Energie durch erneuerbare Energien bereitgestellt werden. Somit wird der Netzausbau zwar nicht minder notwendig, jedoch langfristig weniger dringlich.

Abschnitt 4 hat gezeigt, dass die Investitionen in die Dekarbonisierung der einzelnen Sektoren deutlich unter dem notwendigen Bedarf liegen, vor allem im Bereich der energetischen Sanierung des Gebäudebestands, der Wärmerzeugung durch erneuerbare Energien und emissionsarmer Mobilität. Es bleibt zudem abzuwarten, ob die Sanierungsquote zwischen 2018 und 2019 auf das gewünschte Niveau angehoben werden kann. Bisher liegen hierfür weder Nachweise noch Finanzierungsinstrumente vor, welche den notwendigen Investitionsrahmen von knapp 6 Mrd. EUR bereitstellen könnten. Ebenso liegen die Investitionen im Industriesektor zwar nahe des ermittelten Investitionsbedarfs, doch ist ein Erreichen des Ziels für die Endenergieproduktivität unwahrscheinlich.[57] Die Revision der Marktanreizprogramme für Wärmeerzeugung durch erneuerbare Energien, das *Gesetz zur Förderung Erneuerbarer Energien im Wärmebereich (EEWärmeG)* und die 2014 erfolgte Reform des *Erneuerbare Energien Gesetzes* haben zur Erhöhung der regulativen Stabilität und Investitionsanreizen geführt, sind aber scheinbar nicht ausreichend, um die Investitionen in Wärmeerzeugung durch erneuerbare Energien zu erhöhen (Abbildung 2).

6 Schlussbetrachtung

Um die langfristigen Dekarbonisierungsziele Deutschlands zu erreichen, sind zusätzliche Investitionen und politische Anstrengungen erforderlich. Schätzungen zufolge müssen die jährlichen Gesamtinvestitionen zwischen 0,3 % und 1,6 % des deutschen BIP erreichen, damit die Zielvorgaben für 2050 erfüllt werden können. Der aktuellen Literatur zufolge wird Deutschland nur für den Anteil erneuerbarer Energien an der Stromerzeugung sein 2020-Ziel erreichen. Um das Gesamtziel für erneuerbare Energien zu erreichen, muss Deutschland verstärkt in die Wärmeerzeugung aus Erneuerbaren investieren. Außerdem sollte der Fokus der politischen Rahmensetzung auf Risikoabsicherung und Reduktion der Kapitalkosten umschwenken. Zusammen mit einer Vereinfachung des regulativen wie administrativen Rahmens können so Investitionen in Energieerzeugung durch Erneuerbare wie auch den Netzausbau angekurbelt werden. Die Energieeffizienz muss in den kommenden Jahrzehnten zu einem Schwerpunkt werden, da die Dekarbonisierungsbemühungen in der Industrie, im Verkehrswesen und im Bauwesen hinterherhinken. Das derzeitige Maß an Investitionen in die Verbesserung der Energieproduktivität in der Industrie ist nicht ausreichend. Zusätzliche Investitionen und politische Anstrengungen sind erforderlich, um das durchschnittliche Wachstum der Energieproduktivität ab 2016 um jährlich 3,2 % zu erhöhen. Ebenso wird der Transportsektor seine Ziele deutlich verfehlen,

---

[57] Vgl. LÖSCHEL ET AL. (2016).

sollten die sektorspezifischen Investitionen nicht ansteigen. Deutlich geringere Nutzung von Verbrennungsmotoren, höhere Investitionen und Auslastung des öffentlichen Nahverkehrs sowie eine effizientere Infrastruktur sind hierfür ebenfalls unabdingbar.

Der Gebäudebestand, insbesondere bei bestehenden Gebäuden, weist die größte Investitionslücke in Bezug auf Energieeffizienz auf und bedarf zusätzlicher politischer Aufmerksamkeit. Die energetische Sanierung des Gebäudebestands ist eine der größten Herausforderungen und benötigt zusätzliche Finanzierungsanreize und politische Instrumente, um Investitionen zu erleichtern und die Energieeffizienz des Sektors zur Erreichung seines Ziels zu steigern.

Doch auch eine THG-Emissionsreduktion in Höhe von 80 %, welche Grundlage all der hier genannten Schätzungen ist, wird laut NITSCH (2017) nicht für die Erreichung des 2°C-Ziels in 2050 ausreichen.[58] Für eine wirksame Bekämpfung des Klimawandels stellen die hier genannten Annahmen daher eher eine geringe Schätzung im Vergleich zu den tatsächlich notwendigen Maßnahmen dar. Gerade für den Industriesektor stellt der Übergang zu einem „95 %"-Minderungsziel eine erhebliche Herausforderung dar. Zur Unterstützung und Anreizung der entsprechenden Innovationsinvestitionen der Industrieunternehmen (v. a. im Grundstoffbereich) ist es dringend notwendig, ein geeignetes Maßnahmenportfolio von Politik- und Finanzierungsinstrumenten auf den Weg zu bringen.

---

[58] Vgl. NITSCH (2017), S. 3.

Quellenverzeichnis

AGEP (2017): Stromerzeugung nach Energieträgern 1990–2017, online: https://ag-energiebilanzen.de/index.php?article_id=29&fileName=20171221_brd_stromerzeugung1990-2017.pdf, Stand: 2017, Abruf: 22.02.2018.

AGORA ENERGIEWENDE (2015): Understanding the Energiewende – FAQ on the ongoing transition of the German power system, online: https://www.agora-energiewende.de/fileadmin/Projekte/2015/Understanding_the_EW/Agora_Understanding_the_Energiewende.pdf, Stand: 2015, Abruf: 22.02.2018.

AGORA VERKEHRSWENDE (2017): Mit der Verkehrswende die Mobilität von morgen sichern. 12 Thesen zur Verkehrswende (Kurzfassung), online: https://www.agora-verkehrswende.de/fileadmin/Projekte/2017/12_Thesen/Agora-Verkehrswende-12-Thesen-Kurzfassung_WEB.pdf, Stand: 2017, Abruf: 08.02.2018.

ALLIANZ (2017): Allianz climate and energy monitor 2017 – assessing the needs and attractiveness of low-carbon investments in G20 countries, online: https://www.allianz.com/v_1500373634000/en/sustainability/media-2017/Allianz_Climate_and_Energy_Monitor_2017_-_Report_final.pdf, Stand: 2017, Abruf: 11.01.2018.

AMECKE, H. ET AL. (2013): Buildings energy efficiency in China, Germany, and the United States, online: https://climatepolicyinitiative.org/wp-content/uploads/2013/04/Buildings-Energy-Efficiency-in-China-Germany-and-the-United-States.pdf, Stand: 2013, Abruf: 11.01.2018.

AUER, J./ANATOLIS, V. (2014): The changing energy mix in Germany. The drivers are the Energiewende and international trends, online: http://large.stanford.edu/courses/2017/ph241/hasson1/docs/auer.pdf, Stand: 2014, Abruf: 22.12.17.

BDEW (2017): Entwicklung des Primärenergieverbrauchs, online: https://www.bdew.de/media/documents/PEV-Entw-ab-1991_o_jaehrlich_Ki_online_21092017.pdf, Stand: 2017, Abruf: 17.12.2017.

BMU (2003): Deutschland muss beim weltweiten Klimaschutz Schrittmacher bleiben. UMWELT 1:32–33.

BMUB (2010): Energy concept for an environmentally sound, reliable, and affordable energy supply. Berlin: Federal Ministry for Economics and Technology, online: https://www.bmwi.de/Redaktion/DE/Downloads/E/energiekonzept-2010.pdf?__blob=publicationFile&v=3, Stand: 2010, Abruf: 12.03.2018.

BMUB (2016): Klimaschutzplan 2050 – Klimaschutzpolitische Grundsätze und Ziele der Bundesregierung, online: https://www.bmub.bund.de/fileadmin/Daten_BMU/Download_PDF/Klimaschutz/klimaschutzplan_2050_bf.pdf, Stand: 2016, Abruf: 05.01.2018.

BMWI (2011): 2. Nationaler Energieeffizienz-Aktionsplan (NEEAP) Der Bundesrepublik Deutschland Gemäß EU-Richtlinie über Endenergieeffizienz und Energiedienstleistungen (2006/32/EG) sowie Gesetz über Energiedienstleistungen und andere Energieeffizienzmaßnahmen (EDL-G), online: https://www.bmwi.de/Redaktion/EN/Publikationen/zweiter-nationaler-energieeffizienz-aktionsplan-der-brd.pdf?__blob=publicationFile&v=1, Stand: 2011, Abruf: 12.03.2018.

BMWI (2017a): Zeitreihen zur Entwicklung der Erneuerbaren Energien in Deutschland, online: http://www.erneuerbare-energien.de/EE/Redaktion/DE/Downloads/zeitreihen-zur-entwicklung-der-erneuerbaren-energien-in-deutschland-1990-2016.pdf;jsessionid=5DA4B3564E35923A0CADE8AA4159C32A?__blob=publicationFile&v=14, Stand: 2017, Abruf: 22.02.2018.

BMWI (2017b): Erneuerbare Energien in Zahlen, online: https://www.bmwi.de/Redaktion/DE/Publikationen/Energie/erneuerbare-energien-in-zahlen-2016.pdf?__blob=publicationFile&v=8, Stand: 2017, Abruf: 22.02.2018.

BUCHNER, B. ET AL. (2017): Global landscape of climate finance 2017, online: https://climatepolicyinitiative.org/wp-content/uploads/2017/10/2017-Global-Landscape-of-Climate-Finance.pdf, Stand: 2017, Abruf: 22.02.2018.

BUNDESNETZAGENTUR (2017): Monitoringbericht 2017, online: https://www.bundesnetzagentur.de/SharedDocs/Downloads/DE/Allgemeines/Bundesnetzagentur/Publikationen/Berichte/2017/Monitoringbericht_2017.pdf?__blob=publicationFile&v=4, Stand: 2017, Abruf: 15.02.2018.

BUNDESNETZAGENTUR (2011): "Smart Grid" und "Smart Market" - Eckpunktepapier der Bundesnetzagentur zu den Aspekten des sich verändernden Energieversorgungssystems, online: https://www.bundesnetzagentur.de/SharedDocs/Downloads/DE/Sachgebiete/Energie/Unternehmen_Institutionen/NetzzugangUndMesswesen/SmartGridEckpunktepapier/SmartGridPapierpdf.pdf?__blob=publicationFile&v=2, Stand: 2011, Abruf: 22.02.2018.

BUNDESREGIERUNG (2003): Das Integrierte Energie- und Klimaschutzprogramm (IEKP), online: http://www.bmu.de/files/pdfs/allgemein/application/pdf/klimapaket_aug2007.pdf, Stand: 2003, Abruf: 16.03.2018.

BUNDESREGIERUNG (2007): Bericht zur Umsetzung der in der Kabinettsklausur am 23./24.08.2007 in Meseberg beschlossenen Eckpunkte für ein Integriertes Energie- und Klimaprogramm, online: http://www.bmub.bund.de/fileadmin/bmu-import/files/pdfs/allgemein/application/pdf/gesamtbericht_iekp.pdf, Stand: 2007, Abruf: 19.03.2018.

BUNDESREGIERUNG (2010): Energiekonzept. Der Weg zur Energie der Zukunft- Sicher, Bezahlbar und Umweltfreundlich, online: https://www.bmwi.de/Redaktion/DE/Downloads/E/energiekonzept-2010-beschluesse-juni-2011.pdf?__blob=publicationFile&v=1, Stand: 2010, Abruf: 19.03.2018.

BUNDESREGIERUNG (2017): Der Sparplan für die Energiewende – Energieeffizienz und Energiesparen, online: https://www.bundesregierung.de/Content/DE/StatischeSeiten/Breg/Energiekonzept/Fragen-Antworten/4_Energiesparen-Energieeffizienz/4-Energiesparen-Energieeffizienz.html;jsessionid=6AE726B67D3D5529D555257EC3E4BC58.s4t1?nn=437032#doc605326bodyText2, Stand: 2017, Abruf: 06.11.2017.

DESTATIS (2017): Renewable energy sources, online: https://www.destatis.de/EN/FactsFigures/ EconomicSectors/Energy/Production/Tables/RenewableEnergy.html, Stand: Juli 2017, Abruf: 13.03.2018.

DESTATIS (2018): Gross electricity production in 2017, online: https://www.destatis.de/EN/ FactsFigures/EconomicSectors/Energy/Production/GrossElectricityProduction.html, Stand: 2018, Abruf: 13.03.2018.

EUROPÄISCHER RECHNUNGSHOF (2016): Sonderbericht 31/2016. Europäische Union 2016.

EUROPÄISCHE KOMMISSION (2011): Communication from the Commission to the European Parliament, the Council, the European Economic and Social Committee and the Committee of the Regions - A Roadmap for moving to a competitive low carbon economy in 2050, COM(2011) 112 final, online: http://eur-lex.europa.eu/legal-content/EN/TXT/PDF/?uri=CELEX:52011DC0112&from=EN, Abruf: 16.01.2018.

EUROPÄISCHE KOMMISSION (2014): Communication from the Commission to the European Parliament, the Council, the European Economic and Social Committee and the Committee of the Regions - A policy framework for climate and energy in the period from 2020 to 2030, COM(2014) 15 final, online: http://eur-lex.europa.eu/legal-content/EN/TXT/PDF/?uri=CELEX:52014DC0015&from=EN, Stand: 2014, Abruf: 16.01.2018.

EUROPÄISCHE KOMMISSION (2015): Commission staff working document. Country report Germany 2015, including an in-depth review on the prevention and correction of macroeconomic imbalances SWD (2015) 25 final/2, online: https://ec.europa.eu/info/sites/info/files/file_import/cr2015_germany_en_0.pdf, Stand: 2015, Abruf: 22.02.2018.

EUROPÄISCHE KOMMISSION (2016): Communication from the Comission to the European Parliament, The Council, the European Economic and Social Committee, The Committee of the Regions and the European Investment Bank – Clean Energy For All Europeans, COM(2016) 860 final, online: http://eur-lex.europa.eu/resource.html?uri=cellar:fa6ea15b-b7b0-11e6-9e3c-01aa75ed71a1.0001.02/DOC_1&format=PDF, Stand: 2016, Abruf: 13.03.2018.

EUROPÄISCHE KOMMISSION (2017a): Communication from the Commission to the European Parliament, the Council, the European Economic and Social Committee and the Committee of the Regions and the European Investment Bank - Energy Union Factsheet, SWD(2017) 389 final, online: https://ec.europa.eu/commission/sites/beta-political/files/energy-union-factsheet-germany_en.pdf, Stand: 2017, Abruf: 22.02.2018.

EUROPÄISCHE KOMMISSION (2017b): Climate mainstreaming in the EU Budget: preparing for the next multiannual financial framework, online: https://ieep.eu/uploads/articles/attachments/a3dcb063-3236-418d-9bd3-18f776724e50/Final %20report_Climate %20mainstreaming %20in %20the %20EU %20budget_2017.pdf?v=63675629124, Stand: 2017, Abruf 13.03.2018.

FRANKFURT SCHOOL UNEP CENTRE/BNEF (2017): Global trends in renewable energy investments 2017, online: http://fs-unep-centre.org/sites/default/files/publications/globaltrendsinrenewableenergyinvestment2017.pdf, Stand: 2017, Abruf: 12.12.2017.

GERBERT, P. ET AL. (2018): Klimapfade für Deutschland, online: https://www.prognos.com/uploads/tx_atwpubdb/BDI-Studie_-_Klimapfade_f %C3 %Bcr_Deutschland_-_Druck version_12.01.2018.pdf, Stand: 2018, Abruf: 22.02.2018.

GORNIG, M. ET AL. (2013): Bauwirtschaft: Zusätzliche Infrastrukturinvestitionen bringen zunächst keinen neuen Schwung in: DIW Wochenberichte 47, 2013, S. 3–15.

GORNIG, M./MICHELSEN, C. (2018): Bauwirtschaft: Ende des Neubaubooms in: DIW Wochenbericht 1+2, 2018, S. 34–50.

I4CE (2017) Landscape of public finance in France, online: https://www.i4ce.org/go_project/landscape-of-domestic-climate-finance/landscape-climate-finance-france/, Stand: 2017, Abruf: 15.03.2018.

IPCC (2014): Climate change 2014: synthesis report. Contribution of Working Groups I, II and III of the fifth assessment report of the Intergovernmental Panel on Climate Change, online: https://www.ipcc.ch/pdf/assessment-report/ar5/syr/SYR_AR5_FINAL_full_wcover.pdf, Stand: 2014, Abruf: 12.03.2018.

JUERGENS, I. ET AL. (2012a): The Landscape of climate finance in Germany, online: http://climatepolicyinitiative.org/wp-content/uploads/2012/11/Landscape-of-Climate-Finance-in-Germany-Full-Report.pdf, Stand: 2012, Abruf: 22.02.2018.

JUERGENS, I. ET AL. (2012b): The landscape of climate finance in Germany – Annexes, online: https://climatepolicyinitiative.org/wp-content/uploads/2012/11/The-Landscape-of-Climate-Finance-in-Germany-Annexes.pdf, Stand: 2012, Abruf: 22.02.2018.

LI, L./GRIEßHABER (2013): Financing for energy efficiency in buildings in China and Germany – a scoping study, online: www.germanwatch.org/en/7565, Stand: 2013, Abruf: 11.01.2018.

LÖSCHEL, A. ET AL. (2016): Stellungnahme zum fünften Monitoring-Bericht der Bundesregierung für das Berichtsjahr 2015, online: http://www.bmwi.de/Redaktion/DE/Downloads/V/fuenfter-monitoring-bericht-energie-der-zukunft-stellungnahme.pdf?__blob=publicationFile&v=7, Stand: 2016, Abruf: 22.02.2018.

MAY, N. ET AL. (2017): Renewable energy policy: risk hedging is taking center stage in: DIW Economic Bulletin 39+40, 2017, S. 389–397.

NEUHOFF, K. ET AL. (2017): Incentives for the long-term integration of renewable energies: a plea for a market value model DIW Economic Bulletin 46+47, 2017, S. 467–488.

NITSCH, J. (2017): Erfolgreiche Energiewende nur mit verbesserter Energieeffizienz und einem klimagerechten Energiemarkt – Aktuelle Szenarien 2017 der deutschen Energieversorgung, Stuttgart 2017, online: https://www.bee-ev.de/fileadmin/Publikationen/Studien/Erfolg reiche_Energiewende_Szenarien_2017_Nitsch.pdf, Stand: 2017, Abruf: 22.02.2018.

NITSCH, J. ET AL.(2012): Langfristszenarien und Strategien für den Ausbau der erneuerbaren Energien in Deutschland bei Berücksichtigung der Entwicklung in Europa und global, online: http://www.dlr.de/tt/Portaldata/41/Resources/dokumente/institut/system/publications/Leitstudie_2011_Datenanhang-II_final.pdf, Stand: 2011, Abruf: 22.02.2018.

NOVIKOVA, A. ET AL. (2013): The landscape of climate finance in Germany: a case study on the residential sector, online: https://www.eceee.org/library/conference_proceedings/eceee_Summer_Studies/2013/5b-cutting-the-energy-use-of-buildings-policy-and-programmes/the-landscape-of-climate-finance-in-germany-a-case-study-on-the-residential-sector/2013/5B-393-13_Novikova.pdf/, Stand: 2013, Abruf: 14.12.2017.

SCHLESINGER, M. ET AL. (2014): Entwicklung der Energiemärkte – Energiereferenzprognose, online: https://www.bmwi.de/Redaktion/DE/Publikationen/Studien/entwicklung-der-energiemaerkte-energiereferenzprognose-endbericht.pdf?__blob=publicationFile&v=7, Stand: 2014, Abruf: 27.02.2018.

OECD (2018): Gross Domestic Product (GDP), online: https://data.oecd.org/gdp/gross-domestic-product-gdp.htm, Stand: 2016, Abruf: 12.03.2018.

OECD/IEA/IRENA (2017): Perspectives for the energy transition investment needs for a low-carbon energy system, online: https://www.energiewende2017.com/wp-content/uploads/2017/03/Perspectives-for-the-Energy-Transition_WEB.pdf, Stand 2017, Abruf: 06.12.2017.

ÜBERTRAGUNGSNETZBETREIBER (2017): Netzentwicklungsplan Strom 2030 – Erster Entwurf der Übertragungsnetzbetreiber, online: https://www.netzentwicklungsplan.de/sites/default/files/paragraphs-files/NEP_2030_1_Entwurf_Teil1_0.pdf, Stand: 2017, Abruf: 17.01.2018.

WORLD BANK GROUP (2018): Doing Business 2018 – Reforming to Create Jobs, online: http://www.doingbusiness.org/~/media/WBG/DoingBusiness/Documents/Profiles/Country/DEU.pdf, Stand: 2018, Abruf: 14.02.2018.

Zentralbanken und Klimarisiken

ALEXANDER BARKAWI

Council on Economic Policies

1	Einführung	83
2	Finanzmarktregulierung, Geldpolitik und Klimarisiken	84
	2.1 Eigenkapitalvorschriften	85
	2.2 Wertpapierkäufe	86
	2.3 Kredite und notenbankfähige Sicherheiten	88
3	Fazit	89
Quellenverzeichnis		90

1 Einführung

In der Debatte über die wachsende Bedeutung von Klimarisiken für den Finanzsektor stand ein entscheidender Akteur bisher weitgehend abseits - die Zentralbanken. Angesichts des signifikanten Einflusses dieser Institutionen auf Kapitalströme ist das erstaunlich – umso mehr vor dem Hintergrund des stetigen Ausbaus ihrer Interventionen in den vergangenen Jahren. Die Europäische Zentralbank (EZB) hat ihre Bilanz von 1,5 Billionen EUR Ende 2007 auf 4,5 Bio. EUR Ende 2017 verdreifacht. Die US-Notenbank hat im selben Zeitraum ihre Bilanz von unter 1 Billionen USD auf 4,4 Billionen USD vergrössert, die Bank of Japan (BoJ) von 110 auf 520 Billionen JPY. Die gemeinsame Bilanzsumme der weltweit grössten Zentralbanken beträgt mittlerweile über 20 Billionen USD. Zum Vergleich: die weltweiten Investitionen in erneuerbare Energie lagen 2017 bei 330 Milliarden USD.[1]

Mark Carney, der Gouverneur der britischen Notenbank, hat in einer Rede 2015 auf die kritische Rolle von Klimarisiken für die Stabilität von Finanzmärkten und langfristigen Wohlstand hingewiesen. Er hat darüber hinaus betont, dass das Zeitfenster, um dieser Herausforderung zu begegnen, begrenzt ist und kleiner wird.[2] Ähnliche Positionen haben seitdem unter anderem auch Entscheidungsträger der Deutschen Bundesbank sowie der französischen, italienischen, holländischen und kanadischen Notenbanken vertreten.[3]

Die zunehmende Sensibilisierung und Auseinandersetzung seitens Zentralbanken mit Klimarisiken ist ein wichtiger Schritt. Während Banken, Pensionskassen, Versicherungen und weitere Akteure in den vergangenen Jahren bereits Anpassungen in ihren Anlageentscheiden und Risikomodellen vorgenommen haben, haben Zentralbanken das Thema allerdings bisher nur sehr zögerlich aufgegriffen. Sie haben sich dabei weitgehend auf die Risikoanalyse und Handlungsoptionen für Banken und Versicherungen fokussiert. Inwiefern Klimarisiken für ihre eigenen finanzregulatorischen und geldpolitischen Maßnahmen relevant sind, stand nicht auf der Agenda. Das sollte sich ändern.

Dabei gilt es zum einen zu prüfen, wie Zentralbanken in ihrer Funktion als Regulierungs- und Aufsichtsbehörde Klimarisiken berücksichtigen sollten. Eine mögliche Rekalibrierung von Kapitalvorschriften, um Kredite an CO_2-intensive Unternehmen mit mehr Eigenkapital zu unterlegen, ist ein Beispiel dafür.

Gleichzeitig sollte evaluiert werden, inwiefern Klimarisiken im geldpolitischen Instrumentarium – insbesondere im Rahmen von Wertpapierkäufen und der Vergabe besicherter Kredite an die Geschäftsbanken – zu reflektieren sind. Die EZB kauft aktuell jeden Monat 30 Mrd. EUR an Schuldverschreibungen staatlicher und privater Emittenten, darunter auch Anleihen von Unternehmen aus CO_2-intensiven Branchen sowie Verbriefungen von Automobilkrediten. Sie akzeptiert darüber hinaus Wertpapiere aus CO_2-intensiven Sektoren als Sicherheiten für Kredite an die Geschäftsbanken. Andere Zentralbanken ebenso. Eine Prüfung dieser Praxis ist überfällig.

---

[1] Vgl. *BNEF* (2018).
[2] Vgl. *CARNEY* (2015).
[3] Vgl. *VILLEROY DE GALHAU* (2015), *DOMBRET* (2017), *WÜRMELING* (2017), *SIGNORINI* (2017), *KNOT* (2017) und *LANE* (2017).

2 Finanzmarktregulierung, Geldpolitik und Klimarisiken

Der bedeutende Einfluss von Zentralbanken auf Finanzmärkte ergibt sich zum einen aus ihrer Rolle im Rahmen der Finanzmarktregulierung, zum anderen aus ihren geldpolitischen Entscheidungen. Maßgeblich ist dafür das jeweilige Mandat einer Zentralbank. Für die EZB wird dies durch Artikel 127 Absatz 1 des Vertrags über die Arbeitsweise der Europäischen Union definiert:

„Das vorrangige Ziel des Europäischen Systems der Zentralbanken (im Folgenden ESZB) ist es, die Preisstabilität zu gewährleisten. Soweit dies ohne Beeinträchtigung des Zieles der Preisstabilität möglich ist, unterstützt das ESZB die allgemeine Wirtschaftspolitik in der Union, um zur Verwirklichung der in Artikel 3 des Vertrags über die Europäische Union festgelegten Ziele der Union beizutragen."

Zu den Zielen der Union zählt gemäß Artikel 3 *„die nachhaltige Entwicklung Europas"* und damit verbunden *„ein hohes Maß an Umweltschutz und Verbesserung der Umweltqualität"*. Das hat auch Mario Draghi, der Präsident der EZB, in Beantwortung einer Anfrage des Europäischen Parlaments im September 2017 betont, und dabei weiter ausgeführt, dass *„die EZB die Herausforderung des Klimawandels und die Bedeutung von Strategien zu seiner Bekämpfung [anerkennt]"*.[4]

Die EZB übernimmt zusätzlich – wie unter anderem auch die Bank of England (BoE), die Schweizerische Nationalbank (SNB) und die US-Notenbank – zentrale Aufgaben zur Sicherung der Finanzstabilität. Sie überwacht Entwicklungen im Bankenraum der Europäischen Union, um Schwachstellen zu erkennen und der Entstehung möglicher Systemrisiken entgegenzuwirken. Seit November 2014 obliegt ihr darüber hinaus die Bankenaufsicht im Euroraum – direkt für aktuell 119 *signifikante* Banken, auf die über 80 Prozent der Bankaktiva in der Eurozone entfallen, und indirekt in Zusammenarbeit mit den nationalen Aufsichtsbehörden für die übrigen Kreditinstitute.

Ihre Aufgaben zur Sicherung der Finanzstabilität erfüllt die EZB in enger Zusammenarbeit mit den zuständigen nationalen Institutionen innerhalb des Euroraums sowie den drei europäischen Finanzaufsichtsbehörden und dem europäischen Ausschuss für Systemrisiken. Dieser hat bereits in einem Bericht 2016 auf potentielle Klimarisiken für Finanzmärkte hingewiesen und finanzregulatorische Handlungsoptionen vorgeschlagen. Ein Jahr zuvor hatte die Bank of England vor Klimarisiken für den britischen Versicherungssektor gewarnt. Ähnliche Voten gab es seitdem von der französischen und holländischen Zentralbank sowie dem schwedischen Finanzregulator.[5]

Angesichts der vermehrten Warnungen aus den eigenen Reihen und den Implikationen von Klimarisiken für das Ziel der Finanzstabilität gilt es für Zentralbanken nun, die Berücksichtigung von Klimafragen mit Nachdruck auch in den eigenen Instrumenten zu verankern. Risikobeurteilungen sind zentrales Element dieser Instrumente. Sie sind integraler Bestandteil regulatorischer Massnahmen und geldpolitischer Entscheide. Der Einbezug von Klimarisiken in diese Beurteilungen ist unerlässlich. Zentralbanken, die Klimawandel in ihren eigenen Risikomodellen nicht berücksichtigen, werden in der Debatte über den Einbezug entsprechender Risiken in Finanzentscheide rapide an Glaubwürdigkeit verlieren. Angesichts ihrer eigenen Warnungen vor Klimarisiken in Bezug auf Finanzstabilität stände eine solche Praxis möglicherweise auch im Widerspruch zu ihrem Mandat.

---

[4] Vgl. EUROPÄISCHES PARLAMENT (2017).

[5] Vgl. BANK OF ENGLAND (2015), ESRB (2016), FINANSINSPEKTIONEN (2016), SCHOTTEN ET AL. (2016) und FRENCH TREASURY (2017). Siehe auch SCOTT ET AL. (2017) und REGELINK ET AL. (2017).

2.1 Eigenkapitalvorschriften

Zentralbanken stehen zusammen mit den weiteren zuständigen Behörden eine Vielzahl finanzregulatorischer Instrumente zur Verfügung, um Risiken auf Systemebene (makroprudenziell) und in Hinblick auf einzelne Institute (mikroprudenziell) entgegenzuwirken.
Zentrale Stellgrößen sind in diesem Kontext vor allem die Eigenkapitalregeln, mit denen Mindesthöhe und Qualität der Eigenmittel definiert werden, die Banken halten müssen. Ihnen zugrunde liegt das Ziel, dass Banken bei individuellen Kreditausfällen bzw. einer umfassenderen Systemkrise über genügend Kapital verfügen, um solvent zu bleiben. Die Berechnung der erforderlichen Eigenkapitalquoten orientiert sich dabei an den risikogewichteten Aktiven einer Bank, welche die Ausfallrisiken der verschiedenen Bilanzpositionen berücksichtigt. Vermögenswerte mit tiefem Risiko müssen mit weniger Kapital unterlegt werden, als jene mit hohem Risiko. Die Beurteilung der Risiken beruht entweder auf Standardmodellen der Aufsichtsbehörden oder – vor allem bei Großbanken – auf aufsichtlich geprüften internen Risikomodellen. Im Rahmen der makroprudenziellen Regulierung kommen zusätzlich vermehrt Stresstests zur Anwendung, mit denen die Belastbarkeit von Banken im Fall gesamtwirtschaftlicher Schocks geprüft wird.
Die Berücksichtigung von Klimarisiken in den Standardmodellen der Aufsichtsbehörden und eine aufsichtliche Praxis, dass bankeninterne Modelle nur dann genehmigt werden, wenn sie Klimarisiken integrieren, wären wichtige Schritte. Die brasilianische Zentralbank hat bereits 2011 einen Impuls in diese Richtung gesetzt, in dem sie die Integration sozialer und ökologischer Aspekte in die Anforderungen an interne Bewertungsansätze von Banken aufgenommen hat.[6] Zentraler Hebel für eine Ausweitung dieses Ansatzes wäre nicht zuletzt die Aufnahme entsprechender Kriterien in die Methodologien jener externen Ratingagenturen (wie z.B. Fitch, Moody's und Standard & Poor's), die den Risikogewichtungen in Standardmodellen und internen Modellen zugrunde gelegt werden. Erste Schritte in diese Richtung sind bereits angekündigt.[7] Zentralbanken sollten sie gemeinsam mit den weiteren zuständigen Aufsichtsbehörden unterstützen und beschleunigen.
Die Einbindung von Klimarisiken in Stresstests wäre eine weitere wichtige Maßnahme. Auch hier sind erste Projekte auf dem Weg,[8] auch hier sollten Zentralbanken in Zusammenarbeit mit den zuständigen weiteren Institutionen zu einer Beschleunigung beitragen. Die holländische Notenbank (DNB) hat einen entsprechenden Schwerpunkt bereits in ihren Aufsichtsprioritäten bis 2022 verankert.[9]
Zentralbanken sollten darüber hinaus klar Stellung dafür beziehen, dass die Berücksichtigung von Klimarisiken eine Erhöhung von Eigenmitteln für Kredite erfordert, die von diesen Risiken betroffen sind, und nicht – wie im Dezember 2017 vom Vizepräsident der Europäischen Kommission vorgeschlagen – eine Reduzierung von Eigenmitteln für *grüne* Projekte. So wichtig ein Ausbau *grüner* Projekte ist, so wenig macht es Sinn, Eigenkapitalvorschriften zu lockern und damit Finanzstabilität zu gefährden. Klimarisiken, die im Marktpreis bisher nicht berücksichtigt sind, erfordern zusätzliches Kapital – nicht umgekehrt.

---

[6] Vgl. BANCO CENTRAL DO BRASIL (2011). Siehe auch EUROPEAN COMMISSION (2017), S. 11.
[7] Siehe z. B. MOODY'S (2017).
[8] Siehe z. B. BATTISTON ET AL. (2017).
[9] Vgl. DNB (2017), S. 26.

2.2 Wertpapierkäufe

Zum geldpolitischen Instrumentarium von Zentralbanken zählen insbesondere Offenmarktgeschäfte, über die Banken auf Initiative der Notenbank Liquidität zur Verfügung gestellt wird. Sie umfassen einerseits die Vergabe befristeter und besicherter Kredite an den Bankensektor und andererseits – vor allem seit dem Ausbruch der Finanzkrise 2007 – den Kauf von Wertpapieren (*Outright-Geschäfte*). Zusätzlich können sich Geschäftsbanken im Rahmen von *ständigen Fazilitäten* gegen Besicherung bei den Zentralbanken refinanzieren.

Der Kauf von Wertpapieren hat sich in den vergangenen Jahren bei Zentralbanken weltweit zu einem Kernelement ihres geldpolitischen Portfolios entwickelt. Für die japanische Notenbank war dies bereits vor der Finanzkrise der Fall. Sie hatte mit der Einführung ihrer *Quantitative Easing Policy* im März 2001 den Startschuss für eine signifikante Ausweitung ihrer monatlichen Käufe japanischer Staatsanleihen gegeben – von 400 Milliarden JPY im Sommer 2001 auf 1,2 Billionen JPY Anfang 2003. Im Oktober 2010 wurden die Käufe auf börsengehandelte japanische Aktien- und Immobilienfonds (Aktien-ETFs und J-REITs) ausgeweitet. Per Ende Dezember 2017 stand die Bilanz der BoJ bei 520 Billionen JPY – davon 17 Billionen JPY (156 Milliarden USD) in Aktienfonds.[10]

Im Zuge der Finanzkrise haben weitere Zentralbanken ebenfalls in massivem Ausmaß auf Wertpapierkäufe als geldpolitische Maßnahme zurückgegriffen. Die US Notenbank hat seit November 2008 drei *Quantitative-Easing*-Programme durchgeführt und ihre Bilanz von unter 1 Billionen USD auf über 4,4 Billionen USD ausgeweitet. Der Großteil der Wertpapierkäufe entfiel dabei auf verbriefte Hypotheken und Staatsanleihen.[11]

Die EZB hat im Juli 2009 mit Ankäufen gedeckter Schuldverschreibungen begonnen und im Mai 2010 ihre Käufe auf Staatsanleihen ausgeweitet. Im November 2014 folgte der Startschuss für den Kauf von Kreditverbriefungen, im Juni 2016 für den Kauf von Unternehmensanleihen. Zwischen April 2016 und März 2017 betrugen die monatlichen Käufe im Schnitt 80 Milliarden EUR. Sie sind daraufhin auf 60 Milliarden EUR reduziert worden und liegen seit Januar 2018 bei 30 Milliarden EUR.[12]

Auch für die BoE sowie die SNB haben Wertpapierkäufe in den vergangenen Jahren eine signifikante Rolle gespielt. Die BoE hält mittlerweile britische Staatsanleihen im Wert von 435 Milliarden GBP und Unternehmensanleihen von 10 Milliarden GBP. Die SNB hat ab März 2009 den Kauf ausländischer Wertpapiere verstärkt zur Bekämpfung einer übermäßigen Aufwertung des Frankens eingesetzt. Ihre Bilanz hat sich seitdem auf über 840 Milliarden CHF vergrößert – knapp unter 180 Milliarden CHF davon in Aktien. Sie ist damit zusammen mit der BoJ eine der wenigen Notenbanken, bei denen Aktienkäufe Teil des geldpolitischen Instrumentariums sind – mit dem Unterschied, dass die BoJ inländische und die SNB ausländische Titel kauft.[13]

---

[10] Vgl. *MAEDA ET AL.* (2005), *IWATA/TAKENAKA* (2012) und *BANK OF JAPAN* (2018a).
[11] Vgl. *WILLIAMSON* (2017).
[12] Vgl. *ECB* (2018a).
[13] Vgl. *BANK OF ENGLAND* (2018), *SNB* (2018a) und *SNB* (2018b).

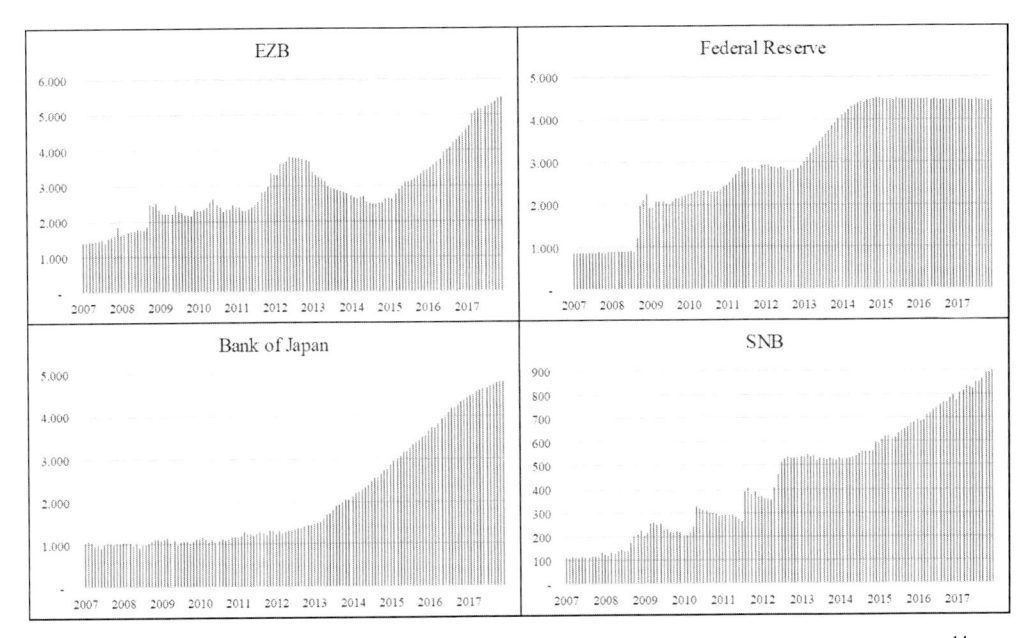

Abbildung 1: Bilanzsummen der EZB, Federal Reserve, BoJ und SNB (in Mrd. USD)[14]

Angesichts dieser Größenordnungen erstaunt es, dass die Berücksichtigung von Klimarisiken in den eigenen Bilanzen für Zentralbanken bisher nicht auf der Agenda stand. Während sich Banken, Pensionskassen, Versicherungen und weitere Finanzakteure zunehmend mit der Frage konfrontiert sehen, wie sie Klimawandel und -politik in ihren Risiko- und Bewertungsmodellen reflektieren, haben Zentralbanken das Thema in der Umsetzung ihrer Geldpolitik noch nicht angepackt. Sie verweisen in diesem Kontext häufig auf ihr Anliegen, ihre Maßnahmen *marktneutral* zu gestalten und leiten daraus eine Notwendigkeit ab, ihre Wertpapierkäufe an der bestehenden Struktur der Finanzmärkte auszurichten, in denen sie Transaktionen tätigen.[15]

Dabei geht vergessen, dass Zentralbanken bereits mit der Wahl der Assetklassen, die sie kaufen, Verzerrungen in den Markt einführen. Wenn die US-Notenbank einen Großteil ihrer quantitativen Lockerung auf verbriefte Hypotheken alloziert, profitiert davon vor allem der Immobilienmarkt. Wenn sich die BoJ entscheidet, ihr Kaufprogramm auf Aktien auszuweiten, führt das zu einem Anstieg der Aktienpreise. Und wenn die EZB beschließt – wie im November 2014 geschehen – ihre Wertpapierkäufe auf verbriefte Automobilkredite und -leasingverträge auszuweiten, unterstützt sie die Automobilbranche und führt damit eine Maßnahme ein, die durchaus klimarelevant ist.

Auch innerhalb von Assetklassen ergeben sich Verzerrungen, beispielsweise aufgrund der Tatsache, dass die EZB und die BoE ihre Käufe von Unternehmensanleihen an den ausstehenden Volumina von Anleihen ausrichten und von höher verschuldeten Firmen mehr Anleihen kaufen, als von jenen mit tieferen Schulden. Das ist insofern nachvollziehbar, als dass Zentralbanken auf ausreichende Liquidität in den Titeln, die sie kaufen, angewiesen sind. Gleichzeitig ist fraglich, ob eine solche Übergewichtung von Firmen, die sich in besonderem Maße über Anleihen finanzieren, als *marktneutral* bezeichnet werden kann. Unternehmen, die sich eher über Eigenkapital als Fremdkapital finanzieren, und Firmen, z. B. kleine und mittlere Unternehmen,

---

[14] ECB (2018c), FEDERAL RESERVE BANK OF ST. LOUIS (2018), BANK OF JAPAN (2018b) und SNB (2018a).
[15] Siehe z. B. DRAGHI (2018).

die ihr Fremdkapital eher über Bankkredite als über Anleihen aufnehmen, werden mit dem aktuellen Vorgehen der EZB und der BoE benachteiligt.

Dass diese Verzerrungen auch in Hinblick auf Klimarisiken von Bedeutung sind, zeigt unter anderem die Tatsache, dass ein signifikanter Teil der Unternehmensanleihen, welche die EZB und die BoE gekauft haben, auf CO_2-intensive Sektoren entfallen. Schätzungen zufolge liegt der Anteil von Unternehmensanleihen von Energieversorgern und des verarbeitenden Gewerbes in den Käufen der EZB bei 62 Prozent. Die CO_2-Emissionen dieser Branchen machen 59 Prozent der Gesamtemissionen aus, der Bruttowertschöpfungsanteil aber nur 18 Prozent. Ähnliche Zahlen ergeben sich für die BoE: Die von ihr gekauften Unternehmensanleihen entfallen zu 49 Prozent auf Energieversorger und das verarbeitende Gewerbe. Der Anteil der beiden Sektoren an den CO_2-Emissionen des Landes liegt bei 52 Prozent, der Anteil an der Bruttowertschöpfung bei 12 Prozent.[16]

Weder die EZB noch die BoE haben dieses Übergewicht in CO_2-intensiven Branchen vorsätzlich aufgebaut. Es hat sich vielmehr für sie ergeben, weil auf diese Branchen ein überdurchschnittlich hoher Anteil an gehandelten Unternehmensanleihen entfällt. Ob dieser Ansatz marktneutral ist, hängt von der Definition ab. Fakt ist, dass er Klimarisiken unberücksichtigt lässt.

Das zu ändern, ist konzeptionell ohne tiefgreifende Reformen möglich. Dabei wäre zum einen darüber nachzudenken, inwiefern Klimarisiken in der Wahl der Assetklassen von Kaufprogrammen zu reflektieren sind. Ob beispielsweise die EZB in der Tat verbriefte Automobilkredite kaufen muss, um ihr Preisstabilitätsziel zu erreichen, ist fraglich.

Zum anderen gilt es zu evaluieren, wie Zentralbanken Klimarisiken in der Umsetzung ihrer Kaufprogramme innerhalb von Assetklassen berücksichtigen können. Bereits heute definieren Notenbanken eine Vielzahl von Kriterien, um festzulegen, welche Wertpapiere durch sie erworben werden können. Dazu zählen im Rahmen der Käufe von Unternehmensanleihen durch die EZB und die BoE nicht zuletzt eine Analyse des Kreditrisikos, die sich in der Regel auf externe Ratingagenturen und interne Modelle abstützt.[17] Ähnlich wie in den Ausführungen zur Finanzmarktregulierung ergibt sich auch vor diesem Hintergrund eine wichtige Rolle für Zentralbanken, die Integration von Klimarisiken in die Modelle externer Ratingagenturen zu beschleunigen. Darüber hinaus gilt es für Zentralbanken, die Berücksichtigung von Klimarisiken auch in ihren eigenen Risikomodellen zu gewährleisten.

Ebenso gilt es für Zentralbanken, die Aktien kaufen, die Berücksichtigung von Klimarisiken in die entsprechenden Anlagerichtlinien zu integrieren. Die SNB schliesst bereits heute Investitionen in Unternehmen aus, *„die international geächtete Waffen produzieren, grundlegende Menschenrechte massiv verletzen oder systematisch gravierende Umweltschäden verursachen."*[18] Weitere Schritte zur Integration von Klimarisiken wären wünschenswert und wichtig.

2.3 Kredite und notenbankfähige Sicherheiten

Ähnliche Überlegungen sollten in Bezug auf die Kriterien für besicherte Kredite der Zentralbanken auf der Agenda stehen. Während der Kauf von Wertpapieren in den vergangenen Jahren im Rahmen der außerordentlichen geldpolitischen Maßnahmen in den Vordergrund gerückt ist, stehen Kredite gegen Sicherheiten weiterhin im Fokus des konventionellen Instrumentariums der Notenbanken.

---

[16] Vgl. *MATIKAINEN ET AL.* (2017).
[17] Siehe z. B. *ECB* (2018b).
[18] Vgl. *SNB* (2015).

Zentrales Element sind dabei die Zulassungskriterien für notenbankfähige Sicherheiten. Sie sind in der Regel auch Teil der Filter, die den oben erwähnten Kaufprogrammen zugrundeliegen. Daneben spielt die Festlegung der Bewertungsabschläge eine wichtige Rolle. Sie determinieren welcher Prozentsatz des Marktwerts eines Wertpapiers zur Besicherung eines Kredits eingesetzt werden kann.

Die Zulassung eines Wertpapiers als notenbankfähige Sicherheit ist ein wichtiger Faktor für seine Bewertung im Markt. Ein Titel, den Banken für Kredite von der Zentralbank als Sicherheit nutzen können, ist attraktiver, als einer, der nicht als Sicherheit akzeptiert wird. Auch der Bewertungsabschlag ist eine einflussreiche Stellgröße. Je geringer der Abschlag, desto höher der Wert des Papiers, der zur Besicherung eingesetzt werden kann und desto attraktiver das Wertpapier.

Zentralbanken üben vor diesem Hintergrund über die Definition ihres Sicherheitenrahmens einen wichtigen – und häufig unterschätzten – Effekt auf das Marktgeschehen aus. Sie beeinflussen dabei nicht nur Preise und Liquidität von bereits existierenden Wertpapieren, sondern auch Entscheide für Neuemissionen.[19] Entsprechend bedeutend ist es, dass auch in den Bestimmungen für notenbankfähige Sicherheiten Klimarisiken berücksichtigt werden.

Analog zu den vorangegangenen Ausführungen geht es dabei einerseits um die Frage, welche Assetklassen als Sicherheiten akzeptiert werden. Auch hier bietet die EZB mit ihrer Zulassung von Automobilkreditverbriefungen als Sicherheiten ein Beispiel, das geprüft werden sollte. Gleichzeitig gilt es erneut, Klimarisiken in den externen Ratings und internen Modellen zu verankern, die für den Sicherheitenrahmen und die Bewertungsabschläge herangezogen werden.

3   Fazit

Das Bewusstsein für Klimarisiken ist in den vergangenen Jahren auf der Agenda des Finanzsektors stetig nach oben gerückt. Dass das Thema mittlerweile auch durch Zentralbanken aufgegriffen wird, ist ein gutes Zeichen. Die Tatsache, dass im Dezember 2017 acht Zentralbanken und Aufsichtsbehörden ein *Central Bank and Supervisors Network for Greening the Financial System* gegründet haben, zeigt, dass es auf ihrem Radarschirm heute einen festen Platz hat.

Bewusstsein und Analyse greifen allerdings angesichts der Dringlichkeit, um Klimarisiken entgegenzuwirken, zu kurz. Die richtige Richtung einzuschlagen, reicht nicht aus. Das Tempo ist entscheidend.

In diesem Kontext gilt es nun nicht zuletzt auch für Zentralbanken, mit Hochdruck Maßnahmen zu erarbeiten und umzusetzen, um die Berücksichtigung von Klimarisiken in Finanzmärkten zu beschleunigen. Drei Bereiche sollten dabei im Fokus stehen: Kapitalanforderungen, Wertpapierkäufe und die Zulassungs- und Bewertungskriterien für notenbankfähige Sicherheiten. Zentrales Element ist dafür in allen Fällen die Integration entsprechender Kriterien in die internen Risikomodelle der Notenbanken und Geschäftsbanken sowie in die Methodologien externer Ratingagenturen.

Finanzmärkten kommt in der Reduzierung von Klimarisiken eine entscheidende Rolle zu. Zentralbanken dürfen dabei nicht abseitsstehen.

---

[19] Siehe z. B. *Nyborg* (2017), *Mesonnier et al.* (2017) und *Van Bekkum et al.* (2017).

Quellenverzeichnis

BANCO CENTRAL DO BRASIL (2011): Circular 3,547 of July 7, online: http://www.bcb.gov.br/ingles/norms/brprudential/Circular3547.pdf, Stand: 10.02.2014, Abruf: 10.02.2018.

BANK OF ENGLAND (2015): The impact of climate change on the UK insurance sector, online: https://www.bankofengland.co.uk/-/media/boe/files/prudential-regulation/publication/impact-of-climate-change-on-the-uk-insurance-sector.pdf, Stand: 10.11.2017, Abruf: 10.02.2018.

BANK OF ENGLAND (2018): Quantitative easing, online: https://www.bankofengland.co.uk/monetary-policy/quantitative-easing, Stand: 24.01.2018, Abruf: 10.02.2018.

BANK OF JAPAN (2018a): Bank of Japan Accounts (December 31, 2017), online: https://www.boj.or.jp/en/statistics/boj/other/acmai/release/2017/ac171231.htm/, Stand: 05.01.2018, Abruf: 10.02.2018.

BANK OF JAPAN (2018b): BoJ Time-Series Data Search, online: http://www.stat-search.boj.or.jp/index_en.html, Stand: 12.01.2018, Abruf: 13.02.2018.

BATTISTON, S./MANDEL, A./MONASTEROLO, I./SCHÜTZE, F./VISENTIN, G. (2017): A climate stress-test of the financial system, Nature Climate Change, Jg. 7 (2017), S. 283–288.

BLOOMBERG NEW ENERGY FINANCE (BNEF) (2018): Runaway 53GW Solar Boom in China Pushed Global Clean Energy Investment Ahead in 2017, online: https://about.bnef.com/blog/runaway-53gw-solar-boom-in-china-pushed-global-clean-energy-investment-ahead-in-2017/, Stand: 16.01.2018, Abruf: 10.02.2018.

CARNEY, M. (2015): Breaking the tragedy of the horizon – climate change and financial stability, Rede, online: https://www.bankofengland.co.uk/speech/2015/breaking-the-tragedy-of-the-horizon-climate-change-and-financial-stability, Stand: 29.09.2015, Abruf: 10.02.2018.

DE NEDERLANDSCHE BANK (DNB) (2017): Supervisory Strategy 2018–2022, online: https://www.dnb.nl/en/binaries/Supervisory%20Strategy%202018-2022_tcm47-365943.pdf?2018031223, Stand: 01.12.2017, Abruf: 10.02.2018.

DOMBRET, A. (2017): Behind the curve? The role of climate risks in banks' risk management, Rede, online: https://www.bis.org/review/r171002f.htm, Stand: 02.10.2017, Abruf: 10.02.2018.

DRAGHI, M. (2018): Letter from Mario Draghi to MEPs Ms Laura Agea and Mr Marco Valli, online: https://www.ecb.europa.eu/pub/pdf/other/ecb.mepletter180123_Valli_Agea.en.pdf, Stand: 23.01.2018, Abruf: 10.02.2018.

EUROPÄISCHES PARLAMENT (2017): Geld und währungspolitischer Dialog mit Mario Draghi, online: http://www.europarl.europa.eu/cmsdata/129360/Monetary_dialogue_25092017DE.pdf, Stand: 25.09.2017, Abruf: 10.02.2018.

EUROPEAN CENTRAL BANK (ECB) (2018a): Asset Purchase Programmes, online: https://www.ecb.europa.eu/mopo/implement/omt/html/index.en.html, Stand: 02.2018, Abruf: 10.02.2018.

EUROPEAN CENTRAL BANK (ECB) (2018b): Eurosystem credit assessment framework (ECAF), online: https://www.ecb.europa.eu/paym/coll/risk/ecaf/html/index.en.html, Stand: 02.2018, Abruf: 11.02.2018.

EUROPEAN CENTRAL BANK (ECB) (2018c): Statistical Data Warehouse, online: http://sdw.ecb.europa.eu/, Stand: 02.2018, Abruf: 13.02.2018.

EUROPEAN COMMISSION (2017): Reinforcing integrated supervision to strengthen Capital Markets Union and financial integration in a changing environment, online: http://ec.europa.eu/finance/docs/law/170920-communication-esas_en.pdf, Stand: 20.09.2017, Abruf: 13.02.2018.

EUROPEAN SYSTEM RISK BOARD (ESRB) (2016): Too little, too sudden. Transition to a low-carbon economy and systemic risk, online: https://www.esrb.europa.eu/pub/pdf/asc/Reports_ASC_6_1602.pdf, Stand: 02.2016, Abruf: 13.02.2018.

FEDERAL RESERVE BANK OF ST. LOUIS (2018): FRED, online: https://fred.stlouisfed.org/series/WALCL, Stand: 02.2018, Abruf: 13.02.2018.

FINANSINSPEKTIONEN (2016): Climate change and financial stability, online: http://www.fi.se/contentassets/df3648b6cbf448ca822d3469eca4dea3/klimat-finansiell-stabilitet-mars2016_eng.pdf, Stand: 07.03.2016, Abruf: 13.02.2018.

FRENCH TREASURY (2017): Assessing climate change-related risks in the banking sector, online: https://www.tresor.economie.gouv.fr/Ressources/File/433465, Abruf: 13.02.2018.

IWATA, K./TAKENAKA, S. (2012): Central bank balance sheet expansion: Japan's experience, online: https://www.bis.org/publ/bppdf/bispap66g.pdf, Stand: 04.10.2012, Abruf: 13.02.2018.

KNOT, M. (2017): Sustainability: a role for central banks? (Rede), online: https://www.cepweb.org/wp-content/uploads/2017/12/Klaas-Knot-speech.pdf, Stand: 28.11.2017, Abruf: 13.02.2018.

LANE, T. (2017): Thermometer rising – climate change and Canada's economic future (Rede), online: https://www.bankofcanada.ca/2017/03/thermometer-rising-climate-change-canada-economic-future/, Stand: 02.03.2017, Abruf: 13.02.2018.

MAEDA, E./FUJIWARA, B./MINESHIMA, A./TANIGUCHI, K. (2005): Japan's Open Market Operations under the Quantitative Easing Policy, Bank of Japan Working Paper Series, online: https://www.boj.or.jp/en/research/wps_rev/wps_2005/data/wp05e03.pdf, Stand: 04.2005, Abruf: 13.02.2018.

MATIKAINEN, S./CAMPIGLIO, E./ZENGHELIS, D. (2017): The climate impact of quantitative easing, online: http://www.lse.ac.uk/GranthamInstitute/wp-content/uploads/2017/05/ClimateImpactQuantEasing_Matikainen-et-al-1.pdf, Stand: 05.2017, Abruf: 13.02.2018.

MESONNIER, J.-S./O'DONNELL, C./TOUTAIN, O. (2017): The interest of being eligible, online: https://publications.banque-france.fr/sites/default/files/medias/documents/dt_636_0.pdf, Stand: 10.2017, Abruf: 13.02.2018.

MOODY'S (2017): Evaluating the impact of climate change on US state and local issuers, 2017.

NYBORG, K. (2017): Collateral frameworks. The open secret of central banks, Cambridge 2017.

REGELINK, M./REINDERS, H. J./VLEESCHHOUWER, M./VAN DE WIEL, I. (2017): Waterproof? An exploration of climate-related risks for the Dutch financial sector, online: https://www.dnb.nl/en/binaries/Waterproof_tcm47-363851.pdf, Stand: 16.10.2017, Abruf: 13.02.2018.

SCHOTTEN, G./VAN EWIJK, S./REGELINK, M./DICOU, D./KAKES, J. (2016): Time for transition: towards a carbon-neutral economy, online: https://www.dnb.nl/en/binaries/tt_tcm47-338545.pdf, Stand: 2016, Abruf: 13.02.2018.

SCHWEIZERISCHE NATIONALBANK (SNB) (2015): Richtlinien der Schweizerischen Nationalbank (SNB) für die Anlagepolitik, online: https://www.snb.ch/de/mmr/reference/snb_legal_richtlinien/source/snb_legal_richtlinien.de.pdf, Stand: 01.04.2015, Abruf: 11.02.2018.

SCHWEIZERISCHE NATIONALBANK (SNB) (2018a): Bilanzpositionen der SNB, online: https://data.snb.ch/de/topics/snb#!/cube/snbbipo, Stand: 02.2018, Abruf: 10.02.2018.

SCHWEIZERISCHE NATIONALBANK (SNB) (2018b): Anlagekategorien und Ratings, online: https://data.snb.ch/de/topics/snb#!/cube/snbcurrinvc, Stand: 02.2018, Abruf: 10.02.2018.

SCOTT, M./VAN HUIZEN, J./JUNG, C. (2017): The Bank's response to climate change, online: https://www.bankofengland.co.uk/-/media/boe/files/quarterly-bulletin/2017/the-banks-response-to-climate-change.pdf, Stand: 2017, Abruf: 13.02.2018.

SIGNORINI, L. F. (2017): The financial system, environment and climate: a regulator's perspective, (Rede), online: https://www.bancaditalia.it/pubblicazioni/interventi-direttorio/int-dir-2017/Signorini_06.02.2017.pdf, Stand: 06.02.2017, Abruf: 13.02.2018.

VAN BEKKUM, S./GABARRO, M./IRANI, R. M. (2017): Does a Larger Menu Increase Appetite? Collateral Eligibility and Bank Risk-Taking, in: The Review of Financial Studies, 2017, S. 943–979.

VILLEROY DE GALHAU, F. (2015): Climate change: the financial sector and pathways to 2°C (Rede), online: https://www.bis.org/review/r151229f.htm, Stand: 30.11.2015, Abruf: 13.02.2018.

WILLIAMSON, S. (2017): Quantitative Easing: How Well Does This Tool Work?, online: https://www.stlouisfed.org/publications/regional-economist/third-quarter-2017/quantitative-easing-how-well-does-this-tool-work, Stand: 2017, Abruf: 13.02.2018.

WÜRMELING, J. (2017): Zentralbanken müssen grüner werden, online: http://www.zeit.de/2017/51/nachhaltigkeit-investitionen-zentralbanken-klimaabkommen, Stand: 06.12.2017, Abruf: 13.02.2018.

Nachhaltigkeit als modernes Selbstverständnis von Investment Professionals

RALF FRANK und *HENRIK PONTZEN*

DVFA Berufsverband der Investment Professionals e.V. und *HSBC*

1	Greening und die Investment Profession	95
2	Professionelles Handeln	97
	2.1 Technische Kompetenz	99
	2.2 Ethische Kompetenz	105
3	Fazit und Ausblick	107
Quellenverzeichnis		110

1 Greening und die Investment Profession

Zahlen sind die Grenzen der Welt von Investment Professionals, aber müssen Green Finance und ESG deshalb zwangsläufig Zahlen liefern, um gesehen zu werden? Wir glauben, dass der Weg über das Rechnen von Green Finance, um Investment Professionals[1] ESG und Nachhaltigkeit schmackhaft zu machen, nicht weiterführt. Wir werden argumentieren, dass die Motivation zu verstehen, eher zielführend ist.

Es gibt kaum verlässliche Zahlen, in welchem Umfang Investment Professionals heute bereits ESG (Environmental, Social and Governance Issues) in ihre Anlageentscheidungen oder -evaluationen einbeziehen. Zwar sprechen Nicht-Regierungsorganisationen (NGOs) wie z. B. die Global Sustainable Investing Alliance[2] davon, dass bereits heute 30,2 Prozent aller Assets-under-management nachhaltig angelegt werden, was in Summe der unvorstellbaren Zahl von $ 22,89 Billionen entspricht. Doch rufen solche Zahlen eher Zweifel hervor. Zum einen gibt es eine Vielzahl von Begriffen wie z. B. Responsible Investing, Socially Responsible Investing (SRI), Green Finance, oder Sustainable Finance, zum anderen eine Vielzahl von Definitionen, die sich z. T. widersprechen. So sind z. B. bei den Investmentstilen unterschiedliche Praktiken bekannt, bei denen Nachhaltigkeit oder die Umsetzung der Prinzipien der PRI (Principles for Responsible Investing) ganz unterschiedlich gehandhabt werden: angefangen vom Ausschluss bestimmter Branchen oder Unternehmen (*exclusion*) über Ansätze wie best-in-class, oder Impact Investing, bis hin zur Integration von ESG-Kriterien in die finanzmathematisch-basierte Anlagerechnung. Bei vielen Erhebungen bleibt die Frage unbeantwortet, welche Definition zugrunde liegt, d. h. ab welchem Schwellenwert ein Investment oder ein Portfolio als nachhaltig gilt, oder welcher Investmentansatz das Siegel *responsible* oder *nachhaltig* verdient.

Möglicherweise ist die o. a. Zahl von 30,2 Prozent aller Assets-under-management, die nachhaltig angelegt sind (sein sollen), verzerrt, weil sie keine ausreichende Trennschärfe zwischen unterschiedlichen Anlagestilen anlegt. Auch sind wir skeptisch, ob es sinnvoll ist, Investment Professionals zu befragen, was sie in Bezug auf ESG tun (oder glauben zu tun). Eine Gruppe von Forschern hat im Auftrag des CFA Instituts[3] Auffassungen und Einstellungen zu ESG unter den Mitgliedern des CFA Instituts befragt. Diese Umfrage kommt zu dem Ergebnis, dass 73 Prozent aller Befragten Investment Professionals ESG in Anlageentscheidungen einbeziehen. Intuitiv ist das ein sehr hoher Anteil. Möglicherweise liegt hier Sampling-Bias vor (wer sich als Investment Professional nicht für ESG interessiert, hat möglicherweise an der Umfrage erst gar nicht teilgenommen), vielleicht auch ein Social Desirability Bias: wer gibt schon gerne zu, dass er als Investment Professional kein Interesse an lebensweltlichen Themen wie Klimawandel, Raubbau an Ressourcen, oder Lieferketten-Katastrophen hat? (Immerhin haben in der Studie des CFA Instituts 27 Prozent der Teilnehmer angegeben, dass sie ESG *nicht* einbeziehen. Den Anteil an ESG-Skeptikern in der Profession der Investment Professionals halten wir intuitiv für wesentlich größer – eine Intuition, die wir nicht durch Zahlen belegen können.

Die methodischen oder konzeptionellen Grenzen der o. a. Umfragen und Bemessungen sind aus unserer Sicht aber nicht unbedingt gravierend. Es entspricht unserer Auffassung, dass die Frage, was als nachhaltiges Investment gelten kann und was nicht, *nicht vom Asset her beantwortet werden kann, sondern vielmehr von der Motivation des Investment Professionals her*

---

[1] Vgl. *DVFA* (2018), wenn im Folgenden von Investment Professionals die Rede ist, dann sind damit im Sinne der Definition der DVFA alle Personen gemeint, „*die professionell Finanzierungs- und Anlageprodukte konzipieren, managen oder überwachen, Anlageentscheidungen treffen bzw. beratend begleiten, oder Kredit-, Bonitäts- und andere Finanzrisiken analysieren*".

[2] GLOBAL SUSTAINABLE INVESTMENT ALLIANCE (2016).

[3] *HAYAT/ORSAGH* (2015).

bestimmt werden muss. Damit vertreten wir eine Auffassung, die einer herkömmlichen Denkweise fast schon diametral entgegensteht. Praktisch alle uns bekannten Ansätze einer Definition von Responsible Investing (und ihren Synonymen), nehmen ihren Ursprung bei den Anlagen, die es auf Nachhaltigkeit zu untersuchen gilt – auch jene, die darauf abzielen, die Materialität von Anlagekriterien zu untersuchen. Häufig wird dabei nach Key Performance Indicators gesucht, die belegen (mögen), dass Nachhaltigkeit einer Investition nachweisbar ist. Die Frage nach Kennzahlen, die Nachhaltigkeit beweisen, ist verständlich, aber aus unserer Sicht gibt es dort, wo gesucht wird, nicht die Antwort auf die Frage. Es kommt auf die *Motivation* des Anlegers an. Zwei Beispiele zu unserer These:

1. Ein Unternehmen, das in Afrika Zink- und Kaliminen betreibt, begibt einen Green Bond, dessen Erlös zur Renaturierung der Umgebung von ihren Minen sowie zur Wasseraufbereitung genutzt werden soll. Aus einer herkömmlichen Responsible Investing-Perspektive sind Mining-Unternehmen schon per se verdächtig. Ist der Green Bond dieses Unternehmens nachhaltig? Ist das Unternehmen nachhaltig? Beide? Diese Fragen sind nicht zu beantworten.

2. Eine kleine Pensionskasse von Tierärzten schließt Automobilhersteller aus ihrem Aktien-Portfolio aus, nachdem sie aus der Presse entnommen hat, dass eine Vielzahl von Automobilherstellern durch Tierversuche den Nachweis hat antreten wollen, dass Feinstaub und andere Abgase gar nicht so schädlich für den Menschen sind, wie gemeinhin angenommen. Das Asset – Aktien von Automobilherstellern – würde bei Nachhaltigkeitsratings vermutlich nicht unbedingt als hochgradig *unnachhaltig* bewertet. Auch sind die wesentlichen Merkmale unternehmerischer Nachhaltigkeit wie z. B. ein Nachhaltigkeitsbericht, eine entsprechende Corporate-Responsibility-Abteilung etc. bei den meisten Automobilherstellern vorhanden. Handelt die Pensionskasse nachhaltig? Oder unnachhaltig, weil sie die *Falschen* bestraft? Den entsprechenden Hinweis, ob es hier um Nachhaltigkeit geht oder nicht, liefert nur die Motivation des Investors.

Eine kritische Auseinandersetzung mit der Motivation von Investoren und Finanzanalysten stellt Fragen, die in der Diskussion um Nachhaltigkeit und Green Finance in Finanzmärkten bislang zu wenig gestellt wurden: was heißt es eigentlich, professionell zu handeln? Kann man professionell handeln, *ohne* zu Nachhaltigkeit motiviert zu sein? Mithin: welche Rolle spielen Themen wie Kompetenz, Ausbildung, oder Ethik bei der Frage nach der Einbeziehung von Nachhaltigkeit in die Anlageentscheidung oder -bewertung? Unsere Diskussion beschäftigt sich im Wesentlichen mit den folgenden Fragen:

➢ Welche Merkmale sind als typisch für die Profession von Investoren anzusehen, und in welcher Weise sind diese Merkmale der Einbeziehung von Nachhaltigkeit förderlich oder hinderlich?

➢ In welcher Art spielen für Professionen typische Kompetenzen d. h. ethische und technische Kompetenzen eine Rolle?

➢ Welche Faktoren ändern absehbar das Berufsbild von Investment Professionals und ergeben sich daraus Chancen für Greening Finance?

Die folgende Aussage versteht sich als unsere forschungsleitende Frage. Sie ist bewusst normativ, und gibt den Startpunkt unserer Diskussion wieder: *Wir postulieren, dass jeder Investment Professional wissen muss, welches die Wirkung – der Impact – seines Portfolios bzw. seiner Bewertung in Bezug auf Nachhaltigkeit ist. Blind sein für die Wirkung des eigenen Tuns ist unprofessionell. Blind zu sein für die Motivlage des Kunden ist für einen Treuhänder inakzeptabel.*

2 Professionelles Handeln

Was ist eine Profession? Es existieren z. T. sehr unterschiedliche Definitionen von Professionen. Gemeinsam ist den meisten, dass sie die Auffassung vertreten, der Kern einer Profession bestehe darin, dass sie *selbst festlegt*, was es heißt, professionell zu arbeiten. Mit dieser Autonomie, d. h. anstelle von Verordnungen durch den Gesetzgeber Berufsinhalte und Usancen selbst festlegen zu können, geht aber einher, dass die Profession ihre Verantwortung gegenüber ihren Klienten und der Gesellschaft anerkennt, und sich deshalb neben dem Streben nach einer auskömmlichen Berufsausübung auch zu einer Gemeinwohlorientierung verpflichtet.

Der Professionssoziologe Eliot Freidson[4] definiert die Merkmale einer Profession wie folgt:

1. *"a body of knowledge and skill which is officially recognized as one based on abstract concepts and theories and requiring the exercise of considerable discretion*
2. *an occupationally controlled division of labor*
3. *an occupationally controlled labor market requiring training credentials for entry and career mobility*
4. *an occupationally controlled training program which produces those credentials, schooling that is associated with "high level learning," segregated from the ordinary labor market, provides opportunity for the development of new knowledge*
5. *an ideology serving some transcendent value and asserting greater devotion to doing good work than to economic reward."*

Typischerweise sind Professionen gekennzeichnet durch einen engen und von persönlichem Vertrauen geprägten Bezug zur Klientel, eine gewisse Autonomie bei der Regelung eigener Angelegenheiten wie Standards der professionellen Ausübung oder Ausbildungsinhalte, und eine kodifizierte Berufsethik. Dabei ist wesentliches Kriterium der Professionsfähigkeit eines Berufs, wie der Soziologe Manfred Mai[5] ausführt, seine Fähigkeit zur *selbstkritischen Reflexion*. Eine Profession muss nicht nur gemeinsam getragene Vorstellungen über die Qualität der Arbeit und über ihren Beitrag zur Gesellschaft besitzen, sondern muss sie auch weiterentwickeln und pflegen.

Zwischen dem Professional und seinem Klienten existiert eine Asymmetrie: die Leistung eines Professionals ist in aller Regel so spezialisiert, dass seine Kunden, denen eine vergleichbare Ausbildung und Expertise fehlt, seine Dienste in Anspruch nehmen, weil sie diese nicht selber für sich erbringen können. Diese Dienstleistung ist in aller Regel auch so auf die Kundenbedürfnisse zugeschnitten, dass sie nicht kommodifiziert werden kann, d. h., sie ist auf die Bedürfnisse des Klienten zugeschnitten.[6] Professionen besitzen ein de facto Monopol, weil die Profession nicht nur ihre eigene Disziplin durch Ausbildung und Zertifizierung festigt, sondern

---

[4] FREIDSON (2001), S. 180.
[5] MAI (2008).
[6] ABBOTT (1991).

auch ihr Wissen und ihre Fertigkeiten weiterentwickelt.[7] Die Zusammenarbeit zwischen Professional und Klient ruht dabei maßgeblich auf *Vertrauen*: der Klient muss dem Professional vertrauen können, der Professional muss sich als vertrauenswürdig erweisen.[8] Vertrauenswürdigkeit bedeutet aber auch, dass Professionen Wissen nicht einfach anwenden, sondern Wissen kontinuierlich weiterentwickeln: *„Vermittlung, Anwendung, Erweiterung und Verbesserung von Wissen bilden einen Nexus, den (...) 'professionellen Komplex".*[9]

Zusätzlich vertrauensbildend dürften neben der Vertrauenswürdigkeit, die sich aus dem Eindruck der permanenten Wissensbildung speist, vor allen Dingen zwei Aspekte sein: 1. der Professional stellt seine eigenen Bedürfnisse denen seiner Kunden (den Nutzen, die wirtschaftlichen Interessen) hinten an; und 2. als Mitglied einer Profession bekennt sich der Professional zu einem Gemeinwohlinteresse.[10] Denn letztlich gilt für die Professionsfähigkeit eines Berufs: *„Der Prüfstein (...) ist seine Fähigkeit zur selbstkritischen Reflexion. Das ist nur möglich, wenn innerhalb eines Berufsstandes konsensfähige Vorstellungen über die Qualität ihrer Arbeit (Was gilt als „professionell"?), über ihren Beitrag zur Gesellschaft und vor allem über eine Ethik sowie eine belastbare Selbstverpflichtung (...) bestehen."*[11]

Man könnte für die Diskussion der Profession der Investment Professionals im Zusammenhang mit Greening Finance schon einmal die folgenden Thesen bilden:

➢ Die Investment Profession muss verantwortlich(er) agieren, um der Autonomie, die die Gesellschaft und der Gesetzgeber ihr gewährt, gerecht zu werden: die Investment Profession muss bei der Frage, was die Erwartungen der Gesellschaft sind, umsichtiger und responsiver agieren, als sie dies bislang getan hat. Die Erwartungen der Gesellschaft gehen eindeutig in Richtung Nachhaltigkeit.

➢ Wissen kontinuierlich weiterentwickeln: Bereits seit Jahren wird in der akademischen Welt zu Nachhaltigkeit und Responsible Investing geforscht. Eine kritische Auseinandersetzung mit diesen Wissensbeständen würde durchaus einem professionellen Habitus entsprechen, auch, und das ist ein wichtiger Punkt der Professionsethik, auf den wir weiter unten eingehen, wenn sich der einzelne Investment Professional letztlich gegen eine Einbeziehung von Nachhaltigkeit entscheiden würde. Denn ausschlaggebend ist mehr die kritische Reflexion über Chancen und Risiken von Nachhaltigkeit im Investing und Greening Finance, denn eine normative Vorgabe in Form einer Pflicht.

➢ Gemeinwohlinteresse ist eine wesentliche Motivation: Hieraus würden Proponenten der Green Finance vermutlich ohne Wenn und Aber ableiten, dass Investment Professionals aus einem professionellen Habitus heraus zwingend Green oder Responsible Investing praktizieren müssten bzw. ihren Kunden empfehlen müssten. Wir würden eine etwas vorsichtigere Annahme formulieren: Sie könnten zumindest aus ihrer Gemeinwohlorientierung ihren Kunden lebensweltliche Themen nahebringen, ohne dabei ihre Verpflichtung gegenüber dem Kunden zu vernachlässigen und ihre professionelle Haltung zu kompromittieren.

---

[7] FREIDSON (2001).
[8] WENZEL (2005).
[9] WENZEL (2005), S. 61.
[10] MAI (2008).
[11] MAI (2008), S. 16.

Aus diesen Merkmalen ließe sich aus unserer Sicht eine klare Forderung an Investment Professionals ableiten, Nachhaltigkeit zu *reflektieren* (nicht zwingend zu praktizieren, auch wenn dies wünschenswert erscheint) – es sei denn, wie man kritisch anmerken könnte, es handle sich bei der Berufsgruppe gar nicht um eine Profession! In weiten Kreisen der Bevölkerung herrscht die Meinung vor, dass doch gerade die Finanzkrise gezeigt habe, wie verantwortungslos sich die Profession zuweilen verhalten habe, indem sie eben nicht Gemeinwohlinteresse praktiziert habe. Noch dazu kommt, dass die Autonomie durch Selbstregulierung längst schon durch kleinteilige und zum Teil pedantische Regulierung abgelöst wurde. Der Rahmen dieses Beitrags erlaubt es nicht, potentielle Zusammenhänge zwischen Finanzkrise und Nachhaltigkeit zu diskutieren. Unter dem Stichwort *Sustainable Finance* wird spätestens seit Veröffentlichung des Abschlussberichts der High Level Expert Group on Sustainable Finance der Europäischen Kommission Anfang 2018 schon in der Branche diskutiert, welche Rolle das Finanzsystem in Bezug auf Nachhaltigkeit spielen sollte. Konzepte wie z. B. Stewardship oder Fiduciary Duty kommen in der Diskussion eine große Bedeutung zu. Hier wird ganz eindeutig an das Selbstverständnis der Investment Profession appelliert. Dies ist aus unserer Sicht ein klarer Beleg dafür, dass die Fremdwahrnehmung der Investment Profession ganz selbstverständlich davon ausgeht, dass es sich um eine Profession handelt, die, um es etwas salopp auszudrücken, ihre Hausaufgaben noch nicht gemacht hat.

Halliday[12] unterscheidet bei Professionen zwischen der Praktizierung von technischer und ethischer Kompetenz (*authority*). Diese Trennung ist für eine Diskussion der Merkmale einer Profession hilfreich, wenngleich eher theoretischer Natur. Es versteht sich, dass letztendlich technische und ethische Kompetenz Hand in Hand gehen müssen, damit von professionellem Handeln die Rede sein kann. Letztlich, so Halliday[13], hängt der epistemologische Kern einer Profession, d. h., wie Wissen gewonnen, gesichert, und vor allen Dingen weitergegeben wird, eng zusammen mit der moralischen Kompetenz, die sich auf eben dieser durch Wissen belegbaren Expertise stützt. Wir werden den vermeintlichen Gegensatz weiter unten im Kapitel über ethische Kompetenz auflösen, stellen aber zunächst die Frage, wie man die technische Kompetenz von Investment Professionals in Bezug auf Nachhaltigkeit fassen könnte.

2.1 Technische Kompetenz

Investment Professionals durchlaufen in aller Regel ein Postgraduierten-Training, das zum Abschluss CIIA (Certified International Investment Analyst), CEFA (Certified European Financial Analyst), oder CFA (Chartered Financial Analyst) führt. Eine nicht ganz von der Hand zu weisende Annahme wäre, dass Investment Professionals in diesen Programmen Wissen und Methoden lernen, die u. a. auch Bestände zum Thema Nachhaltigkeit beinhalten. Lässt sich diese Annahme belegen? Als Proxy für Wissen von Investment Professionals wählen wir Standard-Lehrbücher für die Investmentanalyse aus.

In einer Art heuristischen Untersuchung ohne Anspruch auf Vollständigkeit suchen wir in Lehrbüchern, die in der Ausbildung von Investment Professionals zum Einsatz kommen, nach Hinweisen, Belegen, oder Instruktionen für die Einbeziehung von Nachhaltigkeit in die Investmentanalyse, oder Hinweise auf Informationsbestände, die die Analyse von Nachhaltigkeit ermöglichen könnten. Dabei orientieren wir uns bei der Auswahl an Standard Textbüchern, die vom CFA Institut für das Studium zum Chartered Financial Analyst bzw. von der ACIIA (Association of Certified International Investment Analysts) für die Ausbildung zum CIIA vorgeschlagen werden. Die von uns herangezogenen Texte rekurrieren dabei maßgeblich auf die

---

[12] HALLIDAY (1987), S. 87.
[13] HALLIDAY (1987).

Analyse von Informationen im Rahmen der *Unternehmensanalyse*, d. h., im Feld von Aktien, Unternehmensanleihen, und den Tätigkeiten im M&A-Geschäft. Aufgrund des engen Rahmens dieses Beitrags müssen wir selektiv vorgehen; es könnte sein, dass Lehrbücher für die Investmentanalyse existieren, die Passagen oder Kapitel zu ESG, oder Nachhaltigkeit beinhalten. Dennoch schreiben wir den von uns untersuchten Werken einen besonderen Status zu: Tausende von Investment Professionals haben sie im Rahmen ihrer Ausbildung zum CFA oder zum CIIA als Referenzen und Standardquellen herangezogen. Damit ist ihre Autorität quasi institutionalisiert. Wir lassen im Folgenden die Autoren von Standard-Lehrwerken zu Wort kommen, indem wir Textpassagen, die den Zweck oder das Ziel der Investmentanalyse definieren, als Exzerpte zitieren.

„*The underlying objective of financial analysis is the comparative measurement of risk and return to make investment or credit decisions. These decisions require estimates of the future, be it a month, a year, or a decade. (...) The equity investor is primarily interested in the long-term earning power of the company, its ability to grow, and, ultimately, its ability to pay dividends. Since the equity investor bears the residual risk in an enterprise, the required analysis is the most comprehensive of any user and encompasses techniques employed by all other external users. Because the residual risk is the largest and most volatile, the equity investor must focus attention on the measurement of comparative risks and on the diversification of these risks in investment portfolios.*"[14]

„*Finally, information from outside the financial reporting process can be used to make financial data more useful. Estimating the effects of changing prices on corporate performance, for example, may require the use of price data from outside sources.*"[15]

„*... to determine a proper price for a firm's stock, the security analyst must forecast the dividend and earnings that can be expected from the firm. This is the heart of fundamental analysis—that is, the analysis of the determinants of value such as earnings prospects.*"[16]

„*Financial statements contain information that helps the analyst infer fundamental value. The analyst must appreciate what these statements are saying and what they are not saying. She must know where to go in the financial statements to find relevant information. She must understand the deficiencies of the Statements where they fail to provide the necessary information for valuation.*"[17]

„*Financial Statements are the lens on a business. They draw a picture of the business that is brought into focus with financial statement analysis. The analyst must understand how the picture is drawn and how she might then sharpen it with analysis.*"[18]

---

[14] WHITE/SONDHI/FRIED (2003), S. 5.
[15] WHITE/SONDHI/FRIED (2003), S. 3.
[16] BODIE/KANE/MARCUS (2014), S. 557.
[17] PENMAN (2011), S. 32.
[18] PENMAN (2011), S. 32.

„Details to be taken into account by financial analysts:

1. Know the firm's products.
2. Know the technology required to bring products to market.
3. Know the firm's knowledge base.
4. Know the competitiveness of the industry.
5. Know the management.
6. Know the political, legal, regulatory, and ethical environment."[19]

„...financial Statements often produce a blurred picture. Financial Statement analysis focuses the lens to produce a clearer picture. Where accounting measurement is defective, analysis corrects. And where the picture in financial statements is incomplete, the analyst supplements the financial statements with other information. To do so, the analyst must know what the financial statements say and what they do not say. He must have a sense of good accounting and bad accounting."[20]

„We would be far better off analyzing the five things we really need to know about an investment, rather than trying to know absolutely everything concerned with the investment." I essentially focus on upon three elements:

1. Valuation: Is this stock seriously undervalued?
2. Balance sheets: Is this stock going bust?
3. Capital discipline: What is the management doing with the cash I'm giving them?"[21]

„A primary source of data is a company's financial reports, including the financial statements, footnotes, and management's discussion and analysis. (...) However, even financial reports prepared under these standards [i.e. IFRS, or US GAAP] do not contain all the information needed to perform effective financial analysis. Although financial statements do contain data about the past performance of a company (its income and cash flows) as well as its current financial condition (assets, liabilities, and owners' equity), such statements may not provide some important nonfinancial information nor do they forecast future results. The financial analyst must be capable of utilizing financial statements in conjunction with other information in order to reach valid conclusions and make projections. Accordingly, an analyst will most likely need to supplement the information found in a company's financial reports with industry and economic data."[22]

„Steps of a financial analysis: "The valuation process has several steps, including:
1. Understanding the business and the existing financial profile.
2. Forecasting company performance.
3. Selecting the appropriate valuation model.
4. Converting forecasts to a valuation.
5. Making the investment decision."[23]

---

[19] PENMAN (2011), S. 15 ff.
[20] PENMAN (2011), S. 17.
[21] MONTIER (2010), S. 84 f.
[22] ROBINSON ET AL. (2008), S. 260.
[23] ROBINSON ET AL. (2008), S. 302.

„*In order to perform an equity or credit analysis of a company, an analyst must collect a great deal of information (...) [which] will vary based on the individual task but will typically include information about the economy, industry, and company as well as information about comparable peer companies. Much of this information will come from outside the company, such as economic statistics, industry reports, trade publications, and databases containing information on competitors. The company itself provides some of the core information for analysis in its financial reports, press releases, and conference calls and webcasts. (...) Financial statements are the end results of an accounting record-keeping process that records the economic activities of a company. They summarize this information for use by investors, creditors, analysts, and others interested in a company's performance and financial position.*"[24]

„*Valuation is the estimation of an assets value based on variables perceived to be related to future investment returns, on comparisons with similar assets, or, when relevant, on estimates of immediate liquidation proceeds. Skill in valuation is a very important element of success in investing. (...) A critical assumption in equity valuation, as applied to publicly traded securities, is that the market price of a security can differ from its intrinsic value. The intrinsic value of any asset is the value of the asset given a hypothetically complete understanding of the asset's investment characteristics. For any particular investor, an estimate of intrinsic value reflects his or her view of the "true" or "real" value of an asset.*"[25]

„*Regardless of the specific nature of an opportunity under consideration, financial managers must be concerned not only with how much cash they expect to receive, but also with when they expect to receive it and how likely they are to receive it. Evaluating the size, timing, and risk of future cash flows is the essence of capital budgeting. In fact (...) whenever we evaluate a business decision, the size, timing, and risk of the cash flows will be, by far, the most important things we will consider.*"[26]

„*It is recommended that a financial model be built in six major components: 1. Income statement 2. Cash flow statement 3. Balance sheet 4. Depreciation schedule 5. Working capital 6. Debt schedule.*"[27]

„*Using discounted cash flow models is in some sense an act of faith. We believe that every asset has an intrinsiv value, and we try to estimate that intrinsic value by looking at an asset's fundamentals. What is intrinsic value? Consider it the value that would be attached to an asset by an all-knowing analyst with access to all information available right now and a perfect valuation model. (...) we have no way of knowing whether our discounted cash flow valuations are close to the mark.*"[28]

„*Companies create value for their owners by investing cash now to generate more cash in the future. The amount of value they create is the difference between cash inflows and the cost of the investments made, adjusted to reflect the fact that tomorrow's cash flows are worth less than today's because of the time value of money and the riskiness of future cash flows. As we*

---

[24] ROBINSON ET AL. (2008), S. 5 f.
[25] PINTO/HENRY/ROBINSON/STOWE (2010), S. 1 f.
[26] ROSS/WESTERFIELD/JORDAN (2006), S. 3.
[27] PIGNATORO (2013), S. 1.
[28] DAMODARAN (2009), S. 23.

will demonstrate, a company's return on invested capital (ROIC)1 and its revenue growth together determine how revenues are converted to cash flows (and earnings). That means the amount of value a company creates is governed ultimately by its ROIC, revenue growth, and ability to sustain both over time."[29]

„Important financial questions: What is the profitability of investments in real assets? [i.e.] Return on assets, Return on equity, Return on equity, Return on capital, Economic value added. Are assets used efficiently? Turnover ratios, Profitability of sales? Profit margins? Are financing decisions prudent? Is leverage excessive? Debt ratios, Coverage ratios. Is there sufficient liquidity? Current, quick, cash ratios, Net working capital."[30]

Diese Auszüge aus Lehrbüchern für Investmentanalysten brauchen unseres Erachtens keine ausführliche Exegese. Sie sprechen eine eindeutige Sprache. Es geht bei der Investmentanalyse ausschließlich um ökonomische Sachverhalte, primär herauszulesen aus den Finanzberichten von Unternehmen. Die Bewertung zielt damit primär auf die wirtschaftlichen Aspekte eines Unternehmens ab. Cashflow, Return, Profitabiltly und der Marktpreis sind Kennzeichen für die Ermittlung des intrinsischen Werts. In den Auszügen werden nicht-finanzielle oder intangible Aspekte überhaupt nicht angesprochen. Eine im Anschluss an die Sammlung dieser Exzerpte durchgeführte Stichwortsuche in den Inhalts- und Stichwortverzeichnissen der Lehrwerke verdichtete unsere Annahme, dass Nachhaltigkeit, Greening, oder Corporate Social Responsibility anscheinend nicht zum Kompendium – zum epistemischen Kern - von Investmentanalysten gehört. Unsere Suche nach Stichwörtern wie CSR, Sustainability, Green, Social, Ecological, ESG, Responsible Investing, Responsibility hat bei keinem (!) der Werke auch nur einen einzigen Eintrag vorgefunden. Mit anderen Worten: diese Themen tauchen in keinem der Lehrwerke auf, weder in den Kapiteln und Abschnitten zur Unternehmensbewertung, noch in anderen Abschnitten, und sind damit qua Autorität der Lehrwerke und ihrer Autoren anscheinend nicht relevant für die Unternehmensanalyse *by the book*. [31]

Nun arbeiten Professionen in aller Regel nicht ausschließlich nach Lehrbuchwissen, und es ist davon auszugehen, dass Investment Professionals im Laufe ihres Berufslebens ein methodisches und anwendungsorientiertes Wissen erwerben, dass es durchaus ermöglicht, auch Informationen oder Sachverhalte in die Anlageentscheidung einzubeziehen, die über das Lehrbuchverständnis hinausgehen. Der Themenkreis der Nachhaltigkeit könnte z. B. bei einer etwas großzügigeren Auslegung einiger Anleitungen durchaus Einzug in die Investmentanalyse finden, so etwa, wenn bei White, Sondi und Fried[32] (2003) von *comparative risks* die Rede ist, mit denen z. B. auch Umwelt- oder Reputationsrisiken aus dem Betrieb von sogenannten sweat shops gemeint sein könnten, oder wenn bei Penmans[33] Liste der in eine Finanzanalyse einzubeziehenden Information, politische, rechtliche, regulatorische oder ethische Aspekte

---

[29] KOLLER/GOEDHART/WESSELS (2015), S. 17.

[30] BODIE/KANE/MARCUS (2014), S. 641.

[31] Uns ist bewusst, dass viele Lehrbücher typischerweise Neuauflagen vorangegangener Auflagen sind, denen man keinen Vorwurf machen kann, dass in den Erstauflagen aus den 60er oder 70er Jahren des letzten Jahrhunderts keine Inhalte zu Nachhaltigkeit oder ESG zu finden waren – diese Themen waren zum Zeitpunkt der Abfassung noch nicht bekannt oder erforscht. Dennoch mutet es seltsam an, dass Neuauflagen aus den vergangenen vier bis fünf Jahren das Themenfeld noch nicht adressiert haben, da die ersten ernsthaften Auseinandersetzungen wie Standardisierung von Unternehmensberichten z. B. durch die Global Reporting Initiative bereits vor mehr als zehn Jahren begannen.

[32] WHITE/SONDI/FRIED (2003), S. 5.

[33] PENMAN (2011), S. 15.

aufgeführt werden. Es gäbe also operative Einfallstore für CSR- oder Nachhaltigkeitsinformationen, wenn man diese wollte. Allerdings rückt damit die Qualität von Nachhaltigkeitsinformationen in den Fokus.

Die Zitate aus Lehrwerken sind wichtig, weil sie einen Kritikpunkt an CSR belegen, der von Investment Professionals immer wieder angeführt wird: CSR lässt sich in den Modellen, die Grundlage für die Investment-Rechnung sind, oft nicht adäquat abbilden. Die Modelle rekurrieren überwiegend auf finanzielle oder ökonomische Kennzahlen. Wenn Zahlen Einzug ins Modell finden, die im ursprünglichen Format nicht-ökonomisch sind wie z. B. Kundenzufriedenheit oder Marktanteile, dann werden diese in aller Regel monetisiert, oder über Umrechnungen in ökonomische Aspekte gewandelt. Dies ist mit vielen Key Performance Indicators nicht ohne weiteres möglich. Beispiel 1: ein zunehmend wichtiger Aspekt von Corporate Governance ist Diversity d. h. die Besetzung von Steuerungsgremien im Unternehmen mit Vertretern beiderlei Geschlechts. Wie kann man die paritätische Besetzung des Aufsichtsrats in Unternehmen A im Vergleich zur ungleichgewichtigen Besetzung des Aufsichtsrats in Unternehmen B *umrechnen* z. B. monetisieren? Beispiel 2: Lieferketten-Management bei Unternehmen, die in Schwellenländern produzieren lassen, ist mittlerweile eine Selbstverständlichkeit. Wie können sozioökonomische oder politische Risiken, die aus der Verlängerung der Lieferkette in Dritte-Welt-Länder entstehen, entsprechend modelliert werden? Wenn nun Modelle von Investment Professionals wesentliche Risiken nicht erfassen, dann könnte man sie durchaus als kurzsichtig oder engstirnig bezeichnen.

Dennoch: Informationen, die in eine Anlageentscheidung einbezogen werden, müssen zum einen in qualitativer Hinsicht adäquat und zum anderen auch verfügbar sein. Dies ist bei CSR Informationen nicht immer der Fall. CSR Informationen müssen nicht nur verlässlich sein, sondern auch einen diagnostischen Wert haben, und zwar diagnostisch für die *Bewertung* eines Unternehmens. CSR Informationen müssen darüber hinaus auch so zugänglich sein, wie Finanzdaten es heute schon sind. Der Rahmen dieses Beitrags erlaubt es nicht, diese beiden Punkte en Detail zu diskutieren. Deshalb sei an dieser Stelle nur auf zwei Beiträge hingewiesen, die die Rolle der diagnostischen Qualität von CSR bzw. die Rolle der Zugänglichkeit von CSR Informationen belegen.

Marc Orlitzky kommt in einem Artikel aus 2013 zu dem Schluss, CSR Informationen erzeugten *noise*, also diagnostisch nicht brauchbare Signale, weil sie zum einen nicht mit den fundamentalen ökonomischen Informationen eines Unternehmens in Verbindung gebracht werden, und zum anderen den Managern von Unternehmen die Möglichkeit geben, CSR Informationen systematisch zu verzerren. Dazu führt er aus:

„*Organizational signals about corporate social responsibility may have a harmful impact on equity markets for two main reasons. First, corporate social responsibility is not systematically correlated with companies' economic fundamentals. Second, opportunistic managers are incentivized to distort information provided to market participants about their firms' corporate social responsibility. Either causal force, by itself, makes it difficult for market participants to interpret information about corporate social responsibility accurately. This greater noise in financial markets typically invites more noise trading, which in turn leads to excess market volatility (among all publicly traded firms) and, in a particular context of social-institutional processes and structures, to excess market valuations of firms that are widely perceived as socially responsible.*"[34]

---

[34] ORLITZKY (2013), S. 238.

Ein Autoren-Team hat untersucht[35], in wie fern die zeitliche Separation von Finanzberichten und CSR Berichten zu einem Verankerungseffekt führt, indem Investment Professionals auf Basis der Finanzdaten ein Urteil bilden, das sie nur kaum noch zu revidieren bereit sind, wenn sie zu einem späteren Zeitpunkt auf CSR Information stoßen, die ein Überdenken des ursprünglichen Urteils nahelegen würden. Die Autoren führen diesen nachteiligen Verankerungseffekt auf verhaltensökonomisch gut erforschte Verzerrungen (*biases*) zurück, legen aber auch dar, dass diese Verzerrungen noch dadurch begünstigt werden, dass CSR Informationen eines Unternehmens in aller Regel wesentlich später veröffentlicht werden als Finanzberichte, und dass noch dazu CSR Berichte in der Informationsumgebung von Investment Professionals durch die sequentielle Berichtspraxis – Geschäftszahlen kurz nach Abschluss der Periode, CSR Daten zur gleichen Periode häufig erst Monate später – weniger prominent sind und dadurch zumeist aktiv gesucht werden müssen. Die aktive Suche ist allerdings mit Aufwand verbunden, was bei einem bereits getätigten Urteil auf Basis bekannter Informationen d. h. Finanzdaten, nochmals einen negativen Anreiz für die Suche setzen dürfte.

2.2 Ethische Kompetenz

Unter der Leitung des Münchner Philosophen Prof. Dr. Julian Nida-Rümelin hat ein Ethikpanel der DVFA 2015 ein Positionspapier „*Zur Förderung ethischer Tugenden in Finanzunternehmen*"[36] veröffentlicht. Anders als viele Ansätze, die sich mit der Frage beschäftigen, wie Ethik in der Finanzindustrie gelebt werden solle, definiert das Ethikpanel der DVFA keine Regeln oder Normen für das Verhalten von Investment Professionals und Mitarbeiter in der Finanzbranche, sondern rekurriert auf eine aristotelische Ethik-Konzeption, bei der die intrinsische Motivation des Agierenden im Vordergrund steht, nicht jedoch das Korsett von Regeln, die heute unter dem Stichwort Compliance-Management praktisch in allen Organisationen im Finanzbereich eine erhebliche Dominanz entfalten. Dabei verstehen sich die Positionen des DVFA Ethikpanels bewusst nicht als Alternative zur Compliance, sondern stellen dem Compliance-Management bei Finanzdienstleistern *Integritätsmanagement* als Komplementär entgegen.

Integrität ist intrinsisch motiviert, während Compliance extrinsisch motiviert ist: „*Das DVFA Ethikpanel sieht die Notwendigkeit, dass Banken neben dem heute bereits sehr stark ausgeprägten Compliance-Management ein Integritätsmanagement fördern. Während Compliance-Management die Regeln vorgibt, bewirkt die Förderung von Integritätsmanagement, dass Investment Professionals sich mit ihrer Motivation, mit ihren Zielen und dem Mitteleinsatz kritisch auseinandersetzen können.*"[37] Die DVFA Position orientiert sich, anders als kantische oder utilitaristische Ethiken, an der Person und an ihren Charaktermerkmalen, und stellt dabei die vier Kardinaltugenden Urteilskraft, Entscheidungsstärke, Besonnenheit und Integrität in den Vordergrund:

➢ Urteilskraft versteht sich in der Definition der DVFA als „*die Fähigkeit, trotz der Vielfalt unterschiedlicher Meinungen ein verlässliches Urteil zu fällen, das von Augenblickeinflüssen weitestgehend frei ist und gute Gründe für sich hat.*"

---

[35] ARNOLD/BASSEN/FRANK (2018).
[36] DVFA (2015a).
[37] DVFA (2015b), S. 7.

- Entscheidungsstärke „*ist die Willenskraft, einem gut begründeten Urteil in seinen Handlungen zu folgen und sich nicht beirren zu lassen [die sich äußert] in der Kohärenz finanzwirtschaftlicher Praxis und der Nachvollziehbarkeit ihrer leitenden Gründe.*"

- Besonnenheit „*ist das Wissen um die Grenzen der eigenen Fähigkeiten und Kenntnisse und ein daraus resultierendes umsichtiges Handeln. Dies gilt beispielsweise für das Maß an Risiko, das einzugehen man bereit ist.*"

- Integrität eines „*Investment Professionals zeigt sich unter anderem darin, dass seine Praxis nicht je nach Kontext ganz anderen Regeln folgt, dass die Anpassung an besondere Umstände sich an nachvollziehbaren Gründen orientiert, dass er sich und anderen die Annahmen seiner Entscheidungen transparent macht …*"[38]

Dem DVFA Ethikpanel geht es nicht darum, Verhalten zu normieren. Vielmehr geht es um *gut begründete* Entscheidungen. In Bezug auf Greening Finance bestünde solch eine Normierung darin, nur solche Investitionen als tugendhaft zu bezeichnen, die Nachhaltigkeit oder *grüne Themen* zur Grundlage haben. Aus Perspektive einer aristotelischen Tugendethik hingegen, für die von der DVFA geworben wird, wird von Investment Professionals erwartet, dass sie tugendhafte Entscheidungen treffen, ohne dabei die Richtung oder das Ziel der Entscheidung extrinsisch zu motivieren. Angewandt auf Greening Finance bedeutet dies im Einzelnen:

- Urteilskraft:
  - Investment Professionals sind aufgefordert, den Einsatz ihrer Mittel, Methoden, Grundannahmen und Strategien mit gesellschaftlichen Interessen und Bedürfnissen abzugleichen. Dazu gehört beispielsweise, vermeintlich nicht-widerspruchsfähige Grundsätze der Profession zu hinterfragen (z.B. Milton Friedman: „*the social responsibility of business is to increase its profits*").

- Entscheidungsstärke:
  - Investment Professionals sind aufgefordert, persönliche Verantwortung zu praktizieren, und diese Praxis auch dann durchzuhalten, wenn sie im Gegensatz steht zu einer wirtschaftlich kurzfristig optimaleren Entscheidung. Ein wesentliches Phänomen, dass bei zukunftsorientierten, und zum Zeitpunkt der Entscheidung eher abstrakten Vorgängen greift, und dazu zählen u. a. Fragestellungen des nachhaltigen Konsums, ist intertemporal discounting[39] d. h. die Bevorzugung von Profiten eher heute denn morgen, obwohl damit Risiken eingegangen werden, die erst in der Zukunft manifest werden.

  Anerkennen, dass die quantitativen und kalkulatorischen Methoden der Risiko- und Renditebemessung nur beschränkte Einsichten in die Wirkung der eigenen Handlung zulassen. Wenn CSR Informationen probabilistisch oder per Regression keine Auswirkung auf den Wert eines Investments zulassen, was sagt dies über die Qualität der Investmentmodellierung aus?

---

[38] *DVFA* (2015b), S. 8 f
[39] *Hardisty/Weber* (2009).

➢ Besonnenheit
  ➢ Investment Professionals sind aufgefordert, die Rechte, Interessen und Bedürfnisse anderer zu respektieren. Dazu zählen die Rechte zukünftiger Generationen wie auch die Rechte und Interessen von Emerging Markets. Nicht zuletzt beginnt aber der Respekt in der Auseinandersetzung mit den Bedürfnissen des Kunden.
➢ Integrität
  ➢ Investment Professionals sind aufgefordert, für die Folgen ihrer Handlungen Verantwortung zu übernehmen. Sustainable Finance stellt die Frage nach dem gesellschaftlichen Beitrag der Finanzindustrie.

Zu Ende gedacht bedeuten die Forderungen der DVFA *nicht*, dass Investment Professionals zwingend Greening Finance praktizieren müssen, so attraktiv dieser Gedanke auch für manch einen Befürworter von Nachhaltigkeit sein mag. Vielmehr fordert die DVFA Position Investment Professionals auf, den Impact, ihrer Handlungen zu reflektieren. Es entspricht unserer Annahme, dass sich allein durch die kritische Reflexion schon für das Gros der Investment Professionals Aspekte und Perspektiven auftun, die zu einer verstärkten Annahme von Nachhaltigkeit in der Anlageentscheidung führen *können*, aber nicht müssen. Wenn sich Investment Professionals gegen eine Einbeziehung von Nachhaltigkeit in die Anlageentscheidung *entscheiden*, anstatt diese Aspekte von vorne herein zu *ignorieren*, so die Logik unseres Arguments, dann wäre schon viel gewonnen. Das mag irritierend erscheinen. Auf die intrinsische Motivation zu setzen bedeutet, dass der Entscheidung eine Reflexion vorweggeht. Auch wenn wir überzeugt sind, dass es gute Begründungen für eine Einbeziehung von Nachhaltigkeit in die Anlageentscheidung gibt, so sollte man diese nicht präjudizieren. Die intrinsische Motivation, richtige Entscheidungen zu treffen, diese zu begründen, und auch gegen Widerstände durchzuhalten, bedingt Überzeugung. Überzeugung und Verpflichtung oder gar Zwang widersprechen sich. Unser Fokus auf die intrinsische Motivation erteilt regulatorischen oder gesetzgeberischen Maßnahmen, die zum Ziel haben, Nachhaltigkeit in der Anlageentscheidung zu *verordnen*, eine klare Absage, wohingegen die Förderung von Praktiken des nachhaltigen Investments, auch durch den Gesetzgeber, aus unserer Sicht der intrinsischen Motivation nicht abträglich ist.

3 Fazit und Ausblick

Unsere These ist, dass die Motivation zu verstehen, wesentlich ist, um die Frage nach dem – wie green financing bewerkstelligen? – zu beantworten. Faktoren, die die Motivation von Investment Professionals beeinflussen, sind 1. die professionelle Grundhaltung, 2. technische Kompetenz, und 3. Handlungsmaximen für eine ethische Tugend.
Es entspricht einer professionellen Grundhaltung, die für den Kunden bestmögliche Entscheidung zu treffen. Die besondere Verantwortung einer Profession, mithin auch der Investment Profession, besteht darin, einem Gemeinwohl verpflichtet zu sein. Diese Verpflichtung ist mit einer einseitigen und abseitigen Orientierung z. B. der systematischen Ausbeutung von Steuerschlupflöchern nicht vereinbar. Hier hat die Finanzbranche noch *viel Luft*, um sich mit ihrer Rolle in der Gesellschaft auseinanderzusetzen, und sich vermittels eines gemeinsam getragenen Verständnisses – eines professionellen Habitus – mit den Erwartungen der Gesellschaft auseinanderzusetzen.

Nachhaltigkeit ist als gesellschaftliches Thema verankert, ganz gleich, wie kontrovers teilweise noch über z. B. Klimafolgen oder kulturelle Unterschiede im Umgang mit Korruption diskutiert wird. Der Wissensbestand d. h. die Qualität der Expertise, die die Investment-Branche der Gesellschaft dazu anbieten kann, ist an diesem Punkt unterentwickelt. Der epistemische Kern der Investment Profession enthält heute nur sehr rudimentär Aspekte der Nachhaltigkeit oder Greening Finance. Die konventionelle Investmentanalyse fokussiert sich im Wesentlichen auf ökonomische oder finanzielle Aspekte, und ignoriert lebensweltliche oder gesellschaftlich relevante Themen. Dazu beitragen mag der geringe Umschlag an Lehrbuchwissen, möglicherweise auch Beharrungstendenzen, die jeder Profession innewohnen. Es zeichnen sich allerdings positive Tendenzen ab: der Syllabus des CFA enthält bereits ein ESG-Modul. Damit ist sichergestellt, dass zumindest zukünftige CFA Charter Holder sich mit ESG im Rahmen ihrer Ausbildung auseinandergesetzt haben. Der Syllabus des CEFA, des größten europäischen Ausbildungsprogramms für Investment Professionals mit derzeit 18.000 Absolventen wird ab 2018 ebenfalls ein ESG-Modul beinhalten. Schon seit 2014 bietet zudem EFFAS, der europäische Dachverband der Investment Professional Berufsverbände, ein ESG-Seminar an, das mehrere Hundert Investment Professionals in Europa bereits erfolgreich durchlaufen haben; für Herbst 2018 ist eine Neuauflage geplant, die sich vor allem auf das Konzept der Stewardship fokussieren wird. Stewardship, zu Deutsch in etwa Verantwortung oder Verantwortlichkeit ist der Schlüssel zu einem Konsens in der Investment Profession über die Frage, was es bedeutet, sich professionell zu verhalten.

Auch aus einer ethischen Perspektive lässt sich plausibel belegen, dass Reflexion – *was machen wir hier eigentlich? was ist unser Beitrag? was heißt es, sich professionell zu verhalten?* – ein Schlüssel für die Integration von Nachhaltigkeit in die Anlageentscheidung ist. Es wird zu wenig in der Finanzbranche reflektiert. Allerdings haben wir Anlass zu der Hoffnung, dass diese Reflexion sich Bahn brechen würde, würden die Institutionen in der Finanzbranche mehr Reflektion ihrer Mitarbeiter zulassen. Compliance- ohne Integritätsmanagement entmündigt. Investment Professionals sind nicht weltfremd oder realitätsfern (zumindest statistisch gesehen nicht mehr oder weniger, als andere Berufsgruppen); wir gehen davon aus, dass ihnen als Bürger oder Konsumenten viele Aspekte der Nachhaltigkeit durchaus geläufig sind.[40]

In unserer Argumentation sind wir von einem eher statischen Bild der Investment Profession ausgegangen. Derweil wir der Frage nachgehen, welche Rolle Greening Finance in der Investment Profession spielt, sind noch andere Faktoren am Werk, die die Profession verändern werden oder schon zu verändern begonnen haben. Zwei davon werden wir an dieser Stelle noch kurz vorstellen, und in ihren Auswirkungen auf Greening Finance abzuschätzen versuchen. Inhaltlich moderieren sich diese Faktoren gegenseitig.

Unter dem Stichwort *Evidence-based Investing (EBI)* wird eine Debatte im Finanzmarkt geführt[41], die fragt, wie bei Investmententscheidungen mit Evidenzen (Belegen, Beweisen, Nachweisen) umgegangen wird. Eine der wesentlichen Forderungen der EBI ist, dass Investment Professionals reflektierter und aufrichtiger mit (vermeintlichen) Evidenzen umgehen sollten. Analog zur Debatte um Evidence-based Medicine, die in der Gesundheitsforschung schon vor mehr als 20 Jahren begonnen wurde, stellt sich für die Investment Profession die Frage, welche Evidenzen für Anlageentscheidungen mithin herangezogen werden. Die Forderung ist: die Profession solle Abstand nehmen von Eminenz-basierten Entscheidungen, d. h., Entscheidungen, die als 'Legitimation' lediglich eine Autorität bemühen (z.B. Investmentmodellierung, Policies, Vorgesetzter, in der Medizin: Chefarzt). Auch sind konventionell evidenz-basierte Entscheidungen, die auf einer mehr oder weniger unmethodischen Evaluierung eines Outcomes einer

---

[40] Vgl. FRANK (2014), der sich mit dieser Frage auseinandersetzt.
[41] Vgl. DVFA (2018a).

Entscheidung beruhen, nicht ausreichend. Das Ziel müsse sein, empirie-gestützte Entscheidungen zu treffen, die auf statistisch einwandfreien und gut dokumentierten Abläufen basieren. EBI stellt wichtige Fragen: können wir Prognosen stellen (Forecasting), und wenn ja, was, in welchem Umfang, und auf Basis welcher Daten? Welche Benchmarks werden zur Performance-Messung herangezogen, und wie interessengeleitet und manipuliert sind diese z. B. bei der Festlegung des Zeitrahmens für ein Backtesting?

EBI hat starke inhaltliche Bezüge zu dem zweiten Faktor des Wandels in der Investment Profession Digital Finance. Diskretionäres Investieren (z. B. Stock-picking) befindet sich derzeit auf dem Rückmarsch; systematisch-strukturelles Investieren (z. B. passive Investments, ETFs, Smart Beta) gewinnt Marktanteile. Quantitative Methoden, die mit systematisch-strukturellen Ansätzen einhergehen, finden qua komplexer(er) statistischer Berechnungen Evidenzen in Datenbeständen, die bislang nicht zu den konventionellen Informationsquellen von Investment Professionals gehören, z. B. unstrukturierte Daten, GPS-Daten oder Millionen von Tweets. Mehr noch: das Instrumentarium besteht für orthodoxe Investment Professionals aus geradezu abenteuerlichen Methoden z. B. Sentimentanalysen, die mit Python und R anstelle von Microsoft Excel modelliert werden. Mit dem *Financial Data Scientist*[42] hält ein neuer Typus Investment Professionals Einzug in Banken, Asset Manager und Finanzdienstleister. Eine gerne von Financial Data Scientist bemühte Unterscheidung zwischen der konventionellen Investmentanalyse und der auf Methoden der Financial Data Science beruhenden Vorgehensweise ist die des digitalen vs. analogen Ansatzes: die konventionelle (analoge) Investmentanalyse sucht nach Daten, die die Investmentidee stützen; Financial Data Science findet Muster (pattern) in Daten, aus denen Investmentideen abgeleitet werden können .

Beide Veränderungshebel, EBI und Digital Finance, haben die Kapazität die Investment Profession nachhaltig zu ändern. Und es gibt Anzeichen, dass auch die Nachhaltigkeit von beiden Hebeln profitieren kann: EBI korrespondiert stark mit ethischen Frage (siehe oben) nach dem verlässlichen Urteil und seinen Begründungen. Digital Finance sucht nach Mustern, die in der konventionellen Investmentanalyse nicht gesehen werden (oder aufgrund der Engstirnigkeit von Modellen nicht gesehen werden können).

---

[42] Vgl. Financial Data Science Association (FDSA) und Ausbildungsprogramm Chartered Financial Data Scientist (CFDS) der DVFA.

Quellenverzeichnis

ABBOTT, C. (1991): The System of Professions. An Essay on the Division of Expert Labor. The University of Chicago Press, Chicago und London 1991.

ARNOLD, M./BASSEN, A./FRANK, R. (2018): Timing effects of corporate social responsibility disclosure: an experimental study with investment professionals, in: Journal of Sustainable Finance & Investment,2018, S. 45–71.

BODIE, Z./KANE, A./MARCUS, A. J. (2013): Essentials of investments, McGraw-Hill, New York 2013.

DVFA (2015): Ethik. Zur Förderung ethischer Tugenden in Finanzunternehmen, online: http://www.dvfa.de/fileadmin/downloads/Verband/Mitgliedschaft/Ethik_und_Integritaet/Zur-Foerderung-ethischer-Tugenden-in-Finanzunternehmen-Langfassung.pdf, Stand: 09.2015, Abruf: 08.02.2018.

DVFA (2018): Mitgliedschaft, online: http://www.dvfa.de/verband/mitgliedschaft.html, Stand: 2018, Abruf: 11.02.2018.

DVFA (2018a): Gründung einer Initiative zu Evidence-based Investing (EBI), online: http://www.dvfa.de/verband/themengremien/evidence-based-investing.html, Stand: 2018, Abruf: 11.02.2018.

DAMODARAN, A. (2009): The dark side of valuation: valuing young, distressed, and complex businesses, Prentice Hall, Englewood Cliffs, N.J. 2009.

FRANK, R. (2014): Integrierte Berichte: Gehört dem Integrated Reporting die Zukunft?, in: SCHULZ, T/BERGIUS, S. (Hrsg.), CSR und Finance, Berlin/Heidelberg 2014, S. 237–250.

FREIDSON, E. (2001): Professionalism, the third logic: On the practice of knowledge, Chicago und London 2001.

GLOBAL SUSTAINABLE INVESTMENT ALLIANCE (2016): Global Sustainable Investment Review 2016, online: http:www.gsi-alliance.org/wp-content/uploads/2017/03/GSIR_Review2016.F.pdf, Stand: 2016, Abruf: 05.02.2018.

HALLIDAY, T. C. (1987): Beyond Monopoly: Lawyers, State Crises, and Professional Empowerment, University of Chicago Press, Chicago und London 1987.

HARDISTY, D. J./WEBER, E. U. (2009): Discounting future green: money versus the environment, in: Journal of Experimental Psychology: General, 2009, S. 329.

HAYAT, U./ORSAGH, M. (2015): Environmental, Social, and Governance Issues in Investing: A Guide for Investment Professionals, online: https://www.cfapubs.org/doi/pdf/10.2469/ccb.v2015.n11.1, Stand: 2015, Abruf: 19.02.2018.

KOLLER, T./GOEDHART, M./WESSELS, D. (2015): Valuation: measuring and managing the value of companies, John Wiley & Sons, Hoboken, N.J. 2015.

MAI, M. (2008): Der Beitrag von Professionen zur politischen Steuerung und Governance, in: *Sozialer Fortschritt*, 2008, S. 14–18.

MONTIER, J. (2010): The little book of behavioral investing: how not to be your own worst enemy, John Wiley & Sons, Hoboken, N.J. 2010.

ORLITZKY, M. (2013): Corporate social responsibility, noise, and stock market volatility, in: The Academy of Management Perspectives, 2013, S. 238–254.

PENMAN, S. H. (2011): Financial statement analysis and security valuation, New York 2011.

PIGNATARO, P. (2013): Financial modeling and valuation: a practical guide to investment banking and private equity, John Wiley & Sons, Hoboken, N.J. 2013.

PINTO, J. E./HENRY, E./ROBINSON, T. R./STOWE, J. D. (2010): Equity Asset Valuation. New Jersey 2010.

ROBINSON, T. R./HENNIE VAN GREUNING, C. F. A./HENRY, E./BROIHAHN, M. A. (2008): International financial statement analysis, John Wiley & Sons, Hoboken, N.J. 2008.

ROSS, S. A./WESTERFIELD, R. W./JORDAN, B. D. (2006): Corporate Finance Fundamentals, McGraw-Hill: New York 2006.

WENZEL, H. (2005): Profession und Organisation. Dimensionen der Wissensgesellschaft bei Talcott Parsons, in: Organisation und Profession, Springer: Wiesbaden 2005, S. 45–71.

WHITE, G. I./SONDHI, A. C./FRIED, D. (2003): Financial statements, John Wiley & Sons, Hoboken, N.J. 2003.

TCFD (2017): Pressemitteilung vom 12.12.2017, online: https://www.fsb-tcfd.org/wp-content/uploads/2017/12/TCFD-Press-Release-One-Planet-Summit-12-Dec-2017_FINAL.pdf, Stand: 12.12.2017, Abruf: 26.01.2018.

Kapitel II

Funktionsweise nachhaltiger Kapitalanlagen

Nachhaltige Kapitalanlagen: Bestimmung eines vermeintlich bekannten Marktes

MATTHIAS STAPELFELDT

Union Investment

1 Einleitung 117
2 Verantwortliche und nachhaltige Kapitalanlagen 117
    2.1 Hintergrund und Entwicklung 117
    2.2 Verantwortliches Investieren: Begriffsbestimmung 119
    2.3 Nachhaltiges Investieren: Begriffsbestimmung 122
    2.4 Größe des Marktes für verantwortliche und nachhaltige Kapitalanlagen 123
    2.5 Praxisbeispiel: Zusammenspiel und Wirkung verantwortlicher
        und nachhaltiger Kapitalanlagen bei Union Investment 124
3 Die Marktdynamik nachhaltiger Kapitalanlagen 126
    3.1 Entwicklung des Marktvolumens 126
    3.2 Zielgruppen für nachhaltiges Investment 127
    3.3 Entwicklung der Strategien für nachhaltige Anlage 129
4 Ausblick und Handlungsnotwendigkeiten 130
Quellenverzeichnis 133

1 Einleitung

Der Begriff „*Sustainable Finance*" wurde im letzten Jahr sehr oft benutzt, um zu beschreiben, auf welches Zielbild sich die Finanzwirtschaft ausrichten muss, um dem Anspruch einer nachhaltig ausgerichteten europäischen Wirtschaft gerecht zu werden und diese zu finanzieren. Hierbei wird oft auf nachhaltige Kapitalanlagen Bezug genommen, die zur Finanzierung der Investitionserfordernisse eine Lenkungswirkung durch eine Neuallokation von Anlagemitteln entfalten sollen. Nachhaltige Kapitalanlagen haben im Sprachgebrauch Karriere gemacht, oft ohne dass die Hintergründe oder Handlungsmöglichkeiten im Detail beleuchtet wurden. Der nachfolgende Beitrag soll insofern eine Hilfestellung dabei geben, Möglichkeiten und Potenziale gemanagter Kapitalanlagen besser zu verstehen.

2 Verantwortliche und nachhaltige Kapitalanlagen

2.1 Hintergrund und Entwicklung

In der Betrachtung gemanagter Kapitalanlagen haben der systematische Einbezug von ESG-Aspekten (ESG steht für „Environment, Social and Governance") und die daraus abgeleitete Unterscheidung in verantwortliches und nachhaltiges Investment noch keine lange Geschichte. Bis vor circa zehn Jahren war es gang und gäbe, das dem Asset-Management zugrunde liegende Treuhandprinzip ohne ESG-Aspekte zu interpretieren, also konventionell. Die Frage nach nicht finanziellen Einflussfaktoren – wie ESG-Faktoren auch genannt werden – bei gemanagten Assets hat sich erst vor circa zehn Jahren für Anleger und Asset-Manager gestellt. Erst mit Etablierung und Aufschwung der damaligen UN PRI als internationaler Organisation, die Standards für den Einbezug von Nachhaltigkeitsprinzipien in das Asset-Management gefördert und auch operationalisiert hat, ist die Weiterentwicklung in das sogenannte „responsible" – also verantwortliche – Handeln und Investieren unterscheidbar geworden. Parallel dazu gab es als Spezialdisziplin bereits nachhaltiges Investieren.

Der Aufschwung der UN PRI[1] seit Gründung im Jahr 2006 – sicherlich begünstigt durch die Finanzmarktkrise im Jahr 2008 – hat auch in Deutschland zur Ausbildung des Bewusstseins bei den Marktteilnehmern geführt, dass treuhänderisches Handeln Nachhaltigkeitsprinzipien systematisch einschließen kann und aus professioneller Sicht auch sollte. Also bedeutet verantwortliches Handeln den Einbezug ethischer, sozialer und ökologischer Überlegungen, die explizite Berücksichtigung guter Unternehmensführung und damit eine Abkehr von der ausschließlich finanziellen Betrachtung einer Anlage. Die Unterlegung der sechs PRI-Prinzipien[2] für verantwortliches Investieren mit regelmäßig veröffentlichten Studien, Praxisbeispielen, Implementierungshilfen, Foren sowie Schulungsmöglichkeiten für die Praxis ist ein großes Verdienst der PRI, ohne die viele der heutigen Erkenntnisse und Entwicklungen vermutlich nicht möglich gewesen wären. Diese Funktionen werden auch in Zukunft von sehr großer Bedeutung bleiben, da die Erkenntnisse über Zusammenhänge und Wirkungen von Nachhaltigkeitsaspekten auch in den nächsten Jahren zu starken Veränderungen in Bewertungsmodellen und dem Management von Kapitalanlagen führen werden.

---

[1] *PRI* (2016).
[2] *PRI* (2016), S. 4.

Auch wenn Deutschland im internationalen Vergleich bei den PRI-Signatories eher unterrepräsentiert ist, sprechen die per Ende 2016 60 deutschen Unterzeichner mit verwalteten Assets von circa 2.200 Milliarden Euro eine deutliche Sprache: Die Marktteilnehmer haben die Relevanz verantwortlichen Handelns erkannt und sich auf den Weg gemacht, dieses für das eigene Kerngeschäft zu implementieren und darüber Bericht zu erstatten.

Nachhaltiges Investieren als Spezialthema ist unabhängig von der vorgenannten Entwicklung in den frühen 90er-Jahren in Deutschland durch eine Gruppe kirchlicher Investoren entstanden und war vornehmlich durch deren ethische Wertorientierung geprägt. Als die nachhaltigkeitsorientierten Produktangebote zunehmend breiter und weniger vergleichbar wurden, etablierte sich als gemeinsamer Nenner für die Kategorisierung nachhaltiger Geldanlagen bis vor wenigen Jahren die Bezeichnung als eine Investmentstrategie, die mehrere einzelne ESG-Umsetzungsstrategien, zum Beispiel gemäß der FNG-Definition[3], berücksichtigt. Die zunehmend unklare Abgrenzung verschiedener ESG-Umsetzungsstrategien, zum Beispiel bei der Behandlung von sogenannten Overlays, hat jedoch dazu geführt, dass auch heute noch entsprechende internationale Statistiken nicht unbedingt vergleichbar sind. Ausländische Verbände erfassen zum Teil Vermögenswerte als nachhaltig, die neben ESG-Mindest- oder -Ausschlusskriterien zwei oder mehr weitere ESG-Umsetzungsstrategien anwenden. Dies ist aber, nach Auslegung der UN PRI, schon durch eine konsequente Anwendung der PRI-Prinzipien gegeben. Es wurde also nunmehr notwendig, diese vormalige Abgrenzung zwischen verantwortlichem und nachhaltigem Investment zu schärfen, um nicht zu einer Gesamtbezeichnung aller über die UN PRI gemeldeten Anlagen als nachhaltig zu kommen und damit letztlich ein „*Greenwashing*" zu betreiben. Fonds, die nur „zufällig" gute Klimawerte aufweisen, können zum Beispiel genauso gut Telemedienfonds sein, die keine ESG-Kriterien im Anlageprozess festgeschrieben haben und insofern unbeabsichtigt und gegebenenfalls auch nicht dauerhaft nachhaltig sind. Aus diesem Grund hat sich in Deutschland in den letzten Jahren die im Folgenden erläuterte Abgrenzung durchgesetzt.

---

[3] FORUM NACHHALTIGE GELDANLAGEN (2017), S. 8.

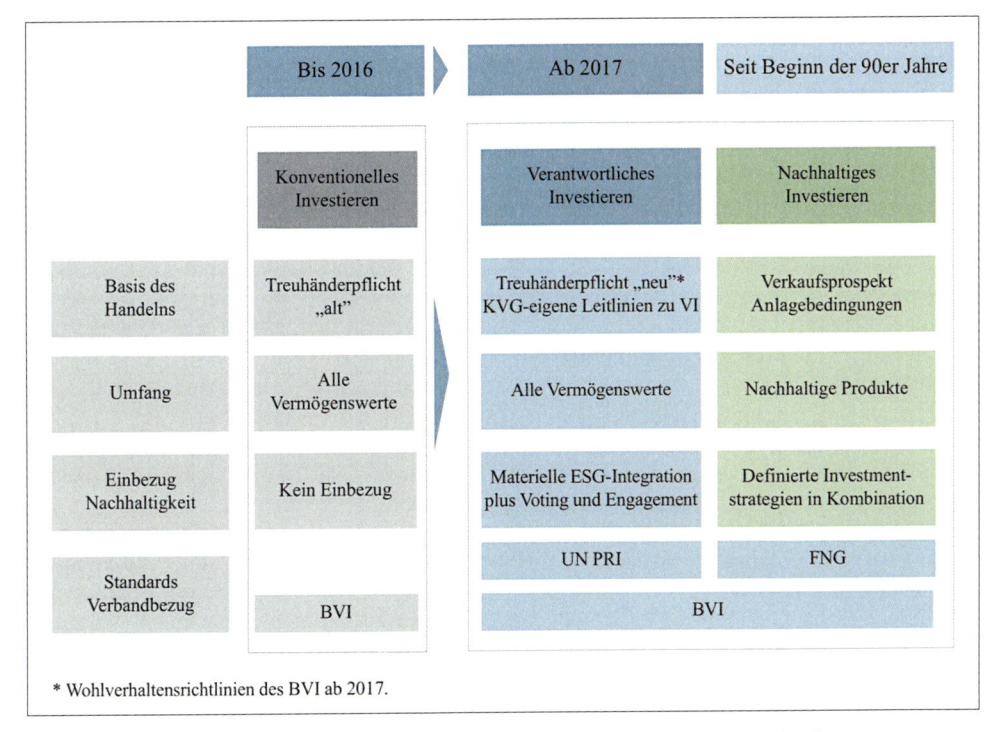

Nachhaltige Kapitalanlagen: Bestimmung eines vermeintlich bekannten Marktes 119

	Bis 2016	Ab 2017	Seit Beginn der 90er Jahre
	Konventionelles Investieren	Verantwortliches Investieren	Nachhaltiges Investieren
Basis des Handelns	Treuhänderpflicht „alt"	Treuhänderpflicht „neu"* KVG-eigene Leitlinien zu VI	Verkaufsprospekt Anlagebedingungen
Umfang	Alle Vermögenswerte	Alle Vermögenswerte	Nachhaltige Produkte
Einbezug Nachhaltigkeit	Kein Einbezug	Materielle ESG-Integration plus Voting und Engagement	Definierte Investmentstrategien in Kombination
		UN PRI	FNG
Standards Verbandbezug	BVI	BVI	

* Wohlverhaltensrichtlinien des BVI ab 2017.

Abbildung 1:   Verantwortliches und nachhaltiges Investieren im Vergleich

2.2   Verantwortliches Investieren: Begriffsbestimmung

Der Begriff des verantwortlichen Investierens beinhaltet die grundsätzliche Fragestellung, inwieweit die treuhänderischen Pflichten eines Asset-Managers ESG-Kriterien einbeziehen sollen oder gar müssen. Hierüber gibt es im europäischen Kontext zum Teil große Unklarheiten, da diese Frage nicht einer gesetzlichen Regelung unterliegt. In Deutschland wurde dieser Aspekt durch den expliziten Einbezug verantwortlichen Investierens als ein eigenständiges Kapitel Anfang des Jahres 2017 in den BVI-Wohlverhaltensregeln (WVR) formal verankert:

„Die Fondsgesellschaft übernimmt gesellschaftliche Verantwortung in ökologischen, sozialen Belangen sowie zur guten Unternehmensführung"[4]

Nun hat die Anerkennung der WVR an sich noch keine große Aussagekraft für den Implementierungsgrad, der derzeit noch schwer zu messen ist. Eine Implementierung der sogenannten ESG-Integration in die bestehenden Investmentprozesse ist ein aufwendiges Vorhaben, das von der Etablierung einer umfassenden Investment Policy über die Beschaffung entsprechender Daten und ihre Integration in die daran anzupassenden IT-Systeme und Datenbanken sowie die Umsetzung für alle wesentlichen Anlageklassen bis zur Anwendungsschulung für die betroffenen Personen durchaus einige Jahre in Anspruch nehmen kann. Des ungeachtet wird es für Asset-Manager die Aufgabe der nächsten Jahre sein, diese ESG-Aspekte systematisch und wirksam in bestehende Investmentprozesse zu integrieren.

---

[4]   *BVI* (2017).

Der Begriff des verantwortlichen Investierens bezieht sich insoweit eben auch nicht auf ein konkretes Sondervermögen, sondern vielmehr auf eine Verpflichtung des Asset-Managers, als Unternehmen Standards – fremde oder auch eigene – zu beachten. In der Logik des Forums Nachhaltige Geldanlagen (FNG), das den jährlichen Marktbericht zu nachhaltigen Geldanlagen erhebt, gilt es, dabei zwei Arten von Finanzdienstleistern zu unterscheiden, die verantwortliches Investieren praktizieren können.

Auf Nachhaltigkeit spezialisierte Banken, die per se durch ihre unternehmensumfassende Nachhaltigkeitsstrategie ausschließlich nachhaltig agieren. Dies sind zum Beispiel Kirchenbanken oder Spezialinstitute wie die GLS Bank oder die Triodos Bank. Nachhaltigkeit als Geschäftsgrundlage ist damit vollständig in die Gesamtbankstrategie integriert und Teil der öffentlichen Positionierung und wird somit auf alle vom Institut getätigten Anlagen angewandt. Das FNG spricht in diesem Fall von einer Vollintegration.

Konventionelle Finanzdienstleister, die zum Beispiel ein ausgeprägtes Breitengeschäft haben und aufgrund des entsprechend hohen Anteils konventioneller Kundeneinlagen als Gesamthaus nicht als nachhaltig gelten können. Bei diesen Instituten, und das ist die Mehrheit der deutschen Finanzhäuser, wird der Anspruch der Einbeziehung von ESG-Kriterien in eine Anlagepolitik zum Beispiel dadurch dokumentiert, dass diese Institute sich für einen zu definierenden Geltungsbereich verpflichtet haben, den Prinzipien der PRI zu folgen, und dies veröffentlichen. Im Gegensatz zur Vollintegration ist dies eine Teilintegration der Nachhaltigkeitsverpflichtung, da sie nicht alle Teile des Bankbetriebs umfasst. Die jährliche Berichterstattung des Unternehmens durch das sogenannte PRI-Assessment zeigt einerseits öffentlich den Umfang der Anlagegelder, die unter den Einbezug der Prinzipien fallen, sowie andererseits im dem Unternehmen zur Verfügung gestellten „Private" Assessment Report eine Benchmark-Bewertung, die die eigene Integrationsleistung und auch Verbesserungspotenziale und Best-Practice-Beispiele aufzeigt. Durch dieses Verfahren wird erkennbar, in welchem Ausmaß ein Asset-Manager mit dem ESG-Einbezug fortgeschritten ist.

Die Schwierigkeit bei der Abwägung, inwieweit bei einer verantwortlich getroffenen Anlageentscheidung im Rahmen des Treuhänderprinzips ein ESG-Einbezug möglich oder sogar geboten ist, zeigen beispielhaft zwei Passagen des im Monatsbericht August 2016 des BMF auszugsweise veröffentlichten Gutachtens zu Klimarisiken für den Finanzmarkt Deutschland:

„Die Einpreisung des Klimawandels bei Finanzinvestitionen ist besonders relevant für betroffene Sektoren (vor allem Energie und Industrie bei Transitionsrisiken, Versicherungen bei physischen Risiken), betroffene Aktiva (vor allem Sachanlagen, aber auch Finanzanlagen) und Anlagen mit längerfristigen Laufzeiten. Gesamtökonomisch gesehen und aufgrund der kürzeren Fristigkeit ist dabei das Einpreisen von Transitionsrisiken (einschließlich Haftungsrisiken) im deutschen Finanzmarkt von höherer Bedeutung als die Einpreisung physischer Risiken, allerdings werden die beiden Risiken bei zunehmender globaler Verflechtung des Finanzmarktes längerfristig ähnlich wichtig. Das Gutachten zeigt auf der theoretischen Ebene verschiedene Wege auf, um Klimarisiken mit bestehenden Investitionsbewertungsverfahren einzupreisen (Kapitalwertverfahren, Realoptionsanalyse). Aber die Umsetzung ist begrenzt durch fehlende Daten und die große Unsicherheit bezüglich der physischen Auswirkungen des Klimawandels und der regulatorischen Eingriffe zur Einhaltung des 1,5-Grad- beziehungsweise 2 Grad-Ziels . Die physischen Auswirkungen des Klimawandels sind gerade deshalb sehr schwierig einzupreisen, da sie stark von sehr unwahrscheinlichen, aber äußerst extremen Unwetterkatastrophen, sogenannten Tail Risks, abhängen, die sehr schwierig verlässlich einzuschätzen sind ... Finanzinvestoren haben typischerweise eine treuhänderische Verantwortung, da sie Kundengelder anlegen. Sie können nicht die sozialen Kosten einer Investition ermitteln und einpreisen,

wenn diese sozialen Kosten nicht auf gesamtgesellschaftlicher Ebene erhoben werden. Sie können und sollten allerdings eine Erwartung darüber bilden, wie sich diese sozialen Kosten künftig niederschlagen werden. Es ist realistisch, in vielen Fällen von umweltpolitischer Regulierung auszugehen, die Kosten und Ertrag eines Investitionsobjektes verändern werden. Insofern sollten Finanzinvestoren nicht den sozial wünschenswerten CO_2-Preis anlegen. Sie sollten ihn aber auch nicht ganz ignorieren, sondern den CO_2-Preis berücksichtigen, den sie perspektivisch angesichts der politischen und regulatorischen Entwicklungen für plausibel halten..."[5]

Die Fälle pauschaler Divestments, zum Beispiel in der Branche der Energieerzeuger, die fossile Energieträger nutzen, also der unmittelbare Verkauf einer Vielzahl von Unternehmen, unabhängig von – zum Beispiel politischen oder unternehmensspezifischen – Einzelbetrachtungen, stehen exemplarisch für die Grenzen treuhänderischer Entscheidungen. Es hat sich deshalb mittlerweile die Unterscheidung etabliert, dass Asset-Owner wie Versicherungen und Pensionsfonds durchaus pauschale Top-down-Divestment-Entscheidungen treffen können und dies zum Teil auch öffentlichkeitswirksam tun, Asset-Manager aber aufgrund der oben geschilderten Problematik eine Pauschalentscheidung für Publikumsfonds nicht vollziehen können. Es bedarf einer Einzelbeurteilung der Umstände für den jeweiligen Vermögensgegenstand/ die jeweilige Anlageentscheidung zusätzlich zur Beantwortung der Frage, wie die konkrete Verkaufsentscheidung in eine übergeordnete ESG-Umsetzungsstrategie zu integrieren ist.

Ferner stellt sich in sehr vielen Fällen treuhänderischer Verantwortung auch die Frage, an welcher Benchmark der Kunde seine Vermögensanlage ausrichtet. Die Mehrzahl verwalteter Gelder richtet sich derzeit an marktkapitalisierten Vergleichsmaßstäben aus. Die Orientierung an diesen Maßstäben führt unter anderem dazu, dass eine grundlegende neue Orientierung der Anlagestrategien für das Bestandsvermögen gemanagter Kapitalanlagen an reinen ESG-Maßstäben derzeit nicht ohne Weiteres möglich ist, ohne die im Verkaufsprospekt festgeschriebenen Produkt- und Anlagebedingungen zu verletzen.

Es bleibt festzuhalten, dass der Einbezug von Nachhaltigkeitskriterien in das Kerngeschäft von Asset-Managern ein Anspruch ist, der in Deutschland formal bereits möglich und umsetzbar ist und damit im internationalen Vergleich weiter gediehen ist als in vielen anderen Ländern. Eine tiefgehende und umfassende Prozessintegration wird aber Zeit brauchen und unter anderem auch von der künftigen Verbesserung der Daten- und Erkenntnislage im Bereich der ESG-Risiken abhängen.

Einer Finanzierungsfunktion nachhaltigkeitszielkonformer Kapitalmarktinstrumente steht formal gesehen ebenfalls schon jetzt nichts im Wege. Die Integration von Green Bonds in breit anlegende Fonds ist zum Beispiel bereits gang und gäbe. Die regelmäßig hohe Überzeichnung der Emissionen solcher Anleihen zeigt deutlich, dass die Finanzierung „grüner" Projekte eher eine Frage der Anlageinstrumente ist, in denen investiert werden kann, als eine des dafür verfügbaren Fondsvolumens. Insofern ist eine forcierte Weiterentwicklung „grüner Kapitalmarktinstrumente", die mit den Nachhaltigkeitszielen kompatibel sind, eine wesentliche Voraussetzung dafür, dass der sehr große Hebel gemanagter Kapitalanlagen in Deutschland wirklich erschlossen werden kann. Wenn künftige Investitionsprojekte – z. B. Infrastrukturprojekte – den politisch gewünschten 2-Grad-Anforderungen entsprechen würden, stellte sich letztlich die Frage nach Green Finance und deren Lenkungswirkung gar nicht mehr.

Die herausgehobene Behandlung der Einbeziehung von ESG-Faktoren in das Treuhänderprinzip unter dem Begriff „Investors duties" im Rahmen des Berichts der High Level Expert Group und der darauf aufbauenden Regelung durch die europäische Kommission zeigt den politischen Willen, das Konzept des verantwortlichen Investierens in ganz Europa verbindlich zu regulieren.

---

5 BUNDESFINANZMINISTERIUM (2016), S. 18 f.

2.3 Nachhaltiges Investieren: Begriffsbestimmung

Im Gegensatz zum verantwortlichen Investieren, das sich auf die auch ohne expliziten Kundenauftrag möglichen Umsetzungsmöglichkeiten für Asset-Manager bezieht, wird nachhaltiges Investieren auf einzelne Anlageprodukte bezogen, für die in den Verkaufsprospekten konkrete Leitlinien der ESG-Anlage verankert sind. Der Unterschied zur verantwortlichen Anlage besteht insofern darin, dass durch die Festschreibung ESG-Kriterien für den Fondsmanager verbindlich werden, unabhängig davon, ob sie nun materiell für die Vermögensentwicklung sind oder nicht.

Wer beispielsweise aus ethischen Gründen Rüstungsaktien aus seinem Anlageportfolio ausschließt, tut dies durch den Kauf eines nachhaltigen Produktes unabhängig von Performance-Überlegungen. Wer sich im umgekehrten Fall bewusst gegen einen Nachhaltigkeitsfonds entscheidet, hat aufgrund seines Auftrages dann auch den Anspruch darauf, am positiven Wertentwicklungspotenzial des Rüstungssektors oder einzelner Rüstungsunternehmen teilzuhaben. Die Wertentwicklung beider Portfolios wird verschieden sein, da der Fondsmanager für beide Portfolios aufgrund der Anlagebedingungen unterschiedlich entscheiden muss.

An dieser Stelle wird gut sichtbar, dass die Verantwortung dafür, ob und wie viel Kapital in nachhaltige Anlageprodukte und damit in nachhaltigere Geschäftsmodelle fließt, letztendlich beim Kunden liegt. Der Kunde steckt mit der Entscheidung, ob er in einem „nur" treuhänderisch verwalteten Fonds oder einem „echten" Nachhaltigkeitsfonds investiert, für den Fondsmanager das Feld ab, in dem er investieren beziehungsweise nicht investieren darf.

Die Vorstellungen der Investoren davon, was nachhaltiges Investieren konkret bedeutet, beziehungsweise die inhaltlichen Anforderungen daran sind international, aber auch in Deutschland sehr unterschiedlich. Ein *„One size fits all"* ist gerade in Nachhaltigkeitsfragen deshalb kaum möglich. Ethisch orientierte Investoren stellen deutlich andere Anforderungen an eine Anlagepolitik als solche, die eine 2-Grad-Strategie zur Minimierung von Klimarisiken oder eine wirkungsorientierte Strategie in Bezug auf SDGs verfolgen. Die Zahl aktiv engagierter Investoren mit expliziten Nachhaltigkeitsanforderungen an einen Unternehmensdialog nimmt ebenso zu wie die Einbindung eines wie auch immer ausgeprägten Divestments in die Anlagestrategie. Es ist insofern eine Herausforderung für einen Asset-Manager, all diese verschiedenen Ansätze für Kunden zu entwickeln und anbieten zu können. Ein qualitativ anspruchsvolles ESG-Management ist deshalb weit mehr als der Kauf von Daten und die Definition eines Algorithmus.

Auch das Spektrum der Nachhaltigkeitsangebote für Privatkunden wächst dynamisch in verschiedenen Anlageformen wie Investmentfonds, Zertifikaten, Vermögensverwaltungsangeboten oder auch Einzelanlagen wie Green Bonds. Auch über Klimasparbriefe oder vergleichbare Einlageprodukte sind zunehmend nachhaltige Geldanlagen möglich.

Der Fortschritt in der Entwicklung neuer Investmentprozesse (z. B. Best in Progress-Ansatz) oder Anlagethemen (SDGs) führt zu einer größeren Vielfalt des thematischen Universums und einer stark steigenden Unübersichtlichkeit verfügbarer Anlageprodukte.

Auch wenn aufgrund der politischen Aktualität das Thema „Klima" derzeit populär und vordringlich ist, ist davon auszugehen, dass Produkte mit umfassendem Nachhaltigkeitsbezug, die ESG-Kriterien oder die SDGs insgesamt berücksichtigen, den Großteil des künftigen Anlagevolumens an sich ziehen werden. Schon aus Risikomanagementgründen ist eine Isolierung von E-, S- und G-Risiken nicht sinnvoll, da diese sich ja zum Teil wechselseitig beeinflussen oder bedingen.

2.4 Größe des Marktes für verantwortliche und nachhaltige Kapitalanlagen

Weder auf europäischer noch auf nationaler Ebene gibt es derzeit eine methodisch durchgängige oder vollständige Erhebung über die Vermögenswerte, die in den vorgenannten Marktsegmenten für eine Integration von nachhaltigkeitsorientierten Anlageinstrumenten zur Verfügung stehen. Absatzzahlen von Green Bonds oder ähnlichen Instrumenten sind in Deutschland nicht verfügbar. Die verschiedenen Verbände erheben nach eigenen Methoden und Abfragezyklen Zahlen für ihre Abfragen, die sich zum Teil überlappen oder eben auf unterschiedlichen Definitionen beruhen. Auch der Gad der Integration von Nachhaltigkeitsaspekten in Investmentprozesse ist nur schwer erfassbar. Aus diesem Grund ist es momentan nicht möglich, wirklich belastbare Zahlenübersichten zusammenzustellen, die das Potenzial verantwortlicher Kapitalanlagen aufzeigen. Dennoch ist eine Schätzung, welche Anlagesummen in den verschiedenen Marktsegmenten als Finanzierungspotenzial zur Verfügung stehen, sicherlich hilfreich. Anhand der drei regelmäßig erhobenen Zahlenwerke des BVI, des FNG und der PRI soll nachfolgend der entsprechende Versuch auf Basis der Vermögenszahlen per Ende 2016 unternommen werden.

	Privatkunden	Institutionelle Kunden
Verantwortliches Investieren (Treuhandprinzip)	800–1.000 Mrd. €	1.600–1.900 Mrd. €
Nachhaltiges Investieren (SRI-Produkte)	15–25 Mrd. €	50–150 Mrd. €

Abbildung 2:   Schätzung der Anlagevolumina im Markt für verantwortliche und nachhaltige Kapitalanlagen

Die sich aus Abbildung 2 ergebende Erkenntnis ist, dass die Volumina der treuhänderisch verwalteten Anlagegelder die explizit nachhaltigen Geldanlagen um den Faktor 30 übersteigen. Der Anteil nachhaltiger Anlagen am Gesamtmarkt in der Zählweise des FNG liegt dementsprechend bei unter 3 Prozent.

Man sollte also bei der Frage der Möglichkeiten der Finanzierung, zum Beispiel nachhaltiger Infrastruktur, durch nachhaltige Kapitalanlagen realistisch bleiben, was Größe und Wachstum des Marktes angeht. Rein nachhaltige Anlageprodukte werden in dem Zeitrahmen, in dem die Investitionen benötigten werden, noch keine Lösung für die erforderlichen Finanzierungsvolumina sein können.

2.5 Praxisbeispiel: Zusammenspiel und Wirkung verantwortlicher und nachhaltiger Kapitalanlagen bei Union Investment

Zur Illustration der Abgrenzung und des Zusammenwirkens verantwortlicher und nachhaltiger Kapitalanlagen sei hier das Beispiel von Union Investment erläutert. Als Asset-Manager der genossenschaftlichen FinanzGruppe versorgt Union Investment die knapp 1.000 Volks- und Raiffeisenbanken und deren Kunden, aber auch eine bedeutende Zahl institutioneller Kunden mit Investmentprodukten. Aus diesem Grund ist ein wesentlicher Teil des Geschäftes von Union Investment an die Ausrichtung der genossenschaftlichen Banken gebunden. Eine Positionierung als ein rein nachhaltiger Asset-Manager kommt deshalb schon aufgrund der Eigentümerstruktur und der hierdurch vorgegebenen Kundenstruktur nicht in Frage.

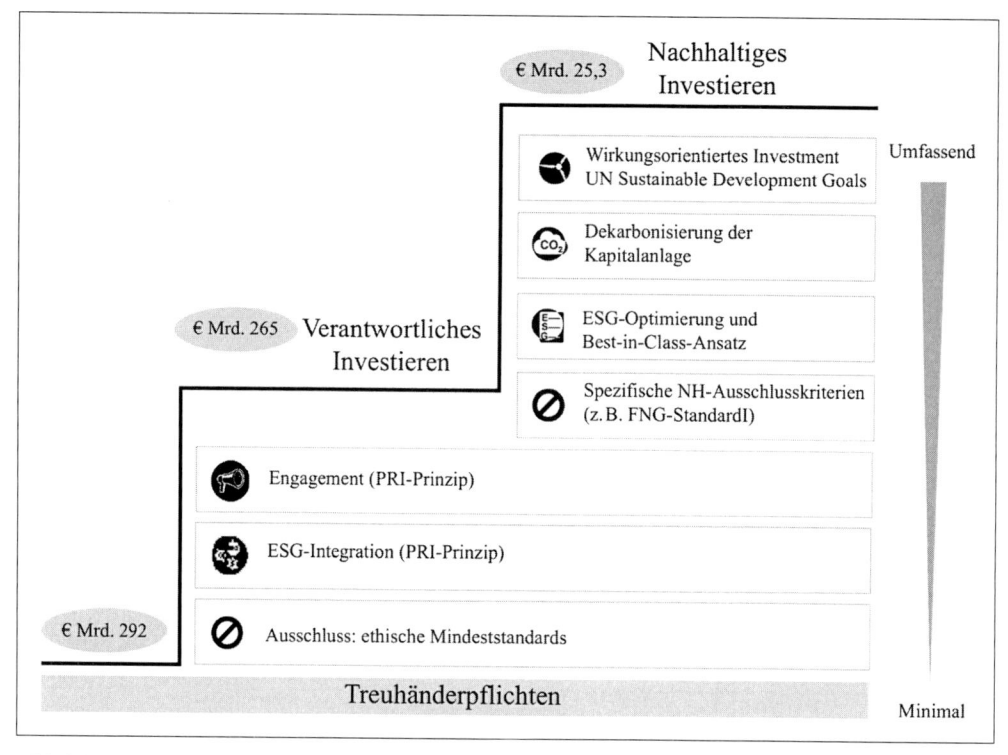

Abbildung 3:   *Verantwortliche und nachhaltige Kapitalanlagen bei Union Investment*

Das Gesamtvolumen der Assets under Management bei Union Investment belief sich zum Jahresende 2016 auf circa 292 Milliarden Euro. Hierin sind auch ausländische Unternehmensbeteiligungen oder liquide, nicht aktiv nach ESG-Strategien gemanagte Anlagen enthalten.
Die seit einigen Jahren als Schwerpunkt für institutionelle Kunden angebotenen nachhaltigen Anlagelösungen machten bei Union Investment circa 25 Milliarden Euro aus, also einen Anteil von 8,6 Prozent. Dies entspricht ungefähr dem Dreifachen des durchschnittlichen Anteils in der Fondsbranche. In 2017 wuchsen nachhaltige Kapitalanlagen bei Union Investment nochmals um 34 Prozent auf 33,5 Milliarden Euro.
Die positive Wirkung nachhaltigkeitsspezifischer Unternehmensdialoge auf die Ausrichtung von Unternehmen ist mittlerweile international und national belegt. Sie bezieht sich indes auf

die Summe der zu Engagement und Stimmabgabe berechtigenden Vermögenswerte. Diese Vermögenswerte, im Englischen Stewardship-Assets genannt, belaufen sich bei Union Investment auf eine Summe von 146 Milliarden Euro, also das Sechsfache des rein nachhaltig angelegten Vermögens. Da in den allgemeinen Abstimmungsleitlinien von Union Investment auch explizit ESG-Faktoren festgeschrieben und umgesetzt werden und die Erkenntnisse aus dem Unternehmensdialog über Fragen der Nachhaltigkeit der Unternehmensführung in das Abstimmungsverhalten insgesamt einfließen, ist das Einflusspotenzial für Unternehmensdialoge über Nachhaltigkeitsthemen mithin deutlich größer als das Volumen der Nachhaltigkeitsprodukte selbst. Es umfasst auch alle sonstigen Aktienbestände, die Union Investment für ihre Kunden verwaltet. Damit betragen die von Union Investment über Aktieninvestitionen gehaltenen Stimmrechte, zum Beispiel bei deutschen Unternehmen, oft mehr als 1 Prozent des Aktienkapitals. Insofern sind wir für die betreffenden Unternehmen durchaus ein wichtiger Ansprechpartner.
Die Berücksichtigung von Nachhaltigkeitsfaktoren bei Investmententscheidungen beschränkt sich aber nicht nur auf Aktien, sondern umfasst grundsätzlich alle Asset-Klassen. Gerade auch im Immobiliengeschäft ist die Frage der Berücksichtigung von ESG-Faktoren eine wesentliche Bestimmungsgröße für die Zukunftsfähigkeit und Vermietbarkeit eines Immobilienobjektes. Aber auch bei Anleiheprodukten findet eine systematische Berücksichtigung von ESG-Faktoren im Sinne der PRI-Prinzipien statt, sodass das bei Union Investment verantwortlich gemanagte Vermögen, also die jährlich an die PRI gemeldeten Bestände, sich auf eine Summe von 265 Milliarden Euro beläuft.
Somit werden circa 90 Prozent des für unsere Kunden verwalteten Vermögens unter Berücksichtigung von Nachhaltigkeitskriterien gemäß den Wohlverhaltensregeln verwaltet und sind für die Investition in nachhaltigen Kapitalmarktinstrumenten oder Immobilienobjekten im Rahmen der treuhänderischen Möglichkeiten verfügbar.
Für Investoren, die einen spezifischen Einfluss von Nachhaltigkeitsfaktoren auf ihr Portfolio festschreiben möchten, sind die Möglichkeiten treuhänderischer Umsetzung jedoch oftmals nicht ausreichend. Ihnen ist mit einem individuell ausgestalteten Nachhaltigkeitsprodukt am besten gedient.
Spezifische Nachhaltigkeitsstandards wie zum Beispiel strengere Mindestkriterien (etwa gemäß FNG-Standard), Dekarbonisierungsstrategien oder SDG-orientierte Strategien werden explizit mit dem Kunden vereinbart und in den Anlagebedingungen festgelegt.
Investitionen für den Aufbau einer leistungsfähigen ESG-Einheit im Portfoliomanagement sind gerade in der Anfangsphase, in der der Umfang einer ESG-Plattform und deren Infrastruktur festzulegen sind, nicht zu unterschätzen. Während in den Anfangsjahren der Entwicklung Anfang der 2010er-Jahre ESG-bezogene Investitionen auf das Nischenthema Nachhaltigkeit bezogen und – oftmals entsprechend zurückhaltend – geplant wurden, ist mittlerweile offensichtlich geworden, dass eine ESG-Plattform eine Investition in die Zukunftsfähigkeit eines aktiven Asset-Managers insgesamt ist.
Verantwortliches Investieren mit einem hohen ESG-Integrationsgrad wird schon in wenigen Jahren unter anderem aufgrund regulatorischer Initiativen Standard für alle großen Anbieter sein und Hygienefaktor für das Gesamtgeschäft eines erfolgreichen Asset-Managers.

3   Die Marktdynamik nachhaltiger Kapitalanlagen

Wenn man einen Überblick über die zeitliche Entwicklung und Struktur nachhaltiger Geldanlagen in Deutschland bekommen möchte, bietet der FNG-Marktbericht[6] die beste Datenbasis. Aufgrund einer jährlichen Befragung aller relevanten Marktteilnehmer in Deutschland ergeben sich sehr interessante Erkenntnisse über die in Deutschland angebotenen Nachhaltigkeitsprodukte. Die nachfolgenden Auszüge sollen nur einen kurzen Abriss der wesentlichen Trends und Hintergründe geben, der Marktbericht selbst bietet deutlich weitergehende Informationen.

3.1   Entwicklung des Marktvolumens

Die in Deutschland erfassten nachhaltigen Assets belaufen sich per Ende 2016 auf insgesamt 157 Milliarden Euro, von denen circa die Hälfte aus dem Einlagegeschäft nachhaltiger Spezialbanken sowie den Eigenanlagen zweier Finanzinstitute in Höhe von 46,2 Milliarden Euro kommen. Die anderen circa 79 Milliarden Euro stammen aus gemanagten, also fremdverwalteten Kapitalanlagen, die nachfolgend näher beleuchtet werden sollen. Die Entwicklung des Marktvolumens hat seit 2013 deutlich an Dynamik gewonnen. Auch wenn dies zum Teil (2014) auf der Neumeldung der oben genannten Eigenanlagen beruht und die Dynamik dadurch etwas überzeichnet ist, ist ersichtlich, dass das Wachstum nachhaltiger Kapitalanlagen sowohl relativ wie auch absolut gesehen einen deutlichen Schub erhalten hat. Der Bezug zu den vom BVI erfassten Zahlen der Gesamtbranche zeigt, dass nachhaltige Kapitalanlagen zwar kontinuierlich an Volumen gewinnen, aber mit einem Anteil von nur 2,8 Prozent an den gemanagten Vermögen relativ gesehen immer noch ein Nischenmarkt sind. Der statistische Bestandseffekt verdeckt dabei die Wachstumsdynamik und sorgt dafür, dass nachhaltiges Investment weiterhin als eine Nische erscheint. Aufgrund großer zu erwartender Volumina der Anlagen öffentlicher Institutionen oder auch der Anlagemittel des Fonds für kerntechnische Entsorgung in Höhe von 24 Milliarden Euro, die ebenfalls nachhaltig angelegt werden sollen, ist aber damit zu rechnen, dass sich dieser Prozentsatz in den nächsten Jahren deutlich nach oben verschieben wird.

---

[6] *Forum Nachhaltige Geldanlagen* (2017).

Nachhaltige Kapitalanlagen: Bestimmung eines vermeintlich bekannten Marktes 127

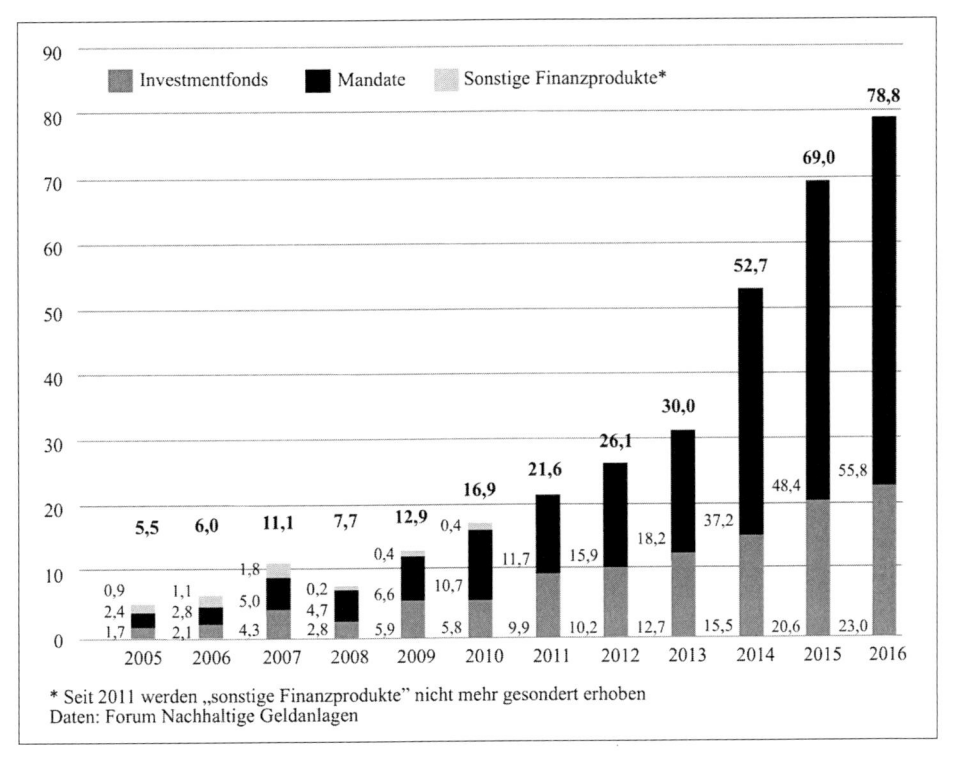

Abbildung 4:   Entwicklung des Marktvolumens nachhaltiger Kapitalanlagen

Die Mehrzahl der an der FNG-Befragung teilnehmenden Institute erwarten im Übrigen auch, dass sich der Trend mit hohen Wachstumsraten unverändert fortsetzt. 36 Prozent der Befragten glauben an ein Wachstum in den nächsten Jahren von bis zu 15 Prozent jährlich, 20 Prozent der Befragten sogar an ein Wachstum zwischen 15 und 30 Prozent. Nachhaltige Investments bleiben also auch weiterhin einer der am stärksten wachsenden Bereiche der Geldanlage.

3.2   Zielgruppen für nachhaltiges Investment

Bei der Betrachtung der Marktentwicklung wird irrtümlicherweise oft davon gesprochen, dass nachhaltige Investments mittlerweile im Mainstream, also in der Breite des Geschäftes, angekommen sind. Gemeint ist dann in der Regel das Privatkundengeschäft, das durch die den Publikumsfonds zugrunde liegenden öffentlichen Daten am besten untereinander vergleichbar und kommentierbar ist. Ein Blick in die FNG-Statistik zeigt jedoch, dass circa 90 Prozent der erfassten Anlagen durch institutionelle Anleger getätigt wurden. Nachdem jahrelang kirchliche Institute und Stiftungen die größte institutionelle Kundengruppe ausgemacht haben, ist das Anlegerspektrum erst in den letzten Jahren breiter geworden.

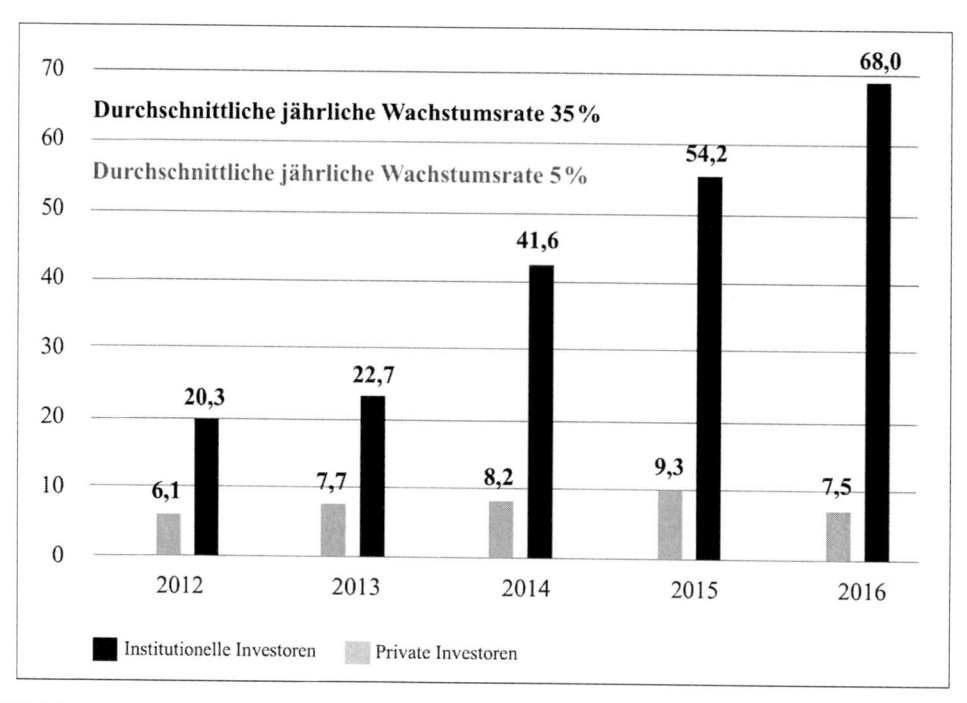

Abbildung 5: Kundenstruktur bei nachhaltigen Kapitalanlagen

Neben den überwiegend ethisch handelnden institutionellen Kundengruppen kommen nunmehr zunehmend unter sehr langfristigen Risikoabwägungen anlegende Pensionsfonds und Industrieunternehmen hinzu. Es sei hierbei erwähnt, dass gemäß einer Umfrage von Union Investment im Jahr 2017 circa 77 Prozent der Nachhaltigkeitsanleger die Nachhaltigkeitsanlage wieder wählen würden. Die Zufriedenheit mit der einmal getroffenen Entscheidung für nachhaltige Geldanlagen ist also hoch.[7] Mittlerweile haben auch vermehrt öffentliche Kassen begonnen, ihre Anlagen nachhaltig auszurichten. Auch für europäische Pensionsvermögen gibt es mittlerweile eine Regulierung, über den Einbezug von ESG-Kriterien in den Investmentprozess öffentlich zu berichten. Mittelfristig wird auch dies zu einem Wachstum des Marktes nachhaltiger Kapitalanlagen führen.

Private Anleger spielen für die in den letzten Jahren steigende Attraktivität nachhaltiger Investments bislang allerdings kaum eine Rolle. Der Anteil von nur circa 10 Prozent des erfassten Marktvolumens nachhaltiger Anlagen bedeutet letztlich, dass nachhaltig anlegende Privatkunden lediglich einen Anteil von circa 0,3 Prozent am Gesamtmarkt der gemanagten Kapitalanlagen haben. Das Volumen, also der Anlagebestand einschließlich der jährlichen Wertentwicklung, hat sich seit 2013 zudem nicht weiterentwickelt und liegt mit 7,5 Milliarden Euro sogar leicht unter dem Wert von 2013.

Der Eindruck, dass nachhaltige Investments im Privatkundengeschäft mittlerweile den Weg in die Breite gefunden haben, ist also nicht durch die Statistik zu unterlegen. Dies ist umso erstaunlicher, als ja mit mittlerweile circa 400 verfügbaren Nachhaltigkeitsfonds in Deutschland die Produktauswahl sehr umfassend ist. Die Vermutung liegt somit nahe, dass nicht die Anzahl

---

[7] UNION INVESTMENT (2017), S. 7.

oder Qualität der vorhandenen Nachhaltigkeitsfonds ausschlaggebend für die mangelnde Akzeptanz ist, sondern vielmehr die Tatsache, dass der Kunde in den meisten Fällen weder eine bedürfnisgerechte Angebotspalette vorfindet noch gezielte und kompetente Beratung zu nachhaltigen Geldanlagen erhält. Bekanntermaßen legen deutsche Privatanleger sehr risikoavers an, so dass Angebote in höheren Risikoklassen möglicherweise auch am jeweiligen Anlagebedarf vorbeigehen. In niedrigeren Risikoklassen hingegen sind nachhaltige Angebote wie zum Beispiel Klimasparbriefe noch die Ausnahme. Hinzu kommt, dass der Nachhaltigkeitsaspekt in der Kapitalanlage eben keinen intuitiv verständlichen Primärnutzen aufweist. Nachhaltige Kapitalanlagen machen weder gesund noch schlank. Dieser Umstand wird sich absehbar auch nicht ändern.

3.3 Entwicklung der Strategien für nachhaltige Anlage

Interessant für das Verständnis der qualitativen Fortschritte bei nachhaltigen Investments ist auch die Entwicklung der zum Einsatz kommenden ESG-Umsetzungsstrategien. Im FNG-Marktbericht 2014 standen in der Übersicht über die Anlagestrategien für die Jahre 2012 und 2013 Ausschlusskriterien und Best-in-Class-Strategien deutlich im Vordergrund. Mittlerweile zeigt sich jedoch sehr deutlich, dass der Grad der Integration von Nachhaltigkeitselementen in die bestehenden Investmentprozesse durch „ESG-Integration" sowie „Engagement" (also nachhaltigkeitsorientierter Unternehmensdialog und Stimmrechtsausübung) deutlich gestiegen ist. Ausschlusskriterien als Mindestkriterien für Nachhaltigkeitsprodukte haben erstaunlicherweise sogar den ersten Platz im Ranking verloren.

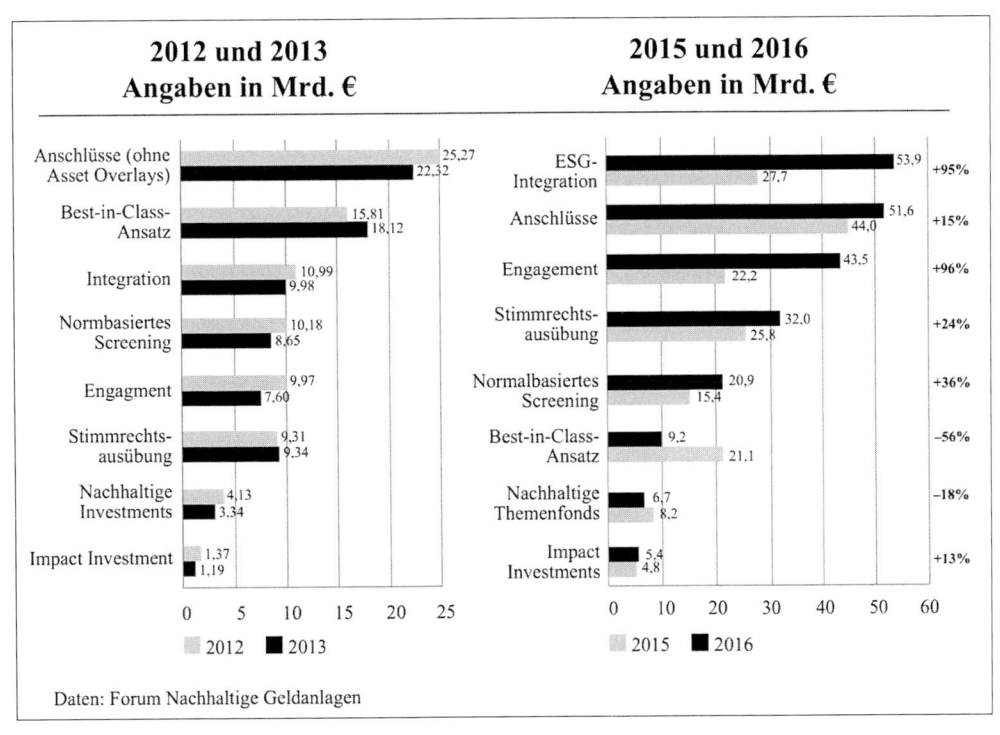

Abbildung 6:   *Entwicklung von ESG-Strategien im Zeitvergleich*

Hierin zeigt sich die Anschlussfähigkeit der ESG-Investmentansätze für das oben beschriebene verantwortliche Investieren, denn die Übertragbarkeit eines Integrationsansatzes für das treuhänderische Handeln ist weit mehr gegeben als klassische Ausschluss- oder Best-in-Class-Ansätze. Auch das sinnvolle Zusammenspiel verschiedener Strategien hat sich deutlich weiterentwickelt. Während in der Anfangsphase die möglichen SRI-Umsetzungsstrategien oftmals noch als voneinander getrennt aufgefasst und angewandt wurden, hat sich mittlerweile eine Kombination von ESG-Integration, Engagement und ergänzenden Ausschlusskriterien im Sinne eines Mindestfilters als Standard etabliert. Die einfache Erhöhung von Ausschlusskriterien, also auch ein reines Divestment, dagegen ist für sich betrachtet für einen Anleger weder eine renditeoptimierende noch eine im Nachhaltigkeitssinne zielführende Strategie.

4   Ausblick und Handlungsnotwendigkeiten

Die Finanzmärkte stehen, bedingt durch den starken politischen Willen zur Umsetzung einer „Sustainable Economy" in Europa sowie die zu erwartende stärkere Fokussierung auf die Erfassung und Bewertung von Nachhaltigkeitsrisiken (insbesondere Klimarisiken) in Kapitalmärkten und in Einzelinstituten, vor einer strukturellen Weiterentwicklung. Noch ist diese Entwicklung im Finanzsektor überwiegend durch externe Faktoren wie z. B. die Finanzmarktregulierung und -aufsicht getrieben. Es mangelt gleichzeitig an verlässlichen Risikomanagementverfahren, die eine tiefe Integration in die Bewertungsprozesse einer Bank oder eines Asset-Managers ermöglichen würden.

Neue Anlagegelder werden künftig in erheblichem Ausmaß den Weg in nachhaltige Investments suchen, mit sich ständig weiterentwickelnden Anforderungen an Investmentprozesse, aktives Aktionärstum und ESG-Berichterstattung. Zukunftsorientierte Kennzahlen in Bezug auf SDGs oder auch Klimatransition (z. B. TCFD) werden entstehen und den Trend von reinen Negativstrategien hin zu wirkungsorientierten Umsetzungsstrategien fördern. Die vielen sich überlappenden Entwicklungen inhaltlicher und formaler Art werden vermutlich zeitgleich stattfinden und nicht immer zusammenpassen, aber dennoch eine Richtung für die Anbieter nachhaltiger Investmentprodukte vorgeben.

Für einen Asset-Manager werden nachhaltigkeitsorientierte Anlagelösungen deshalb aus der derzeitigen Nische herauswachsen, in alle Investmentprozesse einfließen und sich damit vom heutigen Differenzierungsmerkmal hin zu einem Hygienefaktor beim Werben um anspruchsvolle Kunden entwickeln. Damit wird aus der extern getriebenen Motivation eine intrinsische Motivation der Finanzinstitute, das eigene Kerngeschäft wettbewerbs- und zukunftsfähig aufzustellen. In fünf Jahren wird sich die Asset-Management-Branche vermutlich fragen, wie sie ohne eine Integration von ESG-Faktoren eigentlich ein professionelles Fondsmanagement bewerkstelligen konnte. Derzeit ist nachhaltiges Investieren weit überwiegend ein Verkäufermarkt; Investoren müssen von den Vorteilen nachhaltiger Anlagen aktiv überzeugt werden. Nach wie vor große Unkenntnis über die Risiko- und Performance-Wirkung und eine erhöhte Komplexität in den Anlage- und Reporting-Prozessen gilt es zu überwinden. Wenig vergleichbare Produkte müssen miteinander verglichen werden, ohne dass sich geeignete Qualitätsstandards breit etabliert haben. Es gibt sehr wenige öffentliche Vorbilder für nachhaltige Anlagen, die eine Referenz bilden könnten.

Die immer wieder auftretenden inhaltlichen Widersprüche zwischen der öffentlichen Forderung nach nachhaltigen Finanzmärkten und dem andererseits nicht konkludenten Handeln der Politik in ökologischen und sozialen Themen verwirren die Öffentlichkeit. Eine fortgesetzte

Kohlesubventionierung, der Erhalt deutscher Kohlekraftwerke trotz beschlossener Energiewende oder Rekordwerte bei deutschen Rüstungsexporten stehen im Widerspruch zu öffentlichen Forderungen gesellschaftlicher Akteure, genau diese Investitionen nicht zu finanzieren. Die Marktakteure können es nur gemeinsam schaffen, trotz dieser Widersprüche in den nächsten Jahren einen Käufermarkt mit einer positiven und von vielen getragenen Grundmotivation zu etablieren. Anleger und Investoren sollten von sich aus idealerweise bei jeder Anlageentscheidung die Frage stellen, ob oder in welchem Umfang in den Anlageprodukten Nachhaltigkeitsaspekte berücksichtigt sind. Sie müssen dabei die Widersprüche, die eine nachhaltige Entwicklung mit sich bringt, aushalten können und nicht als Mangel empfinden. Es geht nicht um Perfektion, sondern Fortschritt.

Wie kann ein solcher Prozess gelingen?

Letztlich befinden sich die Marktakteure in einer Art Wirkungskette, in der jeder seine Funktion und Rolle ausfüllt und sich dementsprechend mit den neuen Erkenntnisprozessen weiterentwickeln muss, um wettbewerbsfähig zu bleiben. Auch Nachhaltigkeit ist in diesem Sinne ein fortwährender Prozess und kaum ein schnell erreichbares oder vorab genau so erwartbares Ergebnis.

Politik und Regulierung

1. Schaffung und Durchsetzung einer nachhaltigkeitskonformen Politik und Gesetzgebung
2. Satzung nachhaltigkeitskonformer Standards für gesellschaftliches und wirtschaftliches Handeln
3. „Verbriefung" des notwendigen Kapitalbedarfs der öffentlichen Hand („grüne" Finanzinstrumente)
4. Vorbildfunktion bei der nachhaltigen Anlage eigener Finanzmittel
5. Integration von Nachhaltigkeitsaspekten in die vorhandene Finanzmarktsteuerung

Investoren, Anleger, „Kapitalgeber"	Banken, Finanzberater, Consultatnts	Kapital-sammelstellen	Börsen, Emissionshäuser	Unternehmen ... „Kapitalnehmer"	Datenprovider, Ratingagenturen, Verbraucherorganisationen
Asset-Owner	**Vermittler**	**Asset-Manager**	**Kapitalmärkte**	**Kapitalsuchende**	**Service**
1. Verantwortliche/nachhaltige Anlage eigener Pensionsgelder 2. Transparente Berichterstattung über ESG-Investments	1. Bedürfnisgerechte NI-Anlageproduktpalette für Kunden 2. Qualifizierte Anlageberatung inkl. nachhaltiger Investments (NI)	1. Vertiefte Integration ESG in Investment- und Risikoprozesse 2. Aktives Aktionärstum für ESG-Themen 3. Innovative NI-Investment-Lösungen entwickeln	1. Innovative „grüne" Anlageinstrumente etablieren (z. B. Infrastruktur-Trusts) 2. Zulassungsstandards	1. Implementierung von CSR-Strategien ins Unternehmen 2. CSR-Berichterstattung 3. Nutzung „grüner" Finanzierung	1. ESG-Wirkkungsdaten entwickeln (= SDG) 2. ESG-Bewertungen und Vergleiche 3. NI-Produktvergleiche

Abbildung 7: Anforderungen an die Akteure einer nachhaltigen Finanzwirtschaft

Weder können Asset-Manager in der Wirkungskette allein dafür sorgen, dass eine gewünschte Lenkungswirkung durch effiziente Allokation des Kapitals entsteht, wenn die gesellschaftlichen Rahmenbedingungen keine Bepreisung oder anderweitige Durchsetzung politischer Nachhaltigkeitsstandards wie z. B. eines CO_2-Preises gewährleisten. Noch ist es derzeit möglich, ESG-Risiken „richtig" zu quantifizieren, damit für Unternehmen Risiken kalkulierbar zu machen und entsprechendes Handeln auszulösen.

Der Versuch einer bedürfnisgerechten Vermögensanlage in nachhaltigen Investments scheitert derzeit oftmals, weil die entsprechenden Anlageinstrumente und eine flächendeckende Beratung fehlen. Ohne eine kompetente Beratung im Hinblick auf nachhaltige Geldanlagen besteht allerdings das Risiko, dass Kunden das ihnen angebotene Nachhaltigkeitsprodukt nicht verstehen. Reine Solarinvestments haben beispielsweise deutlich höhere Risiken als breit aufgestellte Nachhaltigkeitsfonds, auch wenn sie rein klimabezogen vielleicht die besseren Werte aufweisen.

Niemand kann die Transitionsrisiken der Klimapolitik, die in den nächsten Jahren auf uns zukommen, zu diesem Zeitpunkt konkretisieren. Sie sind auch von der Politik und Regulierung nur begrenzt planbar, mit entsprechenden Risiken für Investitionen. Nur wenn alle Marktakteure ihren Beitrag einbringen, wird es gelingen, die gewünschte Lenkungswirkung zu erzeugen. Fehlt ein Bestandteil der Wirkungskette, wird das Ergebnis insgesamt leiden. Dies wird leider oft vergessen, wenn die Verantwortung für die Lenkungswirkung gemanagter Kapitalanlagen nur selektiv zugeteilt wird.

Der Finanzsektor litt jahrelang an einem Mangel an Innovation. Das wurde der Branche immer wieder bestätigt und vorgeworfen. Es gibt sicherlich bessere Zeitpunkte, um neue und aufwendige Prozesse im Kerngeschäft anzustoßen, als jetzt, nach Jahren zunehmender Regulierung und im aktuellen Niedrigzinsumfeld. Der bevorstehende Wandel sollte aber dennoch als Chance zur Erneuerung und als Neudefinition eines aktiven Asset-Managers im Sinne unserer Kunden und der Gesellschaft verstanden werden, dann kann dies eine Chance im Wettbewerb sein.

Quellenverzeichnis

BUNDESFINANZMINISTERIUM (2016): Monatsbericht, online: http://www.bundesfinanzministerium.de/Content/DE/Monatsberichte/2016/08/monatsbericht-08-2016.html, Stand: 08.2016, Abruf: 22.11.2017.

BVI (2017): Wohlverhaltensregeln, online: https://www.bvi.de/regulierung/selbstregulierung/wohlverhaltensregeln/, Stand: 08.03.2018, Abruf: 08.03.2018.

FORUM NACHHALTIGE GELDANLAGEN (2017): Marktbericht 2017, online: https://www.forum-ng.org/de/fng/aktivitaeten/927-marktbericht-nachhaltige-geldanlagen-2017.html, Stand: 05.2017, Abruf: 08.03.2018.

PRI (2016): Prinzipien für verantwortliches Investieren, online: https://www.unpri.org/download_report/18937, Stand: 2016, Abruf: 08.03.2018.

UNION INVESTMENT (2017): Ergebnisbericht zur Nachhaltigkeitsstudie 2017, online: https://institutional.union-investment.de/dms/Institutional-NEU/mediathek/download-center/Union Investment_Nachhaltigkeitsbericht2017.pdf, Stand: 26.06.2017, Abruf: 08.03.2018.

Nachhaltige Geldanlagen:
Ethisches Verständnis – Systematik – Wirkung

HELGE WULSDORF

Bank für Kirche und Caritas eG

1 Nachhaltige Geldanlagen – signifikanter Leistungsbeitrag zu einer nachhaltigen Entwicklung? 137
2 Nachhaltigkeit – visionäres Leitbild für eine zukunftsgerechte Gesellschaftsgestaltung 138
   2.1 Der Dreiklang nachhaltiger Entwicklung als global anerkanntes Erklärungsmodell 138
   2.2 Die SDGs als Legitimationsrahmen für nachhaltiges Handeln 139
   2.3 ESG als Kernbestandteil nachhaltigen Investments 140
3 Bausteine und Umsetzungsstrategien – zur Systematik nachhaltiger Geldanlagen 142
   3.1 Die drei Bausteine des nachhaltigen Investments 142
      3.1.1 Ausschlüsse 143
      3.1.2 Positiv-/Negativ-Screening 144
      3.1.3 Engagement 146
   3.2 Die Kombination von Umsetzungsstrategien als Qualitätskennzeichen nachhaltiger Geldanlagen 146
   3.3 Ethische Wertorientierung als Profilbildung 147
4 Wirkungseffekte – Mehrwert für eine nachhaltige Entwicklung 148
5 Nachhaltige Geldanlagen: Werte leben – Wirkung erzielen 150
Quellenverzeichnis 151

1 Nachhaltige Geldanlagen – signifikanter Leistungsbeitrag zu einer nachhaltigen Entwicklung?

Kein Zweifel: Nachhaltigkeit ist in der Finanzwelt angekommen. Die Zahlen sprechen für sich: Das Volumen nachhaltiger Geldanlagen wird im deutschsprachigen Raum inzwischen auf 419,5 Milliarden Euro beziffert, wovon 156,7 Milliarden Euro auf den deutschen Markt entfallen.[1] Doch wie ist es um die Nachhaltigkeit des Kapitalmarkts wirklich bestellt? Wann wird ein Finanzprodukt dem Label „Nachhaltig" gerecht? Nicht zuletzt: inwieweit trägt die Finanzbranche nachweislich dazu bei, dass es in unserer Welt dauerhaft nachhaltiger zugeht?[2] Je intensiver man in die Thematik nachhaltige Geldanlagen einsteigt, desto vielfältiger werden die Fragen und komplexer die Probleme.

Dreh- und Angelpunkt für Antworten und Lösungen ist das Verständnis von Nachhaltigkeit. Ihr Begriff leistet allerdings immer noch einer eher verwirrenden Vielfalt an Interpretationen Vorschub, da er sich einer allgemeingültigen Definition zu entziehen scheint und sich deshalb nicht nur für diejenigen als schillernd und schwammig erweist, die sich sowieso mit ihm schwertun. Speziell Marketingexperten wissen sich dieses Manko eines einheitlichen Verständnisses von Nachhaltigkeit zu eigen zu machen, indem sie oftmals all das Handeln unter dem Label „Nachhaltig" subsumieren, was mehr oder minder gut gemeint ist, ohne jedoch ihre eigentlichen Inhalte zu reflektieren.

Nachhaltigkeit ist weit mehr als der „Ausdruck moralistischen Gutmenschentums"[3]. Auch drei Jahrzehnte nach dem UN-Bericht „Our Common Future" muss man sich ihrer Kernbotschaft vergewissern. Ansonsten verfällt sie schnell inhaltloser Rhetorik oder wird zur Blackbox für alles und nichts. Nachhaltigkeit ist und bleibt eine intellektuelle Herausforderung, der man sich mit dem notwendigen Zeitaufwand und fachlicher Expertise stellen muss, will man die Zukunftsfähigkeit unseres Planeten substanziell sichern.[4] Nur wer ihre Deutungskontexte, Erklärungsmodelle und Referenzpunkte kennt, weiß, was nachhaltige Geldanlagen auszeichnet, welche ordnende Systematik sich aus ihrer inhaltlichen Herleitung ergibt und welchen signifikanten Beitrag sie zu einer nachhaltigen Entwicklung leisten.

---

[1] Vgl. FORUM NACHHALTIGE GELDANLAGEN (2017a), S. 15 und S. 31. In Europa wurde Ende 2015 ein Volumen von 11.045 Milliarden Euro ermittelt. Bezogen auf den Gesamtmarkt verkörpern nachhaltige Geldanlagen aber immer noch einen Nischenmarkt. Vgl. zur Marktthematik den Beitrag von MATTHIAS STAPELFELDT in diesem Sammelband.

[2] Zieht man etwa den so genannten *Earth Overshoot Day*, der 2017 auf den 2. August datiert wurde, als Signalindikator für den Zustand unseres Planeten heran, zeigt sich, dass die Ressourcenübernutzung absolut betrachtet in den letzten Jahrzehnten rasant gestiegen ist. Vgl. online UTOPIA (2017). Der jährliche CO_2-Ausstoß, der weltweit immer wieder Höchststände erreicht, und die weiterhin hohe Zahl von Menschen, die in extremer Armut leben, sind weitere Indikatoren dafür, dass der Handlungsbedarf in punkto Nachhaltigkeit weiter zu- als abnimmt.

[3] GRUNWALD (2013), S. 98. Die Geldanlage ist freizuhalten von einem moralingeschwängerten „du sollst" oder ideologisierter Überzeugungstäterschaft. Denn bei genauer Betrachtung haben nachhaltige Anlagekriterien bereits eine ökonomisch-finanzielle Dimension, die bislang gesellschaftlich allerdings weitestgehend nicht bepreist und daher von den Investoren auch noch zu wenig beachtet wird.

[4] Vgl. zum Nachhaltigkeitsbegriff MITSCHELE/SCHARFF (2013), SCHWARTZ (2016), WULSDORF (2016), S. 521–525.

2 Nachhaltigkeit – visionäres Leitbild für eine zukunftsgerechte Gesellschaftsgestaltung

Das Nachhaltigkeitsparadigma hat als visionäres Leitbild einer zukunftsgerechten Gestaltung unserer Weltgesellschaft in Politik, Wirtschaft und Gesellschaft national wie international Fuß gefasst. Seine Inhalte weisen normative Implikationen auf, die einer ethischen Reflexion offenstehen, denn ihnen liegen moralische Wertvorstellungen, Annahmen und Haltungen zugrunde, die sich auf ihre Stringenz und Logik hinsichtlich einer nachhaltigen Entwicklung befragen lassen.[5] Sein Leitbildcharakter kommt dadurch zum Ausdruck, dass Nachhaltigkeit Interpretations- und Handlungsspielräume zulässt, die kontextspezifisch seitens der Verantwortlichen mit Inhalten zu füllen sind. Obwohl kein Akteur weltweit für sich beanspruchen kann, auf Nachhaltigkeit ein Definitionsmonopol erheben zu können, weisen ihre Erklärungsmodelle Konturen auf, die beliebiger Interpretationswillkür von vornherein einen Riegel vorschieben.

2.1 Der Dreiklang nachhaltiger Entwicklung als global anerkanntes Erklärungsmodell

Aus der Umweltdebatte kommend, verlässt Nachhaltigkeit ihren vereinseitigend ökologischen Bezugsrahmen spätestens mit der 1992 in Rio de Janeiro von den Vereinten Nationen verabschiedeten „Agenda 21". Als global anerkanntes Leitbild hat sie neben ihrer ökologischen Dimension eine soziale und eine ökonomische, die allesamt bei der Suche nach generationengerechten Lösungen ausgewogen zur Geltung zu bringen sind. „Zentrales Ziel des Nachhaltigkeitsanliegens ist (daher folgerichtig) die Sicherstellung und Verbesserung ökologischer, ökonomischer und sozialer Leistungsfähigkeiten. Diese bedingen einander und können nicht teiloptimiert werden, ohne Entwicklungsprozesse als Ganzes infrage zu stellen."[6]

Der Dreiklang aus den Nachhaltigkeitssäulen Ökonomie, Ökologie und Soziales hat sich global als Erklärungsmodell für eine nachhaltige Entwicklung durchgesetzt.[7] Sein Ziel ist es, wirtschaftliche Leistungsfähigkeit, ökologische Tragfähigkeit und soziale Balance möglichst effektiv und effizient im Sinne der Generationengerechtigkeit in Einklang zu bringen. Dabei ist die Zukunftsfähigkeit unseres Planeten elementar von dem jeweils zugrunde gelegten sozial-ökologischen Tragfähigkeitskonzept abhängig. Kernbotschaft einer nachhaltigen Entwicklung ist es zusammenfassend, die uns zur Verfügung stehenden ökonomischen, ökologischen und sozialen Ressourcen derart zukunftsgerecht zu nutzen, dass jetzt und nachfolgend lebende

---

[5] Ethik versteht sich als Reflexion moralischer Praxis. Mit ihren kritischen Reflexionen zielt sie darauf, die moralische Praxis konstruktiv zu verändern. Als sozialethisches Prinzip der Gesellschaftsgestaltung ist Nachhaltigkeit eine unverzichtbare Orientierungsmarke. Vgl. zur Aufgabe der Ethik WILHELMS/WULSDORF (2017), S. 13–21.

[6] DEUTSCHER BUNDESTAG (1998), S. 33.

[7] So bereits der SRU (2008), S. 56. Vgl. zum so genannten Drei-Säulen-Modell PUFÉ (2012), S.87–128. Weitere Säulen, wie etwa eine kulturelle, sind sicherlich diskussionswürdig, haben aber in der allgemeinen Debatte keinen Niederschlag gefunden. Eine verschiedentlich geforderte „ethische" Säule lässt sich mit einem Ethikverständnis als Reflexion moralischer Praxis nicht vereinen, denn den drei Nachhaltigkeitsdimensionen Ökonomie, Ökologie und Soziales ist Ethik bereits implizit, da sie stets Ausdruck moralischer Wertvorstellungen, Annahmen und Haltungen sind. Vgl. hierzu auch Punkt 3.3.

Menschen sich jederzeit in Freiheit entfalten können.[8] Ethisch gesprochen ist Nachhaltigkeit der normative Schlüssel für das Überleben der Menschheit.

Auf der Grundlage des weltweit anerkannten Dreiklangs nachhaltiger Entwicklung bedeutet Nachhaltigkeit für die Wirtschaft, „Profite sozial und ökologisch *verantwortungsvoll* zu erwirtschaften und nicht, Profite zu erwirtschaften, um sie dann für soziale und Umweltbelange einzusetzen."[9] Der Dreiklang allein besagt allerdings noch nichts über die Inhalte und Handlungsfelder einer nachhaltigen Entwicklung. Ohne solche materielle Bestimmung der Nachhaltigkeitsherausforderungen lassen sich einzelne Nachhaltigkeitsaktivitäten allerdings nur schwer legitimieren und bleiben in ihren Wirkungsweisen für eine nachhaltige Entwicklung oft vage. Um die notwendigen Interpretations- und Handlungsspielräume für die unterschiedlichen Akteure in Politik, Wirtschaft und Gesellschaft weltweit gewährleisten zu können, sind Referenzpunkte erforderlich, die dem visionären Leitbild Nachhaltigkeit einen normativen Rahmen geben und das Akteurshandeln im Namen der Nachhaltigkeit begründen.

2.2 Die SDGs als Legitimationsrahmen für nachhaltiges Handeln

Einen global anerkannten Deutungsrahmen, in dem die Ziele und Handlungsfelder einer nachhaltigen Entwicklung umfassend konkret werden, hat es lange Zeit nicht gegeben. Es gibt zwar verschiedene internationale Abkommen und Initiativen, etwa die Global Reporting Initiative (GRI), in der Standards für die Nachhaltigkeitsberichterstattung festgeschrieben sind, den UN Global Compact und zahlreiche Nachhaltigkeitsthemen, denen sich die Vereinten Nationen in unterschiedlichen Absichtserklärungen und Aktionsprogrammen widmen, eine systematische Gesamtschau auf die Nachhaltigkeitsziele der Weltgemeinschaft findet sich jedoch erst 2015 in den 17 von den UN verabschiedeten Sustainable Development Goals (kurz SDGs), die in 169 Zielvorgaben erläutert und konkretisiert werden. Sie reichen von „Keine Armut" (SDG 1) und „Hochwertige Bildung" (SDG 4) über „Menschenwürdige Arbeit und Wirtschaftswachstum" (SDG 8) sowie „Nachhaltiger Konsum und Produktion" (SDG 12) bis hin zu „Maßnahmen zum Klimaschutz" (SDG 13) und „Partnerschaften zur Erreichung der Ziele" (SDG 17), in denen die sich weiter verschärfenden ökologischen und ökonomischen Probleme der Weltgesellschaft aufgegriffen werden.[10]

Die 17 SDGs vereinen als „Agenda 2030" plastisch die zentralen Herausforderungen der drei Nachhaltigkeitsdimensionen Ökonomie, Ökologie und Soziales auf globaler Ebene und stellen sich damit dem ganzheitlichen Charakter nachhaltiger Entwicklung, wie er sich im ausgehenden 20. Jahrhundert herauskristallisiert hat. Neu an den in einem dreijährigen Diskussions- und Verhandlungsprozess entstandenen SDGs ist, dass sie universelle Gültigkeit beanspruchen. Das heißt, sie gelten nunmehr für alle Staaten der Welt und nicht mehr nur für die so genannten Schwellen- und Entwicklungsländer, wie dies zuvor der Fall war. Erstmalig verpflichten sich die Unterzeichnerstaaten auch dazu, regelmäßig über den Umsetzungsstand der SDGs für ihre Verantwortungsbereiche zu berichten. Die UN-Agenda 2030 nimmt zudem die Akteure auf den verschiedenen gesellschaftlichen Ebenen, zu denen unter anderen auch die Kapitalmarktakteure

---

[8] Normativer Referenzpunkt (wirtschafts-)ethischer Reflexion für nachhaltiges Handeln ist damit letztendlich das Wohl der menschlichen Person, das würdevoll und zukunftsgerecht in Freiheit zu sichern und zu entfalten ist. Diesbezüglich muss es in der Wirtschaft darum gehen, die *richtigen* Dinge *richtig* zu tun. Vgl. zum Personenwohl als Fixpunkt ethischer Reflexion WILHELMS/WULSDORF (2017), S. 46–59. HÖFFE (2015), S. 145, fordert in diesem Zusammenhang, dass eine ökologisch-soziale Marktwirtschaft nur dann legitim ist, wenn sie „freiheitsgerecht" ist.

[9] PUFÉ (2012), S. 127.

[10] Vgl. zu den SDGs GENERALVERSAMMLUNG DER VEREINTEN NATIONEN (2015) und GLOBAL POLICY FORUM/TERRE DES HOMMES (2015). Die SDGs schließen an die im Jahr 2000 verabschiedeten Millennium Development Goals (kurz MDGs) an, sind jedoch im Vergleich zu ihnen wesentlich ambitionierter und differenzierter.

zählen, dahingehend in die Pflicht, „Diskussionsprozesse zu den Fragen zu fördern, wie Wohlstand und gesellschaftlicher Fortschritt definiert werden sollten, und wie die Prinzipien der Solidarität und der globalen Verantwortung angesichts der *planetary bounderies* in konkretes gesellschaftliches Handelns übersetzt werden können."[11] Fortan finden die zentralen Themen der 17 SDGs in den so genannten „Five P's" (*People, Planet, Prosperity, Peace* und *Partnership*) Ausdruck.[12]

Doch wie lassen sich die im Definitionsrahmen der 17 SDGs festgelegten Handlungsfelder in Handlungsprogrammen und Maßnahmenkatalogen operationalisieren? Hierfür sind Transformationsleistungen notwendig, welche die unterschiedlichen Akteure herausfordern. Ganz konkret gibt es mittlerweile auf dem Kapitalmarkt die ersten Dienstleister, welche die SDGs als Legitimationsgrundlage für die Konstruktion ihrer nachhaltigen Finanzprodukte heranziehen. Die einzelnen UN-Nachhaltigkeitsziele dienen dazu, Wertpapieremittenten zu ermitteln, die mit ihren Zwecken und Geschäftsmodellen positive Leistungsbeiträge zu den einzelnen Zielen für eine nachhaltige Entwicklung erbringen.

Auch bei Nachhaltigkeitsdienstleistungen im Finanzbereich wird inzwischen auf die SDGs zurückgegriffen. Der vom BUNDESVERBAND DEUTSCHER STIFTUNGEN und der BANK FÜR KIRCHE UND CARITAS (BKC) entwickelte Stiftungsradar ist ein Beispiel hierfür.[13] Er stellt das geeignete methodische Instrument dar, mit dem sich Asset Owner entsprechend ihrer individuellen Wertorientierung der Nachhaltigkeitsthematik nähern und damit ihr Profil als ethisch-nachhaltiger Investor schärfen können. Mit dem Stiftungsradar lässt sich die Transformationsleistung erbringen, mit der die allgemeinen SDGs als materielle Anknüpfungspunkte in handhabbare nachhaltige Anlagekriterien übersetzt werden können.

2.3 ESG als Kernbestandteil nachhaltigen Investments

Obschon sich nachhaltige Anlagekriterien durch die SDGs legitimieren lassen, ist danach zu fragen, wie Nachhaltigkeit auf dem Kapitalmarkt verstanden wird und wodurch sich nachhaltige Geldanlagen auszeichnen. Im Finanzwesen orientiert sich das Nachhaltigkeits-Research am Dreiklang ESG, stehend für *Environment, Social* und *Governance*, der sich grundsätzlich als Referenzrahmen für die Nachhaltigkeitsbewertung von Unternehmen und Staaten durchgesetzt hat.[14] Er nimmt damit die beiden Nachhaltigkeitsdimensionen Ökologie und Soziales auf und ergänzt sie um Fragen der Unternehmens- beziehungsweise Staatsführung. Festzuhalten ist, dass alle drei Themenblöcke eine finanzielle Dimension haben, da das Unterlaufen sozialer und ökologischer Standards sowie eine schlechte Governance oder unlautere Geschäftsgebaren langfristig für Wettbewerbsnachteile sorgen werden, die erhebliche finanzielle Risiken besonders für diejenigen Emittenten mit sich bringen, die materielle Nachhaltigkeitsaspekte in ihrem Verantwortungsbereich vernachlässigen. Nachhaltigkeit ist somit ein Wettbewerbsfaktor respektive Risikoindikator, der sich auf lange Sicht positiv in der finanziellen Rendite niederschlagen wird. Die Ausrichtung des Nachhaltigkeits-Researchs am ESG-Dreiklang beinhaltet, dass die Emittenten aus einer ganzheitlichen Perspektive bewertet werden. Sie stellt deshalb einen

---

[11] GLOBAL POLICY FORUM/TERRE DES HOMMES (2015), S. 23. *Planetary boundaries* ist ein Konzept, das sich mit den ökologischen Belastungsgrenzen unseres Planeten auseinandersetzt. Vgl. hierzu den Beitrag von MATTHIAS KOPP in diesem Sammelband.

[12] Vgl. GENERALVERSAMMLUNG DER VEREINTEN NATIONEN (2015), S. 2. Die „fünf P's" stellen eine deutliche Weiterentwicklung der klassischen „drei P's" (*People, Planet, Profit*) dar, die von einigen Akteuren in Anlehnung an die drei Nachhaltigkeitsdimensionen als Erklärungsmodell herangezogen werden.

[13] Vgl. zum Stiftungsradar online BANK FÜR KIRCHE UND CARITAS (2017a) sowie PIEMONTE/WULSDORF (2017).

[14] Vgl. WULSDORF (2016), S. 526–529.

Mehrwert für den Investor dar, weil sie über die reine Finanzanalyse hinaus Kriterien der verschiedenen Nachhaltigkeitsdimensionen abfragt, die eben nicht nur Einfluss – positiv wie negativ – auf eine nachhaltige Entwicklung haben, sondern ebenso auf die Wertentwicklung und die Risikobewertung von Emittenten.

Die den UN-SDGs vorangestellten „Five P's" bilden die Brücke zur ESG-Systematik. Während die „P's" *People* und *Peace* vorrangig soziale Aspekte verkörpern, deckt *Planet* den ökologischen Bereich und *Prosperity* Governance- beziehungsweise Wirtschaftsfragen ab, wohlwissend, dass es zahlreiche Querverbindungen und Überschneidungen zwischen den einzelnen „P's" und damit auch zwischen den SDGs gibt, welche sich wiederum zum Teil gegenseitig bedingen, aufeinander aufbauen und sich nicht ohne Weiteres konfliktfrei verfolgen lassen. Für den sozialen Bereich sind beispielsweise Arbeits- und Menschenrechtsverletzungen, Suchtmittel, geächtete Waffen und embryonale Stammzellforschung anzuführen, für den ökologischen Bereich Atomenergie, Kohleverstromung, grüne Gentechnik, Tierversuche und Biokraftstoffe sowie für den Governance-Bereich Korruption, unlautere Geschäftsgebaren und kontrovers erachtete Geschäftsfelder. Aufgezählte ESG-Kriterien haben direkt oder indirekt einen Bezug zu den SDGs. Das heißt, letztgenannte stellen den normativen Referenzrahmen für die Legitimation der einzelnen nachhaltigen Anlagekriterien dar.

Dass der ESG-Ansatz in der Diskussion über das nachhaltige Investment fest verankert ist, zeigt die Definition nachhaltiger Geldanlagen vom Fachverband FORUM NACHHALTIGE GELDANLAGEN (FNG): *„Nachhaltige Geldanlage ist die allgemeine Bezeichnung für nachhaltiges, verantwortliches, ethisches, soziales, ökologisches Investment und alle anderen Anlageprozesse, die in ihre Finanzanalyse den Einfluss von ESG (Umwelt, Soziales und Governance)-Kriterien einbeziehen. Dies beinhaltet auch eine explizite schriftlich formulierte Anlagepolitik zur Nutzung von ESG-Kriterien."*[15]

Der ESG-Ansatz ist also der rote Faden, der sich durch das nachhaltige Investment zieht.[16] Er muss sich in den einzelnen Finanzprodukten widerspiegeln, wollen sie das Label „Nachhaltig" zu Recht inhaltlich tragen. Dies gilt nicht nur für die Anlageklassen Aktien sowie Staats- und Unternehmensanleihen, sondern auch für andere wie Immobilien, alternative Investments, Mikrofinanzen, Themeninvestments und Pfandbriefe.[17] So lassen sich etwa bei Immobilien und erneuerbaren Energien nicht nur ökologische Kriterien analysieren, auch soziale und Governance-Kriterien sind hier von Bedeutung, wie die Themen Arbeits- und Menschenrechte sowie Korruption und unlautere Geschäftsgebaren zeigen. Ebenso gilt zum Beispiel für Mikrofinanzen, dass sie neben ihrer sozialen Wirkung zugleich ökologische Implikationen aufweisen. Eine umfassende nachhaltige Anlagestrategie erfordert eine differenzierte und tiefgehende Nachhaltigkeitsbewertung aller Anlageklassen. Nachhaltigkeit in der Geldanlage ist somit nicht allein eine Frage ihrer Bausteine und Umsetzungsstrategien. Sie ist hieran anschließend ebenso eine Frage der Nachhaltigkeit in den einzelnen Anlageklassen, bei denen jeweils zu prüfen ist, wie sich die ESG-Systematik materiell in ihnen umsetzen lässt.

---

[15] FORUM NACHHALTIGE GELDANLAGEN (2017a), S. 7. Die begriffliche Vielfalt, die unter dem Dach nachhaltiger Geldanlagen firmiert, gleicht mehr oder minder einem Sammelsurium. Entsprechend dem vorangestellten Ethikverständnis als Reflexion moralischer Praxis ist sozialen und ökologischen Investments bereits Ethik implizit. Beim verantwortlichen Investment ist der normative Referenzrahmen für die konkrete Verantwortungsübernahme näher zu bestimmen.

[16] Er wird auch von den Kirchen in ihren jeweiligen Definitionen von ethisch-nachhaltigen Geldanlagen zugrunde gelegt. Vgl. BASSLER/WULSDORF (2016), S. 20 f. Als roter Faden ist ESG parallel zum Nachhaltigkeitsdreiklang als Ganzes, also als E, S *und* G, umzusetzen und nicht nur anhand ausgewählter Teilbereiche.

[17] Vgl. zu den verschiedenen Anlageklassen beispielsweise DEUTSCHE BISCHOFSKONFERENZ/ZENTRALKOMITEE DER DEUTSCHEN KATHOLIKEN (2015), S. 30 ff.

3 Bausteine und Umsetzungsstrategien – zur Systematik nachhaltiger Geldanlagen

Der ESG-Ansatz als zentraler Bestandteil nachhaltiger Geldanlagen und die SDGs als inhaltliche Legitimationsgrundlage für konkrete Nachhaltigkeitskriterien allein bilden allerdings noch nicht das gesamte Spektrum ab, das unter der Überschrift nachhaltige Geldanlagen diskutiert wird. Es gibt verschiedene Bausteine und zahlreiche Strategien, in denen sich nachhaltige Investments konkretisieren. Vielfach werden diese einfach nebeneinandergestellt, ohne dass die dahinterstehende Systematik deutlich wird. Abbildung 1 veranschaulicht, wie sich die Bausteine und Umsetzungsstrategien zueinander verhalten und welche Wirkungseffekte man mit ihnen erzielen kann.

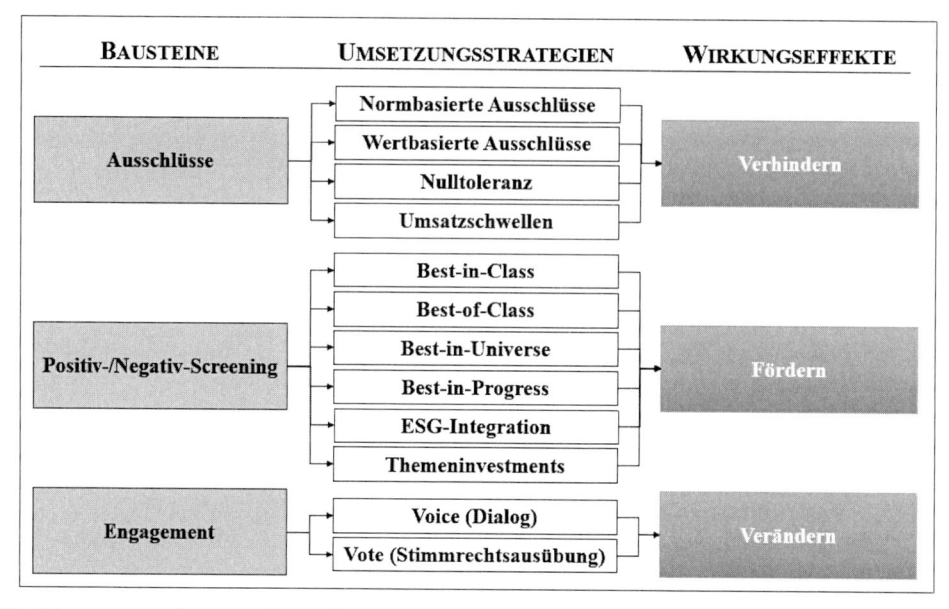

Abbildung 1: Systematik nachhaltiger Geldanlagen

3.1 Die drei Bausteine des nachhaltigen Investments

Der ESG-Ansatz und die SDGs lassen sich systematisch in der Geldanlage anhand folgender drei Bausteine verwirklichen: 1. Ausschlüsse, 2. Positiv-/Negativ-Screening und 3. Engagement.[18] Hinter den einzelnen Bausteinen verbergen sich unterschiedliche Umsetzungsstrategien, die wiederum verschiedene Wirkungseffekte verfolgen.

---

[18] Für die beiden Kirchen bilden die drei Bausteine – so die katholische Bezeichnung während die evangelische Seite von Instrumenten spricht – den Kern einer ethisch-nachhaltigen Anlagestrategie. Die Bezeichnungen für die einzelnen Bausteine variieren lediglich beim zweiten Baustein, der katholischerseits als Best-in-Class-Ansatz bezeichnet wird und evangelischerseits mit Positivkriterien überschrieben ist. Vgl. BASSLER/WULSDORF (2016), S. 10 f. Die Systematik der drei Bausteine kommt neuerdings auch in FORUM NACHHALTIGE GELDANLAGEN (2017b), S. 12–15, zum Tragen, dort allerdings unter den Bezeichnungen: 1. Ausschluss- oder Negativkriterien, 2. Positivkriterien und Best-in-Class-Ansatz sowie 3. Engagement und Stimmrechtsausübung.

3.1.1 Ausschlüsse

Mit dem ersten Baustein *Ausschlüsse* werden gesellschaftlich-kontroverse Geschäftsfelder und Praktiken von Emittenten ausgeschlossen. Entlang der ESG-Systematik lassen sich konkrete nachhaltige Anlagekriterien definieren, die zum Teil elementare Bedrohungen für den einzelnen Menschen, die Gesellschaft und die Umwelt beinhalten. Zu den zehn am Häufigsten verwendeten Ausschlusskriterien zählen unter anderen Waffen, Menschenrechtsverletzungen, Arbeitsrechtsverletzungen, Korruption und Bestechung, Kernenergie und Umweltzerstörung.[19] Neben solchen allgemeinen Ausschlusskriterien gibt es weitere, die den individuellen Wert- und Zielvorstellungen der jeweiligen Investoren fundamental widersprechen.[20]

Mit den Ausschlusskriterien, die meistens den Ausgangspunkt einer nachhaltigen Anlagestrategie bilden und mit deren Auswahl womöglich Renditeeinbußen in Kauf genommen werden müssen, wird das Anlageuniversum je nach Anzahl und definiertem Detaillierungsgrad der Ausschlusskriterien eingeschränkt. So lassen sich bestimmte Ausschlusskriterien ebenfalls für die Zulieferkette definieren, oder sie beziehen sich auf Produktion und/oder Handel, oder auf wesentliche Komponententräger beispielsweise bei Waffensystemen, oder auf Bauteile für Atomkraftwerke. Generell wird bei der Auswahl und Legitimation von Ausschlüssen zwischen normbasierter und wertbasierter Umsetzungsstrategie unterschieden. Des Weiteren ist festzulegen, ob die ausgewählten Ausschlusskriterien mit oder ohne Umsatzschwellen angewandt werden.

Normbasierte Umsetzungsstrategien ziehen global anerkannte Standards als Basis für ihre Kriterienauswahl heran. Hierzu zählen unter anderen die UN-Menschenrechtscharta, die Kernarbeitsnormen der Internationalen Arbeitsorganisation (ILO), die zehn Prinzipien des UN Global Compact, die Ottawa-Konvention gegen geächtete Waffen und die UN-Biodiversitätskonvention.[21] Auch Divestment-Strategien werden unter dem Stichwort normbasiert diskutiert, da sie Ausschlüsse im Bereich fossiler Energien verwirklichen und damit zum Beispiel die Forderungen internationaler Klimaschutzabkommen aufgreifen.[22] Das vom FORUM NACHHALTIGE GELDANLAGEN seit 2015 verliehene FNG-Siegel stellt solch einen normbasierten Qualitätsstandard für nachhaltige Fondsprodukte dar, der seine Ausschlusskriterien für Unternehmen und Staaten mit grundlegenden UN-Dokumenten untermauert.[23]

Wertbasierte Umsetzungsstrategien sind zumeist deutlich weitreichender und fundamentaler in ihrer Kriterienauswahl als normbasierte Strategien. Sie greifen auf die individuellen Wertvorstellungen der Investoren zurück, die sich zumeist durch ein klares Wertprofil auszeichnen, wie kirchliche Einrichtungen, Stiftungen und Family Offices. Speziell die beiden Kirchen haben sich am umfangreichsten zum ethisch-nachhaltigen Investment positioniert. In ihren Dokumenten halten sie fest, welche Ausschlüsse sie auf der Basis ihrer christlichen Wertorientierung legitimieren, ohne diese dabei als exklusiv christlich für sich zu beanspruchen. Die Kirchen

---

[19] Vgl. FORUM NACHHALTIGE GELDANLAGEN (2017a), S. 33. Zu Ausschlüssen kann es des Weiteren durch eine im Investmentprozess integrierte Risikoanalyse kommen, die einer ESG-Strategie bereits vorgelagert ist.
[20] Ausschlusskriterien kommen nicht nur bei Unternehmen, sondern auch bei Staaten zur Anwendung. Vgl. etwa zu den Ausschlusskriterien der beiden Kirchen BASSLER/WULSDORF (2016), S. 24–37, die auch auf andere Anlageklassen übertragen werden können.
[21] Die internationalen Standards und Normen stehen inhaltlich in enger Beziehung zu den SDGs, welche nunmehr das normative Dach für die verschiedenen Handlungsfelder der UN-Abkommen und -Konventionen bilden.
[22] Vgl. FORUM NACHHALTIGE GELDANLAGEN (2017b), 13.
[23] Vgl. online FORUM NACHHALTIGE GELDANLAGEN (2017c). Dass die FNG-Siegelkriterien als Standard auch für institutionelle Investoren dienen, zeigt beispielsweise der NRW-Pensionsfonds, der sich in seinen Anlagerichtlinien explizit auf das FNG-Siegel beruft.

sind somit „bereits Avantgarde, wenn es um ethisch motivierte, nachhaltige Geldanlagen"[24] geht. Obschon sich das Stiftungswesen von seinen Wertvorstellungen her weitaus heterogener als der kirchliche Bereich präsentiert, zeigt der vom BUNDESVERBAND DEUTSCHER STIFTUNGEN und der BANK FÜR KIRCHE UND CARITAS herausgegebene Stiftungsradar, dass sich auch dort Nachhaltigkeitskriterien im Einklang mit dem Stiftungszweck individuell umsetzen lassen.[25] Die Qualität norm- und wertbasierter Umsetzungsstrategien ist wesentlich von der Definition der Ausschlüsse abhängig. Hier können zwei strategische Vorgehensweisen angewandt werden. Entweder kommen die Ausschlüsse mit *Nulltoleranz*, also absolut, zur Anwendung oder mit *Umsatzschwellen*. Das heißt, geringfügige Umsätze im niedrigen ein- oder zweistelligen Prozentbereich werden bei ethisch-kontroversen Geschäftsfeldern oder -praktiken geduldet. Angesichts der engen Verstrickungen von Unternehmen auf den Kapitalmärkten und der oft weitverzweigten Vernetzung von Unternehmen mit Tochtergesellschaften und Beteiligungen wird der Glaubwürdigkeit halber zumeist mit Umsatzschwellen gearbeitet. Gerade multinationale Konzerne haben verschiedenste Geschäftssparten, deren Nachhaltigkeit als Ganzes nur in Graustufen bewertet werden kann.[26] Mit Umsatzschwellen bleiben solche Unternehmen investierbar, deren gesamte Geschäftstätigkeit nahezu unbedenklich erscheint. Überdies lässt sich in der Praxis nicht immer transparent machen, ob und inwieweit Unternehmen nicht doch zu einem marginalen Prozentsatz über Tochtergesellschaften in Geschäftsfelder involviert sind, die der Investor als ethisch fragwürdig einstuft.

3.1.2 Positiv-/Negativ-Screening

Mit dem zweiten Baustein *Positiv-/Negativ-Screening* werden ergänzend zu den Ausschlüssen solche Emittenten ermittelt, die unter Nachhaltigkeitsgesichtspunkten vergleichsweise gut gegenüber anderen aufgestellt sind. Die Vielzahl von Kriterien zur Ermittlung der Nachhaltigkeit beispielsweise bei Unternehmen reicht vom fairen Umgang mit seinen Stakeholdern über Umweltmanagementsysteme bis hin zu Fragen einer guten Unternehmensführung, des Risikomanagements und einer transparenten Berichterstattung. Der Baustein Positiv-/Negativ-Screening lässt sich mittels der Strategien Best-in-Class, Best-of-Class, Best-in-Universe oder Best-in-Progress umsetzen. Das Screening kann man sowohl positiv durchführen, mit dem Ziel die jeweils Besten zu ermitteln, als auch negativ, mit dem Ziel die jeweils Schlechtesten herauszufiltern. Anders als die Ausschlusskriterien des ersten Bausteins bedingen Negativkriterien nicht zwangsläufig einen Ausschluss.[27] Positiv-/Negativ-Screening kommt im Sinne eines Bonus-/Malus-Systems zum Einsatz mit dem Zweck, die vergleichsweise jeweils besten Emittenten und Branchen zu ermitteln. Eine weit verbreitete Umsetzungsstrategie ist ESG-Integration, bei

---

[24] BASSLER/WULSDORF (2016), S. 15. Vgl. zum Selbstverständnis der Kirchen als ethisch-nachhaltige Investoren Punkt 3.3. Nachhaltigkeitskriterien basierend auf einer christlichen Wertorientierung lassen sich inhaltlich an die SDGs andocken.

[25] Der Stiftungsradar erbringt seine normativen Begründungsleistungen auf der Basis der SDGs. So lässt sich zum Beispiel aus dem achten SDG „Menschenwürdige Arbeit und Wirtschaftswachstum" das Ausschlusskriterium Arbeitsrechtsverletzung ableiten. Das 13. SDG „Maßnahmen zum Klimaschutz" spricht für einen Ausschluss von Unternehmen, deren Geschäftsmodelle auf fossilen Brennstoffen, insbesondere Kohle, beruhen. Zwischen den zahlreichen weiteren Nachhaltigkeitskriterien des Stiftungsradars lassen sich problemlos Verbindungslinien zu den SDGs und ihren Zielvorgaben ziehen. Vgl. zum Stiftungsradar PIEMONTE/WULSDORF (2017).

[26] Auf die Graustufenproblematik macht auch DEUTSCHE BISCHOFSKONFERENZ/ZENTRALKOMITEE DER DEUTSCHEN KATHOLIKEN (2015), S. 17, aufmerksam.

[27] Ebenso DEUTSCHE BISCHOFSKONFERENZ/ZENTRALKOMITEE DER DEUTSCHEN KATHOLIKEN (2015), S. 19 und 25, während bei FORUM NACHHALTIGE GELDANLAGEN (2017b), 12 f., der Unterschied zwischen Ausschluss- und Negativkriterien nicht deutlich wird.

der finanzielle und ESG-Kriterien im Investmentprozess zusammengeführt werden. Mit Themeninvestments soll überdies in besonders nachhaltige Gebiete, wie erneuerbare Energien, Bildung, Umwelttechnologien, Infrastruktur oder Mikrofinanzen, investiert werden.

Mit dem *Best-in-Class*-Ansatz werden solche Unternehmen in den einzelnen Branchen identifiziert, die sich den allgemeinen Nachhaltigkeitsherausforderungen vergleichsweise am besten stellen. Bei der Nachhaltigkeitsbewertung wird eine Kombination unterschiedlicher Kriterien aus den drei ESG-Bereichen herangezogen. Der Best-in-Class-Ansatz zeichnet sich dadurch aus, dass er alle Branchen betrachtet, unabhängig davon wie nachhaltigkeitsverträglich sie sind. Vielfach dient er den Investoren in der Praxis dazu, die jeweils Schlechtesten einer Branche auszuschließen. Welcher Prozentsatz bei der Auswahl der jeweils Schlechtesten zum Zuge kommt, ist die individuelle Entscheidung des Asset Owners.

Mit dem *Best-of-Class*-Ansatz werden die jeweils nachhaltigsten Branchen ermittelt. Negativ gewendet, können diejenigen Branchen durch den Ansatz ausgeschlossen werden, die einer nachhaltigen Entwicklung abträglich sind. Hierzu zählen vor allem sehr ressourcenintensive und -belastende Bereiche, wie Bergbau, Energie, Versorger und chemische Industrie. Löst man den Nachhaltigkeitsgedanken von den Branchen, können mit dem *Best-in-Universe*-Ansatz solche Unternehmen herausgefiltert werden, die im direkten Vergleich mit allen anderen Unternehmen am besten abschneiden. Praktisch kommt der Ansatz oftmals als Worst-in-Universe zum Einsatz, mit dem gerade diejenigen Unternehmen zu Tage gefördert werden sollen, die unabhängig von ihrer Branche allgemeinen Nachhaltigkeitsherausforderungen nicht standhalten und deshalb aus dem Anlageuniversum ausgeschlossen werden. Mit dem *Best-in-Progress*-Ansatz lassen sich darüber hinaus Unternehmen ausfindig machen, die branchenunabhängig über definierte Zeiträume die größten Fortschritte im Umgang mit den allgemeinen Nachhaltigkeitsherausforderungen machen.[28]

ESG-Integration ist eine Umsetzungsstrategie, bei der die traditionelle Finanzanalyse um ESG-Kriterien ergänzt wird. Die ESG-Kriterien haben bei dieser Strategie also eine unterstützende Funktion, das heißt, sie sind der Finanzanalyse zugeordnet, da mit ihnen Risiken ermittelt werden sollen, welche die Finanzanalyse allein nicht hergibt. ESG wird mit dieser Umsetzungsstrategie zum integralen Bestandteil der konventionellen Geldanlage und dient damit der Optimierung der finanziellen Rendite im Kerngeschäft. Die ESG-Kriterien werden bei dieser Umsetzungsstrategie folglich vorrangig finanziell gedeutet, ihr jeweiliger Leistungsbeitrag respektive Hebel zu einer nachhaltigen Entwicklung ist nicht unbedingt ausschlaggebend. Entscheidend für diese nachhaltige Umsetzungsstrategie ist, dass die ESG-Kriterien nicht einfach nur Berücksichtigung finden, sondern Relevanz und damit Auswirkungen auf die Investmentprozesse insgesamt haben. Die Qualität von ESG-Integration ist abhängig von der Auswahl und Definition der einzelnen ESG-Kriterien sowie dem Implementationsgrad innerhalb der gesamten Investmentprozesse des Anbieters.

Themeninvestments machen es sich zur Aufgabe, positiv ausgewiesene Handlungsfelder einer nachhaltigen Entwicklung zu fördern, die sowohl im ökologischen als auch im sozialen Bereich angesiedelt sein können.[29] Wenngleich es sich um nachhaltige Themenfelder handelt, lassen sich diese erst dann dem nachhaltigen Investment zuordnen, wenn ihnen die ESG-Systematik zugrunde liegt. Dies bedeutet, dass etwa bei ökologischen Themeninvestments auch soziale und Governance-Kriterien zum Tragen kommen, wohingegen bei sozialen Themeninvestments auch ökologische Kriterien greifen müssen. Schließlich erfordert es der ganzheitliche Charakter

---

[28] Vgl. FORUM NACHHALTIGE GELDANLAGEN (2017b), 14.
[29] Hinzuweisen ist an dieser Stelle auf den dynamisch wachsenden Markt für Greenbonds.

des Nachhaltigkeitsparadigmas, bei der Nachhaltigkeitsbewertung ebenfalls Kriterien aus den jeweils anderen Nachhaltigkeitsdimensionen zu analysieren.[30]

3.1.3 Engagement

Mit dem dritten Baustein des nachhaltigen Investments *Engagement* soll Einfluss auf die Unternehmen genommen werden. Dies geschieht zum einen durch Dialoge mit den Unternehmen und zum anderen durch die Ausübung von Stimmrechten.

Mit *Voice*-Strategien suchen Investoren aufgrund wahrgenommener Nachhaltigkeitsdefizite aktiv das Gespräch mit den Unternehmensleitungen. Dabei müssen sie nicht zwangsläufig Anteilseigner sein, sondern können auch Anleihen des betreffenden Unternehmens erworben haben. Erklärtes Ziel dieser Umsetzungsstrategie ist es, das Unternehmensverhalten mit Blick auf ESG-Kriterien dauerhaft zu verbessern. Teilweise tun sich die Investoren mit anderen zusammen, um ihren Nachhaltigkeitsanliegen mehr Nachdruck zu verleihen. Die Ergebnisse der Unternehmensdialoge bilden oft die inhaltliche Grundlage für die eigene Vote-Strategie.

Mit *Vote*-Strategien üben Aktionäre aktiv ihr Stimmrecht auf den Hauptversammlungen mit dem Ziel aus, die Unternehmenspolitik hinsichtlich ESG-Nachhaltigkeitsherausforderungen positiv zu beeinflussen. Während Governance-Themen bei den Hauptversammlungen allein schon aus ökonomischen Gründen bereits zahlreich auf der Tagesordnung stehen, spielen soziale und ökologische Fragestellungen (noch) eine untergeordnete Rolle. Sie kommen meist erst dann auf die Agenda, wenn sich von den einzelnen Nachhaltigkeitsherausforderungen konkrete Risiken für das Geschäftsmodell ableiten lassen. Da die Sensibilität für soziale und ökologische Themen wächst, ist davon auszugehen, dass solche Themenstellungen zukünftig verstärkt auch auf Hauptversammlungen thematisiert werden. Gerade Investoren mit einer ausgeprägten Wertorientierung werden auf entsprechende Themen drängen.[31]

3.2 Die Kombination von Umsetzungsstrategien als Qualitätskennzeichen nachhaltiger Geldanlagen

Die systematische Klassifikation nachhaltiger Umsetzungsstrategien verdeutlicht, dass sich Nachhaltigkeit nicht mit einem Baustein, geschweige denn mit einer Strategie allein verwirklichen lässt. Zu meinen, man könne beispielsweise nur mit der Teilstrategie Divestment – etwa den Ausstieg aus dem fossilen Brennstoff Kohle – das Thema Nachhaltigkeit „erschlagend bespielen", ist ein Trugschluss. Divestment ist lediglich *ein* strategischer Ansatz des nachhaltigen Investments unter anderen. Eine nachhaltige Anlagestrategie wird sich erst dann als qualitativ hochwertig erweisen, wenn sie die einzelnen Bausteine des nachhaltigen Investments systematisch integriert, wohlwissend, dass die Kombination verschiedener Umsetzungsstrategien nicht nur ökonomisch sinnvoll, sondern zugleich auch intellektuell anspruchsvoll ist.

---

[30] Im Zusammenhang mit Themeninvestments werden immer wieder Impact Investments angeführt, denen es gezielt darum geht, neben der positiven finanziellen Rendite nachweislich soziale beziehungsweise ökologische Wirkungen zu erzielen. Mit Impact Investing wird genau genommen keine ethisch-nachhaltige Anlagestrategie umgesetzt, da es primär um die Wirkung als leitendes Anlagekriterium geht, die von vornherein ausgewiesen sein muss, und erst dann um unterschiedliche nachhaltige Themenfelder. Vgl. zu Impact Investments BERTELSMANN STIFTUNG (2016). Es ist in diesem Zusammenhang auch von „Wirkungskapital" die Rede. Mit Blick auf den sozialen und/ oder ökologischen Impact des Investments werden entsprechend soziale oder ökologische Themen finanziert, weshalb Impact Investments hinsichtlich ihrer inhaltlichen Finanzierungszwecke im sozial-ökologischen Bereich den Themeninvestments zugeordnet werden können. Oftmals sind Impact Investments einzelfallbezogene Projektfinanzierungen, die nicht über den Kapitalmarkt erfolgen.

[31] Vgl. zur Engagement-Thematik den Beitrag von INGO SPEICH in diesem Sammelband.

Soll die Wertorientierung des Investors zusätzlich zu normbasierten Standardkriterien in weiteren Ausschlüssen zum Ausdruck kommen, muss der Asset Owner sich zunächst seiner Werthaltung bewusst sein. Will er nur in diejenigen Emittenten investieren, die sich den Nachhaltigkeitsherausforderungen in hervorragender Weise stellen, wird er womöglich verschiedene Screening-Ansätze kombinieren und bestimmte Themeninvestments vornehmen. Mit Engagement-Aktivitäten wird er seiner ureigenen Verantwortung als Stakeholder gerecht, indem er etwa als Anteilseigner unter Nachhaltigkeitsgesichtspunkten berechtigten Einfluss auf die Unternehmensleitung geltend macht. Erst durch die gezielte Kombination verschiedener Bausteine und Umsetzungsstrategien leisten nachhaltige Geldanlagen ihren wirksamen Beitrag zu einer nachhaltigen Entwicklung. Wie sich die Kombination gestaltet, ist jeweils abhängig von den individuellen Nachhaltigkeitsvorstellungen und -ansprüchen des Investors.

3.3 Ethische Wertorientierung als Profilbildung

Wie denkt ein ethischer Investor? Was ist ihm wichtig? Sein Anliegen ist es, zusätzlich zu den finanziellen Anforderungen an seine Geldanlage gleichfalls seine moralischen Haltungen, Annahmen und Überzeugungen zum Ausdruck zu bringen. Schließlich möchte er nicht zum Sponsor ethisch-kontroverser Praktiken werden. Er weiß darum, dass aus ethischer Sicht Geld nicht neutral ist, sondern immer, positiv wie negativ Wirkungen zeitigt, wofür er als Asset Owner (mit-)verantwortlich ist. Speziell die Kirchen stehen in der internen und externen Wahrnehmung für konkrete Werte, die für all ihre Handlungsfelder – und damit ebenso für die Finanzen – leitend sind. Als „Orientierungsdirektiven"[32] bilden christliche Werte das Fundament für ethisch-nachhaltige Anlagekriterien. Vor diesem Hintergrund benutzen die Kirchen auch bewusst den Terminus „Ethisch-nachhaltige Geldanlagen". Die Bezeichnung „leitfadenkonform"[33] spricht inzwischen dafür, dass die Nachhaltigkeitskriterien des EKD-Leitfadens sich als wertbasierter Standard in der evangelischen Kirche etabliert haben.[34]

Die Kirchen wissen gleichwie jeder andere ethische Investor, dass jede Geldanlage wertbasiert ist, es also kein „wertfreies" Investment gibt.[35] Nur zu gut sind sie sich dabei des Spannungsfelds zwischen „dem ethisch Gewollten und dem finanziell Vertretbaren"[36] bewusst, auf das sie sich bei ihrer Kapitalanlage begeben. Kirchliche Träger legen daher ihren Investments Abwägungs- und Entscheidungsprozesse zugrunde, die ihre christliche Wertorientierung zur Geltung bringen. Ethik ist dabei keine Kategorie neben sozialen und/oder ökologischen Kriterien, sondern eine diesen stets übergeordnete, welche die drei Themenblöcke E, S *und* G durchzieht,

---

[32] KRIJNEN (2002), 528. Für kirchliches Wirken in der Gesellschaft sind die Werte der Kirche ihre zentralen Orientierungsmarken, die sie als „offene Textur" (KWAME A. APPIAH) kontextspezifisch auszugestalten haben. Werte sind nicht nur für die Kirchen sinn- und identitätsstiftend, sie prägen ebenso das Wirken anderer Akteure. Vgl. zu den Wertgrundlagen des ethisch-nachhaltigen Anlagefilters bei der BKC BANK FÜR KIRCHE UND CARITAS (2017b).

[33] BASSLER/WULSDORF (2016), S. 14.

[34] Katholischerseits gibt es bislang keine Erhebung, inwieweit etwa die 27 deutschen (Erz-)Diözesen und andere katholische Investoren die Orientierungshilfe der Deutschen Bischofskonferenz „Ethisch-nachhaltig investieren" umsetzen. Obwohl Nachhaltigkeit als Grundprinzip des christlichen Glaubens anerkannt ist, gleicht der Umgang mit ihr im katholischen Raum oft einem Fahren mit angezogener Handbremse. Vgl. ORTH (2017).

[35] Selbst vorwiegend renditegetriebene Investoren und Asset Manager bauen ihr Handeln auf Wertvorstellungen und moralischen Grundannahmen auf. Sie handeln also keinesfalls ethisch neutral oder wertfrei, wie verschiedentlich behauptet. Ob sie ihre Wertvorstellungen mit den jeweiligen Wirkungen reflektieren und inwieweit sich diese mit den Herausforderungen der Nachhaltigkeit vereinbaren lassen, sind Fragen, die auf einem anderen Blatt stehen.

[36] DEUTSCHE BISCHOFSKONFERENZ/ZENTRALKOMITEE DER DEUTSCHEN KATHOLIKEN (2015), S. 17. Zudem müssen die Nachhaltigkeitskriterien auch im Rahmen des Researchs ermittelbar sein.

weil diese bereits ethisch imprägniert sind. Sie ist sozusagen die Hintergrundfolie, auf der die ESG-Kriterien materiell entwickelt und normativ legitimiert werden (Abbildung 2). Letztlich beruhen alle Anlagekriterien auf moralischen Wertvorstellungen, Annahmen und Haltungen, die mit der Wertorientierung des Investors in Einklang stehen sollen.

Ethik
(als reflektierte Begründungsinstanz grundgelegt in der Wertorientierung des Investors)

E (ökologische Anlagekriterien) | **S** (soziale Anlagekriterien) | **G** (Governance-Kriterien)

Übertragung in die drei Bausteine des nachhaltigen Investments
Ausschlüsse
Positiv-/Negativ-Screening
Engagement

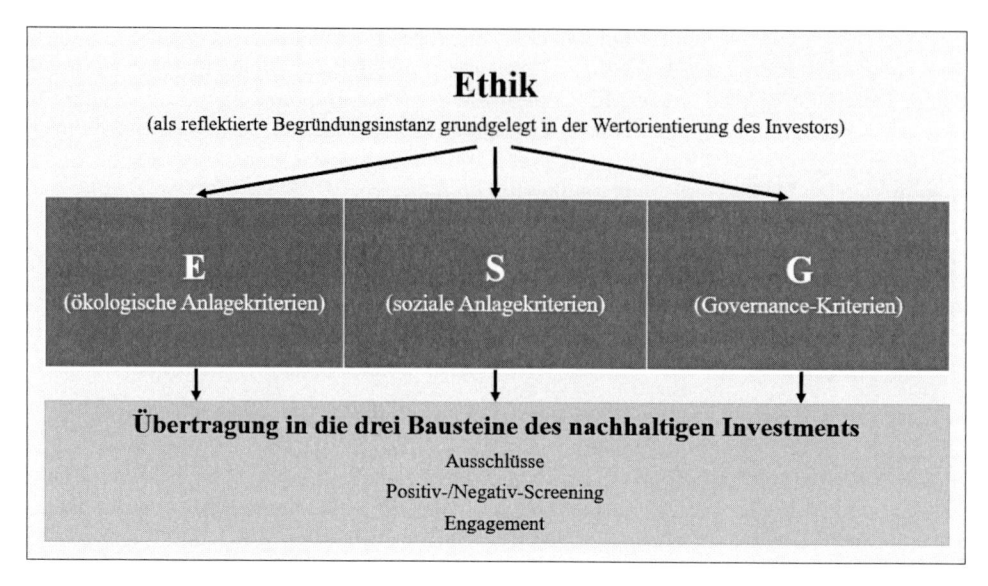

Abbildung 2:   *Zur Verhältnisbestimmung von Ethik und ESG-Kriterien*

Wie alle Investoren müssen sich auch kirchliche Träger bei ihrer Kapitalanlage den Chancen und Risiken des Kapitalmarkts stellen. Glaubwürdigkeit und Transparenz sind die Maßstäbe, welche kirchliches Investment auszeichnen sollen. Denn nur so kann das kirchliche Investment das Profil von Kirche als Wertinstitution ganzheitlich sichern und stärken.[37] Denn die Kirchen wollen mit ihren Geldanlagen dazu beitragen, dass, ethisch gesprochen, das Wohl der Menschen dauerhaft freiheits- und zukunftsgerecht gewährleistet wird.

4   Wirkungseffekte – Mehrwert für eine nachhaltige Entwicklung

Insbesondere wertorientierte Investoren erwarten von ihren Geldanlagen neben der finanziellen Rendite einen Mehrwert, der mit den von ihnen verkörperten Werten im Einklang steht. Mit der gezielten Kombination der einzelnen Bausteine und Umsetzungsstrategien des nachhaltigen Investments erzielen sie verschiedene Wirkungen. *Verhindern*, *Fördern* und *Verändern* fassen

---

[37] Festhalten lässt sich, dass das ethisch-nachhaltige Investment in den Kirchen und Religionsgemeinschaften angekommen ist. Vgl. zu den Initiativen im Buddhismus, Hinduismus, Judentum, Islam, Christentum und anderen Religionsgemeinschaften *ALLIANCE OF RELIGIONS AND CONSERVATION* (2017).

die Wirkungseffekte zusammen, welche das nachhaltige Investment mit sich bringt.[38] Unter dem Stichwort Verhindern geht es wertorientierten Investoren vor allem darum, ihre Reputation und damit ihr Profil gezielt durch Ausschlüsse auf der Basis ihrer eigenen Wertorientierung zu sichern. Zugleich verhindern sie mit ihren Ausschlüssen negative Wirkungen auf eine nachhaltige Entwicklung. Mit Screening-Ansätzen können sie positive Wirkungen auf konkrete Nachhaltigkeitsforderungen erreichen und zugleich die finanziellen Chancen einer höheren risikoadjustierten Rendite nutzen. Mit gezielten Engagement-Aktivitäten lassen sich Haltungen zu Nachhaltigkeitsforderungen in Unternehmen verändern.

Für wertorientierte Investoren sind nachhaltige Investments kein Selbstzweck. Sie wollen mit ihnen vor allem ihrer Sorgfaltspflicht für die treuhänderische Verwaltung anvertrauter Vermögen gerecht werden, indem sie sich ihrer Verantwortung[39] auf dem Kapitalmarkt stellen und sowohl die Reputations- als auch die Performance-Risiken durch eine passgenaue Kombination der einzelnen Bausteine des nachhaltigen Investments minimieren. Nachhaltigkeit ist somit für wertorientierte Investoren ein strategischer Risikoansatz, mit dem sie materielle Nachhaltigkeitsherausforderungen im Allgemeinen und ihre individuellen Risiken auf der Grundlage ihrer Wertvorstellungen im Speziellen steuern können. Um die Materialität der Nachhaltigkeitskriterien im Sinne eines Frühwarnsystems unter Beweis stellen zu können, bedarf es belastbarer Wirkungsnachweise für eine nachhaltige Entwicklung bei gleichzeitiger Analyse der finanziellen Effekte für den Investor. Soll Nachhaltigkeit als qualitativer Performance- und Risiko(frühwarn)indikator ihren Ort in der Finanzindustrie festigen, sind Wesentlichkeitsanalysen notwendig, welche die Gewichtung der einzelnen Nachhaltigkeitskriterien für das Investment ermitteln. Nur wenn eines Tages offenkundig wird, wie groß der nachhaltige Fußabdruck eines Investments ist, kann beurteilt werden, ob sein Leistungsbeitrag zu einer nachhaltigen Entwicklung wirklich signifikant ist – eine zentrale Problemstellung, die an dieser Stelle lediglich angerissen, nicht aber vertieft werden kann.[40]

---

[38] So die Wortwahl DEUTSCHE BISCHOFSKONFERENZ/ZENTRALKOMITEE DER DEUTSCHEN KATHOLIKEN (2015), S. 19. Die evangelische Seite spricht von „fördern, gestalten, verhindern", BASSLER/WULSDORF (2016), S. 23, und der FNG-Leitfaden von ausschließen, auswählen und ansprechen, so FORUM NACHHALTIGE GELDANLAGEN (2017b), S. 12–15.

[39] Vgl. zum Verantwortungsbegriff als ethischer Schlüsselkategorie WILHELMS/WULSDORF (2017), S. 32–45.

[40] Ziel wird es sein müssen, den positiven wie negativen, sprich den nachhaltigkeitsförderlichen wie nachhaltigkeitsschädlichen, Leistungsbeitrag jeglichen Wirtschaftshandelns zu ermitteln. Bloß weil Unternehmen über Nachhaltigkeit zu berichten haben, wie es beispielsweise das CSR-Richtlinie-Umsetzungsgesetz erfordert, heißt dies noch lange nicht, dass sie wirklich signifikante Beiträge zu einer nachhaltigen Entwicklung leisten. Die Erfüllung der Berichterstattungspflicht sorgt vielfach lediglich dafür, dass Unternehmensaktivitäten unter dem Label „Nachhaltig" zusammengeführt und soziale wie ökologische Unternehmensdaten überhaupt erst einmal erfasst werden. Es ist irrig anzunehmen, nur wer über Nachhaltigkeit berichtet, handelt bereits nachhaltig. Vgl. ausblickend und weiterführend zur Risiko- und Wirkungsthematik von ethisch-nachhaltigen Geldanlagen PIEMONTE (2018).

5 Nachhaltige Geldanlagen: Werte leben – Wirkung erzielen

Nachhaltigkeit in der Geldanlage fordert immer wieder neu heraus, sich seines eigenen Handelns auf dem Kapitalmarkt zu vergewissern. Sie ruft dazu auf, die eigenen normativen Referenzpunkte für die Anlageentscheidungen zu hinterfragen und mit Blick auf ihre kurz-, mittel- und langfristigen Folgewirkungen zu reflektieren. Nachhaltiges Investment macht die Investoren im Innen- und Außenverhältnis sprach-, urteils- und handlungsfähig. Es zeigt, dass eine ganzheitliche Verantwortungsübernahme für die eigenen Geldanlagen möglich ist. Der Kapitalmarkt ist eben kein ethikfreier Raum, der losgelöst von moralischen Wertvorstellungen und Annahmen neutral funktioniert. Infolgedessen gibt es ein wertfreies Investment genauso wenig wie ein wirkungsfreies. Nachhaltige Geldanlagen bieten die Chance, die eigenen Werte auch und gerade im Finanzbereich zu leben und zugleich mit Weitsicht einen wirkungsvollen Beitrag zur Lösung zentraler Nachhaltigkeitsprobleme zu erzielen.[41]

---

[41] Nachhaltige Investments dürfen vor allem nicht zu einem „Weiter so" auf dem Kapitalmarkt nur unter anderen Vorzeichen missbraucht werden. Solange Nachhaltigkeit einseitig als reines Effizienzkriterium ohne Reflexion ihrer dauerhaften Effekte gedeutet und gehandhabt wird, was in der Wirtschaft vorwiegend der Fall ist, bleibt der Leistungsbeitrag wirtschaftlichen Handelns zu einer nachhaltigen Entwicklung bezogen auf den globalen Kontext, zumindest absolut gesehen fraglich. Das Nachhaltigkeitsparadigma beinhaltet weit mehr als Effizienzgesichtspunkte. Suffizienz- und Konsistenzstrategien stehen dagegen nur äußerst selten zur Debatte. Der Suffizienzdiskurs ist gerade in der Wirtschaft immer noch ein Nischendiskurs. Für *KOPATZ* (2016), 382, ist Suffizienz „nicht nur eine eigenverantwortliche, individuelle Angelegenheit. Notwendig ist (aus seiner Sicht) auch eine Suffizienzpolitik, also Maßnahmen und Strategien, die zur Genügsamkeit anregen und Expansion vermeiden helfen." Vgl. zum aktuellen Handlungsbedarf bei den zentralen Nachhaltigkeitsherausforderungen *WIEGANDT* (2016).

Quellenverzeichnis

ALLIANCE OF RELIGIONS AND CONSERVATION (2017): The Zug Guidelines to faith-consistent investing: Faith in Finance, Bath (2017).

BANK FÜR KIRCHE UND CARITAS (2017a): online: https://www.bkc-paderborn.de/ueber-uns/aktuelle-themen/052017_stiftungsradar.html, Abruf: 03.11.2017.

BANK FÜR KIRCHE UND CARITAS (2017b): Der BKC-Nachhaltigkeitsfilter. Das Herzstück unserer ethisch-nachhaltigen Anlagestrategie, 2. vollständig überarbeitete Auflage, Paderborn 2017.

BASSLER, K./WULSDORF H. (2016): Ethisch-nachhaltige Geldanlage. Die Positionen der evangelischen und katholischen Kirche. Eine Synopse, Dortmund 2016.

BERTELSMANN STIFTUNG (2016): Social Impact Investment in Deutschland 2016. Kann das Momentum zum Aufbruch genutzt werden?, Gütersloh 2016.

DEUTSCHE BISCHOFSKONFERENZ/ZENTRALKOMITEE DER DEUTSCHEN KATHOLIKEN (2015): Ethisch-nachhaltig investieren. Eine Orientierungshilfe für Finanzverantwortliche katholischer Einrichtungen in Deutschland, Bonn 2015.

DEUTSCHER BUNDESTAG (1998): Konzept Nachhaltigkeit. Vom Leitbild zur Umsetzung, Bonn 1998.

FORUM NACHHALTIGE GELDANLAGEN (2017a): Marktbericht Nachhaltige Geldanlagen 2017, Berlin 2017.

FORUM NACHHALTIGE GELDANLAGEN (2017b): Nachhaltige Kapitalanlagen für institutionelle Investoren. Eine Einstiegshilfe, Berlin 2017.

FORUM NACHHALTIGE GELDANLAGEN (2017c): online: http://fng-siegel.org/de/siegelkriterien.html, Abruf: 13.11.2017.

GENERALVERSAMMLUNG DER VEREINTEN NATIONEN (2015): Transformation unserer Welt: die Agenda 2030 für nachhaltige Entwicklung (Dokument A/70/L.1), o. O. 2015.

GLOBAL POLICY FORUM/TERRE DES HOMMES (2015): Die 2030-Agenda. Globale Zukunftsziele für nachhaltige Entwicklung, Bonn/Osnabrück 2015.

GRUNWALD, A. (2013): Mit Energie zur nachhaltigen Entwicklung, in: MITSCHELE, K./SCHARFF, S. (Hrsg.), Werkbegriff Nachhaltigkeit. Resonanzen eines Leitbildes, Bielefeld 2013, S. 95–111.

HÖFFE, O. (2015): Kritik der Freiheit. Das Grundproblem der Moderne, München 2015.

KOPATZ, M. (2016): Ökoroutine: Damit wir das tun, was wir für richtig halten, München 2016.

KRIJNEN, C. (2002): Wert, in: DÜWELL, M./HÜBENTHAL, C./WERNER, M. (Hrsg.), Handbuch der Ethik, Stuttgart 2002, 527–533.

MITSCHELE, K./SCHARFF, S. (2013): Werkbegriff Nachhaltigkeit. Resonanzen eines Leitbildes, Bielefeld 2013.

ORTH, S. (2017): Eine Frage der Fernstenliebe, in: HERDER KORRESPONDENZ (Nr. 11), 2017, 1.

PIEMONTE, T. (2018): Operation gelungen, Patient tot! Wie ethisch-nachhaltige Geldanlagen weiterentwickelt werden müssen, um schneller zu einer nachhaltigen Entwicklung beizutragen (Arbeitstitel), unveröffentlichtes White Paper, Paderborn 2018.

PIEMONTE, T./WULSDORF, H. (2017): Implementierung einer nachhaltigen Vermögensanlage bei Stiftungen, in: Absolut Impact (Nr. 3), 2017, S. 38–43.

PUFÉ, I. (2012): Nachhaltigkeit, Konstanz/München 2012.

SCHWARTZ, S. (2016): Nachhaltigkeit als Komplexitätsfalle. Grundmuster eines politischen Diskurses zwischen Hoffnung und Enttäuschung, Münster 2016.

SRU (2008): Umweltgutachten 2008. Umweltschutz im Zeichen des Klimawandels, Berlin 2008.

UTOPIA (2017): online: https://utopia.de/ratgeber/earth-overshoot-day/, Abruf: 02.11.2017.

WIEGANDT, KLAUS (2016): Mut zur Nachhaltigkeit. 12 Wege in die Zukunft, Frankfurt/Main 2016.

WILHELMS, G./WULSDORF, H. (2017): Verantwortung und Gemeinwohl. Wirtschaftsethik – eine neue Perspektive, Regenburg 2017.

WULSDORF, H. (2016): Visionärer Dreiklang nachhaltiger Entwicklung. Übereinstimmung und Differenz seiner Dimensionen in der Praxis, in: *WENDT, K.* (Hrsg.), CSR und Investment Banking. Investment und Banking zwischen Krise und Positive Impact, Berlin/Heidelberg 2016, S. 519–538.

Der Einfluss nachhaltiger Kapitalanlagen auf die Unternehmen – eine empirische Analyse

SABINE PEX und DIETER NIEWIERRA

ISS-oekom (bis März 2018 oekom research AG)

1	Studienkonzept und Methodik	155
2	Die Bedeutung von Nachhaltigkeit für Unternehmen	158
3	Die Treiber für Nachhaltigkeitsaktivitäten in den Unternehmen	159
4	Relevanz von Nachhaltigkeit in der Finanzmarktkommunikation	160
5	Bedeutung von Nachhaltigkeit für die Strategie	161
6	Der Nutzen von Nachhaltigkeitsratings für Unternehmen	164
7	Der Stellenwert der UN SDGs	165
8	Fazit und Ausblick: Der Kreislauf der Verbesserung	167
	Quellenverzeichnis	169

1 Studienkonzept und Methodik

Im Jahr 2013 untersuchte *oekom research* erstmals, welchen Einfluss die Anforderungen des nachhaltigen Kapitalmarktes auf das Nachhaltigkeitsmanagement der Unternehmen haben – bezeichnet als Impact[1]. Für knapp zwei Drittel der befragten Unternehmen waren die Anforderungen von Nachhaltigkeitsratingagenturen ein ausschlaggebender Faktor, sich mit dem Thema zu beschäftigen. Bei jedem dritten befragten Unternehmen beeinflussten die Anfragen von Nachhaltigkeitsanalysten die Gesamtstrategie, bei zwei von drei Unternehmen die Nachhaltigkeitsstrategie. 30 Prozent der befragten Unternehmen gaben zudem an, dass das Abschneiden im Nachhaltigkeitsrating Einfluss auf die Vergütung der Führungskräfte habe.

Seit dieser Zeit hat sich so Einiges geändert. Nachhaltigkeitsthemen spielen im Kapitalmarkt mittlerweile eine wesentlich größere Rolle als damals: Investoren möchten deutlich stärker als noch vor ein paar Jahren ökologische, ethische und soziale Werte bei der Kapitalanlage umgesetzt haben. Es gibt eine wachsende empirische Erkenntnis, dass Nachhaltigkeitskriterien helfen können, bestimmte Risiken beim Investment zu vermeiden sowie Chancen zu nutzen. Und schließlich ist zu beobachten, dass es immer mehr regulatorische Anreize für Investoren gibt, Nachhaltigkeitskriterien im Investmentprozess zu berücksichtigen, wie zum Beispiel die Richtlinien zur betrieblichen Altersvorsorge (IORPS) sowie die Shareholder Rights Directive (SRD II) auf EU-Ebene oder der Artikel 173 im Gesetz über die Energiewende für grünes Wachstum in Frankreich.

Darüber hinaus ist aber auch bei den Unternehmen die Bedeutung von Nachhaltigkeit gestiegen. So sind mittlerweile in der weltweit wichtigsten Datenbank für Nachhaltigkeits-Reporting – der *Global Reporting Initiative* – mehr als 42.500 Nachhaltigkeitsberichte von knapp 11.000 Organisationen erfasst[2]. Auch hier ist zu erkennen, dass die politischen Rahmenbedingungen sich verändern und Unternehmen zu mehr Nachhaltigkeitsaktivitäten auffordern. Exemplarisch sollen an dieser Stelle die UN SDGs sowie die EU-weite Transparenzpflicht für das Reporting zur Corporate Social Responsibility (CSR) genannt sein.

Ziel der im Oktober 2017 neu aufgelegten Studie war es daher, unter den geänderten Begebenheiten erneut zu untersuchen, welchen Einfluss der nachhaltige Kapitalmarkt auf den Umgang der Unternehmen mit sozialen und umweltbezogenen Herausforderungen hat. Ein gesonderter Fragekomplex betrachtet zusätzlich die UN SDGs, um herauszufinden, welche Rolle ihnen die Unternehmen in ihrem Nachhaltigkeitsmanagement derzeit zuweisen.

Für die der Studie zugrundeliegende Online-Befragung wurden weltweit insgesamt 3.660 Unternehmen angeschrieben, die regelmäßig im Rahmen des *oekom Corporate Ratings* bewertet werden. Insgesamt 475 Unternehmen haben sich an der Umfrage beteiligt, was einer Rücklaufquote von knapp 13 Prozent entspricht.

In Bezug auf die Herkunft der teilnehmenden Unternehmen zeigt sich eine deutliche Verschiebung bei den Spitzenplätzen im Ländervergleich gegenüber der erstmaligen Befragung 2013: Stammten damals die meisten der teilnehmenden Unternehmen aus Deutschland und Frankreich (13,1 bzw. 8,1 Prozent), so werden diese nun von den gleichauf liegenden Ländern USA und Japan (jeweils 11,3 Prozent) auf die Ränge verwiesen.

---

[1] OEKOM RESEARCH (2013): Der Einfluss nachhaltiger Kapitalanlagen auf Unternehmen.
[2] Vgl. GLOBAL REPORTING INITIATIVE (2017).

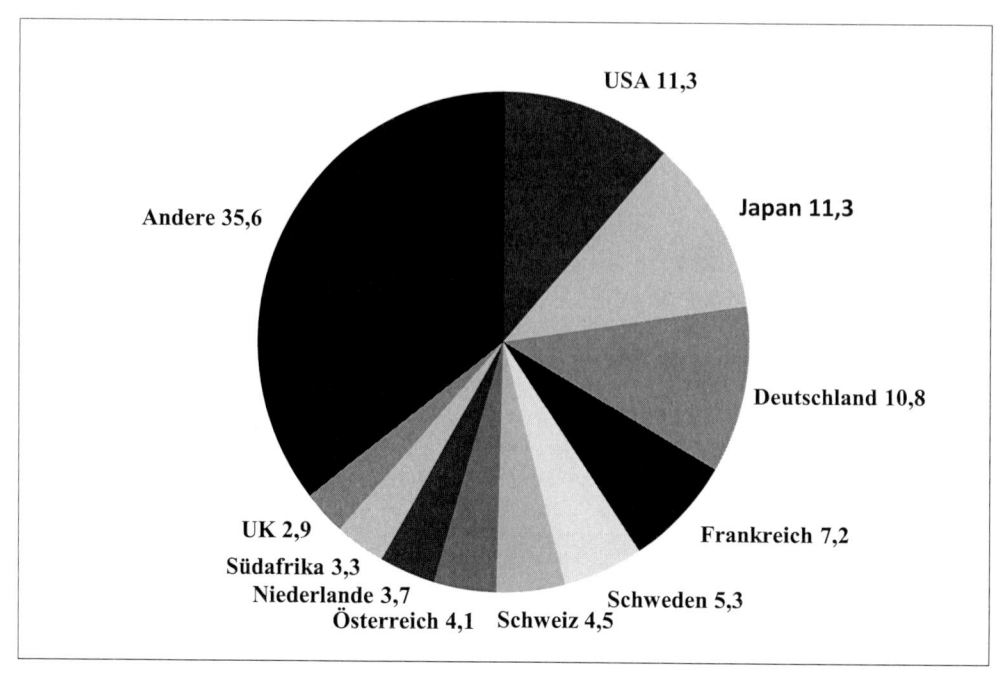

Abbildung 1: *Verteilung der Herkunftsländer der teilnehmenden Unternehmen (n=267)*[3]

Wie schon in der Befragung vor vier Jahren, so ist auch aktuell der Bankensektor mit Abstand am stärksten unter den antwortenden Unternehmen vertreten. Hierzu zählen unter anderem Geschäfts- und Entwicklungsbanken, Regionalbanken und Immobilienfinanzierer, die insgesamt auch die stärkste Gruppe im oekom Universum darstellen. An zweiter Stelle unter den antwortenden Unternehmen – wenn auch mit deutlichem Abstand – folgt der Immobiliensektor vor den Unternehmen aus den Bereichen Pharmazeutik und Gesundheitswesen. Vergleicht man diese Teilnahmequoten mit der durchschnittlichen Performancebewertung der Branchen, offenbart dies durchaus Überraschendes: So erreicht der in der Umfrage stark vertretene Immobiliensektor auf der Performance-Skala des oekom Ratings (von 0 bis 100) mit 21,6 Punkten den schlechtesten Wert unter allen Branchen und liegt im Branchenvergleich sogar noch hinter der Oil, Gas & Consumable Fuels-Branche.

---

[3] *OEKOM RESEARCH* (2017).

Branche	Anteil an der Befragung in %	Anteil am Gesamtuniversum in %
Banken	17,0	16,6
Immobilien	4,5	7,2
Pharmazeutik & Gesundheitswesen	4,1	10,4
Versorger	3,7	5,2
Einzelhandel	3,0	4,3
Telekommunikation	2,6	3,6
Versicherungen	2,6	3,8
Metalle & Bergbau	2,6	3,3
Chemie	1,8	3,2
Automobil	1,5	1,1
Nahrungsmittel	1,5	5,3
Andere	55,1	36,0

Abbildung 2: Zusammensetzung der Teilnehmer der Befragung nach Branche (n=267)[4]

Mit 58,1 Prozent hat sich mehr als die Hälfte der antwortenden Unternehmen zur Berücksichtigung der Prinzipien des UN Global Compact verpflichtet, der weltweit größten Initiative für verantwortungsvolle Unternehmensführung. Zur Einhaltung der *Principles for Responsible Investment*, die das verantwortliche, sich an ESG-Kriterien orientierende Investieren zum Gegenstand haben, hat sich etwas mehr als ein Fünftel der teilnehmenden Unternehmen verpflichtet (21 Prozent). Dies ist gegenüber 2013 ein deutlicher Zuwachs – damals waren nur 14,2 Prozent der Teilnehmer Unterzeichner der PRI.

Unter den teilnehmenden Unternehmen erreichen lediglich 35,2 Prozent den von oekom research vergebenen Prime Status. Der verbleibende überwiegende Großteil erfüllt demnach nicht die branchenspezifischen Mindestanforderungen, die von der Ratingagentur an die Nachhaltigkeitsleistungen der Unternehmen angelegt werden. Dies ist eine deutliche Umkehrung der Verhältnisse der erstmaligen Umfrage von 2013, bei der mehr als die Hälfte der teilnehmenden Unternehmen (54,8 Prozent) den oekom Prime Status innehatte. Musste damals davon auszugehen sein, dass vorrangig Unternehmen geantwortet hatten, die ohnehin einen engeren Bezug zu Nachhaltigkeit haben, so sind diesmal die Verhältnisse deutlich näher an der Struktur der Grundgesamtheit mit Prime-Quoten von 16,5 Prozent für Industrie- und 5,2 Prozent für Schwellenländer.

---

[4] OEKOM RESEARCH (2017).

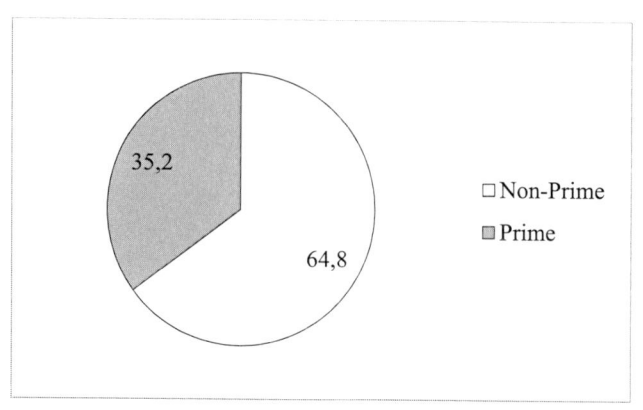

Abbildung 3: *Anteil der teilnehmenden Unternehmen mit oekom Prime Status, in Prozent*[5]

2 Die Bedeutung von Nachhaltigkeit für Unternehmen

Die Notwendigkeit einer ressourcenschonenden Wirtschaftsweise, einer intakten Natur und einer sozial gerechten Gesellschaft sind inzwischen unbestritten und werden insgesamt als Grundlage für eine generell erfolgreiche Unternehmensentwicklung verstanden. Dementsprechend ist es kaum überraschend, dass etwas mehr als die Hälfte aller befragten Unternehmen dem Thema Nachhaltigkeit für die eigene Entwicklung eine sehr hohe Bedeutung beimisst. Im Vergleich zur ersten Impact Studie 2013 liegen diese Werte – auch bedingt durch die geänderte Grundgesamtheit dieser Studie – insgesamt zwar etwas niedriger (damals: 58,1 Prozent „sehr hohe Bedeutung", 38,9 Prozent „eher hohe Bedeutung"). Dennoch ist festzustellen, dass aktuell mit insgesamt über 91 Prozent die deutliche Mehrheit der Unternehmen das Thema Nachhaltigkeit als wichtiges Element in der weiteren Unternehmensentwicklung einschätzt.

Welche Bedeutung misst Ihr Unternehmen dem Thema „Nachhaltigkeit" für die zukünftige Unternehmensentwicklung bei?	
sehr hoch	50,5 %
eher hoch	41,3 %
eher gering	4,8 %
sehr gering	0,4 %
keine Angaben	3 %

Abbildung 4: *Bedeutung des Themas Nachhaltigkeit für die zukünftige Unternehmensentwicklung (n= 463)*[6]

---

[5] OEKOM RESEARCH (2017).

[6] OEKOM RESEARCH (2017).

3 Die Treiber für Nachhaltigkeitsaktivitäten in den Unternehmen

Als derzeit noch stärkster Treiber für das Thema Nachhaltigkeit bei Unternehmen sind Nachhaltigkeitsratingagenturen zu sehen. 61,3 Prozent der Befragten geben demnach an, durch sie zur Beschäftigung mit dem Thema motiviert worden zu sein. Vor dem Hintergrund zunehmender regulatorischer Anforderungen an die Nachhaltigkeitsleistungen der Unternehmen dienen Nachhaltigkeitsratings als wertvolle Orientierung zur Selbstverortung und bilden darüber hinaus eine wichtige Informationsgrundlage beim Benchmarking gegenüber dem Wettbewerb. Fast ebenso einflussreich sind mit 60,3 Prozent die Kunden mit ihren Anforderungen und Erwartungen.

Auch bei der Impact Studie 2013 waren die Nachhaltigkeitsratingagenturen und die Kunden die Haupttreiber, damals allerdings mit vertauschten Spitzenplätzen. Weitaus deutlicher werden dagegen heute im Vergleich zu 2013 regulatorische Anforderungen als Anlass für Unternehmen gesehen, ihr Nachhaltigkeitsmanagement und -engagement zu verstärken. Waren es damals noch knapp 37 Prozent, so sind es nun bereits 56,3 Prozent. Aktivitäten der Wettbewerber kommen mit 39,4 Prozent auf Platz vier und Anforderungen konventioneller Finanzdienstleister rangieren mit 37 Prozent an fünfter Stelle. Die UN SDGs spielen bei der Nachhaltigkeitsmotivation der Unternehmen bislang noch eine relativ geringe Rolle. Mit 26,7 Prozent sieht sich nur etwas mehr als ein Viertel durch sie dazu veranlasst, sich mit dem Thema Nachhaltigkeit zu beschäftigen.

Welche Faktoren haben Ihr Unternehmen veranlasst, sich mit dem Thema Nachhaltigkeit zu befassen?	
Anforderungen von Nachhaltigkeitsratingagenturen	61,3 %
Nachfragen von Kunden	60,3 %
Anforderungen von Gesetzgebern / Behörden	56,3 %
Maßnahmen von Mitbewerbern	39,4 %
Anforderungen von herkömmlichen Finanzinstitutionen	37 %
Initiativen von Aktionären	35,3 %
Initiativen von NGOs	32,2 %
Anforderungen seitens der UN SDGs	26,7 %
Probleme bei der Reputation des Unternehmens	22,8 %
Probleme bei der Reputation der Branche	21,9 %

Abbildung 5:   Nachhaltigkeitstreiber bei Unternehmen (n=416)[7]

---

[7] OEKOM RESEARCH (2017).

Beim Blick in die Zukunft stellt sich das Bild der Hauptantriebskräfte für Nachhaltigkeit bei Unternehmen anders dar. Zahlreiche Einflussfaktoren werden in ihrer zukünftigen Bedeutung deutlich anders wahrgenommen als bislang, sodass sich neben Nachhaltigkeitsratingagenturen weitere Akteure etablieren. Warum ihre Arbeit dennoch nach wie vor einen sehr hohen Stellenwert hat, wird im nächsten Kapitel beschrieben.

Die Anforderungen der Kunden werden mit Abstand als in Zukunft wichtigste Motivation genannt, gefolgt von denen der Gesetzgeber und Behörden. Deutlich einflussreicher als bislang werden zukünftig Aktionäre (46,6 Prozent) sowie Banken und Investoren (45,6 Prozent) mit ihren jeweiligen Nachhaltigkeitsanforderungen gesehen. Für 41,4 Prozent der Befragten sind weiterhin Nachhaltigkeitsratingagenturen die wichtigsten Treiber, während die Rolle der UN SDGs bei der Beschäftigung der Unternehmen mit dem Thema Nachhaltigkeit mit 26,4 Prozent nahezu unverändert gering bleibt.

Wer sind Ihrer Einschätzung nach die wichtigsten Treiber für die zukünftige Entwicklung des Themas Nachhaltige Entwicklung in Ihrem Unternehmen?	
Nachfragen von Kunden	66,8 %
Anforderungen von Gesetzgebern / Behörden	54,1 %
Initiativen von Aktionären	46,6 %
Anforderungen von herkömmlichen Finanzinstitutionen	45,6 %
Anforderungen von Nachhaltigkeitsratingagenturen	41,4 %
Maßnahmen von Mitbewerbern	30,9 %
Anforderungen seitens der UN SDGs	26,4 %
Initiativen von NGOs	20,7 %
Probleme bei der Reputation des Unternehmens	20 %
Probleme bei der Reputation der Branche	15,2 %

Abbildung 6: *Die wichtigsten Treiber für die zukünftige Entwicklung des Themas Nachhaltige Entwicklung im Unternehmen; Mehrfachantworten möglich; (n=401)*[8]

4 Relevanz von Nachhaltigkeit in der Finanzmarktkommunikation

Zwar gehen fast alle Unternehmen (93,1 Prozent) davon aus, dass die Kommunikation und der Kontakt mit nachhaltig orientierten Finanzmarktakteuren in Zukunft an Bedeutung gewinnen werden. Mit 62,2 Prozent ist derzeit zudem die Veröffentlichung von Informationen über das Nachhaltigkeitsmanagement ein fester Bestandteil der jeweiligen allgemeinen Finanzmarktkommunikation. Auch erachtet mit 80,5 Prozent der deutliche Großteil der Unternehmen die

---

[8] OEKOM RESEARCH (2017).

Berücksichtigung von Nachhaltigkeitsaspekten in der eigenen Unternehmensführung zukünftig als zunehmend relevant für konventionelle Banken und Investoren.

Über die generelle positive Botschaft und Wirkung eines guten Nachhaltigkeitsratings sind sich fast alle befragten Unternehmen einig. Insgesamt knapp 90 Prozent geben daher an, dass sie ein entsprechendes Rating als wichtig erachten. Dass sich diese Sichtweise vor dem Hintergrund eines dynamischen Marktumfeldes mit vielen zusätzlichen Kennzahlen und Bewertungssystemen gegenüber den Ergebnissen von 2013 so gut wie nicht verändert hat, zeigt den hohen Stellenwert, der dem unabhängigen Nachhaltigkeitsrating nach wie vor beigemessen wird.

Wie wichtig ist für Ihr Unternehmen ein positives Nachhaltigkeitsrating?	
sehr wichtig	45,9 %
eher wichtig	43 %
eher unwichtig	9,5 %
sehr unwichtig	0,3 %
keine Angaben	1,4 %

Abbildung 7:   *Bedeutung eines positiven Nachhaltigkeitsratings für Unternehmen (n=370)*[9]

Ähnlich wie bei der vorhergehenden Frage ist auch eine klare Zustimmung seitens der Unternehmen zur Bedeutung von Nachhaltigkeitsfonds und -indizes zu registrieren. Insgesamt mehr als 78 Prozent erachten es als wichtig, hier gelistet zu werden.

Wie wichtig ist es Ihrem Unternehmen, in Nachhaltigkeitsfonds oder -indizes aufgenommen zu werden?	
sehr wichtig	34,9 %
eher wichtig	43,3 %
eher unwichtig	14,7 %
sehr unwichtig	2,2 %
keine Angaben	4,9 %

Abbildung 8:   *Bedeutung der Auflistung des Unternehmens in Nachhaltigkeitsfonds oder -indizes (n=367)*[10]

5   Bedeutung von Nachhaltigkeit für die Strategie

Die Bedeutung von Nachhaltigkeit wird in Unternehmen zunehmend erkannt. Sie verstehen zudem, dass sie durch Nachhaltigkeitsratings und damit mögliches Benchmarking gegenüber der Branche wertvolle Orientierung und Information darüber bekommen, inwieweit die eigenen

---

[9]   OEKOM RESEARCH (2017).
[10]   OEKOM RESEARCH (2017).

nachhaltigkeitsbezogenen Prozesse, Strategien und Zielsetzungen den Anforderungen einer echten nachhaltigen Entwicklung gerecht werden. Dieses Verständnis bezieht sich aber nicht nur auf Nachhaltigkeitsaspekte im Unternehmen, sondern umfasst sogar so zentrale und grundsätzliche Bereiche wie die generelle Unternehmensstrategie. Insofern ist es nur folgerichtig, dass bei bereits etwas mehr als einem Drittel der befragten Unternehmen die Anfragen von Nachhaltigkeitsanalysten einen Einfluss auf die allgemeine Unternehmensstrategie haben.

Welchen Einfluss haben Anfragen von Nachhaltigkeitsanalysten auf die…	sehr hohe	eher hohe	eher geringe	sehr geringe	keine Angaben
insgesamte Strategie Ihres Unternehmens?	6,9 %	29,6 %	37,9 %	18,1 %	7,4 %
Nachhaltigkeitsstrategie Ihres Unternehmens?	15,1 %	46,1 %	23,3 %	8,5 %	6,8 %
Ausgestaltung bestimmter Maßnahmen innerhalb Ihres Nachhaltigkeitsmanagements?	13,2 %	46,8 %	26,1 %	6,9 %	6,9 %

Abbildung 9:   Einfluss der Anfragen von Nachhaltigkeitsanalysten auf die Unternehmen (n= 364)[11]

Darüber hinaus bestätigt mit insgesamt mehr als 61 Prozent die fast identische Menge der Befragten wie bereits vor vier Jahren, dass entsprechende Anfragen einen hohen bis sehr hohen Einfluss auf die Nachhaltigkeitsstrategie ihres Unternehmens haben. Bei 60 Prozent führen Anfragen von Nachhaltigkeitsanalysten dazu, bestimmte Maßnahmen innerhalb des jeweiligen Nachhaltigkeitsmanagements zu optimieren. Hier ist der einzige nennenswerte Rückgang zu verzeichnen: 2013 waren es noch 68,9 Prozent. Ein Grund hierfür ist unter anderem auch darin zu sehen, dass Nachhaltigkeit inzwischen vermehrt „Mainstream" geworden ist und nicht mehr nur auf die Nachhaltigkeitsabteilung der Unternehmen beschränkt ist. Dementsprechend wären die Maßnahmen auch nicht ausschließlich dort umzusetzen, sondern würden auch in anderen Unternehmensbereichen stattfinden.

Die aus Nachhaltigkeitsgesichtspunkten so zentralen Themen Wasserverbrauch und Wassernutzung haben derzeit nur für knapp 30 Prozent der befragten Unternehmen Relevanz. Mehr als 33 Prozent sehen darin gar keinen Zusammenhang mit ihrer eigenen Nachhaltigkeitsleistung. Ganz anders verhält es sich mit der Klimaperformance. Diese betrachten insgesamt fast 60 Prozent als einflussreich bis sehr einflussreich in Bezug auf das jeweilige Nachhaltigkeitsmanagement. Die diesbezüglichen Anfragen seitens des nachhaltigen Finanzmarktes werden daher entsprechend ernst genommen und umgesetzt.

---

[11] OEKOM RESEARCH (2017).

Welche Auswirkung haben die Anfragen von nachhaltig orientierten Investoren und Ratingagenturen in Bezug auf folgende Themen: Wasserverbrauch, Klimaperformance?	sehr hohe	eher hohe	eher geringe	sehr geringe	keine Angaben
Wasserverbrauch/ -nutzung	7,3 %	21,8 %	26,8 %	33,2 %	10,9 %
Klimaperformance	20,9 %	38,7 %	20,4 %	11,4 %	8,6 %

Abbildung 10: Einfluss nachhaltig orientierter Investoren und Ratingagenturen auf Wasserverbrauch und Klimaperformance in den Unternehmen (n=361)[12]

Neben der grundsätzlichen Motivation und der allgemeinen Orientierung an Nachhaltigkeitsaspekten gibt es auch einzelne konkrete Maßnahmen, die sich auf Anfragen von Nachhaltigkeitsratingagenturen zurückführen lassen. Mehr als 38 Prozent der Befragten bestätigten dies und nannten auch konkrete Beispiele. Diese rangieren von Policies im Bereich Diversität & Geschlechtergleichheit, generellen Transparenzrichtlinien zur Dokumentation und Berichterstattung bis hin zur Definition von Grenzwerten für Scope 1-, 2- und 3-Emissionen gemäß den Anforderungen des CDP oder bis zur menschenrechtsbezogenen Sorgfaltspflicht etwa im Umgang mit indigenen Bevölkerungsgruppen. Des Weiteren wurden Anfragen von Nachhaltigkeitsratingagenturen zu Parteispenden, Steuersparstrategien, Lieferkettenmanagement oder einem detaillierten Treibhausgas-Reporting beispielhaft als konkrete Gründe dafür genannt, dass sich Unternehmen – und hier nicht nur die Nachhaltigkeitsabteilungen – verstärkt mit Nachhaltigkeitsaspekten auseinandersetzten.

Beispiele:
Immer öfter verwenden Unternehmen die Anfragen von Nachhaltigkeitsratingagenturen als Orientierung für die Erstellung ihres Nachhaltigkeitsberichts und zur Verbesserung des eigenen Nachhaltigkeitsmanagements:

„Unser jährlicher Nachhaltigkeitsbericht wird gemäß den Anforderungen der GRI-Standards (Global Reporting Initiative) erstellt und beinhaltet Informationen zu den Bereichen, die auch von Nachhaltigkeitsratingagenturen abgefragt werden. Die Ratingreports nutzen wir zudem systematisch dazu, Verbesserungspunkte zu erkennen und die zu deren Lösung notwendigen Prozesse von oben nach unten auf Corporate Governance-Level anzustoßen."

„Die Anfragen von Nachhaltigkeitsratingagenturen haben bei uns gleich mehrere Maßnahmen ausgelöst. Einerseits als Reaktion auf den verstärkten Fokus auf die im Dow Jones Sustainability Index und dem FTSE4Good Index geforderten Menschenrechtsaspekte: Wir erweiterten unsere bisherige Stellungnahme zu Menschenrechtsaspekten hin zu einer umfassenden Menschenrechts-Policy, um der geänderten Größenordnung der Thematik besser Rechnung zu tragen und den Stellenwert von Menschenrechtsaspekten im Unternehmen zu unterstreichen. Zum anderen waren die größere Beachtung von Nachhaltigkeitsaspekten in der Lieferkette innerhalb des Dow Jones Sustainability Index und des Global 100 Most Sustainable Corporations Rankings Auslöser für die Erstellung eines Supply Code of Conduct, der zusätzlich zu den bereits existierenden Green Procurement Guidelines und einer EHS Richtlinie verbindliche Regelungen für Geschäftspartner und Zulieferer enthält und den Ratingagenturen zur Verfügung gestellt wird."

---

[12] OEKOM RESEARCH (2017).

Bei 10,7 Prozent der befragten Unternehmen wirkt sich die Bewertung des Unternehmens in Nachhaltigkeitsratings auf die Vergütungsstruktur des gesamten Managements aus. Bei 22,8 Prozent ist dies bei einigen bestimmten Managementpositionen der Fall. Die meisten Unternehmen (53,8 Prozent) geben jedoch an, derzeit noch keine Systeme zur Kopplung der Vergütung an die Nachhaltigkeitsleistung installiert zu haben.

Wirkt sich die Bewertung Ihres Unternehmens in Nachhaltigkeitsratings auf die Managementvergütung aus?	
Ja, für alle Führungskräfte	10,7 %
Ja, für einzelne Positionen	22,8 %
Nein	53,8 %
Keine Angaben	12,7 %

Abbildung 11: Auswirkung des Nachhaltigkeitsratings auf die Managementvergütung (n=355)[13]

6 Der Nutzen von Nachhaltigkeitsratings für Unternehmen

Für 91 Prozent der Unternehmen stellen die Anforderungen von Nachhaltigkeitsratingagenturen ein Frühwarnsystem dar, welches ihnen hilft, relevante soziale und umweltbezogene Nachhaltigkeitstrends frühzeitig zu erkennen. Mit nur etwas über 5 Prozent ist dementsprechend der Anteil der Unternehmen, die darin keine Relevanz sehen, sehr gering.

Aber nicht nur die allgemeinen Anforderungen des Nachhaltigkeitsratings, sondern auch die geäußerten Erwartungen von Nachhaltigkeitsanalysten während des Ratingprozesses sowie der Unternehmensdialog helfen diesen, entsprechende Systeme zum Nachhaltigkeitsmanagement zu entwerfen. Mehr als 71 Prozent der Unternehmen stimmen daher dieser Aussage zu.

Die Erwartungen von Nachhaltigkeitsanalysten beeinflussen die Entwicklung von Nachhaltigkeitsmanagementsystemen bei Unternehmen	
Stimme voll und ganz zu	17 %
Stimme eher zu	54,8 %
Stimme eher nicht zu	17,6 %
Stimme überhaupt nicht zu	4,4 %
Keine Angaben	6,1 %

Abbildung 12: Einfluss von Nachhaltigkeitsanalysten auf die Entwicklung von Nachhaltigkeitsmanagementsystemen bei Unternehmen (n=342)[14]

---

[13] OEKOM RESEARCH (2017).
[14] OEKOM RESEARCH (2017).

Ebenfalls eine Mehrheit der Unternehmen (über 77 Prozent) nutzt den Abgleich der jeweilgen Nachhaltigkeitsperformance mit den allgemeinen Ratinganforderungen zur Stärken-/Schwächen-Analyse des eigenen Nachhaltigkeitsmanagementsystems. Der deutliche Rückgang gegenüber 2013 (84 Prozent) lässt sich unter anderem damit erklären, dass sich die Palette der Kontrollinstrumente für Unternehmen vergrößert hat und Rückmeldungen zum Nachhaltigkeitsmanagement – auch im Sinne eines zu beobachtenden Mainstreamings – auch von anderen Seiten kommen.

Wir verwenden Nachhaltigkeitsratings dazu, den Erfolg der eigenen Maßnahmen überprüfen und einordnen zu können	
Stimme voll und ganz zu	20,3 %
Stimme eher zu	42,3 %
Stimme eher nicht zu	21,9 %
Stimme überhaupt nicht zu	10 %
keine Angaben	5,5 %

Abbildung 13: Verwendung von Nachhaltigkeitsratings zum Monitoring der Nachhaltigkeitsmaßnahmen (n=342)[15]

Die systematische und transparente Bewertung und Einordnung eines Unternehmens innerhalb seiner Branche liefert diesem nicht nur Erkenntnisse über sich selbst, sondern hilft auch, den jeweiligen Stand gegenüber den Mitbewerbern einzuschätzen. Erstmals wurden daher im Rahmen dieser Studie Informationen zum Benchmarking abgefragt: Mehr als 70 Prozent der befragten Unternehmen nutzen regelmäßig Nachhaltigkeitsratings, um sich mit den Mitbewerbern im Sinne eines Benchmarkings vergleichen zu können.

Vor allem diese Informationen liefern Unternehmen wichtige Hinweise darauf, wo sie mit ihrer jeweiligen Nachhaltigkeitsleistung stehen. Dementsprechend ist es nicht verwunderlich, dass mit über 90 Prozent eine sehr deutliche Mehrheit mehr branchenspezifische Vergleichswerte in den Ratingreports begrüßt.

7 Der Stellenwert der UN SDGs

Initiativen wie die UN SDGs oder das Pariser Klimaabkommen verstärken Transformationsprozesse, die zunehmend auch die Wirtschaft verändern werden. Dies stellt Unternehmen vor große Herausforderungen und wird zudem für Investoren als Bestandteil einer Risikoanalyse immer wichtiger.

Bereits 2015 gaben 41 Prozent der durch die Unternehmensberatung PwC weltweit befragten Unternehmen an, die SDGs innerhalb der nächsten fünf Jahre aktiv in ihre Geschäftsstrategien integrieren zu wollen. Es bleibt aber abzuwarten, wie die teilweise noch unkonkreten Absichtserklärungen in den kommenden Jahren in nachprüfbare Handlungen übersetzt werden.

In Bezug auf die Bedeutung der SDGs zeigt sich aktuell ein gemischtes Bild: Bereits 36,2 Prozent der Befragten nutzen die SDGs zusammen mit anderen Initiativen als grobe Orientierung

---

[15] OEKOM RESEARCH (2017).

für ihre Nachhaltigkeitsstrategie. Mit 17,4 Prozent ist es aber noch eine klare Minderheit, die bereits aktiv ihre Nachhaltigkeitsmanagementsysteme an ihren Zielsetzungen ausrichtet. Für weitere 15 Prozent der Unternehmen bilden die SDGs immerhin eine Hilfestellung für die eigene Nachhaltigkeitsberichterstattung, während 8,4 Prozent in ihnen bereits ein Mittel sehen, um die eigene Relevanz auf dem nachhaltigen Investmentmarkt zu steigern. Trotz dieser vereinzelten Bestätigungen sind es noch immer knapp 15 Prozent, die in den SDGs für sich noch keinerlei Relevanz sehen.

Welche Rolle spielen die UN SDGs innerhalb der Nachhaltigkeitsstrategie Ihres Unternehmens?	
Wir verwenden sie und andere Initiativen als Orientierung.	36,2 %
Wir richten aktiv unser Nachhaltigkeitsmanagement nach ihnen aus.	17,4 %
Sie helfen uns, unsere Bedeutung am nachhaltigen Investmentmarkt zu steigern.	8,4 %
Wir verwenden sie für unser Nachhaltigkeitsreporting.	15,1 %
Sie spielen überhaupt keine Rolle.	14,8 %

Abbildung 14:   *Die Rolle der UN SDGs innerhalb der Nachhaltigkeitsstrategie der Unternehmen (n=345)*[16]

Im Hinblick auf die oben genannten Antworten verwundert es kaum, dass sich fast die Hälfte aller Unternehmen mehr Unterstützung und Hilfestellung bei der Umsetzung und Anwendung der UN-Zielformulierungen wünscht.

Benötigen Sie mehr Unterstützung und Hilfestellung bei der Umsetzung der UN SDGs?	
Ja, mehr Hilfestellung wäre notwendig.	49,4 %
Wir benötigen keine Hilfestellung.	38,9 %
Keine Angaben.	11,7 %

Abbildung 15:   *Unterstützung und Hilfestellung bei der Umsetzung der UN SDGs (n=342)*[17]

Etwas mehr als 37 Prozent der Unternehmen sehen eine Verbindung zwischen Anfragen von nachhaltig orientierten Investoren und Unternehmensbeiträgen zur Umsetzung der UN SDGs. Mehr als die Hälfte der Unternehmen leitet dagegen noch keine entsprechenden Handlungskonsequenzen aus den Anfragen der Analysten und Investoren ab. Mit 20,8 Prozent bewertet etwas mehr als ein Fünftel der befragten Unternehmen die SDGs sogar als nur geringfügig relevant.

---

[16] OEKOM RESEARCH (2017).
[17] OEKOM RESEARCH (2017).

Welche Auswirkung haben die Anfragen von nachhaltig orientierten Investoren und Ratingagenturen in Bezug auf folgende Themen	sehr hohe	eher hohe	eher geringe	sehr geringe	keine Angaben
Entsprechung zu den UN SDGs	10,8 %	26,6 %	30,7 %	20,8 %	11,1 %
Befolgung des UN Global Compact	11,6 %	29,4 %	27 %	20,6 %	11,4 %

Abbildung 16: Welche Auswirkung haben die Anfragen von nachhaltig orientierten Investoren und Ratingagenturen in Bezug auf folgende Themen: UN SDGs, UNGC? (n=361)[18]

Ähnlich verhält es sich bei der Frage nach der Unterstützung des UN Global Compact. Investorenseitige Anfragen nach der Orientierung der Unternehmen an den Richtlinien des UN GC sind nur für etwas mehr als 41 Prozent der Unternehmen von hoher bis sehr hoher Bedeutung, während 47 Prozent diesen nur wenig Bedeutung zumessen.

Eine knappe Mehrheit der Unternehmen würde sich durchaus zu besseren Nachhaltigkeitsleistungen und einem höheren Engagement bei der Umsetzung der UN-Zielsetzungen motivieren lassen, wenn es ein SDG-Label geben würde, an dem sich Investoren orientieren können. Insgesamt knapp über 58 Prozent würden hierdurch verstärkte Anstrengungen in ihrem Nachhaltigkeitsmanagement unternehmen und den Zielsetzungen noch besser entsprechen wollen.

Wenn Investoren ihre Investitionen anhand eines SDG-Labels vergeben würden, würde dies Ihr Unternehmen dazu motivieren, noch besser den Sustainable Development Goals zu entsprechen?	
Stimme voll und ganz zu	15,4 %
Stimme eher zu	43,3 %
Stimme eher nicht zu	18,9 %
Stimme überhaupt nicht zu	9,3 %
keine Angaben	13,1 %

Abbildung 17: Wie schätzen Unternehmen die Wirkung eines SDG-Labels ein (n=344)[19]

8 Fazit und Ausblick: Der Kreislauf der Verbesserung

Nachhaltige Entwicklung erfordert einen ständigen Prozess der Verbesserung. Entsprechend gilt das einmal Erreichte als Ausgangspunkt für das nächste, höher gesetzte Ziel. Dieser Kreislauf zeigt sich auch in den Ergebnissen dieser Studie: Sie bestätigen nicht nur die Grundannahme von der tatsächlichen Wirkung des nachhaltigen Investments auf die Nachhaltigkeitsleistung der Unternehmen, sondern zeigen zudem, dass dieser Impact auch bei stetig steigenden Anforderungen funktioniert. Die in dieser Studie abgefragten Einschätzungen der Unternehmen sowie ihre messbaren, sich kontinuierlich verbessernden Nachhaltigkeitsleistungen unterstützen diese Annahme.

---

[18] OEKOM RESEARCH (2017).
[19] OEKOM RESEARCH (2017).

Die Grundrichtung ist somit klar: Der Impact nachhaltiger Investments hinterlässt seine positiven Spuren im Management und den Geschäftstätigkeiten der Unternehmen. In gleichem Maße, wie sich dies weiter etabliert, nimmt auch die Anzahl der Faktoren zu, die hierfür weitere Auslöser und Antreiber sind. Waren es bislang an erster Stelle die Nachhaltigkeitsratingagenturen, die als wichtigste Motivatoren galten, so hat sich das Feld deutlich erweitert und schließt immer stärker auch andere Akteure des nachhaltigen Finanzmarktes sowie Kunden, Gesetzgeber und Behörden ein.

Ein wichtiger Aspekt sowohl für Investoren als auch für die Unternehmen ist Messbarkeit. Je besser sich Anforderungen zu Nachhaltigkeitsaspekten in konkrete, messbare Kriterien überführen lassen, desto höher ist die Akzeptanz dafür bei Unternehmen. Entsprechend wichtiger werden hier vereinheitlichte Reportings – sowohl als Entscheidungsraster für Investoren als auch als Vergleichsmaßstab oder Benchmarking-Instrument für Unternehmen. Verschiedenste Reporting-Initiativen arbeiten daran, Standards zu etablieren und Vergleichbarkeit zu schaffen. Neben Initiativen wie dem Integrated Reporting des IIRC (International Integrated Reporting Council), den Aktivitäten der GRI (Global Reporting Initiative) oder des CDP (Carbon Disclosure Project) sowie jüngst die TCFD (Task Force on Climate-Related Financial Disclosures) mit ihren Empfehlungen für die Einbeziehung von klimarelevanten Informationen in das herkömmliche Finanz-Reporting[20], gibt es auch erste regulatorische Vorgaben auf nationaler und europäischer Ebene (Artikel 173 in Frankreich, EU-Richtlinie zu nichtfinanzieller Berichterstattung). Es wird darauf ankommen, inwieweit sich aus dieser Vielzahl an Reporting-Anforderungen Standards etablieren und sich somit Synergien ableiten lassen, damit Unternehmen einen handhabbaren Rahmen für Messungen und Verbesserungen erhalten. Die High Level Expert Group on Sustainable Finance der EU Kommission formuliert in ihrem Abschlussbericht vom Januar 2018 die Empfehlung, entsprechende Transparenz- und Berichtspflichten zu ESG-Faktoren für Unternehmen und Investoren verpflichtend einzuführen[21].

Die SDGs als auf höchster politischer Ebene getroffener Ziel-Konsens nachhaltiger Entwicklung könnten der nächste Hebel des Verbesserungskreislaufs sein. So sieht auch die HLEG eine Ausrichtung auf die nachhaltige Wirkung und speziell auf die SDGs als Fundament der zukünftigen EU-Maßnahmen in Bezug auf einen nachhaltigen Finanzmarkt an. Eine ihrer zentralen Empfehlungen lautet beispielsweise, eine Taxonomie zu etablieren, die Investitionsmöglichkeiten nach dem Grad ihrer Nachhaltigkeitswirkung auf die Umwelt- und Sozialziele der EU – insbesondere das Pariser Klimaabkommen und die SDGs – unterscheidet. Damit sollen die Kapitalströme im Finanzmarkt zielgerichtet auf eine nachhaltige Entwicklung ausgerichtet werden. Ebenso orientieren sich bereits jetzt im Markt erste Green Bonds in ihrer Impact-Abschätzung an den SDGs. Unabhängig vom Anwendungshintergrund aber müssen Wirkung und Funktionsweise der SDGs für Unternehmen noch weiter übersetzt und ihre Zielforderungen anwendbar gemacht werden, sodass diese konkrete Handlungen und Ziele daraus ableiten können. Es bleibt daher abzuwarten, wie Unternehmen die nächsten Stufen des Verbesserungskreislaufs meistern und welche Rolle darin der nachhaltige Investmentmarkt mit seinen sich ebenfalls verändernden Anforderungen einnehmen wird. Es wird dabei hauptsächlich darum gehen, den vorhandenen Werkzeugkasten im Sinne des nachhaltigen Impacts anzuwenden.

---

[20] vgl. TASK FORCE ON CLIMATE RELATED FINANCIAL DISCLOSURES (2017).
[21] vgl. EUROPEAN COMMISSION (2018).

Quellenverzeichnis

EUROPEAN COMMISSION (2018): online: https://ec.europa.eu/info/publications/180131-sustainable-finance-report_en, Stand 31.01.2018, Abruf: 12.02.2018.

GLOBAL REPORTING INITIATIVE (2017): online: http://database.globalreporting.org, Stand: 12.02.2018, Abruf: 12.02.2018.

OEKOM RESEARCH (2017): Einfluss des nachhaltigen Investments auf Unternehmen, München 2017.

OEKOM RESEARCH (2013): Einfluss nachhaltiger Kapitalanlagen auf Unternehmen, München 2013.

TASK FORCE ON CLIMATE RELATED FINANCIAL DISCLOSURES (2017): online: https://www.fsb-tcfd.org/publications/final-recommendations-report/, Stand: 29.06.2017, Abruf 12.02.2018.

Performance und Wirkung nachhaltiger Kapitalanlagen

T<small>IMO</small> B<small>USCH</small>, A<small>LEXANDER</small> B<small>ASSEN</small> und G<small>UNNAR</small> F<small>RIEDE</small>

Universität Hamburg

1	Einleitung	173
2	Die Performance-Debatte	174
	2.1 ESG-Kriterien in unterschiedlichen Anlageklassen	176
	2.2 Unterschiede für E-, S- und G-Kriterien	176
	2.3 Auswirkungen von ESG-Faktoren nach Regionen	177
	2.4 ESG und CFP im Zeitverlauf	178
3	Wirkung nachhaltiger Investments	179
	3.1 Nachhaltige Anlagestrategien	179
	3.2 Direkte Wirkung nachhaltiger Investments	180
	3.3 Indirekte Wirkung nachhaltiger Investments	180
	3.4 Transparenz der ESG-Daten und Ratings	181
4	Fazit	182
	Quellenverzeichnis	184

1 Einleitung

Der Marktanteil sogenannter nachhaltiger Geldanlagen ist weltweit in den letzten Jahren rasant gestiegen.[1] Die zunehmende Relevanz des Themas Nachhaltigkeit für Investoren zeigt sich durch die von den Vereinten Nationen unterstützten Principles for Responsible Investment (PRI). Mittlerweile haben mehr als 1.750 Unterzeichner mit einem Vermögenswert von ungefähr 70 Billionen US-Dollar die PRI-Leitsätze unterschrieben. Zum Vergleich: Im Jahr 2006 waren es erst 100 Unterzeichner mit einem Vermögenswert von circa 6,5 Billionen US-Dollar.[2] Entsprechend lässt sich feststellen, dass nachhaltige Geldanlage in den letzten Jahren stark an Bedeutung gewonnen haben.[3]

Idealerweise sollten diese Entwicklungen auf dem Finanzmarkt zu einer nachhaltigen Entwicklung insgesamt beitragen. Doch die gegenwärtige Realität zeigt, dass die Welt in vielen Bereichen nicht nachhaltiger wird. Schätzungen zufolge übersteigt der globale ökologische Fußabdruck die Kapazitäten der Erde aktuell um 70 Prozent.[4] Der weltweite Ressourcenverbrauch und die Kohlendioxidemissionen nehmen weiter zu.[5] Auch in Bezug auf die soziale Dimension lässt sich feststellen, dass die meisten Millenniums-Entwicklungsziele nicht erreicht wurden.[6] Diese Situation wirft die Frage auf, ob nachhaltige Geldanlagen tatsächlich zu einer nachhaltigen Entwicklung beitragen oder ob sie nicht eher ein Mythos sind.[7]

Der Beitrag widmet sich dieser Frage und stellt klar heraus, dass nachhaltige Geldanlagen definitiv kein Mythos sind. Allerdings sehen wir auch Potentiale, wie zukünftig mehr Nachhaltigkeit auf dem Finanzmarkt erreicht werden kann. Diese Einschätzung beruht auf zwei wesentlichen Erkenntnissen aus der aktuellen akademischen Forschung. Die positive Erkenntnis ist, dass aufgrund des bisher umfangreichsten Reviews der akademischen Literatur das folgende Fazit gezogen werden kann: Es kann eine sehr belastbare Aussage über den Zusammenhang von Umwelt-, Sozial- und Governance- (Environmental, Social und Governance - ESG) Kriterien und Finanzperformance (Corporate Financial Performance - CFP) getroffen werden. Über den empirischen Zusammenhang von ESG und CFP herrscht keine Unklarheit mehr. Gut 50 Prozent aller untersuchten Studien finden einen signifikant positiven Zusammenhang zwischen ESG und CFP; weniger als 10 Prozent einen negativen. Diese Erkenntnis gilt es in die Praxis zu vermitteln und dem alten Gerücht entgegenzustellen, dass Nachhaltigkeit mit Performance-Verlust einhergeht.

Die negative Erkenntnis ist, dass für viele der angewandten ESG-Investmentstrategien der tatsächliche Effekt auf mehr Nachhaltigkeit derzeit kaum gemessen wird. Bei einzelnen Strategien, wie den Impact Investments, kann der Effekt oftmals gut bemessen werden. Bei anderen Strategien hingegen, die vor allem das Gros der nachhaltig verwalteten Vermögen bilden, wie dem Negativ-Screening, Engagement oder dem Best-in-Class-Ansatz, können Investoren zumeist nur schwer den Nachhaltigkeitseffekt ihrer Anlagestrategie bemessen. Daher ist es elementar, dass in Zukunft neben der Verwendung von ESG-Kriterien auch eine verlässliche Datenbasis geschaffen wird, um die tatsächlichen Impacts nachhaltiger Investments, wie

---

[1] GSIA (2016).
[2] PRI (2016).
[3] BAUER/KOEDIJK/OTTEN (2005), GALEMA/PLANTINGA/SCHOLTENS (2008) und ORLITZKY (2013).
[4] EARTH OVERSHOOT DAY (2017).
[5] WWF (2016).
[6] VEREINTE NATIONEN (2015).
[7] ENTINE (2003).

vermiedene CO_2-Emissionen, geschaffene Arbeitsplätze oder verringertes Korruptionsrisiko zu bemessen.

2 Die Performance-Debatte

Trotz der Tatsache, dass die Idee von verantwortlichem Investieren in den Finanz-Mainstream Einzug gehalten hat, wird über die ökonomische Wirkung nach wie vor debattiert. Grund die mehr als 2000 empirischen Studien zusammenzufassen, die seit den 1970er Jahren zum Zusammenhang von ESG-Kriterien und Finanzperformance veröffentlicht wurden.
Friede, Busch, und Bassen (2015) haben eine entsprechende Studie durchgeführt und veröffentlicht.[8] Die Studie berücksichtigt zum einen die bei vielen Praktikern bekannte Aggregationsform der sogenannten Vote-Count-Studien (*Zählstudien*). Bei diesen wird die Anzahl von Primärstudien gezählt, die einen signifikant positiven, negativen oder nicht-signifikanten Zusammenhang zeigt. Die Kategorie mit dem höchsten Anteil von Studien wird dann als vermeintlich repräsentativer Gesamteffekt bestimmt.[9] Zum zweiten beziehen wir ökonometrische Übersichtsstudien, sogenannte Meta-Analysen, mit ein. Diese importieren Korrelationen (Effektgrößen) und korrespondierende Stichprobengrößen aus diversen Primärstudien, um einen statistischen Gesamteffekt für die Population aller einbezogenen Primärstudien zu berechnen.[10] Dabei werden für die Analyse nicht nur die ausgewiesenen Gesamteffekte der verschiedenen Übersichtsstudien berücksichtigt, sondern auch alle verfügbaren Informationen auf Primärstudienebene. Durch die identifizierten 60 Übersichtsstudien und ihre zugrundeliegenden Studien, wurden mehr als 2.200 wissenschaftliche Primärstudien zum empirischen Zusammenhang von ESG und CFP ausgewertet. Das Ergebnis ist die bislang umfangreichste Untersuchung zum Zusammenhang zwischen ESG-Faktoren und Finanz-Performance.
Die unter Praktikern viel beachtete Studie kommt zu einer zentralen Schlussfolgerung: Über den empirischen Zusammenhang von ESG und CFP herrscht keine Unklarheit mehr. Gut 50 Prozent aller untersuchten Studien finden einen signifikant positiven Zusammenhang zwischen ESG und CFP; weniger als 10 Prozent einen negativen. Die restlichen Studien konstatieren keinen bzw. einen nicht-signifikanten Zusammenhang. Im Detail zeigt die Auswertung der Studien, dass ein Großteil einen positiven ESG-CFP Zusammenhang findet – 47,9 Prozent der Vote-Count-Studien und sogar in 62,6 Prozent der Meta-Studien. Weniger als zehn Prozent der Studien in beiden Aggregationsformen finden hingegen ein negatives ESG-CFP-Verhältnis (6,9 Prozent bzw. 8,0 Prozent). Die verbleibenden Studien finden keinen oder keinen signifikanten Effekt. Die durchschnittlichen Korrelationen von ESG und CFP über alle Zusammenhänge hinweg bestimmen wir in Vote-Count-Studien mit r = 0.149 und in Meta-Analysen vergleichbar mit r = 0.150. Beide Ergebnisse sind hochsignifikant.

---

[8] Vgl. hierzu und im Folgenden auch *Friede/Busch/Bassen* (2016).
[9] *Light/Smith* (1971).
[10] *Hedges* (1982) und *Hunter/Schmidt/Jackson* (1982).

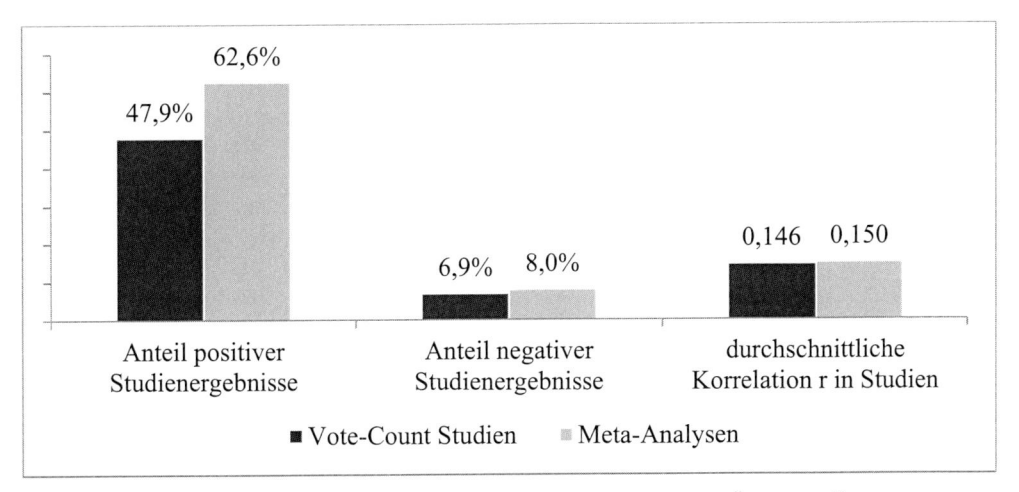

Sustainable Finance: Zwei elementare Erkenntnisse für mehr Nachhaltigkeit 175

Abbildung 1: *Empirische Studien zum ESG-CFP-Verhältnis im Überblick*[11]

Vor allem seit Anfang der 1970er-Jahre beschäftigen sich Wissenschaftler und Praktiker empirisch mit der Frage, inwieweit ESG-Kriterien sich auf die Unternehmens- und Portfolio-Performance auswirken. Basierend auf unseren Daten schätzen wir, dass zwischen 1970 und 2014 mehr als 2.200 empirische Primärstudien zum ESG-CFP Zusammenhang veröffentlicht wurden. Eine deutliche Belebung erfuhr das wissenschaftliche Interesse am Thema insbesondere ab Mitte der 1990er Jahre und ist seitdem ungebrochen. Allein in den letzten zehn Jahren hat sich die Anzahl publizierter Studien nochmal verdoppelt (siehe Abb. 2). Überdurchschnittlich deutliche Zusammenhänge lassen sich innerhalb der entwickelten Märkte für Nordamerika und generell für die Schwellenländer konstatieren.

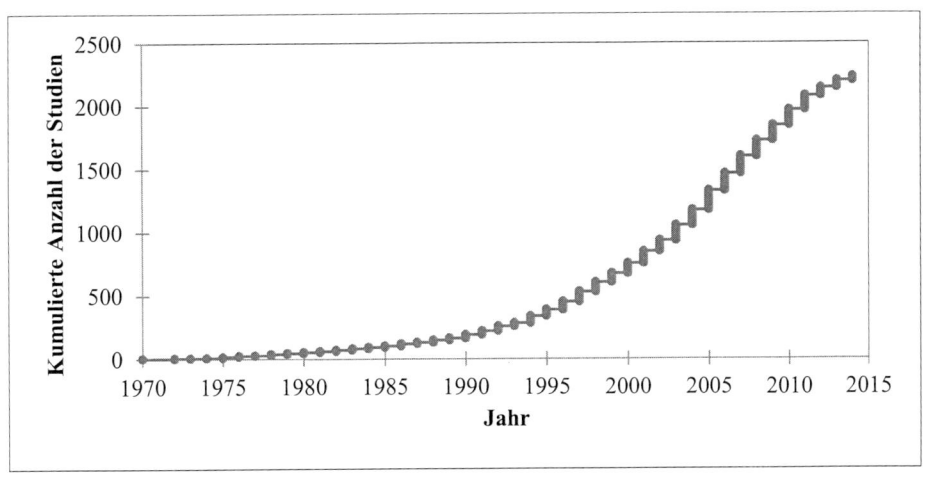

Abbildung 2: *Anzahl empirischer Studien zum ESG-CFP-Verhältnis im Zeitverlauf (Kumulierte Studienanzahl)*[12]

---

[11] FRIEDE/BUSCH/BASSEN (2015).
[12] FRIEDE/BUSCH/BASSEN (2015).

2.1 ESG-Kriterien in unterschiedlichen Anlageklassen

Die Granularität der Studien auf Primärebene ermöglicht es, den Performance-Zusammenhang auch nach verschiedenen Kriterien zu untersuchen, wie zum Beispiel den Unterschieden bei Anlageklassen. ESG-CFP-Unterschiede in den Anlageklassen sind ein noch relativ neues Feld, da sich in der Vergangenheit der Großteil der Analysearbeit (>90 Prozent) der Studien auf Aktien und aktienbasierte Portfolios bezog. In den letzten Jahren haben die Studien zu Anleihen und Immobilien jedoch stetig zugenommen und ermöglichen nunmehr einen anlageklassenübergreifenden Vergleich.

Überproportional positive Resultate können bei der Integration von ESG-Kriterien in festverzinslichen Anlagen und Immobilien im Verhältnis zu Aktien gefunden werden (siehe Abb. 3). Es muss indes angemerkt werden, dass es sich bei ESG-CFP Studien für Anleihen und Immobilien um ein noch relativ junges Forschungsgebiet handelt. Erste Studien zu ESG-Effekten bei Anleihen erschienen Ende der 1990er und sind seit dem auf knapp 40 Studien angestiegen, die in unsere Analyse eingeflossen sind. Studien zu ESG-CFP-Zusammenhängen bei Immobilien beobachten wir seit 2010 mit einer Stichprobengröße von sieben Studien. Zukünftige Untersuchungen werden zeigen, ob sich die relativ bessere Performance in diesen Nicht-Aktienanlageklassen als stabil erweist.

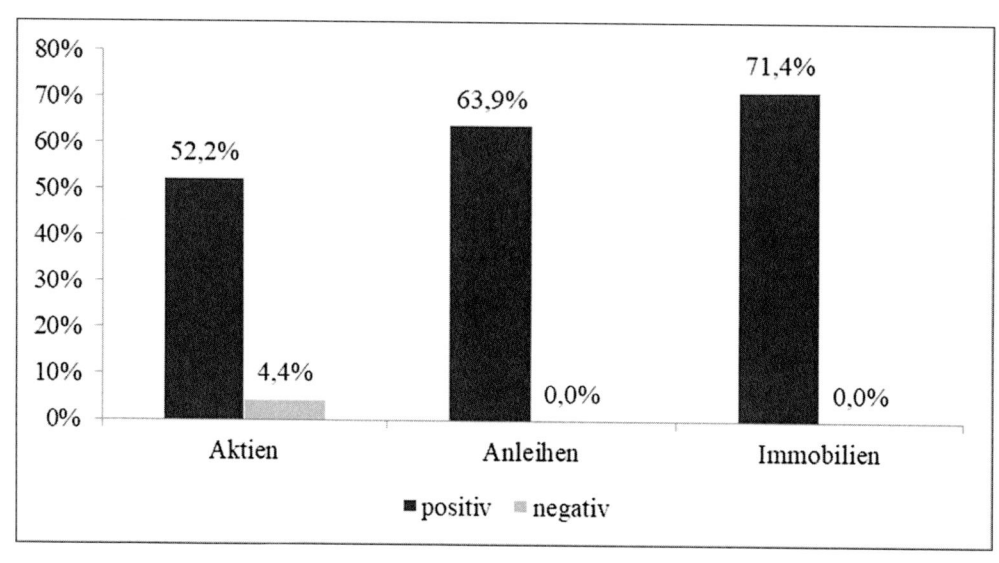

Abbildung 3:   *ESG-CFP-Verhältnis in Hauptanlageklassen (Vote-Count-Stichprobe)*[13]

2.2 Unterschiede für E-, S- und G-Kriterien

Ebenfalls von Interesse war, ob eine der drei ESG-Kriterien einen vermeintlich größeren Einfluss auf die CFP hat. Bei der vorliegenden Stichprobe aus 644 Studien mit identifizierbaren Subkategorien zu einzelnen ESG-Kriterien lässt sich kein dominierender Faktor ermitteln. Ein Übergewicht an positiven Ergebnissen findet sich bei G-Kriterien: 62,3 Prozent aller Studien zeigen einen positiven Zusammenhang zwischen Governance und der Finanz-Performance. Andererseits weisen Governance-Themen mit 9,2 Prozent auch den höchsten Prozentsatz an

---

[13] *FRIEDE/BUSCH/BASSEN* (2015).

negativen Zusammenhängen auf. Zieht man den Anteil an negativen Ergebnissen von den positiven Ergebnissen ab, so liefern umweltbezogene Studien das beste Resultat (siehe Abb. 4).

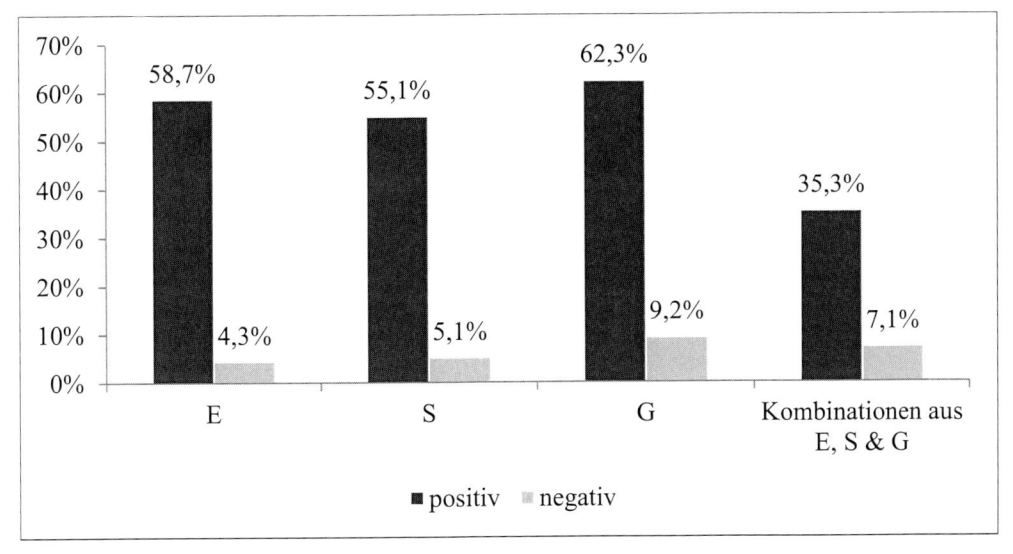

Abbildung 4:   *Umwelt- (E), Sozial- (S) und Governance-Kategorien (G) im Verhältnis zur CFP*[14]

Einen Ausreißer stellen Studien mit Kombinationen aus E-, S- und G-Kriterien dar. Nur 35,3 Prozent der Studien zeigen einen signifikant positiven Zusammenhang zwischen ESG und CFP. In diese Gruppe fällt jedoch ein sehr hoher Anteil von portfoliobasierten Studien. Wenn diese ausgeklammert werden, verbleibt ein Anteil von 51,7 Prozent (4,8 Prozent) positiven (negativen) Zusammenhängen, sodass die Ergebnisse zwar geringer, der Abstand zu den fokussierten E-, S- und G-Studien aber deutlich kleiner ausfällt.

2.3   Auswirkungen von ESG-Faktoren nach Regionen

Auf der Grundlage von insgesamt 402 Studien mit einem auswertbaren regionalen Fokus sind zwei Grundmuster festzustellen. Zum einen weisen die Industrieländer (ohne Nordamerika) einen geringeren Anteil an Studien mit positivem ESG-CFP-Zusammenhang auf; wobei Europa mit nur 26,1 Prozent positiven Ergebnissen am schlechtesten abschneidet und Nordamerika mit 42,7 Prozent positiven Ergebnissen am besten. Innerhalb der europäischen und asiatisch-australischen Stichprobe für die Industrieländer wurde aber eine hohe Anzahl an Portfoliostudien berücksichtigt. Doch auch nach Bereinigung des Einflusses von Portfoliostudien zeigt sich ein ähnliches Bild: der Prozentsatz an positiven Resultaten für Nordamerika steigt auf 51,5 Prozent und für Europa auf 46,7 Prozent. Dies lässt den Abstand zu Nordamerika zwar erheblich schrumpfen, ist jedoch nach wie vor nennenswert hoch. Neben den Unterschieden in den entwickelten Märkten fällt das deutliche Verhältnis zwischen ESG und CFP in der Gruppe der Schwellenländer-Studien auf. Der Anteil von positiven Studien beträgt 65,4 Prozent. Bei Eliminierung der portfolio-basierten-Studien steigt der Anteil auf 70,8 Prozent (siehe Abb. 5).

---

[14] *FRIEDE/BUSCH/BASSEN* (2015).

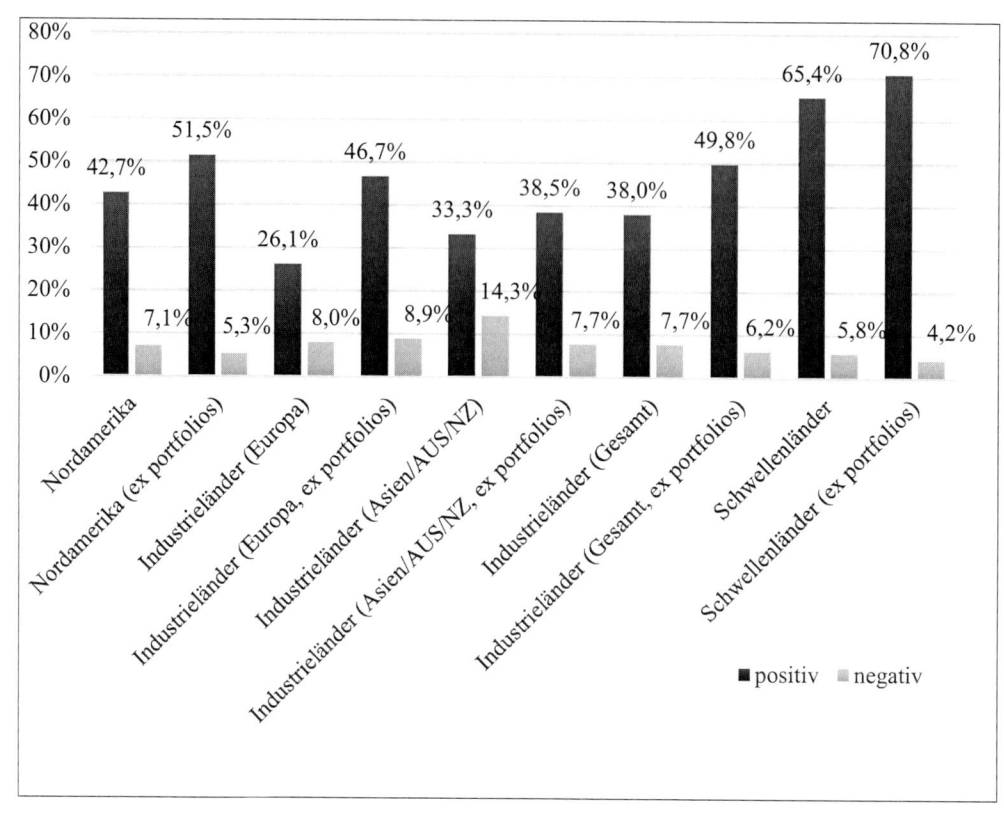

Abbildung 5: ESG-CFP-Verhältnis in verschiedenen Regionen[15]

2.4 ESG und CFP im Zeitverlauf

Ein weiterer Untersuchungsgegenstand war die Stabilität des ESG-CFP-Verhältnisses im Zeitverlauf. Aufgrund der stark gewachsenen *responsible investments*[16] in den letzten Jahren könnte angenommen werden, dass es zu einer Überbewertung verantwortungsbewusst wirtschaftender Unternehmen gekommen ist. Die Folge wäre eine damit einhergehende relativ schlechtere Performance in den Folgejahren.[17] Die Hypothese von einem abnehmenden ESG-CFP-Zusammenhang können wir jedoch nicht bestätigen. Die durchschnittlichen Korrelationen von ESG und CFP in 551 Primärstudien, zu denen Korrelationsfaktoren und Veröffentlichungszeitpunkt zur Verfügung stehen, hat sich in den letzten zwei Jahrzenten nicht maßgeblich verändert. Im Durchschnitt weisen die Studien in unterschiedlichsten Regionen, Anlageklassen und Zeiträumen eine unverändert hohe, signifikant positive Korrelation auf.

---

[15] FRIEDE/BUSCH/BASSEN (2015).
[16] GSIA (2015) und PRI (2015).
[17] BORGERS/DERWALL/KOEDIJK/TER HORST (2013) und DERWALL/KOEDIJK/TER HORST (2011).

3 Wirkung nachhaltiger Investments

Die finanzielle Auswirkung nachhaltiger Geldanlagen ist ein wichtiger Aspekt, um das Thema noch populärer zu machen. Mindestens genauso wichtig ist aber die Frage, welchen konkreten Beitrag sie zu einer nachhaltigen Entwicklung leisten. Eine genauere Betrachtung der einzelnen Anlagestrategien zeigt, dass die Wirkung bei einigen Ansätzen im Vordergrund steht, während sie sich bei anderen indirekt ergeben kann – aber nicht muss. Ein besseres Verständnis der tatsächlichen Wirkung nachhaltiger Geldanlagen, das über den Zusammenhang zur finanziellen Performance hinausgeht, ist daher essentiell. Bisher scheitert dies vor allem daran, dass die Wirkung im Sinne von Output und Impact schwer zu messen und einzelnen Produkten zuzuordnen ist. In einem kürzlich erschienen Artikel in der Zeitschrift Science begründen Vörösmarty et al. (2018) diesen Umstand damit, dass sich die verfügbaren Daten und Kennzahlen in erster Linie auf die Dokumentation von Veränderungen interner Geschäftspraktiken beschränken und der weitere Kontext vernachlässigt wird.[18]

Um dieses Verständnis zu schärfen, werden im Folgenden zunächst die einzelnen Anlagestrategien kurz vorgestellt. Anschließend wird diskutiert, auf welche Weise die einzelnen Strategien zu einer nachhaltigen Entwicklung beitragen können. Dabei wird vor allem zwischen direkter und indirekter Wirkung unterschieden.

3.1 Nachhaltige Anlagestrategien

Eurosif (2016) untergliedert nachhaltige Anlagen in die folgenden sieben Investitionsstrategien.[19] Bei *thematischen Fonds* wählen Anleger bestimmte Themenbereiche aus, die typischerweise eng mit einer nachhaltigen Entwicklung verknüpft sind, z. B.: erneuerbare Energien, Energieeffizienz, Wasser, oder Abfallmanagement. Die Anlagen erfolgen gezielt in entsprechende Projekte oder Unternehmen, die in dem jeweiligen Feld aktiv sind bzw. entsprechende Technologien entwickeln.

Bei dem *Best-in-Class*-Ansatz wird ausschließlich in Unternehmen investiert, die – gemessen an ihrer ESG-Performance – zu den Besten ihres Industriesektors gehören. Das bedeutet, dass im Rahmen dieser Strategie beispielsweise auch in ein Öl- und Gasförderunternehmen investiert werden kann, sofern dieses zu den Besten in dem Sektor gehört.

Die *Ausschluss-Strategie* basiert auf einem Negativ-Screening. Entsprechend wird im Rahmen des Risikomanagements oder eines wertorientierten Ansatzes der Umsatzanteil eines kritischen Produkts oder Services am Gesamtumsatz des Unternehmens bewertet. Um potenzielle Reputationsrisiken zu begrenzen, werden hierbei Unternehmen und Branchen, die ESG-Kriterien nicht erfüllen oder bestimmte Werte und Normen verletzen, aus dem Portfolio ausgeschlossen.

Mit Hilfe des *normbasierten Screenings* wird auf Basis von ESG-Kriterien beurteilt, inwieweit ein Unternehmen gewisse Mindeststandards bei Umweltschutz, Menschenrechten, Arbeitsnormen und Korruptionsbekämpfung berücksichtigt. Als Maßstab können hierbei z. B. die Leitlinien des UN Global Compact herangezogen werden.

Bei der *ESG-Integration-Strategie* werden ESG-Faktoren systematisch in die Finanzanalyse integriert. Diese zusätzlichen Informationen zu nachhaltigkeitsbezogenen Aktivitäten können dazu dienen, die finanzielle Stabilität eines Unternehmens besser einschätzen zu können.[20]

---

18 VÖRÖSMARTY ET AL. (2018).
19 EUROSIF (2016).
20 LAUREL-FOIS (2016).

Mit der Strategie *Engagement & Voting* verfolgt der Anleger einen aktiven Ansatz. So wird gezielt versucht, Einfluss auf die Geschäftspraktiken eines Unternehmens zu nehmen. Dies geschieht mit dem Ziel, die Unternehmensführung zu verbessern sowie Umwelt- und Sozialaspekte stärker zu berücksichtigen. Zentraler Bestandteil dieser Strategie ist der Dialog zwischen dem Management des Unternehmens und den Investoren beziehungsweise ihren Vertretern. Des Weiteren gehört die Ausübung der Stimmrechte oder die Einbringung von Aktionärsanträgen auf den Gesellschafterversammlungen dazu.

Mit der Strategie *Impact Investing* werden explizit solche Projekte und Investitionen gesucht, die zur Lösung sozialer oder ökologischer Probleme beitragen. Häufig geschieht dies durch die Finanzierung von Unternehmen mit einem klaren sozialen oder ökologischen Zweck oder im Mikro-Finanzbereich, wo traditionell Einzelpersonen oder Gemeinden zweckspezifisch finanziert werden.

Viele der SRI-Strategien werden in Kombination eingesetzt. Die Verteilung des investierten Kapitals zeigt, dass die *Ausschluss-Strategie* mit einem Anteil von global rund 36 Prozent die bedeutendste Anlage-Strategie ist, gefolgt von der *ESG Integration* (25 Prozent) und dem *Engagement & Voting* (20 Prozent)[21]. Das *Impact Investing* (0,6 Prozent) sowie die *thematischen Fonds* (0,8 Prozent) weisen weltweit zwar die geringste Investmentsumme vor, zeigen aber das stärkste Wachstum.[22]

3.2 Direkte Wirkung nachhaltiger Investments

Bei den Strategien *Engagement & Voting* sowie beim *Impact Investing* steht die beabsichtigte Wirkung eindeutig im Vordergrund. Investoren können hier über direkten Einfluss eine Wirkung erzielen. Bei *Engagement & Voting* reichen die Möglichkeiten der Einflussnahme dabei von der Ausübung von Stimmrechten zu relevanten ESG-Themen, über Dialogprogramme, bis hin zu druckerzeugenden, öffentlichen Stellungnahmen und Medienkampagnen. Stets mit dem Ziel, die ESG-Praktiken der Unternehmen zu verbessern. Die Wirkungsmessung kann etwa durch die Anzahl der erfolgreich eingebrachten Tagesordnungspunkte auf der Hauptversammlung oder durch eine angepasste Verhaltensweise des Top-Managements erfolgen.

Beim *Impact Investing* verhält es sich leicht anders. Der Unterschied besteht darin, dass sich der Einfluss durch die gezielte Förderung von Projekten ausdrückt, bei denen eine ökologische oder soziale Rendite intendiert wird. Da gezielt in Lösungen für soziale oder ökologische Probleme investiert wird, geht von dieser Investmentstrategie ebenfalls eine direkte Wirkung aus. Die Wirkungsmessung ist hier möglich und wird bereits umfassend umgesetzt. Beim *Impact Investing* haben Anleger daher konkret die Möglichkeit, in Abhängigkeit von den geförderten Projekten etwa die Verbesserung der Versorgung mit Trinkwasser oder die Anzahl der erreichten Schulabschlüsse zu messen.

3.3 Indirekte Wirkung nachhaltiger Investments

Alle anderen Anlagestrategien tragen erwartungsgemäß ebenfalls zu einer nachhaltigen Entwicklung bei, allerdings kann der Effekt nicht immer unmittelbar bestimmt werden. Zunächst erscheint es plausibel, dass dann auch in nachhaltigere Unternehmen investiert wird, wenn z. B. ESG-Kriterien bei der Investitionsentscheidung berücksichtigt werden. Allerdings wissen Investoren zumeist nicht, welcher direkte Effekt sich aufgrund der Anlagestrategie ergibt. Ein

---

[21] *GSIA* (2016).
[22] *GSIA* (2016).

Grund hierfür kann in der nicht ausreichenden Transparenz vieler ESG-Daten und entsprechender Ratings gesehen werden.

Dennoch können auch die übrigen Anlagestrategien sehr effektiv sein, indem die richtigen Signale gesetzt werden. Allerdings handelt es sich hierbei um eine indirekte Wirkung, die zudem nicht einsetzen muss. Durch den bewussten und öffentlichkeitswirksamen Ausschluss eines Unternehmens oder einer Branche können Investoren Missstände thematisieren. Gelingt es, Aufmerksamkeit auf das Thema zu lenken, kann damit ein Signal gesetzt werden, das entweder andere Stakeholder mobilisiert, oder einen Änderungsprozess im Unternehmen hervorruft. Dies ist beispielsweise durch die Divestment-Bewegung entstanden.

Ebenso können auch positive Signale gesetzt werden, beispielsweise durch den *Best-in-Class* Ansatz. Auf diese Weise können nachhaltigere Unternehmen von zusätzlicher Aufmerksamkeit und Reputation profitierten. Ähnlich lässt sich für thematische Fonds argumentieren. Insbesondere neue Unternehmen aus dem Cleantech-Bereich können so von zusätzlicher Aufmerksamkeit profitierten.

Diese Argumentation beruht auf der Annahme, dass die gesetzten Signale zu einer Kapitalverschiebung von Unternehmen mit schlechter ESG-Performance hin zu Unternehmen mit einer guten ESG-Performance führen. Die Kapitalkosten für Unternehmen mit einer guten ESG-Performance würden dadurch sinken und ihnen auf diese Weise einen Wettbewerbsvorteil verschaffen. Diese Tatsache könnte andere Unternehmen ebenfalls motivieren, nachhaltiger zu werden. Von den nachhaltigen Investments würde dann in der Tat ein Effekt ausgehen.

3.4 Transparenz der ESG-Daten und Ratings

Zusammenfassend kann festgehalten werden, dass einzelne Investment-Strategien durchaus zu einer nachhaltigen Entwicklung beitragen können, aber eben nicht müssen. Ob die gewünschte Wirkung einsetzt, hängt in der Regel von weiteren Faktoren ab, z.B. wie wichtig Unternehmen eine tatsächliche Verbesserung ihrer ESG-Performance ist. Insbesondere zeigt sich aber, dass die verwendeten ESG-Daten die Unternehmensrealität zuverlässig und valide widerspiegeln müssen und Investoren diese Informationen verstehen und ihnen vertrauen müssen. Der Transparenz und Datenqualität von ESG-Daten kommt deswegen eine besondere Rolle zu.

Forschungsergebnisse zeigen allerdings, dass ESG-Daten und entsprechende Ratings zahlreiche Mängel aufweisen.[23] Diese lassen sich wie folgt zusammenfassen: Erstens, scheint unter den Rating-Agenturen Uneinigkeit darüber zu bestehen, was unter relevanten ESG-Daten zu verstehen ist, sodass berücksichtigte Inhalte und Umfang teilweise stark variieren.[24] Zweitens, hat sich gezeigt, dass ESG-Bewertungen oftmals durch einseitig positiv berichtete ESG-Daten und Unternehmensrhetorik anstatt durch konkrete Maßnahmen beeinflusst werden.[25] Drittens, ist die ESG-Performance eines Unternehmens in der Regel nicht ausschließlich positiv oder negativ.[26] Dies erschwert die Beurteilung eines gesamten Unternehmens, insbesondere wenn mit aggregierten Nachhaltigkeits-Ratings gearbeitet wird.

Aktuelle Untersuchungen zeigen, dass beispielsweise Kinder, Lydenberg & Domini (KLD) Ratings die bisherige Umweltperformance von Unternehmen recht gut abbilden. Allerdings ermöglichen sie nur bedingt Prognosen über die zukünftige Umweltperformance.[27] Andere

---

[23] GRIFFIN/MAHON (1997), MATTINGLY/BERMAN (2006), ORLITZKY (2013), ORLITZKY/SWANSON (2012), ROWLEY/BERMAN (2000) und VOGEL (2005).
[24] CHATTERJI/LEVINE/TOFFEL (2009), ENTINE (2003), ORLITZKY/SWANSON (2012) und PORTER/KRAMER (2006).
[25] CHO/GUIDRY/HAGEMAN/PATTEN (2012).
[26] STRIKE/GAO/BANSAL (2006).
[27] CHATTERJI ET AL. (2009).

Studien zeigen, dass die Faktoren, die bei der ESG-Bewertung eines Unternehmens berücksichtigt werden, entscheidend dafür sind, ob die Umwelt-Performance eines Unternehmens besser oder schlechter ausfällt. Das Ergebnis eines ESG-Ratings hängt somit von den zugrunde gelegten Kriterien und der Auswahl der Kennzahlen und Messverfahren ab und diese sind zudem meist vergangenheits- statt zukunftsorientiert.

Sicherlich erfassen die verwendeten ESG-Daten wichtige Aspekte, die bei der Bewertung unternehmerischer Nachhaltigkeit wichtig sind, und die Rating-Ergebnisse spiegeln – wenngleich auch sehr unterschiedliche – Einschätzungen über die relative ESG-Performance von Unternehmen wider. Allerdings legen die akademischen Studien nahe, dass ESG-Daten und -Ratings die Unternehmensrealität aktuell noch nicht zuverlässig und valide abbilden und dementsprechend eine Wirkungsmessung nur eingeschränkt möglich ist. Die genutzten ESG-Informationen sind nur zum Teil standardisiert oder harmonisiert, was eine genaue Analyse von ESG-Verbesserungen und ihre Interpretation erschwert. Es besteht also noch deutliches Verbesserungspotential bei der Nachvollziehbarkeit, Verfügbarkeit und Vergleichbarkeit von ESG-Daten und Ratings. Zur Wirkungsmessung sind die verfügbaren Informationen bisher nur sehr eingeschränkt geeignet.

4 Fazit

Durch eine umfassende Analyse von 60 Übersichtsstudien wurden mehr als 2.200 empirische Primärstudien seit den 1970er erstmals auf einen Blick ausgewertet. Basierend auf dieser bislang umfangreichsten Studie kann konstatiert werden, dass der *Business Case* für verantwortungsbewusstes Investieren klar belegbar ist. Dieses Ergebnis widerlegt eine weitverbreitete Wahrnehmung unter Investoren. Die Ergebnisse der Studie zeigen positive Zusammenhänge zwischen ESG und CFP in verschiedenen Bereichen der Kapitalmärkte. Besonders hervorzuheben sind, innerhalb der entwickelten Märkte Nordamerika, aber auch generell die Schwellenländer sowie die Anlageklassen Anleihen und Immobilien. Zudem lässt sich keine empirische Evidenz finden, dass der positive Zusammenhang zwischen ESG- und Finanzperformance über die letzten Jahrzehnte rückläufig war. Insgesamt kann damit festgehalten werden: Verantwortliches Investieren ist für alle Arten von Investoren relevant, um sie bei der Erfüllung ihrer treuhänderischen Pflichten zu unterstützen und gleichzeitig die Interessen von Investoren mit gesellschaftlichen Zielen im Einklang zu halten. Diese Erkenntnis setzt sich unter anderem auch bei den großen Akteuren im Finanzmarkt durch: So plant die US-Investmentbank Goldman Sachs beispielsweise, bis 2025 150 Milliarden US-Dollar in erneuerbare Energien zu investieren, während die britische Großbank HSBC beabsichtigt, im gleichen Zeitraum 100 Milliarden US-Dollar in nachhaltige Geldanlagen zu investieren.[28]

Die Herausforderung besteht darin, die tatsächlichen Effekte von Nachhaltigkeitsanlagen zu messen. Viele Investoren fokussieren sich darauf, Umwelt-, Sozial- und Governance-Kriterien in Anlageprozessen so intelligent zu integrieren, dass das volle Potenzial von wertsteigernden ESG-Faktoren genutzt werden kann. Das ist sicherlich eine wesentliche Voraussetzung für das weitere Mainstreaming von nachhaltigen Investments. Mindestens genauso wichtig ist aber, dass Investoren auch die tatsächlichen Nachhaltigkeitswirkungen ihrer Anlagestrategien verstehen und diese Informationen entsprechend bei der Auswahl der Anlagen berücksichtigen. Nur so kann gewährleistet werden, dass nachhaltige Investments den größtmöglichen Beitrag zu mehr Nachhaltigkeit in der Wirtschaft und Gesellschaft beisteuern. Von Seiten der

---

[28] *VOLKERY* (2017).

Regulierung lassen sich in diesem Kontext sehr positive Signale wahrnehmen. Seit 2017 unterliegen große Unternehmen in der EU der sogenannten CSR-Richtlinie der Europäischen Union und müssen neben Finanzinformationen auch Informationen zu den Bereichen Umwelt, Soziales und Governance offenlegen. Basierend auf dieser erhöhten Transparenz kann davon ausgegangen werden, dass die Verfügbarkeit von ESG-Informationen in Zukunft weiter zunehmen wird und Investoren die Wirkung ihrer Anlagestrategien besser bewerten können.

Quellenverzeichnis

BAUER, R./KOEDIJK, K./OTTEN, R. (2005): International evidence on ethical mutual fund performance and investment style, in: Journal of Banking & Finance, 2005, Nr. 29, S. 1751–1767.

BORGERS, A./DERWALL, J./KOEDIJK, K./TER HORST, J. (2013): Stakeholder relations and stock returns: On errors in investors' expectations and learning, in: Journal of Empirical Finance, 2013, Nr. 22, S. 159–175.

CHATTERJI, A. K./LEVINE, D. I./TOFFEL, M. W. (2009): How well do social ratings actually measure corporate social responsibility?, in: Journal of Economics & Management Strategy, 2009, Nr. 18(1), S. 125–169.

CHO, C. H./GUIDRY, R. P./HAGEMAN, A. M./PATTEN, D. M. (2012): Do actions speak louder than words? An empirical investigation of corporate environmental reputation, in: Accounting, Organizations and Society, 2012, Nr. 37(1), S. 14–25.

DERWALL, J./KOEDIJK, K./TER HORST, J. (2011): A tale of values-driven and profit-seeking social investors, in: Journal of Banking & Finance, 2011, Nr. 35(8), S. 2137–2147.

EARTH OVERSHOOT DAY (2017): Why past Earth Overshoot Day dates keep changing, online: https://www.overshootday.org/why-past-earth-overshoot-day-dates-keep-changing/, Stand: 13.07.2017, Abruf: 23.01.2018.

ENTINE, J. (2003): The myth of social investing: A critique of its practice and consequences for corporate social performance research, in: Organization & Environment, 2003, Nr. 16(3), S. 352–368.

EUROSIF (2016): European SRI Study. Brüssel 2016.

FRIEDE, G./BUSCH, T./BASSEN, A. (2015). ESG and financial performance: Aggregated evidence from more than 2000 empirical studies, in: Journal of Sustainable Finance & Investment, 2015, Nr. 5(4) vom 15.12.2015, S. 210–233.

FRIEDE, G./BUSCH, T./BASSEN, A. (2016): Auswirkungen von ESG-Faktoren auf die Performance von Finanzanlagen, in: Absolut Impact, 2016, S. 26–31.

GALEMA, R./PLANTINGA, A./SCHOLTENS, B. (2008): The stocks at stake: Return and risk in socially responsible investment, in: Journal of Banking and Finance, 2008, Nr. 32, S. 2646–2654.

GRIFFIN, J. J./MAHON, J. F. (1997): The corporate social performance and corporate financial performance debate: Twenty-five years of incomparable research, in: Business & Society, 1997, Nr. 36(1), S. 5–31.

GSIA (2015): Global Sustainable Investment Review 2014, online: http://www.gsi-alliance.org/wp-content/uploads/2015/02/GSIA_Review_download.pdf, Stand : 02.2015, Abruf: 19.02.2018.

GSIA (2016): Global Sustainable Investment Review 2016, online: http://www.gsi-alliance.org/wp-content/uploads/2017/03/GSIR_Review2016.F.pdf, Stand: 2016, Abruf: 19.02.2018.

HEDGES, L. V. (1982): Statistical methodology in meta-analysis. ERIC Clearinghouse on Tests, Measurement, and Evaluation, Princeton 1982.

HUNTER, J. E./SCHMIDT, F. L./JACKSON, G. B. (1982): Meta-analysis: cumulating research findings across studies, Beverly Hills 1982.

LAUREL-FOIS, D. (2016): Beyond appearances: The risk-reducing effects of responsible investment practices, in: Business & Society, 2016, S. 1–37.

LIGHT, R./SMITH, P. (1971): Accumulating evidence: Procedures for resolving contradictions among different research studies, in: Harvard Educational Review, 1971, Nr. 41(4), S. 429–471.

MATTINGLY, J. E./BERMAN, S. L. (2006): Measurement of corporate social action: Discovering taxonomy in the Kinder Lydenburg Domini Ratings Data, in: Business and Society, 2006, Nr. 45(1), S. 20–46.

ORLITZKY, M. (2013): Corporate social responsibility, noise, and stock market volatility, in: Academy of Management Perspectives, 2013, Nr. 27(3), S. 238–254.

ORLITZKY, M./SWANSON, D. L. (2012): Assessing stakeholder satisfaction: Toward a supplemental measure of corporate social performance as reputation, in: Corporate Reputation Review, 2012, Nr. 15(2), S. 119–137.

PORTER, M. E./KRAMER, M. R. (2006): Strategy and society: The link between competitive advantage and corporate social responsibility, in: Harvard Business Review, 2006, Nr. 84, S. 78–92.

PRI (2015): The Principles for Responsible Investment - Report on Progress 2015, London 2015.

PRI (2016): PRI - Prinzipien für verantwortliches investieren, London 2016.

ROWLEY, T./BERMAN, S. (2000): A brand new brand of corporate social performance, in: Business & Society, 2000, Nr. 39(4), S. 397–418.

STRIKE, V. M./GAO, J./BANSAL, P. (2006): Being good while being bad: social responsibility and the international diversification of US firms, in: Journal of International Business Studies, 2006, Nr. 37(6), S. 850–862.

VEREINTE NATIONEN (2015): Millenniums-Entwicklungsziele Bericht 2015. New York 2015.

VOGEL, D. (2005). The market for virtue: The potential and limits of corporate social responsibility, Washington 2005.

VOLKERY, C. (2017): HSBC will nachhaltig investieren, online: http://www.handelsblatt.com/finanzen/banken-versicherungen/100-milliarden-dollar-bis-2025-hsbc-will-nachhaltig-investieren/20546710.html, Stand: 06.11.2017, Abruf: 29.01.2018.

VÖRÖSMARTY, C. J ET. AL. (2018): Scientifically assess impacts of sustainable investments: Metrics can inform investors wary of „green washing", in: Science, 2018, Nr. *359*(6375) vom 02.02.2018, S. 523–526.

WWF (2016): Living Planet Report 2016, Gland 2016.

Green Bonds: Emittenten und Additionalität auf dem Prüfstand

TOBIAS BAUCKLOH, CHRISTIAN KLEIN und ANTJE SCHNEEWEIß

Universität Kassel und *Südwind*

1	Einleitung	189
2	Die Nachhaltigkeits-Performance der Green-Bond-Emittenten und eines Green Bond Fonds	189
	2.1 Die Nachhaltigkeits-Performance der Green Bond Emittenten	190
	2.2 Fondsvergleich	194
3	Green Bond und der Anspruch der Additionalität	196
	3.1 Der Begriff der Additionalität	196
	3.2 Die Anwendung bestehender Definitionen von Additionalität auf Green Bonds	197
	3.3 Alternative zum Begriff *Additionalität*	198
Quellenverzeichnis		200

1 Einleitung

Mit *Green Bonds* oder grünen Anleihen besteht seit dem Jahr 2007 ein stark wachsendes Segment im Bereich der nachhaltigen Geldanlagen. Mit der Auflage eines Green Bonds verpflichtet sich der Emittent, die Erlöse ausschließlich für umweltfreundliche Engagements zu verwenden. Mit den von Kapitalmarktakteuren entwickelten GREEN BOND PRINCIPLES (GBP) besteht eine weithin akzeptierte Kategorisierung, über die sich die grüne Qualität der Anleihen definiert. Die CLIMATE BOND INITIATIVE (CBI) hat zudem ein Siegel für diese Anleiheklasse entwickelt, welches Anlegern die Sicherheit gibt, dass ihr Geld auch tatsächlich nachhaltig verwendet wird. Emittenten geben zudem oft eine *Second Party Opinion* in Auftrag, in der externe Experten den Green Bond oder das Green Bond Rahmenwerk begutachten.
Heute werden Green Bonds von vielen als der neue Star im Bereich der Klimafinanzierung gefeiert. Doch um einen wirklichen Beitrag zu einer kohlenstoffarmen und klimaresistenten Wirtschaft zu leisten, müssten sie zusätzliches Kapital von institutionellen und privaten Investoren mobilisieren und damit klimafreundliche Projekte finanzieren, die ohne sie nicht finanziert worden wären.
Angesichts dieser Entwicklung stellte das Institut *SÜDWIND* in seiner Studie[1] unter anderem folgende Fragen:

1. Wie ist die gesamte Nachhaltigkeitsleistung von Green-Bond-Emittenten und wie sollen die Aktivitäten des Emittenten jenseits seiner Green Bonds in die Bewertung einfließen?

2. Tragen Green Bonds dazu bei, dass mehr grüne Projekte finanziert werden (Additionalität)?

Dieser Beitrag nimmt sich diesen Fragen an. Der 1. Teil dieses Artikels beschäftigt sich mit der Frage, wie die Nachhaltigkeits-Performance der Green-Bond-Emittenten einzuschätzen ist. Teil 2 diskutiert die Frage der Additionalität.

2 Die Nachhaltigkeits-Performance der Green-Bond-Emittenten und eines Green Bond Fonds

Insbesondere bei der Nachhaltigkeits-Performance von Green Bonds bestehen immer noch Unsicherheiten auf Seiten der Investoren.[2] Zwar scheinen Green Bonds auf den ersten Blick für nachhaltige Investoren prädestiniert zu sein, da deren Erlöse zielgerichtet in grüne Projekte fließen (sollen) und deren Einsatz kontinuierlich überprüft wird (bzw. werden soll). Allerdings ist der Begriff *Green Bonds* bisher nicht geschützt und dementsprechend könnte jeder Anleihe dieser Titel verliehen werden, unabhängig von ihrem Finanzierungszweck. Des Weiteren ist nicht sichergestellt, dass die Emissionserlöse wirklich in vollem Umfang dem angegebenen Finanzierungszweck zufließen.[3] Freiwillige Richtlinien für die Emission eines Green Bonds wie die Green Bond Principles und die Climate Bonds Initiative versuchen, diesen Prozess zu standardisieren und transparent zu gestalten.

---

[1] SCHNEEWEIß (2017).
[2] Vgl. SCHNEEWEIß (2017), S. 22 f.
[3] Vgl. ebd.

Es gibt aber noch eine weitere Dimension der Nachhaltigkeit, wenn Green Bonds betrachtet werden: Das überlassene Kapital fließt klimafreundlichen Projekten zu, die Rück- sowie Zinszahlungen können jedoch auch aus der allgemeinen Geschäftstätigkeit des Unternehmens erfolgen. Dementsprechend können sich die Investoren bei ausreichender Standardisierung bzw. Zertifizierung zwar sicher sein, über Green Bonds klimafreundliche Projekte zu finanzieren, es kann allerdings sein, dass die Rück- sowie Zinszahlungen aus den Geschäftsaktivitäten eines sonst nicht nachhaltig agierenden Unternehmens generiert werden. Nicht umsonst wird im Zusammenhang mit Green Bonds öfters auf die Gefahr des *Greenwashings* hingewiesen.[4]

Wir haben uns deshalb in diesem Abschnitt zum Ziel gesetzt, eine allgemeine Aussage zur Nachhaltigkeits-Performance von Green-Bond-Emittenten (GBE) zu tätigen. Um dies zu ermöglichen, wird die Nachhaltigkeits-Performance von GBE und Nicht-GBE verglichen. Dafür wird in einem ersten Schritt mit Hilfe der öffentlich zugänglichen CBI Green Bonds Datenbank[5] eine Liste von privatwirtschaftlichen GBE erstellt. Mit Hilfe der Thomson Reuters ESG (Environmental, Social, Governance) Datenbank werden im Anschluss die identifizierten GBE mit Nicht-GBE in Bezug auf ihre Nachhaltigkeits-Performance verglichen. Anschließend wird die Nachhaltigkeits-Performance eines Green Bond Fonds mit einem konventionellen Anleihefonds derselben Investmentfirma verglichen.

2.1 Die Nachhaltigkeits-Performance der Green Bond Emittenten

Die CBI Green Bond Datenbank listet jeden Green Bond auf, der von seinem Emittenten selber als Green Bond klassifiziert wird. Dies geschieht unabhängig davon, ob die CBI selber dieser Klassifizierung zustimmt.[6] Die Datenbank gibt unter anderem den Namen des Emittenten, das Emissionsvolumen, das Emissionsdatum, die Laufzeit, die Emissionswährung und Informationen über eine freiwillige unabhängige Beurteilung des Bonds sowie über das Vorhandensein einer CBI Zertifizierung an. Neben öffentlich-rechtlichen und supranationalen Einrichtungen sind es heutzutage vermehrt privatwirtschaftliche Unternehmen, die einen Green Bond emittieren, um eigene Projekte zu (re)finanzieren. Da die Thomson Reuters ESG Datenbank nur solche Unternehmen enthält, betrachten wir im Folgenden nur privatwirtschaftliche GBE.

Die Nachhaltigkeits-Performance der GBE bewerten wir mit Hilfe der Thomson Reuters ESG Datenbank. Thomson Reuters ermittelt über 400 ESG Messpunkte für mehr als 6.500 privatwirtschaftliche Unternehmen weltweit.[7] Die Bewertung wird hauptsächlich auf Basis von öffentlichen Unternehmensberichten wie Jahres-, oder Nachhaltigkeitsberichten, Informationen der Unternehmenswebsites oder Medienberichten durchgeführt. Aus diesen 400 Messpunkten identifiziert Thomson Reuters die 178 relevantesten und vergleichbaren Indikatoren auf Basis von Datenverfügbarkeit, Industrierelevanz und Materialität.[8] Diese werden dann anschließend zu zehn Kategorien in den Bereichen *Environmental*, *Social* und *Governance* zusammengeführt, deren Kombination letztendlich eine allgemeine ESG Score (TRESGS) für ein Unternehmen ergeben. Darüber hinaus ermittelt Thomson Reuters für jedes Unternehmen einen ESG Controversy Score (TRESGCCS), basierend auf 23 *Controversy Measures*, die über zehn ESG Kategorien gelegt werden. Die TRESGS ergibt zusammen mit der TRESGCCS die ESG Combined Score (TRESGCS), ein Abbild der Nachhaltigkeitsleistung eines Unternehmens unter

---

[4] Vgl. bspw. *WWF* (2016), S. 4.
[5] *CBI* (2018).
[6] Vgl. ebd.
[7] Vgl. *THOMSON REUTERS* (2017), S. 3 f.
[8] Vgl. *THOMSON REUTERS* (2017), S. 6 f.

Berücksichtigung von Kontroversen. Die einzelnen Scores können Werte von 0 bis 100 annehmen, wobei 100 der höchste erreichbare Wert ist. Abbildung 1 bietet eine Übersicht über die erläuterte Ratingmethodik:

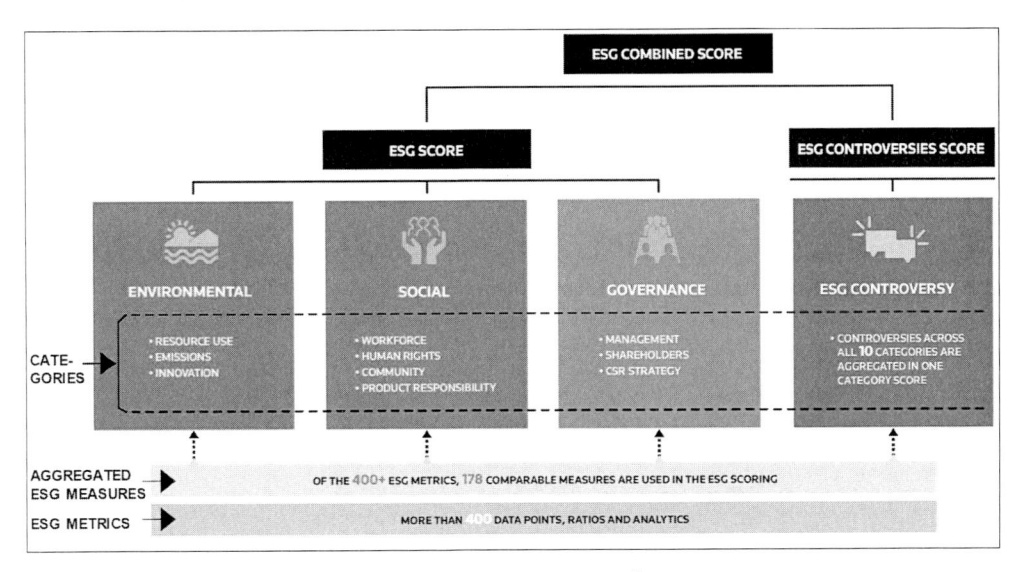

Abbildung 1: Thomson Reuters ESG Rating-Methodik[9]

Insgesamt können auf Basis der Thomson Reuters ESG Datenbank die TRESGS, TRESGCCS und TRESGCS von 109 privatwirtschaftlichen GBE für das Jahr 2016 ermittelt werden. Sind für einen GBE keine Daten verfügbar, werden, wenn vorhanden, die Werte des Mutterunternehmens übernommen. Tabelle 1 zeigt die Verteilung der bewerteten GBE nach der Industry Classification Benchmark (ICB):

Industrie	Anzahl	Prozent
Basic Material	4	3,67 %
Consumer Goods	7	6,42 %
Consumer Services	1	0,92 %
Financials	56	51,38 %
Industrials	9	8,26 %
Oil & Gas	5	4,59 %
Technologies	3	2,75 %
Utilities	24	22,02 %
Summe	**109**	**100,00%**

Tabelle 1: Verteilung der Green-Bond-Emittenten nach Industrien auf Basis der ICB

---

[9] THOMSON REUTERS (2017), S. 3.

Ungefähr die Hälfte (56 Unternehmen) der bewerteten GBE stammen aus dem Finanzsektor. Hier handelt es sich hauptsächlich um Banken und Versicherungen. Mit ca. 22 Prozent (24 Unternehmen) sind Unternehmen aus dem Bereich der Versorgungswirtschaft ebenfalls stark vertreten, insbesondere Energie- und Stromversorger. An dritter Stelle folgen Industrieunternehmen mit ca. 8 Prozent (neun Unternehmen) und an vierter Stelle Unternehmen aus der Konsumgüterindustrie (ca. 6,5 Prozent, sieben Unternehmen) wie bspw. Unilever. Die anderen Industrien sind jeweils mit fünf oder weniger Unternehmen vertreten und spielen bei der kommenden Analyse nur eine vernachlässigbare Rolle.

Als Benchmark für den Nachhaltigkeitsvergleich dient das gesamte Thomson Reuters ESG Unternehmensuniversum (Nicht-GBE), bereinigt um die GBE selber und Industrien, die in Tabelle 1 nicht vertreten sind. Zunächst werden die TRESGS, TRESGCCS und TRESGCS der 109 GBE mit der Nachhaltigkeits-Performance der Nicht-GBE verglichen, anschließend wird ein industrieweiser Vergleich für die vier Industrien mit der höchsten GBE Unternehmensanzahl durchgeführt. Wir prüfen auf statistische Signifikanz der Unterschiede der Mittelwerte und Mediane mittels eines parametrischen t-Tests und eines nicht-parametrischen Wilcoxon-Tests. Tabelle 2 bietet eine Übersicht der Ergebnisse für die jeweilige Industrie und den jeweiligen Nachhaltigkeitswert. Abschnitt A zeigt, dass die GBE sowohl beim gesamten Sample als auch bei den einzelnen Industrien bei der TRESGS deutlich besser abschneiden als die Nicht-GBE. Die Unterschiede in Mittelwert und Median sind durchgehend statistisch signifikant. Besonders beeindruckend ist das Ergebnis für das gesamte Sample und das Subsample *Financials*. Hier ist der gleichgewichtete Mittelwert der GBE um 17,75 bzw. 23,64 Punkte höher als der der Nicht-GBE und der Unterschied ist zu einem Niveau von 1 Prozent statistisch signifikant.

Dies bedeutet, dass Green-Bond-Emittenten eine deutliche höhere ESG-Performance haben als Unternehmen, die keine Green-Bonds emittieren.

Industrie	Sample	Anzahl Unternehmen	Mittelwert	p-wert t-Test	Median	p-wert Wilcoxon-Test
Abschnitt A: Ergebnisse für die TRESGS						
Gesamt	GBE	109	67,23	0,0000***	69,92	0,0000***
	Nicht-GBE	5208	49,48		47,96	
Consumer Goods	GBE	7	66,11	0,0909*	69,03	0,0593*
	Nicht-GBE	589	51,27		52,29	
Financials	GBE	56	71,44	0,0000***	73,65	0,0000***
	Nicht-GBE	1378	47,80		44,45	
Industrials	GBE	9	62,76	0,0302**	58,57	0,0317**
	Nicht-GBE	1031	49,66		49,60	
Utilities	GBE	24	62,17	0,0081***	65,55	0,0039***
	Nicht-GBE	204	51,28		51,72	
Abschnitt B: Ergebnisse für die TRESGCCS						
Gesamt	GBE	109	33,70	0,0000***	23,46	0,0000***
	Nicht-GBE	5208	50,55		60,05	
Consumer Goods	GBE	7	26,17	0,0948*	7,31	0,1310
	Nicht-GBE	589	49,22		58,68	
Financials	GBE	56	31,90	0,0000***	17,02	0,0000***
	Nicht-GBE	1378	51,33		58,88	
Industrials	GBE	9	31,99	0,0901*	19,70	0,0674*
	Nicht-GBE	1031	51,42		60,53	
Utilities	GBE	24	39,56	0,0583*	60,00	0,0278**
	Nicht-GBE	204	51,00		61,93	
Abschnitt C: Ergebnisse für die TRESGCS						
Gesamt	GBE	109	51,37	0,0001***	47,24	0,0000***
	Nicht-GBE	5208	44,55		41,96	
Consumer Goods	GBE	7	43,49	0,7150	47,12	0,9486
	Nicht-GBE	589	45,21		43,32	
Financials	GBE	56	54,31	0,0001***	47,83	0,0000***
	Nicht-GBE	1378	44,16		41,48	
Industrials	GBE	9	47,02	0,7367	46,25	0,7865
	Nicht-GBE	1031	45,08		42,21	
Utilities	GBE	24	50,07	0,3275	49,30	0,3236
	Nicht-GBE	204	46,34		44,56	

*, **, *** indizieren ein Signifikanzlevel von 10%, 5%, und 1%.

Tabelle 2:   Nachhaltigkeits-Performancevergleich von GBE und Nicht-GBE

Unter diesem Eindruck ist das Ergebnis für die TRESGCCS (ESG Controversy Score) überraschend (Abschnitt B). Die Nicht-GBE schneiden durchgehend besser ab als die jeweiligen GBE. Auch hier stechen das gesamte Sample und das Subsample *Financials* mit statistisch hoch signifikanten Unterschieden in Mittelwert und Median hervor. Der durchschnittliche Wert aller Nicht-GBE ist 16,85 Punkte höher als der Wert aller GBE. Für das Subsample *Financials* liegt der Unterschied sogar bei 19,43 Punkten. Die Unterschiede der Mittelwerte bzw. der Mediane der anderen Subsample sind meist nur schwach signifikant, was auf die geringen Samplegrößen zurückzuführen ist. Ergebnisse für diese Subsample sind dementsprechend mit Vorsicht zu genießen.

Insgesamt weisen diese Ergebnisse darauf hin, dass die Green-Bond-Emittenten im Jahr 2016 offensichtlich mit mehr Kontroversen in den verschiedenen ESG Kategorien konfrontiert waren, als die restlichen Unternehmen aus dem Thomson Reuters ESG Universum.

Dies spiegelt sich letztendlich in den Ergebnissen für die TRESGCS, also der ESG Combined Score, wider (Abschnitt C), in die sowohl die ESG-Performance als auch die Controversies einfließen. Die einzigen signifikanten Unterschiede in Mittelwert und Median ergeben sich hier für das gesamte Sample und das Subsample *Financials*, mit jeweils höheren Werten für die GBE. Allerdings haben sich die Unterschiede stark verringert. Sie belaufen sich beim Mittelwert nur noch auf 6,82 bzw. 10,15 Punkte. Dies resultiert aus dem schlechten Abschneiden der GBE bei der TRESGCCS. Bei den anderen Subsample sind keine signifikanten Unterschiede mehr bei Mittelwert und Median festzustellen.

Insgesamt zeigt die Analyse, dass die Green Bonds Emittenten eine bessere ESG-Performance vorweisen als Unternehmen, die keine Green Bonds emittieren. Allerdings scheinen die Green Bonds Emittenten 2016 mit mehr Kontroversen in den verschiedenen ESG Kategorien konfrontiert gewesen zu sein, was sich in signifikant schlechteren Controversy-Scores niederschlägt. Werden ESG-Bewertung und Controversy-Score aggregiert (TRESGCS) sind die Green-Bond-Emittenten nur signifikant besser bewertet, wenn man das Gesamt-Sample oder das Subsample *Financials* betrachtet.

Zusammenfassend können wir feststellen, dass Green-Bond-Emittenten Unternehmen mit einer höheren Nachhaltigkeits-Performance sind. Besonders Green-Bond-Emittenten aus dem Finanzsektor haben eine hohe Nachhaltigkeits-Performance.

2.2　　Fondsvergleich

Wir erweitern unsere Analyse und untersuchen, ob die in der vorherigen Betrachtung aufgezeigte hohe allgemeine Nachhaltigkeits-Performance von Green-Bond-Emittenten auch in Anlageprodukten für institutionelle und private Anleger wiederzufinden ist, die in mehrere Green Bonds investieren. Dafür wird die Nachhaltigkeits-Performance eines selbstklassifizierten Green Bond Fonds mit der eines gematchten konventionellen Anleihefonds verglichen. Diese Untersuchung ist insofern interessant, als dass aktiv gemanagte selbstklassifizierte Green Bond Fonds oft nur einen gewissen Prozentsatz des Fondsvermögens in Green Bonds investieren und einen (meist kleineren) Teil auch bspw. in konventionelle Anleihen anlegen.

Unter den wenigen auf dem deutschen Fondsmarkt erhältlichen Green Bond Fonds sind ETFs wie bspw. der Lyxor Green Bond (DR) UCITS ETF, der den Solactive Green Bond EUR USD IG Index nachbildet[10] und Fonds, die neben Green Bonds auch in Social Bonds oder Climate Bonds investieren. Um die Nachhaltigkeits-Performance eines aktiv gemanagten Fonds zu analysieren sowie eine Fokussierung auf Green Bonds zu realisieren, wurde für diese Analyse der Allianz Green Bond Fonds (AGB) von Allianz Global Investors ausgewählt. Dieser investiert laut den wesentlichen Anlegerinformationen mindestens 85 Prozent seines Teilfondsvermögens in Green Bonds.[11] Als Benchmark dient der Allianz Advanced Fixed Income Global Aggregate (AAFIGA), ebenfalls von Allianz Global Investors. Beide Fonds investieren weltweit

---

[10] Vgl. *LYXOR* (2017), S. 1.

[11] Vgl. *ALLIANZ GLOBAL INVESTORS* (2017a), S. 1.

sowohl in Staats- als auch in Unternehmensanleihen, haben also ein ähnliches Anlageuniversum.[12] Um die Nachhaltigkeits-Performance der beiden Fonds zu ermitteln, verwenden wir in einem ersten Schritt die jeweiligen Fonds-Holdings inkl. Gewichtung aus dem Jahresbericht zum 30.09.2016 von Allianz Global Investors.[13] Diese werden, wenn verfügbar, mit den ESG Ratings von Thomson Reuters aus dem Jahr 2015 gematcht, da diese die aktuellen Werte waren, die dem Fondsmanager im Jahr 2016 zur Verfügung gestanden haben können. Abschließend werden für jeden Fonds gewichtete TRESGS, TRESGCCS und TRESGCS berechnet und mittels t-Test und Wilcoxon-Test auf signifikante Unterschiede überprüft. Anleihen von staatlichen, öffentlich-rechtlichen oder supranationalen Emittenten konnten bei der Analyse nicht berücksichtigt werden. Tabelle 3 gibt einen Überblick über die Ergebnisse.

Fonds	Gewichteter Mittelwert	p-value t-Test	p-value Wilcoxon-Test
Abschnitt A: Ergebnisse für die TRESGS			
AGB	74,23	0,3432	0,6189
AAFIGA	76,42		
Abschnitt B: Ergebnisse für die TRESGCCS			
AGB	34,55	0,0478**	0,0336**
AAFIGA	25,58		
Abschnitt C: Ergebnisse für die TRESGCS			
AGB	57,73	0,1497	0,2167
AAFIGA	53,11		
*, **, *** indizieren ein Signifikanzlevel von 10%, 5%, und 1%.			

Tabelle 3: Nachhaltigkeits-Performancevergleich des Allianz Green Bond Fonds (AGB) mit dem Allianz Advanced Fixed Income Global Aggregate (AAFIGA)

Wie ersichtlich wird, unterscheiden sich die beiden Fonds nur bei der TRESGCCS, also beim ESG Controversy Score. Hier schneidet der Green Bond Fonds signifikant besser ab als der konventionelle Fonds (34,55 vs. 25,58). Die Unterschiede bei den anderen beiden Nachhaltigkeitswerten sind gering und statistisch insignifikant. Dies ist auf den ersten Blick insofern überraschend, als dass die vorangegangene Analyse ergibt, dass Green-Bonds-Emittenten bei der Betrachtung der ESG-Scores und der aggregierten Bewertung besser, bei dem Controversy Score jedoch schlechter abschneiden als Nicht-GBE. Zu beachten ist jedoch, dass die berechneten Mittelwerte des Allianz Green Bond Fonds mindestens so gut sind wie die Ergebnisse aller Green-Bond-Emittenten aus dem vorherigen Abschnitt. Die unterschiedlichen Ergebnisse können also unter anderem dadurch erklärt werden, dass der AAFIGA ein vom Thomson Reuters ESG Universum abweichendes Anlageuniversum hat (also bspw. selber in GBE investiert). Im Klartext heißt das, dass die Ursache für die ausbleibenden signifikanten Ergebnisse nicht eine schlechte ESG-Performance der im Allianz-Green-Bond-Fonds enthaltenen Emittenten ist. Wir erhalten diese Ergebnisse, da die ESG-Performance der Emittenten im Allianz Advanced Fixed Income Global Aggregate Fonds so gut ist.

Insgesamt wird deutlich, dass zumindest beim ausgewählten Beispiel trotz einer Green Bond-Investitionsquote unter 100 Prozent eine gleichwertige Nachhaltigkeits-Performance erreicht wird wie beim gesamten Universum privatwirtschaftlicher Green Bond Emittenten. Wir sehen somit deutliche Hinweise dafür, dass die Emittenten von Green Bonds im Regelfall eine bessere

---

[12] Vgl. ALLIANZ GLOBAL INVESTORS (2017b), S. 1 und ALLIANZ GLOBAL INVESTORS (2016), S. 646 ff.
[13] Vgl. ALLIANZ GLOBAL INVESTORS (2016).

ESG Performance haben als vergleichbare Unternehmen. Käufer von Green Bonds können also davon ausgehen, dass nicht nur das von ihnen bereitgestellte Kapital in die Finanzierung klimafreundlicher Projekte geht; auch die Rück- und Zinszahlungen stammen aus Geschäftstätigkeiten von Unternehmen, die eine bessere Nachhaltigkeits-Performance haben.

3 Green Bond und der Anspruch der Additionalität

3.1 Der Begriff der Additionalität

Grundsätzlich wird hier der Begriff *Additionalität* verwendet, wenn nachhaltige Projekte umgesetzt werden, die unter marktwirtschaftlichen Bedingungen nicht verwirklicht werden würden. Der Begriff der *Additionalität* und sein Synonym *Zusätzlichkeit* wird im Zusammenhang mit Finanzierungen in zwei Kontexten verwendet. Zum einen müssen Projekte des Clean Development Mechanism (CDM) nachweislich zusätzlich sein, zum anderen besteht der Anspruch an nationale und multilaterale öffentliche Entwicklungsbanken, *zusätzlich* zu finanzieren.
Im ersten Fall legt das Kyoto Protokoll fest, dass Industrieländer ihre Reduktionsziele auch umsetzen können, indem sie Projekte in Entwicklungsländern finanziell fördern, die CO_2 einsparen. Diese Projekte erhalten nach einer Überprüfung Certified Emission Reduction Credits (CER), die von Akteuren, die aufgrund ihrer CO_2 Emissionen Emissionsrechte benötigen, gekauft werden. Da dieser Kauf dazu berechtigt, mehr CO_2 zu emittieren, ist es notwendig, dass die CER generierenden Projekte aufgrund der CER Förderung dazu beitragen, dass weniger CO_2 emittiert wird. Besteht diese Additionalität nicht, so führt dies dazu, dass der Käufer mehr CO_2 emittiert, ohne dass er an anderer Stelle eine Reduzierung erwirkt, also insgesamt mehr CO_2 in die Atmosphäre gelangt. Carbon Credits dürfen deshalb nur an Projekte vergeben werden, die ohne diese Credits nicht entstanden wären.
Verschiedene Studien haben aufgezeigt, mit welchen Problemen ein Nachweis der Additionalität von CDM-Projekten einhergeht. So ergab eine Studie der Universität Berkeley[14], für die in Indien 80 Personen interviewt und 29 Projekte analysiert wurden, dass die Mehrheit der CDM-Projekte nicht zusätzlich sind und dass es unmöglich ist, die additionalen von den nicht additionalen Projekten zu unterscheiden. Als wesentlicher Grund dafür wird angeführt, dass die relativ geringe Summe, die über den Verkauf von Carbon Credits einem Projekt zufließt, nicht entscheidend für dessen Umsetzung ist.

„*Developers are not waiting to make sure that their projects are successfully validated or registered under the CDM before deciding whether to build their projects, nor do they seem to view a positive validation or successful registration as important in acquiring project financing. Three-quarters of all registered CDM projects were operational by the time they were registered as CDM projects.*"[15]

Eine Studie des *ÖKOINSTITUTS* kommt zu einem differenzierteren Ergebnis. Während es sehr unwahrscheinlich ist, dass Projekte zu erneuerbaren Energien und energieeffizienter Beleuchtung additional sind, besteht für Projekte, bei denen Industrieabgase oder Methan z. B. aus Müllhalden abgefangen werden eine recht hohe Wahrscheinlichkeit, dass sie ohne Carbon Cre-

---

[14] *HAYA* (2009)
[15] *HAYA* (2009), S. III.

dits nicht zustandekommen, denn diese Projekte produzieren nur Kosten und generieren lediglich über die CER Einnahmen. Die Studie erwähnt allerdings auch die Fehlanreize, die damit einhergehen können, denn: je mehr Industrieabgase erzeugt und dann abgefangen werden, desto höher fallen auch die Zahlungen über CER aus.[16]

Unabhängig von der Vergabe von Carbon Credits gibt es weitere Auslegungen von Additionalität. Im Zusammenhang mit Green Bonds sind hier vor allem die Definitionen für nationale und multilaterale Entwicklungsbanken relevant, weil diese sowohl dem Anspruch der wirtschaftlichen Tragfähigkeit als auch dem Ziel der Armutsminderung und des Umweltschutzes folgen. Auch Entwicklungsbanken müssen etwas ermöglichen, was ohne ihren Beitrag nicht oder nicht in dieser Weise zustande gekommen wäre. Sie verstehen unter Zusätzlichkeit jedoch nicht nur das Zustandekommen eines Projekts, sondern alle über ihre Finanzierung angestoßenen Verbesserungen (Outcomes).

So besteht für das Development Assistance Committe der OECD (DAC) neben der finanziellen Zusätzlichkeit, auch die operative oder institutionelle Zusätzlichkeit.

Finanzielle Zusätzlichkeit entsteht vergleichbar mit der Definition für CDR, wenn ein Projekt grundsätzlich wirtschaftlich tragfähig wäre, aber keine Finanzierung findet z. B., weil es aufgrund seiner geografischen Lage, der politischen Situation, der hohen Anfangskosten oder hoher Risiken z. B. aufgrund der Anwendung einer bisher unerprobten Technologie nicht von privaten Banken finanziert wird. Dann ermöglicht das Engagement der Entwicklungsbank dieses Projekt.

Operative oder institutionelle Zusätzlichkeit entsteht, wenn ein Projekt durch die Beteiligung und den Einfluss einer Entwicklungsbank die Ziele dieser Bank umsetzt. In einem Konsortium mit privaten Finanziers setzt die Entwicklungsbank z.B. durch, dass schädliche Emissionen reduziert werden, die Biodiversität geschützt, die Entwicklung innovativer Technologien angestoßen wird oder die geschaffene Infrastruktur breiten Bevölkerungsschichten zugänglich ist.[17]

Die KfW DEG veröffentlichte 2013 ein Scoring Model, über das sie die Zusätzlichkeit ihrer Finanzierungen misst. Darin identifiziert sie folgende Themen, in denen ihr Engagement einen zusätzlichen Nutzen stiftet: Investitionen in Afrika, kleine und mittlere Unternehmen, Niedrigeinkommensländern mit hohen Risiken, Eigenkapitalfinanzierungen, Mobilisierung zusätzlichen Privatkapitals, Verbesserung der Unternehmensführung, Umsetzung von Sozial- und Umweltstandards sowie CSR.[18]

3.2 Die Anwendung bestehender Definitionen von Additionalität auf Green Bonds

Die folgende Untersuchung bezieht sich auf die von privaten Unternehmen oder Banken herausgegebenen Green Bonds. Öffentliche Emittenten von Green Bonds wie Förder- und Entwicklungsbanken oder Gebietskörperschaften haben bereits den Auftrag, Aktivitäten zu fördern, die allein über privates Kapital nicht umsetzbar sind. Die von ihnen herausgegebenen Green Bonds müssen daher, genau wie ihre konventionellen Anleihen, eine soziale oder ökologische Zusätzlichkeit aufweisen. Die Frage nach Zusätzlichkeit stellt sich deshalb vor allem für Green Bonds privater Emittenten.

---

[16] Vgl. *CAMES/HARTHAN/FÜSSLER* (2016), S. 13.
[17] Vgl. *DAC* (2016), S. 5.
[18] Vgl. *KFW DEG* (2013), S. 2.

Mit finanzieller Unterstützung der Deutschen Bundesstiftung Umwelt und der KD-Bank erstellte SÜDWIND eine Übersicht von 852, von privaten Emittenten bis Ende 2017 veröffentlichten Green-Bond-Projekten. Diese ermöglicht es, einige gängige Risikoparameter anzulegen um Hinweise auf die Additionalität der Projekte zu erhalten. Dabei konnten nur Projekte berücksichtigt werden, zu denen Informationen von den Emittenten selbst veröffentlicht wurden. Trotz wiederholtem Appel, Green-Bond-Investitionen transparent zu gestalten, wird nur eine Minderheit der finanzierten Projekte bekannt gegeben. Die Untersuchung kann außerdem keine Aussagen zu Investitionsvolumen treffen, da die Investitionssummen zu den meisten Projekten nicht angegeben werden.

53 dieser Projekte werden in Ländern (Brasilien, Türkei, Ruanda) umgesetzt, die laut Euler Hermes ein erhöhtes *sensitives* Kreditrisiko tragen. Nur ein Projekt wird in einem Land mit hohem Kreditrisiko (Ekuador) umgesetzt. Von diesen 53 Projekten werden jedoch nur 14 Projekte von Emittenten aus dem Ausland finanziert (HSBC, SCA, Unilever, Abengoa, Engie), die restlichen 39 Projekte stammen von Emittenten aus dem jeweiligen Land (BRF, CPFL Energias Renováveis, Fibria). In fünf der Projekte werden ausdrücklich neue nachhaltige, also aus Sicht des Kreditgebers unsichere Technologien entwickelt (Apple, BRF). Lediglich ein Projekt weist die klassischen Merkmale von Zusätzlichkeit auf. Das brasilianische Unternehmen Fibria finanziert mit seinem Green Bond unter anderem die Renaturierung eines Landstrichs in der Nachbarschaft einer seiner Fabriken. Den Ansprüchen für CER würde wohl dieses letzte Projekt als einziges entsprechen. Von den insgesamt 852 veröffentlichten Projekten tragen damit nur 58 oder 6,8 Prozent ein erhöhtes Länderrisiko oder klassische Risikomerkmale und könnten damit im weiteren Sinne als additional angesehen werden.

Legt man die oben dargelegten Ansprüche der KfW DEG an Additionalität an, ergibt sich ein ähnliches Bild.

Lediglich fünf der insgesamt 852 von privaten Emittenten veröffentlichten Projekte befinden sich in Afrika. Drei davon liegen in Südafrika, je eines finanziert von den Emittenten Unilever (Fabrikneubau) HSBC (PV), Enel Energy (PV) und je eines in Kenia und Ruanda, beide stammen von dem indischen Emittenten Jain Irrigation, der in diesen Ländern staatlich geförderte Projekte mitfinanziert. Das von Jain Irrigation in Ruanda über einen Green Bond finanzierte Projekt ist zugleich das einzige Projekt in einem Niedrigeinkommensland von privaten Green-Bond-Emittenten. Insgesamt entsprechen damit lediglich 0,58 Prozent der Green-Bond-Projekte dem Anspruch in Afrika oder Niedriglohnländern zu finanzieren.

Eine Finanzierung von SME oder Eigenkapitalfinanzierung über private Green Bonds ist nicht ersichtlich, da über die Erlöse aus Anleihen in der Regel keine Finanzierung von kleinen und mittleren Unternehmen oder Eigenkapitalfinanzierung vorgenommen wird. Nicht zu erkennen ist, ob die Finanzierung über einen Green-Bond-ESG-Aspekt von Projekten gestärkt wird. Es ist jedoch durchaus möglich, dass dies aufgrund entsprechender Richtlinien geschieht, die die Emittenten generell auf ihre Kreditnehmer anwenden. Dies wäre dann jedoch unabhängig von ihrer Emission eines Green Bond.

Eine Additionalität im Sinne des Verständnisses des Clean Development Mechanism oder der Entwicklungsbanken ist damit bei Green Bonds bisher nur marginal gegeben. Die wenigen Beispiele, die zu finden sind, stammen oft von Emittenten aus Entwicklungsländern.

3.3 Alternative zum Begriff *Additionalität*

Angesichts dieser Situation stellt sich die Frage, ob der Begriff *Additionalität* oder *Zusätzlichkeit* überhaupt angemessen für das Instrument der *Green Bonds* ist. Die Anleihen werden zu marktüblichen Konditionen vergeben. Die Erlöse werden für Projekte genutzt, die die üblichen Prüfungen ihrer Wirtschaftlichkeit und Kreditwürdigkeit erfolgreich durchlaufen haben. Damit erfüllen sie prinzipiell die Voraussetzungen auch unabhängig des über Green Bonds generierten Kapitals finanziert zu werden. Im strengen Sinne *zusätzlich* können Green Bond Projekte damit nicht sein.

Will man die positiven Wirkungen von Green Bonds beschreiben, müssen andere Konzepte einer positiven Wirkung entwickelt und getestet werden. Das Konzept des *Investitionsbedarfs*, so wie es ALLIANZ CLIMATE SOLUTIONS zusammen mit NEWCLIMATE und GERMANWATCH für den Investitionsbedarf in erneuerbare Energien entwickelt hat, könnte ein solches darstellen. Unter Investitionsbedarf verstehen die Autoren der Studien *„Allianz Climate and Energy Monitor"* 2016 und 2017 in diesem Kontext folgendes:

„The investment needs are assessed by a single category assessing the 'Future needs for investing in the electricity infrastructure' which in turn is a composite of three indicators: the current and future absolute investment needs in the power sector for building less carbon-intensive and climate-robust energy infrastructure; and needs relative to current consumption, reflecting where development needs dictate need for investing. In addition, a vulnerability indicator is defined to signal relatively greater investment needs into the electricity infrastructure for building resilience from climate change impacts."[19]

Der derart definierte Investitionsbedarf in erneuerbare Energien ist in bevölkerungsreichen Ländern mit hohem Wirtschaftswachstum und einer großen Abhängigkeit von fossilen Energien und Großstaudämmen in der Stromerzeugung besonders hoch. Konkret lagen in den Jahren 2016 und 2017 die Länder Indien, Südafrika, Brasilien und Indonesien auf den ersten drei Plätzen des Investitionsbedarfs in Erneuerbare Energie innerhalb der Gruppe der G20.

Vergleicht man diesen Bedarf mit der geografischen Verteilung der über Green Bonds von privaten Emittenten finanzierten Projekte im Bereich der erneuerbaren Energien, kommt man zu dem Ergebnis, dass immerhin 109 oder 12,7 Prozent der 852 veröffentlichten Projekte im Bereich erneuerbare Energien in diesen Ländern mit erhöhtem Bedarf liegen und somit über den Begriff des Investitionsbedarfs eine deutlich höhere Wirksamkeit von Green Bonds darstellbar ist, als über den Begriff der Additionalität.

Auffällig ist zudem, dass insgesamt nur 15 der Green-Bond-erneuerbare-Energien-Projekte in Ländern mit hohem Investitionsbedarf von ausländischen Emittenten finanziert werden, während die restlichen 94 von inländischen Banken oder Unternehmen mit Kapital versorgt worden sind.

Angesichts der sehr lückenhaften Datenlage zu Green-Bond-Projekten erlauben diese Ergebnisse allerhöchstens vorsichtige Vermutungen. Zusammen mit den oben genannten Ergebnissen zur Additionalität deutet sich jedoch an, dass Green-Bond-Gelder am ehesten wirksam sind bzw. den bestehenden Bedarf decken, wenn sie von Emittenten aus Entwicklungsländern begeben werden.

---

[19] ALLIANZ (2017b), S. 6.

Quellenverzeichnis

ALLIANZ CLIMATE SOLUTIONS GMBH (2017a): Allianz Climate and Energy Monitor 2017, online: https://www.allianz.com/v_1500373634000/en/sustainability/media-2017/Allianz_Climate_and_Energy_Monitor_2017_-_Report_final.pdf, Stand: 06.2017, Abruf: 08.02.2018.

ALLIANZ CLIMATE SOLUTIONS GMBH (2017b): Technical note: Allianz Climate and Energy Monitor. Assessing the needs and attractiveness of low-carbon investments in G20 countries, online: www.allianz.com/v_1498656130000/en/sustainability/media-2017/Allianz_Climate_and_Energy_Monitor_2017_-_Technical_Note_final.pdf, Stand: 06.2017, Abruf: 08.02.2018.

ALLIANZ GLOBAL INVESTORS (2016): Allianz Global Investors Fund - Geprüfter Jahresbericht zum 30. September 2016, online: http://fondsdocs.edisoft.de/getDoc.php?d=25-31096-11, Stand: 30.09.2016, Abruf: 18.01.2018.

ALLIANZ GLOBAL INVESTORS (2017a): Wesentliche Anlegerinformationen - Allianz Global Investors Fund - Allianz Green Bond Anteilklasse I, online: https://api.fundinfo.com/document/5a1565477a360e8be37765b3bb912316_73844/KID_DE_de_LU1297615988_YES_2017-11-03.pdf?apiKey=5292dcc5c7ae3fdfe8084e57dc1cfea2, Stand: 03.11.2017, Abruf: 18.01.2018.

ALLIANZ GLOBAL INVESTORS (2017b): Wesentliche Anlegerinformationen - Allianz Global Investors Fund - Allianz Advanced Fixed Income Global Aggregate Anteilklasse A, online: https://api.fundinfo.com/document/2ea86130f6820d16525cc2ee6689f73273176/KIDDeLU1260871014_YES_2017-11-03.pdf?apiKey=5292dcc5c7ae3fdfe8084e57dc1cfea2, Stand: 03.11.2017, Abruf: 18.01.2018.

CAMES, M./HARTHAN, R. O./ FÜSSLER, J. (2016): How additional is the Clean Development Mechanism? Analysis of the application of current tools and proposed alternatives, online: https://ec.europa.eu/clima/sites/clima/files/ets/docs/clean_dev_mechanism_en.pdf, Stand: 03.2016, Abruf 08.02.2018.

CBI (2018): Labelled green gonds data, online: https://www.climate-bonds.net/cbi/pub/data/bonds, Stand: 2018, Abruf: 18.01.2018.

DAC (2016): DAC Working Party on Development Finance Statistics, online: http://www.oecd.org/officialdocuments/publicdisplaydocumentpdf/?cote=DCD/DAC/STAT(2018)9&docLanguage=En, Stand: 19.01.2018, Abruf 08.02.2018.

HAYA, B. (2009): Measuring Emissions Against an Alternative Future: Fundamental Flaws in the Structure of the Kyoto Protocol's Clean Development Mechanism, online: http://bhaya.berkeley.edu/docs/Haya-ER09-001-Measuringemissionsagainstanalternativefuture.pdf, Stand: 12.2009, Abruf 08.02.2018.

KFW DEG (2013): Corporate-Policy Project Rating, Berlin 2013.

LYXOR (2017): Wesentliche Informationen für den Anleger – Lyxor Green Bond (DR) UCITS ETF- C-EUR, online: https://mediaproxy.mdgms.com/download.html?docId=59ee8e91-7afb-4e34-866b-e5034bc22d5f&expiration=1518474149&check=87lhJvSvTaEqzVRK-HoyOyERZRWU1v3991HXHcB5b%2BifBMckoHhajyMliujd9pDJUyiRYJ89Bpm3nR9%2FZiHMcDg%3D%3D&IDMS=1, Stand: 01.03.2017, Abruf: 18.01.2018.

SCHNEEWEIß, A. (2017): Green Bonds – Black Box mit grünem Etikett?, online: https://suedwind-institut.de/files/Suedwind/Publikationen/2016/2016-17%20Green%20Bonds%20-%20Black%20Box%20mit%20gruenem%20Etikett.pdf, Stand: 06.2016, Abruf: 18.01.2018.

THOMSON REUTERS (2017): Thomson Reuters ESG Scores, online: https://financial.thomsonreuters.com/content/dam/openweb/documents/pdf/financial/esg-scores-methodology.pdf, Stand: 11.2017, Abruf: 18.01.2018.

WWF (2016): Green Bonds must keep the green promise, online: https://d2ouvy59p0dg6k.cloudfront.net/downloads/20160609_green_bonds_hd_report.pdf, Stand: 2016, Abruf: 11.10.2016.

Klima-Aktienindizes als Beitrag zur klimaverträglichen Kapitalanlage

ROLF D. HÄßLER

NKI – Institut für nachhaltige Kapitalanlagen

1	Einleitung	205
2	Risiken des Klimawandels für die Aktienanlage	205
3	Klima-Aktienindizes als Antwort auf Klimarisiken – eine Systematisierung	206
4	Datenangebot für die Konstruktion von Klima-Aktienindizes	207
	4.1 Carbon Value Chain-Analysen	208
	4.2 Carbon Ratings	208
	4.3 Carbon-Footprint- und Carbon-Intensity-Analysen	208
5	Ansätze zur Konstruktion von Klima-Aktienindizes	209
	5.1 Worst-in-Climate-Ansatz: Raus aus fossilen Energien	209
	5.2 Best-in-Ansätze zur Identifikation von Unternehmen	210
	5.3 Kombination mit weiteren Nachhaltigkeitskriterien	210
	5.4 Angebot an Klima-Aktienindizes – ein Überblick	211
6	Einfluss von Klimakriterien auf die Performance von Aktienindizes	212
	6.1 Bedeutung von Klimakriterien für die Risikobewertung von Emittenten	212
	6.2 Erste empirische Studien und praktische Erfahrungen	213
7	Ausblick	214
	Quellenverzeichnis	215

1 Einleitung

Aktienindizes erfüllen am Kapitalmarkt gleich mehrere wichtige Funktionen. So sind sie wichtiger Indikator für die wirtschaftliche Entwicklung von Ländern und Branchen, dienen als Benchmark, um den relativen und absoluten Anlageerfolg von Vermögensverwaltern zu messen und zu bewerten oder bilden die Basis für indexbasierte Anlageprodukte wie Exchange Traded Funds (ETFs).
Vor dem Hintergrund der Risiken des Klimawandels sind in den vergangenen Jahren zahlreiche Aktienindizes am Markt lanciert worden, die den Anspruch haben, diese Risiken in besonderer Weise zu berücksichtigen, indem sie entweder bestimmte, besonders klimarelevante Branchen oder Unternehmen ausschließen oder gezielt solche Unternehmen auswählen, die über ein besonders effizientes Klimarisikomanagement verfügen.
Der folgende Artikel beleuchtet zunächst die Risiken des Klimawandels für die Aktienanlage und damit für Aktienindizes. Das folgende Kapitel gibt einen Überblick über die verschiedenen Ansätze der am Markt verfügbaren Klimaindizes. Die Konstruktion von Klimaindizes wird maßgeblich von der Frage beeinflusst, welche Daten über das unternehmerische Klimarisikomanagement verfügbar sind. Dieser Frage wird im 4. Abschnitt nachgegangen, bevor dann in Abschnitt 5 verschiedene Ansätze zur Konstruktion von Klimaindizes analysiert werden. Abschnitt 6 beschäftigt sich schließlich mit der Gretchenfrage der klimakompatiblen Kapitalanlage – wie halten es Klima-Aktienindizes mit der Performance.

2 Risiken des Klimawandels für die Aktienanlage

Auf der Weltklimakonferenz in Paris im Jahr 2015 hat sich die Staatengemeinschaft erstmals auf völkerrechtlich verbindliche Ziele für den globalen Klimaschutz verständigt. Das *Paris Agreement* sieht insbesondere vor, den Anstieg der globalen Durchschnittstemperatur auf deutlich unter 2 Grad Celsius über dem vorindustriellen Niveau zu begrenzen, im besten Fall sogar auf maximal 1,5 Grad Celsius. Dadurch sollen die Risiken und Auswirkungen des Klimawandels deutlich reduziert werden.
Bis zur zweiten Hälfte dieses Jahrhunderts soll dafür weltweit ein Gleichgewicht zwischen dem Ausstoß und der Aufnahme von Treibhausgasen (THG) erreicht werden (*Treibhausgasneutralität*). Es sollen also nicht mehr durch den Menschen verursachte THG-Emissionen wie CO_2 ausgestoßen werden, als gleichzeitig zum Beispiel von Wäldern aufgenommen werden können. Die Begrenzung des Anstiegs der globalen Durchschnittstemperatur und die Erreichung der THG-Neutralität setzen eine umfassende Dekarbonisierung der Wirtschaft voraus. Praktisch alle Sektoren werden von einer auf die 2°C-Grenze ausgerichteten Klimapolitik betroffen sein, insbesondere energie- und emissionsintensive Branchen wie die Energieversorger, die Automobil- und Transportwirtschaft sowie die Stahl-, Metall- und Zementindustrie.
In einigen Branchen steht dabei das aktuelle Geschäftsmodell insgesamt in Frage, etwa bei den auf fossile Energien spezialisierten Rohstoffunternehmen und den Betreibern fossiler Kraftwerke. In anderen Branchen werden die heute genutzten Anlagen und Technologien, beispielsweise der fossile Verbrennungsmotor, nicht mehr verwendet werden können. Damit stellt sich für zahlreiche Unternehmen die Frage nach der Widerstandsfähigkeit ihres Geschäftsmodells, ihrer Wertschöpfungskette oder einzelner Standorte gegenüber den Folgen des Klimawandels.
Aktionäre sind von diesen Entwicklungen direkt betroffen, da sich diese unmittelbar auf die Kosten- und Ertragssituation der Unternehmen auswirken und damit auf Bonität,

Dividendenfähigkeit und Kursentwicklung. In einigen Branchen droht sogar ein Totalverlust (*Stranded Assets*), sofern die Unternehmen keine strategische Antwort auf die Herausforderungen des Klimawandels finden.

Die Task Force on Climate-related Financial Disclosures des Financial Stability Board (FSB) unterscheidet in diesem Zusammenhang drei Arten von Risiken, die zusammengenommen als Klimarisiken bezeichnet werden[1]:

➢ Physische Risiken umfassen die direkten Auswirkungen des Klimawandels. Dabei wird zwischen chronischen Veränderungen, z. B. dem Anstieg des Meeresspiegels, und akuten Ereignissen, z. B. Extremwetterereignissen, unterschieden.

➢ Transitionsrisiken umfassen Risiken, die sich aufgrund von technologischen Neuerungen oder klimapolitischen Maßnahmen wie einer CO_2-Abgabe und der Ausweitung des Emissionshandels ergeben könnten. Dazu gehören auch Risiken von entwerteten Vermögenswerten, etwa im Bereich fossiler Energien (*Stranded Assets*).

➢ Klimabedingte Haftungsrisiken umfassen insbesondere durch Klimageschädigte geltend gemachte Forderungen gegenüber den Verursachern des Klimawandels. Hierzu gehören aber auch mögliche Klagen gegen Vermögensverwalter wegen Verletzung ihrer treuhänderischen Verantwortung, wenn diese Klimarisiken, die sich auf Rendite und Risiko der Kapitalanlagen auswirken, bei der Kapitalanlage unzureichend berücksichtigt haben.

3 Klima-Aktienindizes als Antwort auf Klimarisiken – eine Systematisierung

Grundsätzlich kann man am Kapitalmarkt verschiedene Ansätze beobachten, Klimakriterien bei der Konstruktion von Aktienindizes zu berücksichtigen. Ein erster Ansatz besteht darin, die umfassenden Nachhaltigkeitsanalysen von ESG-Data-Providern wie imug, ISS Ethix, MSCI ESG oder oekom research zu nutzen. In diesen Ratings werden regelmäßig auch Klimakriterien beachtet, sodass die Ratings auch die Qualität des Klimarisikomanagements der Unternehmen widerspiegeln. Da gleichzeitig eine Vielzahl weiterer sozialer, umweltrelevanter und auf eine gute Unternehmensführung bezogener Aspekte, sogenannte ESG-Kriterien, in die Ratings einfließen, können Defizite im Klimarisikomanagement aber durch Stärken in anderen Bereichen kompensiert werden. Eine dezidierte Klimastrategie bei der Konstruktion eines Aktienindex ist auf dieser Basis kaum möglich.

Einen Schritt weiter gehen Indizes, bei denen das klimabezogene Engagement von Unternehmen explizit ein Auswahlkriterium darstellt. Ein Beispiel hierfür ist der Global Challenges Index (GCX) der Börse Hannover. Für ihn werden Unternehmen ausgewählt, die in ihrem Kerngeschäft einen Beitrag zum Umgang mit sieben globalen Herausforderungen leisten. Dazu gehört neben der Sicherstellung einer ausreichenden Versorgung mit Trinkwasser, der Beendigung der Entwaldung und der Förderung einer nachhaltigen Waldwirtschaft sowie dem Erhalt der Artenvielfalt auch die Bekämpfung der Ursachen und Folgen des Klimawandels. Eine große Zahl der insgesamt 50 im GCX gelisteten Unternehmen wurde aufgrund ihres Klimaengagements ausgewählt. Hier hat zwar das Thema Klimawandel einen bedeutenden Einfluss auf die Indexkonstruktion, ist aber gleichzeitig nur eines von mehreren berücksichtigten Themenfeldern.

---

[1] TASK FORCE ON CLIMATE-RELATED FINANCIAL DISCLOSURES (2017).

```
┌─────────────────────────────────────────────────────────────────────┐
│                        Klima-Aktienindizes                          │
│              ┌──────────────┴──────────────┐                        │
│     Carbon Tech Indizes              Low Carbon Indizes             │
│  Fokus auf Branchen und/oder      Reduzierung bzw. Minimierung des  │
│  Themen mit positivem Beitrag     Carbon Footprints bzw. der Carbon │
│  zum Umgang mit den Ursachen      Intensity eines Index durch ...   │
│  und Folgen des Klimawandels,                                       │
│  z. B. erneuerbare Energien und                                     │
│  Energieeffizienz                                                   │
│                                  ┌──────────────┴──────────────┐    │
│                          ...Worst-in-Climate-Ansatz   ...Best-in-Climate-Ansatz │
│                          Ausschluss besonders       Auswahl von Unternehmen     │
│                          energie- bzw. THG-         für den Klimaindex, die     │
│                          intensiver Branchen,       aktuell oder perspektivisch │
│                          z. B. Energieerzeugung     die besten Leistungen im    │
│                          mit Kohle.                 Umgang mit den Risiken und  │
│                                                     Chancen des Klimawandels    │
│                                                     und der Klimapolitik zeigen │
└─────────────────────────────────────────────────────────────────────┘
```

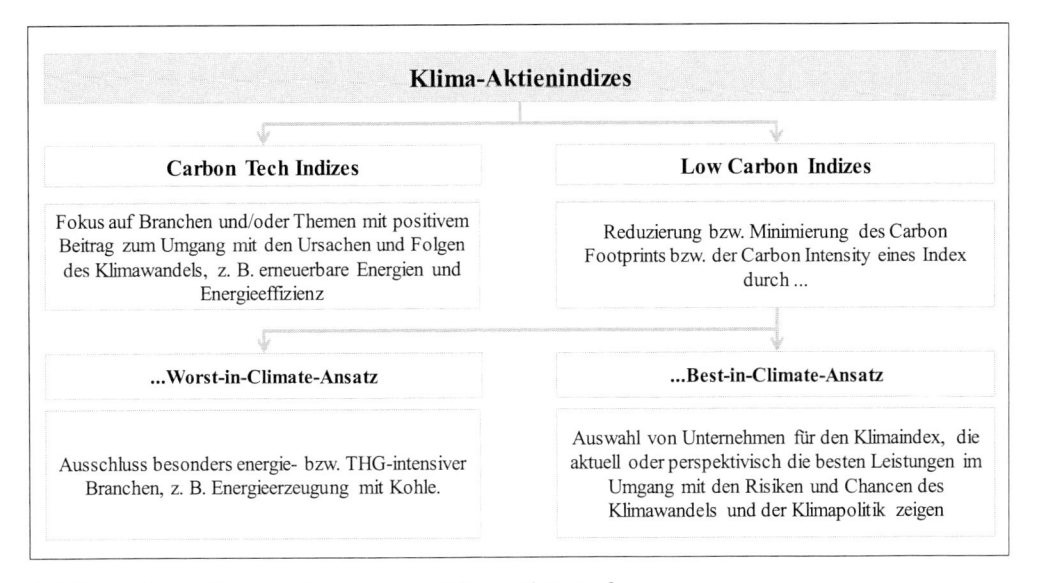

Abbildung 1:   *Systematisierung von Klima-Aktienindizes*

Die stärkste Fokussierung auf Klimaaspekte findet man bei Aktienindizes, die speziell auf Klimaaspekte ausgerichtet sind. Ihre Zahl ist in den vergangenen Jahren deutlich gestiegen, wobei man grundsätzlich zwei Ansätze unterscheiden kann: Carbon Tech Indizes legen den Fokus auf Branchen und/oder Themen, die einen positiven Beitrag zum Umgang mit den Ursachen und Folgen des Klimawandels leisten. Dazu gehören beispielsweise Unternehmen aus den Bereichen erneuerbare Energien und Energieeffizienz.

Bei Low Carbon Indizes geht es dagegen darum, den Carbon Footprint bzw. die Carbon Intensity eines Index zu minimieren. Dies kann grundsätzlich auf zwei Wegen geschehen: entweder durch den Ausschluss besonders energie- und damit in der Regel auch emissionsintensiver Branchen und Unternehmen vom Investment im Rahmen eines Worst-in-Climate-Ansatzes oder durch die Auswahl von Unternehmen für den Klimaindex, die aktuell die besten Leistungen im Umgang mit den Risiken und Chancen des Klimawandels und der Klimapolitik zeigen (Best-in-Climate-Ansatz). Wie die Konstruktion hier konkret aussieht, wird in Kapitel 5 betrachtet.

4   Datenangebot für die Konstruktion von Klima-Aktienindizes

Zunächst soll es im Folgenden aber um die Datengrundlage für die Klima-Aktienindizes gehen. Sie bestimmt in hohem Maße, welche konkreten Kriterien bei der Konstruktion eines Klima-Aktienindex berücksichtigt werden können. Die Daten werden in der Regel von spezialisierten Anbietern erhoben und Vermögensverwaltern sowie institutionellen Anlegern für die Kapitalanlage oder speziell für die Indexkonstruktion zur Verfügung gestellt. Neben Non-Profit-Organisationen wie dem CDP (ehemals Carbon Disclosure Project) gehören insbesondere die bereits genannten ESG-Data-Provider zu den Anbietern entsprechender Informationen. Dabei können grundsätzlich Carbon-Value-Chain-Analysen, Carbon Ratings sowie Carbon Footprint- und Carbon-Intensity-Analysen unterschieden werden.

4.1 Carbon Value Chain-Analysen

Im Rahmen von Carbon-Value-Chain-Analysen steht die Frage im Vordergrund, welche Unternehmen in welchem Umfang und auf welcher Stufe der fossilen Wertschöpfungskette aktiv sind, also beispielsweise Kohle fördern oder bei der Stromerzeugung einsetzen. Hierzu hat beispielsweise die NGO urgewald im Vorfeld der Weltklimakonferenz in Bonn 2017 die *Global Coal Exit List* (GCEL) veröffentlicht. Sie umfasst Informationen zu mehr als 770 Unternehmen, die in der Kohle-Wertschöpfungskette aktiv sind. Vergleichbare Analysen bieten auch die angesprochenen ESG-Data-Provider.

4.2 Carbon Ratings

Im Rahmen von Carbon Ratings werden die klimabezogenen Leistungen von Wertpapieremittenten, meist von Unternehmen, auf der Basis einer Vielzahl von Einzelkriterien analysiert und bewertet. Betrachtet werden unter anderem Klimaziele und -strategie der Unternehmen, die Klimaverträglichkeit des Produkt- und Leistungsangebots, die Entwicklung der THG-Emissionen in den vergangenen Jahren sowie Umfang und Qualität der Berichterstattung zu Klimaaspekten.

Auf Basis der Ratings lassen sich Unternehmen identifizieren, die sich innerhalb ihrer Branche in besonderem Maße für den Klimaschutz engagieren und so entsprechende Risiken reduzieren. Zu beachten ist hier, dass es keinen allgemein gültigen und damit verbindlichen Ansatz zur Bewertung der klimabezogenen Leistungen gibt, sondern unterschiedliche Ansätze mit unterschiedlichen Kriterien genutzt werden. Gleichzeitig gilt, dass sich die Ratings grundsätzlich auf die Emittenten beziehen und nicht auf einzelne Wertpapiere.

4.3 Carbon-Footprint- und Carbon-Intensity-Analysen

Neben den genannten Aspekten ist auch der CO_2-Fußabdruck, auch Carbon Footprint, regelmäßig Gegenstand der Carbon Ratings. Er gibt an, wie viele THG-Emissionen beispielsweise durch ein Unternehmen oder ein Produkt in einem bestimmten Zeitraum verursacht werden. Dadurch können z.B. Unternehmen identifiziert werden, die innerhalb ihrer Branche besonders energieeffizient und damit klimaverträglich produzieren.

Bei der Messung der Carbon Intensity werden diese Emissionen ins Verhältnis zu einer anderen unternehmerischen Größe gesetzt, z. B. zum Umsatz. So erhält man beispielsweise die THG-Emissionen je 1 Mio. Euro Umsatz und kann dann die Unternehmen einer Branche in eine Rangfolge bringen. Problematisch ist hierbei, dass bisher weltweit gesehen nur eine vergleichsweise geringe Zahl von Unternehmen Daten zu ihren THG-Emissionen erhebt und veröffentlicht. Dabei stehen die direkten sowie die mit dem Bezug von Energie verbundenen Emissionen (Scope 1 und 2) im Vordergrund der Erhebungen, während die Informationssituation bei den Scope 3-Emissionen, also insbesondere den THG-Emissionen, die durch die Produkte und Leistungen während der Nutzungsphase und der vorgelagerten Wertschöpfungskette entstehen, noch eher dürftig ist.

Der Carbon Footprint-Ansatz wird zunehmend auf die Kapitalanlage übertragen. Grundidee ist es dabei, die THG-Emissionen zu berechnen, die die Unternehmen emittieren, die in einem bestimmten Index gelistet sind. Dazu werden die THG-Emissionen der Emittenten ermittelt und einem Portfolio in Höhe seines Anteils an dem Unternehmen zugeordnet. Wenn also beispielsweise ein Unternehmen 100.000 Tonnen THG pro Jahr ausstößt und ein Index 2 Prozent des Kapitals des Unternehmens hält, können diesem 2.000 Tonnen zugerechnet werden. Addiert man die entsprechenden THG-Anteile aller Emittenten eines Index, erhält man dessen Carbon Footprint.

5 Ansätze zur Konstruktion von Klima-Aktienindizes

Das dargestellte Datenangebot bildet die Basis für die Konstruktion von Klima-Aktienindizes, insbesondere Low-Carbon-Indizes, um die es im Folgenden gehen soll. Wie bereits dargestellt, lassen sich hier grundsätzlich zwei Ansätze unterscheiden: ein Worst-in-Climate-Ansatz und ein Best-in-Climate-Ansatz.

5.1 Worst-in-Climate-Ansatz: Raus aus fossilen Energien

Der vielleicht einfachste Weg, die Klimaverträglichkeit eines Index zu verbessern, ist der Ausschluss jener Unternehmen, die in der fossilen Wertschöpfungskette tätig sind. Besondere Aufmerksamkeit erhielt dieser Ansatz in der jüngeren Vergangenheit durch die internationale Divestment-Bewegung. Weltweit hat sich eine steigende Zahl von Investoren freiwillig dazu verpflichtet, Wertpapiere von Unternehmen zu verkaufen, die ihr Geld mit der Förderung oder Nutzung von fossilen Energieträgern wie Kohle und Öl verdienen. Zu den prominenten deutschen Divestoren gehören die Allianz Versicherung und das Land Baden-Württemberg mit seinen Versorgungsrücklagen.

Was ein *fossiles* Investment ist, wird dabei von den Investoren und Index-Providern recht unterschiedlich definiert. Während einige sich auf Unternehmen konzentrieren, die Kohle fördern, beziehen andere weitere fossile Energien wie Erdöl mit ein, fokussieren auf bestimmte Fördertechnologien oder Fördergebiete, z. B. Förderung von Öl aus Ölsand und Ölschiefer, oder berücksichtigen weitere Wertschöpfungsstufen, z. B. Energieversorger, deren Energieerzeugung auf fossilen Energien basiert. Abbildung 2 zeigt Beispiele für verschiedene Ansatzpunkte für die Definition von Ausschlusskriterien für fossile Unternehmen im Rahmen der Indexkonstruktion.

Bei vielen dieser Kriterien kann dabei mit Umsatzgrenzen gearbeitet werden. So kann beispielsweise festgelegt werden, dass nur solche Unternehmen vom Investment ausgeschlossen werden, die mehr als 10 Prozent ihres Umsatzes mit der Förderung von fossilen Energien erzielen oder bei denen die Energieerzeugung zu mehr als 30 Prozent auf fossilen Energieträgern basiert.

Ansatzpunkt	Beispiele
Fossiler Rohstoff	➢ Ausschluss von Unternehmen, die Kohle/ Öl/ Gas fördern. ➢ Ausschluss der Unternehmen mit dem größten Anteil an den globalen Kohle- und/ oder Ölreserven.
Fördertechnik/-region	➢ Ausschluss von Unternehmen, die Kohle unter Einsatz von Mountaintop Removal fördern. ➢ Ausschluss von Unternehmen, die Öl aus Ölsand/ Ölschiefer fördern. ➢ Ausschluss von Unternehmen, die Öl in Polarregionen fördern (Arctic Drilling).

Position in der Wertschöpfungskette	➢ Ausschluss von Unternehmen, die
	  ➢ fossile Rohstoffe fördern,
	  ➢ fossile Rohstoffe bei der Energieerzeugung einsetzen.

Abbildung 2:   Ansatzpunkte für den Ausschluss von fossilen Unternehmen bei der Konstruktion eines Klima-Aktienindex

5.2   Best-in-Ansätze zur Identifikation von Unternehmen

Durch die Nutzung von Positivkriterien können gezielt Unternehmen zum Investment ausgewählt werden, die sich in besonderer Weise auf die Risiken und Chancen des Klimawandels einstellen. Eine Sonderform der Positivkriterien ist der im nachhaltigen Investment weit verbreitete Best-in-Class-Ansatz. Index-Provider, die diesen Ansatz anwenden, wählen innerhalb der einzelnen Branchen jeweils die Unternehmen für den Index aus, die von den ESG-Data-Providern die besten Bewertungen erhalten. Sofern dabei die Klima-Leistungen der Unternehmen im Vordergrund stehen, kann man auch von einem Best-in-Climate-Ansatz sprechen. Entsprechende Anlageuniversen stellen die ESG-Data-Provider auf Basis der Carbon Ratings für die Index-Provider individuell zusammen.

Während beim Best-in-Class- bzw. Best-in-Climate-Ansatz der Status der Klimaschutzaktivitäten im Fokus steht, geht es beim Best-in-Progress-Ansatz um die Dynamik im Klimarisikomanagement der Unternehmen. Hier werden die Unternehmen zum Investment ausgewählt, die in den vergangenen Jahren die größten Fortschritte im Umgang mit den Herausforderungen des Klimawandels gemacht haben. Basis für die Bewertung der Fortschritte bilden auch hier die entsprechenden Analysen und Ratings von ESG-Data-Providern.

5.3   Kombination mit weiteren Nachhaltigkeitskriterien

Zahlreiche der am Markt verfügbaren Klimaindizes berücksichtigen neben den klimabezogenen Aspekten weitere ESG-Kriterien. Dazu gehören z. B. Ausschlüsse von Unternehmen, die gegen die Prinzipien des UN Global Compact verstoßen, in kontroversen Geschäftsfeldern aktiv sind, z. B. der Herstellung von Waffen oder Tabakprodukten, oder im Nachhaltigkeitsrating durch einen ESG-Data-Provider eine insgesamt unzureichende Bewertung erhalten.

5.4 Angebot an Klima-Aktienindizes – ein Überblick

Die Anzahl der verfügbaren Klima-Aktienindizes ist in den vergangenen Jahren deutlich gestiegen, wie der Blick auf das Einführungsdatum der in Abbildung 3 dokumentierten Indizes zeigt. Sie umfasst eine Auswahl von Klimaindizes verschiedener Anbieter. Dabei wird deutlich, dass sich gerade auch die etablierten Anbieter konventioneller Aktienindizes wie MSCI und Stoxx verstärkt im Bereich der Klimaindizes engagieren.

Index	Launch	Lizenzgeber	Datenanbieter
BBGI oekom Low Carbon Risk Equal Weight	07/2017	BBGI Group	oekom research
BBGI oekom Low Carbon Risk Smart Beta	07/2017	BBGI Group	oekom research
ECPI Global Carbon Equity	07/2010	ECPI	ECPI
Ethical Europe Climate Care Index	08/2015	Solactive/BNP Paribas	Solactive, VigeoEiris
FTSE Divest-Invest Developed 200 Index	04/2016	FTSE Russell	FTSE Russell's Green Revenues model
Low Carbon 100 Index	10/2008	Euronext	Theam
MSCI Global Low Carbon Leaders Index	09/2014	MSCI	MSCI ESG Research
MSCI Global Low Carbon Target Index	09/2014	MSCI	MSCI ESG Research
Solactive oekom ESG Fossil Free Eurozone 50 Index	04/2017	Solactive	oekom reserch
Solacive SPG Europe Low Carbon Index	01/2016	Solactive	South Pole
Stoxx Industry Leader Low Carbon Indices	02/2016	Stoxx	South Pole, CDP
Stoxx Low Carbon Indices	02/2016	Stoxx	South Pole, CDP
Stoxx Global Climate Change Leaders Index	02/2016	Stoxx	South Pole, CDP
Stoxx Reported Low Carbon Indices	02/2016	Stoxx	South Pole, CDP

Abbildung 3: Auswahl an verfügbaren Klima-Aktienindizes

Während das Angebot an Indizes den Investoren damit eine recht umfassende Auswahl bietet, ist das Angebot an indexbasierten Anlageprodukten, den Exchange Traded Funds (ETFs), noch sehr klein. Sie verknüpfen die hohe Liquidität einer Aktie mit der Risikostreuung eines Portfolios, da sie in die Unternehmen investieren, die in dem Basis-Index gelistet sind. Unter den insgesamt 42 auf der Plattform www.nachhaltiges-investment.org registrierten in Deutschland zum Vertrieb zugelassenen Klima- und Umwelttechnologiefonds befand sich Anfang 2018 nur ein einziger ETF (vgl. Abb. 4).

42 Klima- und Umwelttechnologiefonds			
Aktienfonds	Rentenfonds	Mischfonds	ETFs
36	1	4	1

Abbildung 4: Angebot an Klima- und Umwelttechnologiefonds in Deutschland[2]

---

[2] NACHHALTIGES INVESTMENT (2018).

6 Einfluss von Klimakriterien auf die Performance von Aktienindizes

Die Frage, ob man auf Rendite verzichten und/ oder ein höheres Risiko in Kauf nehmen muss, wenn man in der Kapitalanlage ESG-bezogene Kriterien berücksichtigt, wird seit vielen Jahren intensiv diskutiert. Dabei hält sich hartnäckig das Vorurteil, dass Anleger eine schlechtere Performance in Kauf nehmen müssen, wenn sie das magische Dreieck der Kapitalanlage – Risiko, Rendite und Liquidität – um eine vierte Dimension, die Qualität des Nachhaltigkeits- bzw. Klimarisikomanagements der Emittenten, erweitern.

Hintergrund dieser Einschätzung ist, dass viele der im nachhaltigen Investment gebräuchlichen Strategien, etwa der Ausschluss von Emittenten, regelmäßig zu einer Verkleinerung des Anlageuniversums führen. Eine solche Reduzierung der Anlagemöglichkeiten hat nach gängigen Portfoliotheorien einen negativen Einfluss auf die Performance.

6.1 Bedeutung von Klimakriterien für die Risikobewertung von Emittenten

Befürworter einer nachhaltigen bzw. klimakompatiblen Kapitalanlage sind dagegen davon überzeugt, dass die Berücksichtigung entsprechender Kriterien dabei hilft, die Risiken und Chancen einzelner Emittenten besser bewerten zu können. Sicherlich würde auch kein Anleihen-Investor kritisieren, wenn sein Anlageuniversum durch den Ausschluss von Unternehmen mit Non-Investment Grade-Rating verkleinert wird, da dadurch die Ausfallrisiken deutlich reduziert werden. Eine vergleichbare Wirkung hat nach Einschätzung von nachhaltigkeits- bzw. klimaorientierter Investoren die Berücksichtigung von ESG- bzw. Klimakriterien bei der Kapitalanlage.

Anschaulich verdeutlichen diesen Risikoansatz die Diskussionen um die so genannte Carbon Bubble. Unter dieser Überschrift wird eine Überbewertung der Vorräte an fossilen Energieträgern in den Bilanzen der Kohle-, Öl- und Gasunternehmen diskutiert. Ausgangspunkt dieses Ansatzes ist die Tatsache, dass nur noch eine begrenzte Menge von CO_2 freigesetzt werden darf, wenn das Ziel einer Begrenzung des weltweiten Temperaturanstiegs auf max. 2 Grad Celsius erreicht werden soll. Die Organisation Carbon Tracker gibt diese Menge mit rund 565 Gt CO_2 an.[3] Die bestätigten Reserven, die sich in der Hand von privaten und staatlichen Unternehmen sowie Staaten befinden, umfassen derzeit umgerechnet etwa 2.800 Gt CO_2. Insgesamt sind damit, so der Carbon-Bubble-Ansatz, bis zu 80% der weltweit verfügbaren Reserven an fossilen Rohstoffen wertlos, da sie nicht verbrannt werden dürfen.

Dies führt insgesamt zu einer Überbewertung der Bonität der Unternehmen sowie der Kohle, Öl und Gas fördernden Staaten, die zu einem Risiko für die Investoren werden kann, die Aktien, Unternehmens- oder Staatsanleihen halten. HSBC kommt in einer 2015 veröffentlichten Studie zu dem Ergebnis, dass Unternehmen wie Statoil, BP, Total und Shell in den kommenden Jahren durch eine verschärfte Klimagesetzgebung und ein verändertes Nachfrageverhalten massiv betroffen sein werden und in der Folge zwischen 40 und 60 Prozent ihres Marktwertes verlieren könnten.[4] Es ist aus Sicht der Investoren daher essenziell, die entsprechenden Risiken der einzelnen Unternehmen zu kennen und in der Anlageentscheidung zu berücksichtigen.

---

[3] CARBON TRACKER INITIATIVE (2011).
[4] HSBC GLOBAL RESEARCH (2015).

6.2 Erste empirische Studien und praktische Erfahrungen

Während die Frage nach den Wirkungen der Nutzung von ESG-Kriterien auf den Anlageerfolg umfangreich empirisch analysiert wurde, liegen zum Einfluss von Klimarisiken und zur Dekarbonisierung von Portfolios bzw. Indizes auf den Anlageerfolg bisher nur vergleichsweise wenige Analysen und praktische Erfahrungen vor, da diese Anlagestrategien erst in den vergangenen Jahren aufgekommen sind. Hier einige Beispiele:

- Die Studie *Carbon Efficiency: A Strategic Look* von S&P Dow Jones Indices von Oktober 2015 kommt zu dem Ergebnis, dass gezielte Anlagen in kohlenstoffeffiziente Unternehmen kein Hindernis für die Performance sind.[5] Über einen Zeitraum von fünf Jahren erzielten Investoren, die auf Kohle, Öl und Gas verzichteten, gegenüber konventionellen Investoren eine jährliche Outperformance von rund 1,2 Prozent.
- Im November 2015 hat das kanadische Researchhaus Corporate Knights eine Analyse der Kapitalanlage von 14 großen Stiftungen veröffentlicht.[6] Darin haben die Analysten errechnet, dass 13 von 14 Stiftungen in den vergangenen drei Jahren finanziell erfolgreicher gewesen wären, wenn sie divestiert hätten. Insgesamt hätten die analysierten Stiftungen bei einem Gesamtvermögen von rund einer Bill. US-Dollar bei einer konsequenten Divestment-Strategie rund 22 Mrd. US-Dollar *retten* können.
- Im September 2016 hat der weltweit größte unabhängige Vermögensverwalter Blackrock eine Studie zur Anpassung von Portfolios an die Folgen des Klimawandels veröffentlicht.[7] Darin wird u. a. festgestellt, dass Investoren im Rahmen ihrer treuhänderischen Verantwortung ESG-Kriterien in ihre Kapitalanlagegrundsätze und -prozesse integrieren können und sollten. Die Berücksichtigung von Klimakriterien wird dabei von den Autoren nicht als optional, sondern als notwendig bezeichnet. Ein solches Vorgehen hat nach Einschätzung von Blackrock das Potenzial, nicht nur marktkonforme Anlageergebnissen zu erzielen, sondern sogar besser abzuschneiden als konventionelle Anlagen.
- Aus dem November 2016 stammt eine Studie des Center for Social and Sustainable Products AG (CSSP) und der South Pole Group im Auftrag des Schweizer Bundesamtes für Umwelt (BAFU).[8] Sie haben die Performance von insgesamt elf klimaverträglichen Indizes der Indexanbieter MSCI und STOXX im Vergleich zu konventionellen Vergleichsindizes analysiert. Dabei erreichten zehn der elf analysierten Indizes eine höhere Rendite als die konventionellen Benchmarks. In acht von elf Fällen verzeichneten die klimaverträglichen Indizes ein besseres Risiko-Rendite-Verhältnis als die Vergleichsindizes.

Auch einzelne Anbieter von Klimaindizes führen regelmäßig entsprechende Analysen durch, um die Wettbewerbsfähigkeit ihrer Produkte zu demonstrieren.

- Ein aus dem Jahr 2015 stammender Vergleich der Performance verschiedener Indizes aus dem MSCI ACWI Universum zeigt eine bessere Performance der klimaverträglichen Indizes im Vergleich zum konventionellen Mutterindex.[9] Über einen Zeitraum von vier Jahren (2010-2014) erreichten alle verglichenen klimaverträglichen Indizes eine bessere Gesamtrendite, die zwischen 0,2 und 1,1 Prozentpunkten lag.

---

[5] S&P Dow Jones Indices (2015).
[6] Corporate Knights (2015).
[7] BlackRock (2016).
[8] Center for Social and Sustainable Products AG (CSSP)/South Pole Carbon Asset Management Ltd. (South Pole Group) (2016).
[9] MSCI (2015).

➢ Auch Fallstudien aus der STOXX Low Carbon Index Familie weisen eine höhere jährliche Rendite klimaverträglicher Indizes im Vergleich zu deren Benchmarks auf.[10] So erreicht beispielsweise der EURO STOXX 50 Low Carbon Index im Vergleich zum EURO STOXX 50 Index einen um 55 Prozent geringeren Carbon Footprint bei ähnlichen Risikocharakteristiken und gleichzeitig höherer jährlicher Rendite von 1,1 Prozent. Der STOXX Europe 100 Low Carbon Index im Vergleich zum STOXX Europe 600 hat einen um 84 Prozent verringerten Carbon Footprint bei niedrigeren Risikocharakteristiken und einer 3-Jahres Rendite von 19,01 Prozent (im Vergleich zu 12,66 Prozent des STOXX Europe 600).

Diese Studien geben erste Hinweise darauf, dass die Überlegungen zum Risiko des Klimawandels für die Kapitalanlage fundiert sind und es keinen systematischen Performance-Nachteil gibt, wenn man als Investor Klimakriterien in den Anlageprozess integriert.

7 Ausblick

Das wachsende Angebot an Klima-Aktienindizes bietet Investoren die Möglichkeit, sowohl die Performance als häufig auch den Carbon Footprint ihres Portfolios mit einer geeigneten Benchmark zu vergleichen. Entwicklungsbedarf besteht im Bereich der passiven Anlagelösungen auf Basis der Indizes, die für Investoren häufig eine kostengünstige Alternative zu aktiv gemanagten Fonds darstellen.
Gleichzeitig fokussieren die verfügbaren Klima-Aktienindizes heute noch sehr stark auf das bestehende Klimarisikomanagement der Unternehmen und die aktuellen THG-Emissionen und bilden damit die Klimarisiken der Unternehmen nur teilweise ab. Vor dem Hintergrund von 2°C-Limit und angestrebter Treibhausgasneutralität der Wirtschaft muss es im Hinblick auf ein Management der Risiken stärker um die Frage gehen, inwieweit sich die Unternehmen auf einem 2°C-kompatiblen Entwicklungspfad befinden.
Für einen solchen Best-in-Transition-Ansatz fehlt allerdings bislang die Datenbasis. Hier sind insbesondere die ESG-Data-Provider gefordert, ausgehend von den unternehmerischen Klimazielen und -programmen und vor dem Hintergrund der zu erwartenden politischen sowie der technologischen Entwicklungen in den einzelnen Branchen Methoden für die Messung und Bewertung der Transitionsfähigkeit der Unternehmen zu entwickeln. Wie komplex dieses Vorhaben ist, zeigen erste entsprechende Ansätze wie beispielsweise die Science Based Targets. Die Berücksichtigung zukünftiger klimabezogener Anforderungen ist allerdings Voraussetzung für die Konstruktion von Aktienindizes, die Klimarisiken und -chancen umfassend berücksichtigen

---

[10] *Stoxx* (2016).

Quellenverzeichnis

ARBEITSKREIS KIRCHLICHER INVESTOREN (AKI) (2018): Leitfaden für ethisch nachhaltige Geldanlage in der evangelischen Kirche; der Leitfaden wurde im März 2017 um ein Kapitel „Klimastrategien" erweitert, Hannover 2017.

BLACKROCK (2016): *Adapting* portfolios to climate change - Implications and strategies for all investors, New York 2016.

CARBON TRACKER INITIATIVE (2011): Unburnable Carbon – Are the world's financial markets carrying a carbon bubble? London 2011.

CENTER FOR SOCIAL AND SUSTAINABLE PRODUCTS AG (CSSP)/SOUTH POLE CARBON ASSET MANAGEMENT LTD. (SOUTH POLE GROUP) (2016): Klimafreundliche Investitionsstrategien und Performance, Bern 2016.

CORPORATE KNIGHTS (2015): What kind of world do you want to invest in?, online: https://www.corporateknights.com/channels/responsible-investing/fossil-fuel-investments-cost-major-funds-billions-14476536/, Stand: 16.11.2015, Abruf: 16.02.2018.

FORUM NACHHALTIGE GELDANLAGE (2017): Nachhaltige Kapitalanlagen für institutionelle Investoren – Eine Einstiegshilfe, Berlin 2017.

HÄßLER, R. (2017): Best-in-Progress-Ansatz im nachhaltigen Investment; Definition eines Anlageuniversums durch Auswahl der Emittenten mit den größten Fortschritten im Umgang mit den nachhaltigkeitsbezogenen Herausforderungen, München 2017.

HÄßLER, R. (2016A): Carbon Dividend-Konzept; Ein innovativer Ansatz zur Berechnung der Treibhausgase, die ein Unternehmen ausstößt, um einen Euro Dividende zu erwirtschaften, München, 2016.

HÄßLER, R. (2016B): Schwarzer Peter im Portfolio – Carbon Bubble und Divestment; Ausgangspunkt, Stand und Grenzen der Strategie zum Verkauf der Wertpapiere fossiler Unternehmen und ihr Zusammenhang mit der Carbon Bubble, München 2016.

HSBC GLOBAL RESEARCH (2015): Coal & Carbon, Stranded assets: assessing the risk of climate change, New York 2015.

MERCER (2015): Investing in a time of climate change, New York 2015.

MSCI (2015): Beyond Divestment: Using low carbon indexes, online: www.msci.com/www/blog-posts/beyond-divestment-using-low/0164988466, Stand: 2018, Abruf: 31.01.2018.

NACHHALTIGES INVESTMENT (2018): Home, online: www.nachhaltiges-investment.org, Stand: 31.01.2018, Abruf: 16.02.2018.

OECD (2017): Investment governance and the integration of environmental, social and governance factors, Paris 2017.

S&P DOW JONES INDICES (2015): Carbon Efficiency: A Strategic Look; online: https://us.spindices.com/documents/research/research-carbon-efficiency-a-strategic-look.pdf, Stand: 10.2015, Abruf: 16.02.2018.

STOXX (2016): Going Green with STOXX Low Carbon Index Family, online: www.stoxx.com/pulse-details?articleId=314632193, Stand: 04.02.2016, Abruf: 31.01.2018.

TASK FORCE ON CLIMATE-RELATED FINANCIAL DISCLOSURES (2017): Recommendations of the Task Force on Climate-related Financial Disclosures, Basel 2017.

UNION INVESTMENT (2016): Nachhaltiges Vermögensmanagement institutioneller Anleger – Ergebnisbericht zur Nachhaltigkeitsstudie 2016, Frankfurt 2016.

UNION INVESTMENT (2017): Nachhaltiges Vermögensmanagement institutioneller Anleger – Ergebnisbericht zur Nachhaltigkeitsstudie 2017, Frankfurt 2017.

Kapitel III

Greening Finance in der praktischen Umsetzung

Treuhänderische Pflicht von Fondsgesellschaften

Julia Backmann

BVI

1 Treuhänderische Pflicht und Nachhaltigkeit – Hintergrund und Entwicklung 221
2 Rechtliche Rahmenbedingungen 222
    2.1 Spezifische Regulatorische Vorgaben 222
    2.2 Pflicht zum Handeln im Anlegerinteresse 223
    2.3 Regelungen im Investmentvertrag (nachhaltige Produkte) 223
    2.4 Angemessenes Risikomanagementsystem 224
    2.5 Berücksichtigung von ESG-Kriterien bei nicht nachweisbarer Materialität 225
    2.6 Engagement 226
    2.7 Transparenz 226
3 Politische Initiativen zur Klärung des Treuhänderprinzips 227
4 Fazit 228
Quellenverzeichnis 229

1 Treuhänderische Pflicht und Nachhaltigkeit – Hintergrund und Entwicklung

Die zentrale Pflicht von Fondsgesellschaften ist das ausschließliche Handeln im Interesse der Anleger, deren Vermögen sie treuhänderisch verwalten. Dies gilt auch im Hinblick auf nachhaltige Faktoren. Der konkrete Zuschnitt einer Vermögensverwaltung oder eines Spezialfonds erlaubt, den Bedürfnissen von Anlegern auch im Hinblick auf Nachhaltigkeit, Rechnung zu tragen. Im Hinblick auf Nachhaltigkeit können Fondsgesellschaften damit den Anforderungen der Anleger individuell und nach deren jeweiliger persönlicher Überzeugung entsprechen. Publikumsfonds hingegen sind nicht individuell zugeschnitten, allgemeine Überlegungen für die Berücksichtigung nachhaltiger Kriterien gelten jedoch auch hier. Neben den regulatorischen Vorgaben zur Nachhaltigkeit umfasst dies zumindest die Berücksichtigung erkennbarer materieller Risiken zu ökologischen und sozialen Kriterien sowie zu Kriterien einer guten Unternehmensführung (nachfolgend „ESG-Kriterien").

Die treuhänderischen Pflichten von Fondsgesellschaften sind im Fokus der Diskussion zur Stärkung der Nachhaltigkeit im Finanzbereich. Das ist nicht verwunderlich. Nach Einschätzung von Skeptikern gegenüber verantwortlichem Investieren[1] verkleinert die Einbeziehung von ESG-Kriterien in den Investmentprozess das Anlagespektrum und vermindert hierdurch die Renditechancen des Anlegers.[2] Dies wird als Verstoß gegen die Pflicht gesehen, im besten Interesse des Anlegers zu handeln. Bereits 2005 war aus rechtlicher Sicht klar, dass es nicht gegen die Pflicht – im besten Interesse der Anleger zu handeln – verstößt, wenn Fondsgesellschaften ESG-Kriterien im Rahmen ihrer Investmentpolitik berücksichtigen (sogenannter Freshfields Report).[3]

Mehr als zehn Jahre später ist dieses Verständnis weitgehend akzeptiert. Nach ersten Studien ist der überwiegende Teil institutioneller Investoren der Meinung, die Berücksichtigung von ESG-Kriterien in der Anlagestrategie verbessere die Erträge.[4] Aber nicht nur deshalb berücksichtigen Fondsgesellschaften ESG-Kriterien in ihren Investmentprozessen.[5] Die im deutschen Fondsverband BVI organisierten Fondsgesellschaften[6] haben 2016 die Wohlverhaltensregeln um ein Kapitel zum verantwortlichen Investieren und Engagement erweitert.[7] Danach müssen Fondsgesellschaften

➢ im Rahmen ihrer treuhänderischen Verantwortung auch ESG-Kriterien berücksichtigen, um Risiken bei Investitionen in Wertpapieren und Sachwerten einzustufen.

➢ Vorkehrungen treffen, um die in den weltweit anerkannten Kodizes (z. B. „*UN Principles for Responsible Investment*") verankerten Prinzipien in ihren Investmentprozessen in angemessenem Umfang einzubeziehen.

---

[1] Zum Begriff vgl. auch den Beitrag von STAPELFELDT in diesem Buch.
[2] Vgl. *RBC GLOBAL ASSET MANAGEMENT* (2012), S. 1.
[3] Vgl. *FRESHFIELDS* (2005), S. 13.
[4] Vgl. z. B. *STATE STREET GLOBAL ADVISORS* (2017), S. 5.
[5] *EFAMA* (2016), S. 9 m.w.N.
[6] Die über 100 Mitgliedsunternehmen des BVI verwalten über 3 Billionen Euro Anlagekapital für Privatanleger, Versicherungen, Altersvorsorgeeinrichtungen, Banken, Kirchen und Stiftungen und betreuen direkt oder indirekt das Vermögen von rund 50 Millionen Menschen in rund 21 Millionen Haushalten.
[7] Vgl. *BVI-WOHLVERHALTENSREGELN*, Kapitel V.

➢ die mit den im Fonds gehaltenen Vermögensgegenständen verbundenen Aktionärs- und Gläubigerrechte im Interesse der Anleger treuhänderisch ausüben.

➢ die Portfoliounternehmen beobachten und Grundsätze zu einem etwaigen Engagement offenlegen.

Die im BVI organisierten Fondsgesellschaften haben sich dazu verpflichtet, ihre Anleger jährlich zu informieren, ob und inwieweit sie die Wohlverhaltensregeln einhalten. Wenn sie von den Grundsätzen abweichen, müssen sie dies begründen (*"comply or explain"*-Mechanismus). Neben Aspekten der Selbstregulierung können Fondsgesellschaften auch zur Einbeziehung von ESG-Kriterien rechtlich verpflichtet sein.

2 Rechtliche Rahmenbedingungen

Anleger beauftragen Fondsgesellschaften ihr Vermögen anzulegen, insbesondere um Erträge für den Vermögensaufbau zu erzielen. Fondsgesellschaften investieren als Treuhänder[8] die ihnen von Anlegern anvertrauten Gelder im Wege der Eigen- oder Fremdkapitalfinanzierung in die im Fondsportfolio gehaltenen Unternehmen bzw. Sachwerte. Fondsgesellschaften unterliegen daher strengen gesetzlichen Vorgaben. Als Grundprinzip der Fondsverwaltung müssen sie ausschließlich im Interesse der Anleger handeln.[9] Sie müssen bei der Fondsverwaltung die Integrität des Marktes, den Grundsatz der Risikomischung sowie Anlage- und Risikogrenzen beachten. Innerhalb dieser Vorgaben ist auch die Nachhaltigkeit relevant. Zum Schutz der Anleger sind sie zudem zur Transparenz verpflichtet.
Sie sind jedoch in der Wertschöpfungskette Mittler zwischen Kapitalangebot und Kapitalnachfrage. Handeln im Interesse des Anlegers ist abhängig von den rechtlichen Anforderungen, denen Anleger unterliegen sowie den verfügbaren Informationen zu Unternehmen, anderen Emittenten bzw. Vermögensgegenständen, in die Fondsgesellschaften die Gelder anlegen.

2.1 Spezifische Regulatorische Vorgaben

Die Berücksichtigung von ESG-Kriterien bei der Fondsverwaltung ist in Deutschland bislang nicht durch spezifische gesetzliche Vorgaben reguliert. Abhängig von den Anlagegegenständen oder der Regulierung ihrer Anleger können Fondsgesellschaften jedoch von unterschiedlichsten Regulierungen zur Nachhaltigkeit betroffen sein. Dies gilt beispielsweise für im Portfolio gehaltene Sachwerte, für die spezifische umweltrechtliche Vorgaben einzuhalten sind. Oder etwa für Anbieter eines Altersvorsorge- oder Basisrentenvertrags (z. B. *"Riester-Rente"*) nach dem Altersvorsorgeverträge-Zertifizierungsgesetz: Diese müssen die Anleger jährlich schriftlich informieren, ob und wie ethische, soziale und ökologische Belange bei der Verwendung der eingezahlten Beiträge berücksichtigt werden.
Perspektivisch werden aufgrund der Umsetzung der überarbeiteten Richtlinie über die Tätigkeit und die Beaufsichtigung von Einrichtungen der betrieblichen Altersversorgung (*Directive on the activities and supervision of institutions für occupational retirement provision* – IORP II) zum Beispiel Pensionskassen und -fonds langfristige Auswirkungen auf ESG-Faktoren künftig

---

[8] LANGENBUCHER/BLIESENER/SPINDLER (2016), 39. Kapitel, Rn. 136 m.W.N.
[9] § 26 Abs. 1 KAGB.

stärker berücksichtigen müssen. Insbesondere sollen betroffene Einrichtungen im Governance-System und Risikomanagement-System ESG-Faktoren und -Risiken einbeziehen.[10]

2.2 Pflicht zum Handeln im Anlegerinteresse

Welche Handlungen im Interesse der Anleger sind, lässt das Gesetz offen. Denn die Interessen des Anlegers werden im Wesentlichen durch die Vereinbarung mit dem Anleger, den Investmentvertrag definiert.[11] Da Anleger ihr Geld in der Regel zum Vermögensaufbau in Fonds investieren, ist – mangels konkreter Vorgaben – ein wesentliches Interesse des Anlegers, mit der Investition eine positive Rendite zu erzielen. Die Frage, in welchem Maße der Fonds hierfür Risiken eingehen kann, um gegebenenfalls eine höhere Rendite zu erzielen, hängt von dessen Risikoprofil und zulässigen Anlagegenständen ab. Dieses ergibt sich bei Publikumsfonds aus den Verkaufsunterlagen, bei Spezialfonds oder einer Vermögensverwaltung ohne Fondshülle für institutionelle Anleger aus den mit dem Anleger vereinbarten Vorgaben. Je mehr Handlungsoptionen die Fondsgesellschaft nach der Vereinbarung mit den Anlegern hat, desto wichtiger wird die Frage, welche Handlungen im Interesse der Anleger sind.[12] Das Anlegerinteresse kann bei Spezialfonds leichter zu ermitteln sein. Denn Spezialfondsanleger haben grundsätzlich klare Vorstellungen von der Einbeziehung von ESG-Kriterien in den Investmentprozess.

Anleger haben im Rahmen der Fondsverwaltung jedoch kein Weisungsrecht im Hinblick auf konkrete Anlagevorschläge gegenüber der Fondsgesellschaft. Allerdings können sie Anlageziele sehr detailliert etwa in einem Anlageausschuss vorgeben. Die Vorgabe von Anlagezielen ist für die Fondsgesellschaft bindend. Im Übrigen hat die Fondsgesellschaft einzuschätzen, ob eine Anlageentscheidung im Interesse der Anleger ist.

Um für den Anleger eine positive Rendite zu erzielen, richtet die Fondsgesellschaft die Anlage des Vermögens auf einen Wertzuwachs des Fonds aus. Der Erwerb oder die Veräußerung eines Vermögensgegenstands dürfte dann im Interesse der Anleger sein, wenn damit Erträge generiert oder weitere Verluste minimiert werden.[13] Soweit die Berücksichtigung von ESG-Kriterien eine positive oder negative Auswirkung auf die Wertentwicklung des Fonds haben kann (sogenannte Materialität), hat die Fondsgesellschaft diesen Effekt im Interesse des Anlegers zu berücksichtigen. Die Einschätzung, ob eine Anlageentscheidung im Interesse der Anleger ist, umfasst auch die Beurteilung, ob sich ESG-Kriterien positiv oder negativ auf die Wertentwicklung auswirken können.

Ist die Berücksichtigung nachhaltiger Belange nach dem Ermessen der Fondsgesellschaft im Interesse der Anleger, ist die Fondsgesellschaft regelmäßig treuhänderisch dazu verpflichtet.

2.3 Regelungen im Investmentvertrag (nachhaltige Produkte)

Soweit die Anleger die Einbeziehung bestimmter ESG-Kriterien und damit eine konkrete ESG-Strategie vorgeben, ist die Fondsgesellschaft an diese Vorgabe gebunden. Sie bietet dem Anleger damit einen nachhaltigen Fonds.[14] Anlegerinteressen können jedoch sehr unterschiedlich sein. Im Einzelfall wollen Anleger bewusst in stark umstrittene Branchen (z. B. Waffen- oder Atomindustrie) investieren. Ob eine Fondsgesellschaft hierfür Lösungen anbietet, ist eine Frage

---

[10] Art. 21 Abs. 1 und 25 Abs. 2 g) IORP II.
[11] Vgl. *MORITZ/KLEBECK/JESCH* (2016), § 26, Rn. 40.
[12] *WEITNAUER/BOXBERGER/ANDERS* (2017), § 26, Rn. 5.
[13] *WEITNAUER/BOXBERGER/ANDERS* (2017), § 26, Rn. 5.
[14] Zum Begriff Verweis auf *STAPELFELDT* (2018), S. 6.

ihrer Geschäftspolitik. Ob der Anleger eine solche Anlage tätigen möchte, ist hingegen im Rahmen der rechtlichen Vorgaben seine Entscheidung.
Im Übrigen unterscheiden sich im Hinblick auf die Vorgaben durch die Anleger nachhaltige Spezialfonds sehr stark von nachhaltigen Publikumsfonds:

➢ Bei Spezialfonds können Anleger ihre Vorstellung von Nachhaltigkeit in der Strategie verankern. Sie können individuell vorgeben, ob sie etwa für aus ihrer Sicht besonders problematische Anlagen ausschließen, ob die Fondsgesellschaft generell einen Best-in-Class-Ansatz anwenden soll oder systematisch ESG-Kriterien bei Investitionen berücksichtigen soll (Integration). Im Einzelfall verfolgen Anleger neben der Erzielung einer positiven Rendite auch noch nachhaltige Ziele und wollen über die Fondsanlage bestimmte Projekte fördern (z. B. *Impact Investing*). Aus Sicht der Fondsgesellschaft gilt: Je detaillierter die Vereinbarung mit dem Anleger, desto klarer dürften die Maßstäbe zu erkennen sein, welche Anlageentscheidungen im Interesse des Anlegers sind.

➢ Nachhaltige Publikumsfonds fristen bislang eher ein Nischendasein.[15] Denn die Vorstellungen von Anlegern über nachhaltige Anlagen sind regelmäßig sehr individuell. Obwohl Anleger offenbar ein hohes Interesse an nachhaltigen Produkten haben,[16] entscheiden sich trotz etwa privater Label und nachhaltiger Produkte nicht mehr Anleger für diese Fonds. Gelegentlich wird argumentiert, dass die Berater ihre Kunden nicht hinreichend aufklären würden.[17] Solange aber kein einheitliches Verständnis davon besteht, was nachhaltige Produkte sind, wird es schwierig zu klären, wie bereit Anleger tatsächlich sind, in nachhaltige Produkte zu investieren.

Bei Vereinbarung einer ESG-Strategie kann die Fondsgesellschaft im Rahmen der Anlageentscheidungen auch nicht-materielle Aspekte (z. B. die Förderung eines sozialen Projekts) berücksichtigen. Dies gilt insbesondere, wenn neben dem Vermögensaufbau oder sogar schwerpunktmäßig andere Ziele (z. B. etwas Gutes tun wollen) verfolgt werden.

2.4 Angemessenes Risikomanagementsystem

Fondsgesellschaften sind gesetzlich verpflichtet, ein angemessenes Risikomanagementsystem vorzuhalten.[18] Sie unterliegen dabei zumindest folgenden Verpflichtungen:[19]

➢ Pre-Investment Due Diligence: Die Entscheidung über eine Anlage ist auf Basis eines Sorgfaltsprüfungsprozesses zu treffen. Hierfür muss der die Anlageentscheidung treffende Fondsmanager in angemessener Weise Kenntnis von der Auslastung relevanter Anlagegrenzen haben.

➢ Die Risiken der einzelnen – im Fonds gehaltenen – Vermögensgegenstände sowie deren Wirkung auf das Gesamtrisikoprofil des Fonds müssen laufend ordnungsgemäß erfasst, gemessen, gesteuert und überwacht werden können. Hierfür sind auch die Risiken der einzelnen Vermögensgegenstände eines Fonds zu beachten.

---

[15] Nach Zahlen des BVI sind dies knapp zwei Prozent des verwalteten Vermögens offener Publikumsfonds (30. November 2017).
[16] *HLEG* (2018), S. 27.
[17] *HLEG* (2018), S. 27.
[18] § 29 Abs. 2 KAGB.
[19] § 29 Abs. 2 KAGB.

➢ Das Risikoprofil des Fonds muss den in den Verkaufsunterlagen offengelegten Anlagestrategien und -zielen entsprechen.

Für die Betrachtung des Gesamtrisikos auf Fondsebene ist ein Blick auf die Risiken einzelner Vermögensgegenstände notwendig.[20] Dies gilt auch für ESG-Risiken, die sich auf den Wert des Vermögensgegenstandes auswirken können – sogenannte materielle Risiken. Soweit sich ESG-Risiken materiell auf den Fonds oder das verwaltete Vermögen auswirken können, ist die Fondsgesellschaft treuhänderisch verpflichtet, diese zu berücksichtigen.

Diese Verpflichtung bedeutet nicht, dass Fondsgesellschaften ESG-Risiken zwingend systematisch als solche erfassen müssen. Bei systematischer Erfassung der Risiken lassen sich gegebenenfalls die entsprechenden Informationen besser nutzen. Allerdings findet die Erfassung und Bewertung von ESG-Risiken weiterhin ihre Grenzen in der immer noch verbesserungsfähigen Datenqualität. Zwar sind die Daten etwa zu Klimarisiken zwischenzeitlich einigermaßen verlässlich. Allerdings ist in anderen Bereichen die Verlässlichkeit und Vergleichbarkeit der Daten weiterhin verbesserungsfähig. Dieser Umstand setzt einer Bewertung von ESG-Risiken bei der Anlageentscheidung Grenzen.

2.5 Berücksichtigung von ESG-Kriterien bei nicht nachweisbarer Materialität

Die Pflicht, ausschließlich im Interesse der Anleger zu handeln, hindert die Fondsgesellschaft grundsätzlich nicht, ESG-Kriterien systematisch in die Investmententscheidung einzubeziehen, also verantwortlich zu investieren. Denn statistisch lässt sich eine relevante Über- oder Unterperformance von Portfolien, bei denen der Manager nachhaltige Belange berücksichtigt, nicht nachweisen.[21] Daher kann dies auch nicht gegen das Interesse des Anlegers verstoßen. Eine Ausnahme besteht gegebenenfalls beim Einsatz umfangreicher Ausschlusskriterien oder Anlagestrategien, die auf ein ökologisches oder soziales Ergebnis ausgerichtet sind. Das bedeutet:

➢ Die Fondsgesellschaft kann sich im Rahmen freiwilliger Maßnahmen Verpflichtungen etwa im Hinblick auf Ausschlusskriterien oder Anlagestrategien auferlegen. So kann sie geschäftspolitische Entscheidungen treffen, bestimmte Anlagen nicht zu tätigen oder anerkannte Kodizes zum verantwortlichen Investieren zu berücksichtigen. Generell kann sie die Einbeziehung von ESG-Kriterien in den Investmentprozess zur Positionierung im Wettbewerb nutzen. Soweit solche Entscheidungen konkret Anlagestrategien der von ihr verwalteten Fonds verändern, muss die Fondsgesellschaft dies mit dem Anleger vereinbaren, etwa indem sie die Vorgaben bei Publikumsfonds entsprechend offenlegt.

➢ Ist hingegen klar, dass eine bestimmte Anlageentscheidung die Wertentwicklung des Fonds negativ beeinflusst, darf die Fondsgesellschaft diese nicht tätigen – es sei denn, sie hat eine entsprechende Vereinbarung mit dem Anleger getroffen. Das gilt auch, wenn die Anlageentscheidung aus Aspekten der Nachhaltigkeit nicht getroffen würde. Hiermit muss die Fondsgesellschaft mangels klarer Vorgaben oder Absprachen mit den Anlegern zurückhaltend umgehen.

---

[20] BAUR/TAPPEN, § 29 Rn. 2.
[21] Vgl. EFAMA (2016), S. 5.

2.6 Engagement

➢ Die Diskussion zur überarbeiteten Aktionärsrechterichtlinie (*Shareholder Rights Directive – SRD II*) hat eine erhöhte Aufmerksamkeit auf die Wahrnehmung der Aktionärsrechte durch Fondsgesellschaften gelenkt. Durch Vorgaben zur Offenlegung bestimmter Informationen bzgl. der langfristigen Ausrichtung von Anlagen sollen Fondsgesellschaften zum langfristigen Investieren angehalten werden. Sie sollen zudem ihre Politik zum Engagement als Aktionär sowie deren Umsetzung offenlegen.

➢ In der Diskussion zur SRD II werden gerne einige Aspekte übersehen. Fondsgesellschaften müssen seit langem eine Stimmrechtsstrategie aufstellen und die dazu getroffenen Maßnahmen Anlegern auf Verlangen kostenfrei zur Verfügung stellen.[22] Sie sind gesetzlich verpflichtet, ihre Stimmrechte im Inland auszuüben, sofern dies auch im Hinblick auf Kosten und Nutzen im Anlegerinteresse ist.[23] Nach den BVI-Wohlverhaltensregeln ist diese Pflicht auf die Ausübung von Aktionärs- und Gläubigerrechten im In- und Ausland ausgeweitet.[24] Diese sehen zudem auch Vorgaben für das Engagement vor.[25]

➢ Für die Ausübung von Aktionärs- und Gläubigerrechten bestehen jedoch faktische Schranken, wie beispielsweise Probleme bei der Identifizierung von Aktionären oder der Ausübung von Stimmrechten im grenzüberschreitenden Bereich.[26] Für diese Themen soll bei Aktien die SRD II ebenfalls Lösungen bringen – ob dies im Rahmen einer Richtlinie gelingt, bleibt abzuwarten. Soweit die faktischen Probleme nicht behoben werden, sind den Pflichten der Fondsgesellschaften zum Engagement jedenfalls im grenzüberschreitenden Bereich Grenzen gesetzt.

2.7 Transparenz

Transparenz ist eine wesentliche Komponente des regulatorischen Rahmens der Fondsverwaltung. Im Verkaufsprospekt von Publikumsfonds und den wesentlichen Anlegerinformationen sind die Anlagestrategien zu beschreiben.[27] Darüber hinaus sind in den Jahresberichten bspw. die gehaltenen Vermögensgegenstände und abgeschlossenen Geschäfte offenzulegen.[28] Anleger in Spezialfonds benötigen regelmäßig über die gesetzlichen Berichtspflichten der Fondsgesellschaften hinausgehende Informationen, weil sie selbst bestimmten regulatorischen Berichtspflichten unterliegen.

Mangels regulatorischer Vorgaben und mangels anerkannter Standards ist in der Praxis die Berichterstattung über Nachhaltigkeit bislang auf den Bereich der Spezialfonds beschränkt und erfolgt angepasst an die individuellen Bedürfnisse der Anleger. Empfehlungen supranationaler Informationen wie die der vom *Financial Stability Board* eingesetzten *Task Force on Climate-related Financial Disclosures*[29] oder der OECD *Guidelines Responsible Business Conduct for*

---

[22] Vgl. Art. 37 der AIFM-Verordnung 231/2013 auch in Verbindung mit § 3 KAVerOV.
[23] § 94 Satz 2 KAGB.
[24] Vgl. *BVI-WOHLVERHALTENSREGELN* (2016), Kapitel V., Ziffer 5.
[25] Vgl. *BVI-WOHLVERHALTENSREGELN* (2016), Kapitel V., Ziffer 5 mit Verweis auf den EFAMA Code for External Governance sowie Ziffer 8.
[26] Vgl. *EPTF* (2017), S. 34 ff. und 52 ff.
[27] Vgl. § 165 Abs. 2 Nr. 2 auch in Verbindung mit § 269 KAGB, § 166 Abs. 2 Nr. 2 auch in Verbindung mit § 270 Abs. 1 KAGB.
[28] Vgl. §§ 101 Abs. 1 S. 3 Nr. 1 und 2, 120, 135, 148 sowie 158 KAGB.
[29] *FINANCIAL STABILITY BOARD – TASK FORCE ON CLIMATE-RELATED FINANCIAL DISCLOSURES* (2017).

Institutional Investors[30] werden voraussichtlich die künftige Berichterstattung von Fondsgesellschaften beeinflussen. Auch bei den politischen Initiativen zur Nachhaltigkeit steht die Transparenz im Fokus.[31]

Die im BVI organisierten Fondsgesellschaften fühlen sich der Transparenz auch in Bezug auf Nachhaltigkeit gegenüber dem Anleger verpflichtet. Nach den BVI-Wohlverhaltensregeln informieren Fondsgesellschaften ihre Anleger über Maßnahmen zur Berücksichtigung von Kriterien zum verantwortlichen Investieren sowie über etwaige von ihr angewandte Kodizes im Bereich Nachhaltigkeit. Darüber hinaus informieren Fondsgesellschaften die Anleger über ihre Aktivitäten zur Stimmrechtsausübung und gegebenenfalls über Art und Umfang der Dialoge mit Portfoliounternehmen.[32]

3 Politische Initiativen zur Klärung des Treuhänderprinzips

Trotz der dargestellten rechtlichen Rahmenbedingungen (vgl. oben unter 2.) und dem geänderten Selbstverständnis strebt die Politik eine gesetzliche Klarstellung an, dass Fondsgesellschaften ESG-Kriterien berücksichtigen müssen. Dabei täte sie gut daran, mit etwaigen rechtlichen Vorgaben behutsam umzugehen. Denn Fondsgesellschaften verwalten einen großen Teil des Altersvorsorgekapitals in offenen Publikums- und Spezialfonds und haben damit eine Schlüsselrolle bei der Altersvorsorge in Deutschland. Gut gemeinte Vorgaben können hierbei einen größeren Schaden anrichten, als Nutzen bringen.

Die Diskussion zur Klarstellung der treuhänderischen Pflichten ist seit etwa drei Jahren wieder sehr aktiv. In einem Bericht im Auftrag der EU-Kommission hat Ernst & Young 2015 den Status der Einbeziehung von nachhaltigen Faktoren in die Pflichten von institutionellen Investoren und Asset Managern betrachtet.[33] Im Januar 2016 initiierte das *United Nations Environment Programme – Finance Initiative* (UNEP FI) zusammen mit *Principles for Responsible Investment* (PRI) und *The Generation Foundation* ein auf drei Jahre ausgerichtetes Projekt zur Klarstellung, dass treuhänderische Pflichten von institutionellen Investoren inklusive Asset Managern die Einbeziehung von ESG-Kriterien erfordern. Der Initiative ging ein Bericht von u.a. UNEP FI in 2015 voraus, der Nachfolgebericht des Freshfield-Reports von 2005.[34] Die von der EU-Kommission eingesetzte *High Level Expert Group on Sustainable Finance* (HLEG) hat die Klarstellung der Pflichten von institutionellen Investoren und Asset Managern als eine prominente Forderung aufgenommen.[35]

Die EU-Kommission selbst analysiert derzeit, ob und welche Klarstellungen notwendig sind. Nach einer Konsultation zu möglichen Auswirkungen einer Regulierung prüft sie folgende Optionen zur Förderung einer nachhaltigen Finanzwirtschaft – insbesondere mit Blick auf Asset Manager:[36]

---

[30] *OECD* (2017).
[31] *EU KOMMISSION* (2017), S. 2 und *HLEG* (2018), S. 23 ff.
[32] Vgl. *BVI-WOHLVERHALTENSREGELN* (2016), Kapitel V, Nr. 9.
[33] *ERNST & YOUNG* (2015).
[34] *UNITED NATIONS GLOBAL COMPACT, UNEP FINANCE INITIATIVE, PRI, INQUIRY* (2015).
[35] Vgl. *HLEG* (2018), S. 20 ff.
[36] *EU KOMMISSION* (2017), S. 2.

- Transparenz: Einbeziehung nachhaltiger Faktoren in die Investmententscheidung offenlegen.
- Investmentpolitik und Allokation von Vermögensgegenständen: nachhaltige Faktoren verstärkt berücksichtigen.
- Risikomanagement: nachhaltige Risiken verstärkt berücksichtigen.
- Governance: interne Vorgaben anpassen, um entsprechende Kompetenzen für Entscheidung sicherzustellen.

Die EU-Kommission plant, im Frühjahr 2018 einen Aktionsplan zu veröffentlichen. Darin wird sie die Frage der Klarstellung der Pflichten von Investoren und Asset Managern adressieren.

4 Fazit

Eine Anpassung der Rechtstexte ist aufgrund der bestehenden rechtlichen Vorgaben zumindest aus deutscher Sicht nicht notwendig. Das geltende Recht bietet hinreichend Mittel, den Fokus auf ESG-Kriterien zu lenken und deren Berücksichtigung im Investmentprozess zu fördern. Die Verbesserung der Datenqualität hilft, entsprechende Vorgaben umzusetzen und einen höheren Mehrwert für Anleger zu schaffen. Bessere Daten erhöhen die Wahrscheinlichkeit, ESG-Risiken zu minimieren und ESG-Chancen wahrnehmen zu können. Sie unterstützen damit indirekt verantwortliches Investieren. Eine Klassifizierung von Vermögensgegenständen aus Nachhaltigkeitsgesichtspunkten (Taxonomie) kann dies weiter fördern. Das gilt insbesondere, wenn sie die Grundlage für konsistente Berichterstattung entlang der Investmentkette vom Portfoliounternehmen über die Fondsgesellschaft bis zum Anleger bilden.

Eine Klarstellung zur Einbeziehung von ESG-Kriterien, die sich materiell auswirken, würde zwar voraussichtlich nicht schaden, regulatorische Prozesse sind jedoch mit Unsicherheit behaftet. Die Diskussionen in laufenden Verfahren haben häufig inhaltliche Änderungen zur Folge gehabt und werden stark durch die handelnden Personen beeinflusst. Abhängig von der Interessenlage besteht das Risiko, dass eine Taxonomie „*grüne*" von „*braunen*" Vermögensgegenständen unterscheidet und dies mit den Pflichten von Fondsgesellschaften verknüpft. Dieser Ansatz birgt die Gefahr, Kapital politisch zu lenken und dabei Anleger unverhältnismäßig zu beschränken. Die Frage, in was der Anleger investieren möchte, muss bei ihm verbleiben. Er kann am besten beurteilen, welche Aspekte der Nachhaltigkeit er in welchem Umfang berücksichtigen möchte. Ein anderer Ansatz würde in unverhältnismäßiger Weise in den treuhänderischen Charakter der Fondsverwaltung eingreifen.

Quellenverzeichnis

BAUR, J./TAPPEN, F. (2015): Investmentgesetze, Band 1: §§ 1 - 272 KAGB, Berlin 2015.

BVI-WOHLVERHALTENSREGELN (2016), online: www.bvi.de/regulierung/selbstregulierung/wohl verhaltensregeln/, Stand: 02.2018, Abruf: 08.02.2018.

EFAMA (2016): Report on Responsible Investment, Brüssel 2016.

ERNST & YOUNG ON BEHALF OF THE EUROPEAN COMMISSION (2015): Study on resource efficiency and fiduciary duties of investors, Brüssel 2015.

EU KOMMISSION (2017): Inception Impact Assessment on Institutional investors' and asset managers' duties regarding sustainability, Brüssel 2017.

EUROPEAN POST TRADE FORUM ON REQUEST OF THE EUROPEAN COMMISSION (2017): Report, Brüssel 2017.

FINANCIAL STABILITY BOARD – TASK FORCE ON CLIMATE RELATED DISCLOSURE (2017): Final Report: Recommendations of the Task Force on Climate-related Financial Disclosures, Basel 2017.

FRESHFIELDS BRUCKHAUS DERINGER (2005): A legal framework for the integration of environmental, social and governance issues into institutional investment ("Freshfields Report"), Genf 2005.

HIGH-LEVEL EXPERT GROUP ON SUSTAINABLE FINANCE (2018): Final Report on Sustainable Finance, Brüssel 2018.

LANGENBUCHER, K./BLIESENER, D./SPINDLER, G. (2016): Bankrechts-Kommentar, 2. Auflage, München 2016.

MORITZ, J./KLEBECK, U./JESCH, T. A. (2016): Frankfurter Kommentar zum KAGB, Band 1, Teilband 1, Frankfurt 2016.

OECD (2017): Responsible business conduct in the financial sector, Paris 2012.

RBC GLOBAL ASSET MANAGEMENT (2012): "Does socially responsible investing hurt investment returns?", Montreal 2012.

STATE STREET GLOBAL ADVISORS (2017): Performing for the Future, ESG Institutional Investor Survey, Boston 2017.

UNITED NATIONS GLOBAL COMPACT, UNEP FINANCE INITIATIVE, PRI, INQUIRY (2015): Report on Fiduciary Duty in the 21st Century, New York 2015.

WEITNAUER/BOXBERGER/ANDERS (2017): KAGB, 2. Auflage, München 2017.

Engagement und Corporate Governance – wirkungsvoll für ein erfolgreiches treuhänderisches Investment

INGO SPEICH

Union Investment

1	Einführung	233
2	Die Union Investment-Engagement-Policy	233
	2.1 Philosophie	233
	2.2 Prinzipien und Werte	233
	2.3 Themen	234
	2.4 Ziele und Indikatoren	234
3	Beispiele für gelungenes Engagement	237
	3.1 Bienensterben und die Chemieindustrie	237
	Engagement	238
	3.2 Dakota-Access-Pipeline und die finanzierenden Kreditinstitute	239
	Engagement	239
4	Regulatorische Triebfedern für Veränderung	240
	4.1 Die CSR-Richtlinie	240
	4.2 Die EU-Aktionärsrechterichtlinie	241
5	Fazit	242

1 Einführung

Die Verknüpfung von Nachhaltigkeit und Corporate Governance wurde in der Vergangenheit eher zurückhaltend gesehen. Zukünftig wird durch spezifische Regulierungsschritte seitens der EU-Kommission wie die CSR- und die Aktionärsrechterichtlinie eine stärkere Verbindung hergestellt. Zentral ist dabei die Rolle der Aktionäre, wenn es darum geht, aktiv Nachhaltigkeit bei den Entscheidungsträgern der Unternehmen einzufordern. Union Investment verfolgt dabei klare prozessuale Linien und wirkt im Sinne eines nachhaltigen Erfolges für Investoren ebenso wie für andere Stakeholder auf die Unternehmen ein.

2 Die Union Investment-Engagement-Policy

Der Engagement-Prozess von Union Investment umfasst zwei Bereiche: das Abstimmungsverhalten auf Hauptversammlungen (UnionVote) und den konstruktiven Dialog mit den Unternehmen (UnionVoice).
Während die Proxy-Voting-Policy einen Rahmen für das Abstimmungsverhalten bietet, gibt die Engagement-Policy einen Leitfaden für den direkten Unternehmensdialog im Rahmen der Engagement-Aktivitäten. Sie umfasst grundsätzlich Unternehmen, die Aktien oder Anleihen emittieren.

2.1 Philosophie

Union Investment versteht sich als aktiver und nachhaltiger Anleger. Wir sehen uns in der Pflicht, die Interessen unserer Anleger gegenüber den Unternehmen zu vertreten. Dazu gehört auch die aktive Einflussnahme zur Vermeidung von nachhaltigen Risiken und Förderung der Nachhaltigkeit. Wir sind überzeugt, dass die Nachhaltigkeit langfristig einen wesentlichen Einfluss auf die Wertentwicklung des Unternehmens haben kann. Unternehmen mit unzureichenden Nachhaltigkeitsstandards sind deutlich anfälliger für Reputationsrisiken, Regulierungsrisiken, Ereignisrisiken und Klagerisiken. Aspekte im Bereich ESG (Environment, Social, Governance) können erhebliche Implikationen auf das operative Geschäft, auf den Marken- beziehungsweise Unternehmenswert und auf das Fortbestehen der Unternehmung haben. Mit unserer Engagement-Policy verfolgen wir das übergeordnete Ziel, die Nachhaltigkeit und damit auch den Shareholder-Value langfristig zu steigern.

2.2 Prinzipien und Werte

Unser Werteverständnis und unsere Prinzipien für das Engagement basieren auf den BVI-Wohlverhaltensregeln, dem Deutschen Corporate Governance Kodex sowie den international anerkannten Normen wie den Principles for Responsible Investment, den UN Global Compacts und den Zielen der Vereinten Nationen.

Als Beispiele sollen die folgenden Initiativen dienen:

- **Umweltstandards:** Carbon Disclosure Project (CDP), ISO,
- **Arbeitsstandards:** International Labour Standards (ILO),
- **Menschenrechte:** UN Guiding Principles on Business and Human Rights,
- **Governance-Strukturen:** Deutscher Corporate Governance Kodex, OECD-Governance-codes.

2.3 Themen

Die ESG-Themen für ein Engagement ergeben sich in der Regel aus dem Fehlverhalten eines Unternehmens, also aus der Verletzung eines der oben genannten Prinzipien, aus den Erkenntnissen der Analysen sowie aus den Gesprächen mit dem Nachhaltigkeitsteam und den Sektoranalysten. Allerdings können auch Hinweise von unseren Stakeholdern und Kunden in der Auswahl der Themen berücksichtigt werden. Bei der Priorisierung der Themen und Zielunternehmen spielen Faktoren wie Fondsbestände, Negativlisten, Unternehmenskontakte und genereller Einfluss eine wichtige Rolle.

2.4 Ziele und Indikatoren

Das übergeordnete Ziel unserer Engagement-Aktivitäten ist die Verbesserung der Nachhaltigkeit und die damit einhergehende Steigerung des Shareholder-Values. Von zentraler Bedeutung für unsere Analysen ist dabei die Frage, wie gut das jeweilige Unternehmen mit Blick auf die ESG-Faktoren und das Risikomanagement aufgestellt ist. Im Speziellen werden einzelne Teilbereiche aufgegriffen, analysiert und mit den Unternehmen diskutiert. Ziel ist es, Kriterien zu hinterfragen und langfristig zu verbessern, die wir mit dem Akronym *GOOD AT* abkürzen. Im Einzelnen handelt es sich um die folgenden Aspekte:

- **G: Guidelines (Governance)**: Das Unternehmen sollte klare Richtlinien im Umgang mit nachhaltigen Themen wie Menschenrechte, Umweltverhalten und Korruptionsprävention entwickeln. Die Selbstverpflichtung (Commitment) zu einer nachhaltigen Unternehmensstrategie muss deutlich sein.
- **O: Organisation**: Die Organisation im Unternehmen sollte so strukturiert sein, dass eine effiziente und konsequente Nachhaltigkeitspolitik möglich ist. Insbesondere müssen klare Verantwortungen und Anreizsysteme für die Erfüllung von ESG-Kriterien auf Vorstandsebene ersichtlich sein.
- **O: Openness**: Das Unternehmen sollte die Bereitschaft zeigen, mit relevanten Stakeholdern über ESG-Chancen und -Risiken zu diskutieren.
- **D: Due Diligence**: Das Unternehmen hat eine Sorgfaltspflicht, die Wirksamkeit der implementierten Mechanismen, Systeme und Prozesse im Unternehmen und in der Wertschöpfungskette zu überprüfen und zu überwachen.
- **A: Action**: Das Unternehmen sollte mit geeigneten Maßnahmen und Aktionen konkrete ESG-Missstände beseitigen. Es geht insbesondere um Best Practices und um die Frage, wie und in welcher Form Unternehmen auf ernsthafte Vorwürfe reagieren.

T: Transparency: Die Ergebnisse der Due Diligence und Aktionen sowie die Richtlinien sollten transparent kommuniziert werden.

Prozess: Der Engagement-Prozess von Union Investment besteht im Kern aus drei Stufen: dem Preengagement, dem eigentlichen Engagement und dem Postengagement. Der gesamte Prozess stützt sich auf unsere internen Systeme (SIRIS und PROVOX) zur Analyse, Durchführung, Überwachung und Dokumentation der Engagement-Aktivitäten.

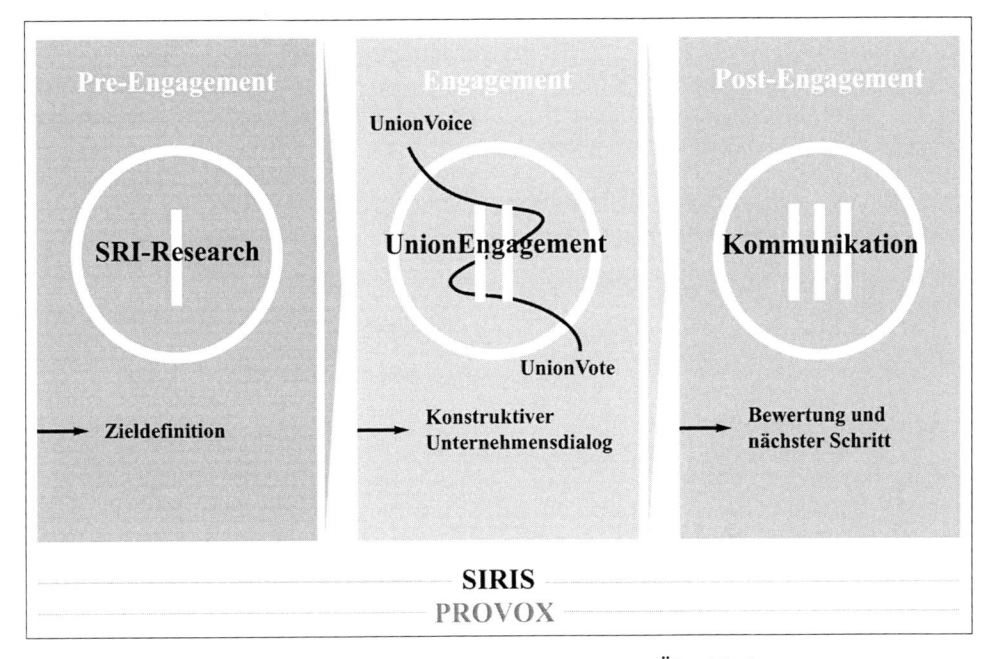

Abbildung 1:   *Drei Phasen des Engagement-Prozesses im Überblick*

Preengagement: Das Preengagement und die damit verbundene Recherche dienen als Vorbereitung und Problemfindung für die Engagement-Aktivitäten von Union Investment. Zusammen mit den Sektoranalysten erörtert das Nachhaltigkeitsteam von Union Investment die diesbezüglichen Probleme und Schwachstellen bei den Unternehmen. Darüber hinaus werden externe Datenanbieter wie etwa MSCI ESG Research, Vigeo Eiris, imug rating, Reprisk oder Trucost zur Unterstützung herangezogen. Wichtige Basis für den Engagement-Prozess von Union Investment stellt somit das Nachhaltigkeitsresearch dar. Das Union Investment-Nachhaltigkeitsresearch wird mit Hilfe von SIRIS verwaltet. SIRIS ist eine spezielle IT-Plattform, die für Union Investment entwickelt wurde, um den hauseigenen Ansatz für Nachhaltigkeitsresearch effizient umzusetzen und unser SRI-Leistungsspektrum einschließlich Engagement zu erweitern.

Engagement: Der Kern des Engagement-Ansatzes von Union Investment stellt UnionEngagement dar, das aus der Stimmrechtsausübung bei Hauptversammlungen (UnionVote) und dem konstruktiven Unternehmensdialog (UnionVoice) besteht. Der konstruktive Unternehmensdialog beinhaltet schwerpunktmäßig den direkten Austausch mit den Unternehmen, die Reden auf Hauptversammlungen sowie Diskussionen auf Plattformen externer Institutionen. Im Rahmen der Stimmrechtsausübung nimmt das Portfoliomanagement von Union Investment auf

Hauptversammlungen im Interesse der Anleger und ausschließlich zum Nutzen des betreffenden Investmentvermögens regelmäßig Einfluss auf die Unternehmensführung und Geschäftspolitik von Aktiengesellschaften. Da das Anlegerinteresse im Mittelpunkt steht, hat Union Investment auch verschiedene organisatorische Maßnahmen getroffen, um mögliche Interessenkonflikte zum Nachteil des Anlegers zu vermeiden, die sich aus der Ausübung von Stimmrechten ergeben könnten. Alle Aktivitäten von UnionVote werden systemseitig (PROVOX) vorbereitet, durchgeführt, überwacht und dokumentiert. Unser Grundsatz: Union Investment unterstützt alle Maßnahmen, die den Wert des Unternehmens langfristig und nachhaltig steigern, und stimmt gegen solche, die diesem Ziel entgegenstehen. Voraussetzung für eine transparente und konsequente Ausübung der uns anvertrauten Stimmrechte ist eine verbindliche Abstimmungspolitik. Daher hat Union Investment umfassende Abstimmungsrichtlinien festgelegt, die sich an den Empfehlungen des Deutschen Corporate Governance Kodexes und an den BVI-Richtlinien orientieren. Zu unseren Werkzeugen für das Engagement gehören unter anderem:

- Direkter Unternehmenskontakt (Schriftverkehr, Telefonat, Vieraugengespräch)
- Abstimmungen auf Hauptversammlungen
- Reden auf Hauptversammlungen
- Collaborative Engagement/ auf Kooperation beruhende Initiativen
- Gremienarbeit

Postengagement: Der Engagement-Prozess ist langfristig angelegt. Ergebnisse zeigen sich manchmal erst nach Monaten oder gar Jahren. Die Aktivitäten und Ergebnisse werden in regelmäßigen Abständen evaluiert. Auch wird im Nachhaltigkeitsteam über mögliche Konsequenzen für die Unternehmen diskutiert. Es ist auch nicht ausgeschlossen, dass eine bereits durchgeführte Engagement-Aktivität erneut aufgenommen werden muss, um das ursprünglich gesetzte Ziel zu erreichen. Falls wir trotz unseres wiederholten Engagements die Reaktionen und Maßnahmen der Unternehmen als nicht ausreichend erachten, werden solche Unternehmen konsequent aus dem Anlageuniversum ausgeschlossen. Denn auch der Ausstieg als letztes Mittel ist Teil des Engagements.

Erfolgsmessung und Meilensteine: Die Zwischen- und Endergebnisse der Aktivitäten werden in SIRIS und PROVOX dokumentiert und kontrolliert. In qualitativer Hinsicht wird dabei der Erfolg der Aktivität erfasst, beschrieben und gesichert. Der rein quantitative und damit messbare Erfolg wird anhand folgender Punkte bewertet:

- Kein Bekenntnis
- Bekenntnis
- Geeignete Maßnahmen
- Integration in operationelle Prozesse
- Integration in ein strategisches Ziel

Engagement-Reporting: Unsere Kunden erhalten auf jährlicher Basis eine Berichterstattung über die durchgeführten und geplanten Engagement-Aktivitäten. Darüber hinaus dokumentieren wir für jeden Kunden detailliert, wie mit seinen Beständen abgestimmt wurde, und fassen die Aktivitäten in einem Bericht zusammen.

3   Beispiele für gelungenes Engagement

Im Rahmen des Engagements spielen Nachhaltigkeitskriterien eine immer größere Rolle. Das liegt unter anderem daran, dass sowohl Asset-Manager als auch die institutionellen Kunden einen stärkeren Fokus auf ESG-Kriterien legen – einerseits aufgrund von ethischen Belangen, andererseits als Instrument für ein verbessertes Risikomanagement. (Siehe hierzu auch: ESG-Integration verbessert Risikomanagement, Beitrag von Florian Sommer in diesem Buch.)
Im Folgenden sollen anhand ausgewählter Beispiele die Engagement-Aktivitäten von Union Investment konkreter erläutert werden.

3.1   Bienensterben und die Chemieindustrie

In den letzten Jahren ist ein deutlicher Rückgang der Bienenpopulation zu verzeichnen. Beispielsweise ist der Bienenbestand in den USA seit 2007 schätzungsweise um bis zu 80 Prozent zurückgegangen. In Deutschland und in der Schweiz ist das Bienensterben seit 2012 zu beobachten. Dabei ist das Wohl der Bienen eine wichtige Voraussetzung für unser Ökosystem.
Seit vielen Jahren stehen die in Insektiziden verwendeten Neonicotinoide im Verdacht, für das Bienensterben verantwortlich zu sein. Die Wirkung dieses Stoffes auf die Bienengesundheit ist jedoch noch nicht vollständig nachgewiesen. Hierzu gibt es eine Reihe von wissenschaftlichen Studien, zum Teil mit widersprüchlichen Ergebnissen.
Die EU-Kommission hat sich der Sache angenommen und die Europäische Behörde für Lebensmittelsicherheit (EFSA) beauftragt, entsprechende Untersuchungen durchzuführen und somit für mehr Klarheit zu sorgen. Die Wissenschaftler der EFSA bescheinigen, dass zumindest drei Wirkstoffe aus der Familie der Neonicotinoide eine signifikante Gefahr für die Bienengesundheit darstellen. Als Konsequenz wurde im Jahr 2013 die Verwendung dieser drei Wirkstoffe in den Pflanzenschutzmitteln in der EU untersagt.
Einige Hersteller von Pflanzenschutzmitteln haben gegen diese Entscheidung und gegen eine mögliche Verlängerung des Verbots geklagt. Sie kritisieren die Methodik und Vorgehensweise als *voreingenommen, irreführend und selektiv*. Die EFSA hat deshalb angekündigt, eine Neubewertung der kritischen Wirkstoffe durchzuführen.
Losgelöst davon, wie das Ergebnis ausfallen wird oder die Gerichte entscheiden werden, stehen die betroffenen Chemieunternehmen öffentlich in der Kritik und somit unter Druck.
Weil gesunde Bienen wichtig für die Biodiversität der Umwelt sind und wir entsprechende Unternehmenskontakte haben, gründeten wir einen Arbeitskreis, um das Engagement gegen Bienensterben und für mehr Bienengesundheit zu initiieren. Der Arbeitskreis setzte sich aus Imkern, Chemieanalysten und Nachhaltigkeitsspezialisten zusammen. Ziel war es, sich auszutauschen und eine fundierte Grundlage für die Gespräche mit den Unternehmen zu schaffen. Wir haben beispielsweise über die betroffenen Unternehmen, über mögliche Engagement-Ziele sowie über die richtige Vorgehensweise diskutiert. Folgende Gründe werden für das Bienensterben genannt:

- ➢ **Varroamilbe:** Diese Milbe wurde in den 1970er-Jahren aus Ostasien nach Europa eingeschleppt und gilt als ein maßgeblicher Grund für das strukturelle Bienensterben
- ➢ **Einsatz von Pestiziden:** Die bereits beschriebenen Wirkstoffe sollen für das Bienensterben verantwortlich sein. Jedoch fehlen hier eindeutige Belege
- ➢ **Futtermangel auf Grund fehlender Biodiversität:** Monokulturen in der Landwirtschaft, beispielsweise beim Rapsanbau, führen dazu, dass sich die Lebensräume und das Futterangebot für die Bienen verändern
- ➢ **Fehlende Kultivierung:** Das Interesse für die Imkerei ist in den letzten Jahren zurückgegangen, so dass Bienenvölker kaum noch gefördert werden

Der Einsatz von Pestiziden, im Speziellen von Neonicotinoiden, ist also vermeintlich nur einer von vielen Gründen für das Sterben der Bienen. Und für die schwindende Biodiversität in der Natur sind viele Interessengruppen verantwortlich, unter anderem die industrielle Landwirtschaft, Unternehmen, Regierungen und nicht zuletzt die Konsumenten. Nichtsdestoweniger tragen die betroffenen Chemieunternehmen eine soziale und umwelttechnische Mitverantwortung.

Engagement

Wir sehen die Hersteller wie *BAYER CROPSCIENCE*, *BASF* und den inzwischen von *CHEMCHINA* übernommenen Konkurrenten *SYNGENTA* in diesem Zusammenhang in der (Teil-)Verantwortung und als Großkonzerne in der Lage, Abhilfe zu schaffen. Im ersten Schritt haben wir die Unternehmen angeschrieben und mit der Thematik konfrontiert. Im zweiten Schritt haben wir Gespräche mit den jeweiligen Managern und Nachhaltigkeitsbeauftragten geführt. Unser Engagement bei den genannten Zielunternehmen umfasste folgende Forderungen:

- ➢ Bessere Schulung und Aufklärung der Anwender von Pestiziden, um Anwendungsfehler zu vermeiden. Anwendungsfehler können in Einzelfällen zur Zerstörung einzelner Bienenvölker führen
- ➢ Baumarktstrategie überdenken: Zugang zu Pestiziden über den Baumarktkanal erschweren. Verkaufspersonal muss geschult werden. Produktverantwortung liegt beim Hersteller
- ➢ Projekte zur Förderung oder zum Ausgleich der Biodiversität, z. B. durch Anbau von Grünstreifen
- ➢ Öffentliches Eingeständnis der Unternehmen für die Mitverantwortung am Bienensterben
- ➢ Verzicht auf rechtliche Schritte gegen die Verlängerung des Verbots der drei Neonicotinoidwirkstoffe

Mit den beiden letztgenannten Forderungen sind wir bei den Unternehmen auf Widerstand gestoßen. Hier verweisen die Konzerne auf die derzeit laufenden Verhandlungen, auf die Neubewertung der *EFSA* und auf den Standpunkt, dass es keine eindeutigen wissenschaftlichen Belege für den Zusammenhang zwischen dem Einsatz von Neonicotinoiden und dem Bienensterben gebe.

Bei den anderen Punkten konnten wir jedoch eine hohe Kooperations- und Gesprächsbereitschaft beobachten. Die Unternehmen arbeiten und forschen seit Jahren daran, die Nebenwirkungen von Pestiziden auf die Umwelt einzudämmen. Auch für die Gesundheit der Bienen ergreifen sie entsprechende Maßnahmen und bieten Lösungen an. *BASF* zum Beispiel hat einen

Wirkstoff im Kampf gegen die Varroamilbe entwickelt und vertreibt ihn unter dem Namen *MAQS Stripe*. BAYER betreibt ein eigenes *Bee Care Center* und forscht derzeit an dem Produkt *Varroa-Gate*, das Bienen vor dem Milbenbefall schützen soll. SYNGENTA hat in dieser Richtung noch keine Lösungen in der Produktpipeline, da Pestizide nur einen geringen Anteil am Umsatz beziehungsweise Unternehmensergebnis haben.

Für die Chemieunternehmen ist das Bienensterben kein Randthema. Sie nehmen die Vorwürfe und die öffentliche Kritik ernst. Auch sind sie gesprächsbereit und dankbar für konstruktive Kritik seitens der SRI-Investoren. Auch wenn der Zusammenhang mit dem Bienensterben durch den Einsatz von Pestiziden noch nicht gänzlich geklärt ist, sehen wir die Unternehmen in der Pflicht, mehr für Biodiversität und Bienengesundheit zu tun.

3.2 Dakota-Access-Pipeline und die finanzierenden Kreditinstitute

Es ist eines der größten Ölpipeline-Projekte der jüngeren Vergangenheit und es ist auch eines der umstrittensten. Die Dakota-Access-Pipeline führt über fast 1.900 Kilometer vom Bakkenölfeld im US-Bundesstaat North Dakota bis zum Knotenpunkt Patoka im US-Staat Illinois. Pro Tag fließen 470.000 Barrel Rohöl nach Patoka und werden dort in kleinere Pipelines umgeleitet.

Der Bau geht auf Planungen aus dem Jahr 2014 zurück und war von Anfang an umstritten, unter anderem weil die Pipeline in mehreren Staaten durch das Gebiet der indigenen Bevölkerung führt. Die Sioux beispielsweise leben in Standing Rock in South Dakota, ihre Landrechte und der Schutz ihrer Trinkwasserquellen wurden bei der Planung durch das Betreiberkonsortium von Energy Transfer Partners und Enbridge nicht berücksichtigt. Das wichtige UN-Prinzip der freien, frühzeitigen und informierten Zustimmung (FPIC) zur aktiven Beteiligung betroffener indigener Völker wurde also missachtet. Das birgt aus Sicht von Union Investment erhebliche Rechts- und Reputationsrisiken.

Nicht nur Union Investment kritisiert den Bau. In den USA regt sich schon seit Beginn der Planungen teils heftiger Widerstand gegen das rund 3,8 Milliarden US-Dollar schwere Projekt. Die Proteste gelten als größte Umweltbewegung, die es in den vergangenen 20 Jahren in den Vereinigten Staaten gegeben hat. Auch die UN haben sich eingeschaltet, ein Sonderermittler sprach im März 2017 von *„klaren Verfehlungen"* im Planungs-, Genehmigungs- und Bauprozess der Pipeline.

Zunächst hatte die US-Politik auf die Proteste reagiert, der ehemalige US-Präsident Barack Obama stoppte den Bau der Pipeline im Dezember 2016. Der Schritt wurde von Obamas Nachfolger Donald Trump kurz nach dessen Amtsübernahme rückgängig gemacht. Die Eröffnung der Pipeline fand am 1. Juni 2017 statt, nach wie vor sind aber mehrere Prozesse anhängig. Die Gründe, dem Projekt kritisch gegenüberzustehen, sind aber keinesfalls vom Tisch. So hat der operative Betreiber Sunoco Logistics, ein Tochterunternehmen von Energy Transfer Partners, hinsichtlich Leckagen an seinen Pipelines ausweislich der Regierungsdokumente den schwächsten Trackrecord aller Betreibergesellschaften. Seit 2010 wurden an Anlagen von Sunoco rund 200 Lecks gezählt.

Engagement

Union Investment hat in diesem Zusammenhang mit Banken gesprochen, die das Projekt mitfinanziert haben. Im konkreten Fall ging es um die niederländischen Institute *ABN AMRO* und *ING-DIBA*. Wir haben im Dialog mit den Banken die Probleme mit der Dakota-Access-Pipeline angesprochen. Vertreter der *ING-DIBA* haben daraufhin die Situation vor Ort überprüft und die Finanzierung, nachdem keine Verbesserungen erkennbar waren, gestoppt. *ABN AMRO* hatte ursprünglich nicht den Pipelinebau direkt finanziert, sondern Kredite an das Betreiberkonsortium vergeben. Solange die Vorwürfe im Raum stehen, will *ABN AMRO* keine neue Geschäftsbeziehung zum Betreiber eingehen. Beides werten wir als großen Erfolg unserer Engagement-Strategie.

4 Regulatorische Triebfedern für Veränderung

4.1 Die CSR-Richtlinie

Mittlerweile bekommen aktive Investoren auch Rückenwind durch die Regulatorik. Ein Beispiel dafür ist die Corporate-Social-Responsibility-(CSR-)Richtlinie, die das Thema Nachhaltigkeit in den Fokus der Unternehmen, konkret der Aufsichtsräte, rückt und den Kontrollgremien eine Prüfungspflicht auferlegt (§ 171 AktG). Flankiert von § 111 Abs. 2 empfiehlt sich somit, eine externe inhaltliche Prüfung zu beauftragen und die Erkenntnisse daraus im Lagebericht zu verankern. Der Aufsichtsrat muss Nachhaltigkeit ernst nehmen und dies als oberste organisatorische Instanz in das gesamte Unternehmen hinein ausstrahlen. Daraus resultiert eine inhaltliche Diskussion im Aufsichtsrat, die das Unternehmen weiterbringt.

Die Einführung der CSR-Richtlinie sollte von den Unternehmen nicht als lästige Pflicht verstanden werden. Sie bietet den Konzernen vielmehr die Chance, Risiken besser zu durchleuchten und den Investoren in Nachhaltigkeitsfragen glaubwürdiger gegenüberzutreten.

Aus der Sicht von Investoren gehört die Betrachtung von Aspekten der Nachhaltigkeit schon lange zum Repertoire der Unternehmensbewertung. Der Kapitalmarkt versteht dabei unter dem Begriff Nachhaltigkeit konkret die ESG-Aspekte (Environment, Social, Governance). Während sich seitens der Investoren eine ganzheitliche Sicht auf diese Einzelfaktoren durchgesetzt hat, trennen die meisten Unternehmen hierzulande zwischen ökologischen und sozialen Themen einerseits und dem Komplex Governance andererseits. Das hat Tücken. Denn Nachhaltigkeit entfaltet ihre Wirkung erst vollumfänglich, wenn sie komplett und kompromisslos im Unternehmen verortet wird.

Die gesamten Nachhaltigkeitsaspekte müssen deshalb in der Aufbauorganisation und in der Ressortverantwortlichkeit des CEOs verankert sein. Nachhaltigkeit ist kein Marketinggag und gehört nicht in die alleinige Obhut der Kommunikationsabteilung. Denn nur wenn der CEO die Inhalte kennt und unmittelbar verantwortet, kann Nachhaltigkeit auch umgesetzt werden. Nachhaltigkeit ist Führungsaufgabe und muss klar kommuniziert werden, damit das Thema im gesamten Unternehmen an Wichtigkeit gewinnt: *Tone from the Top.*

Der Vorstand sollte mit Blick auf die Erreichung der Nachhaltigkeitsziele die grundlegenden Key-Performance-Indikatoren (KPIs) definieren, die für die Zukunft des Unternehmens von höchster Relevanz sind. In den Aufsichtsratssitzungen sollten diese KPIs in turnusgemäßer Abfolge hinterfragt werden.

Die meisten Aufsichtsräte (und viele Vorstände) sind leider beim Thema Nachhaltigkeit noch nicht kommunikationsfähig. Doch selbstverständlich gehört Nachhaltigkeitsexpertise in den Aufsichtsrat, um eine sinnvolle Überwachung sicherzustellen und dem Vorstand bei diesem sicherlich nicht trivialen Thema als Sparringspartner dienen zu können. Daher sollte jedes einzelne Aufsichtsratsmitglied die Grundzüge der Nachhaltigkeit verinnerlicht haben. Wünschenswert wäre überdies ein *Sustainability-Experte* analog zum *Finanzexperten* im Kontrollgremium.

Aus Investorensicht ist spannend, in welchem Maße Nachhaltigkeitsaspekte auf der Hauptversammlung kommentiert werden. Im Falle einer externen freiwilligen Prüfung müssen die Ergebnisse erst ab dem 1. Januar 2019 veröffentlicht werden. Investoren werden sicherlich mögliche Ergebnisse und Abweichungen im Rahmen der Generaldebatte bei der Hauptversammlung hinterfragen, sofern der Aufsichtsrat nicht transparent – auch über mögliche Verstöße – berichtet.

4.2 Die EU-Aktionärsrechterichtlinie

Nicht weniger als die CSR-Richtlinie wirkt sich die EU-Aktionärsrechterichtlinie aus, die bis Juni 2019 in nationales Recht überführt werden muss. Sie zwingt die Aktionäre förmlich dazu, sich mit Nachhaltigkeitsthemen auseinanderzusetzen. Die Richtlinie fordert Asset-Manager und institutionelle Kunden auf, eine Engagement-Policy aufzustellen und sich danach zu richten. Zudem müssen sie stärker als bisher von ihren Aktionärsrechten Gebrauch machen. Das beinhaltet auch das Thema Vergütung, dem in der Unternehmensführung eine Schlüsselrolle zukommt. Schließlich entscheidet die Incentivierung des Managements darüber, wie und in welche Richtung ein Konzern letzten Endes gesteuert wird. Daher stehen die Vergütungssysteme ganz besonders im Fokus und sind ein wichtiger Teil des Engagements von Union Investment.

Dabei sind Managementgehälter seit Jahren ein Reizthema – das gilt für die Hauptversammlungen ebenso wie für die begleitende mediale Öffentlichkeit. An Reformeifer war dabei kein Mangel: Gesetzgeber, Kodexkommission, Stimmrechtsberater und Investoren stellen seit geraumer Zeit neue Anforderungen an die Vergütungssysteme der Aktiengesellschaften. Dass sich seit der großen Finanzkrise diesbezüglich einiges getan und vieles verbessert hat, kann keinesfalls verleugnet werden. Allerdings wurde oft nur an bestehende Systeme angedockt und nachjustiert. Der große Wurf aber war nicht dabei. Dafür ist es jedoch höchste Zeit.

Denn nicht nur aus den genannten historischen Gründen sind die bestehenden Vergütungssysteme extrem komplex. Sie bedürfen auch einer grundlegenden Revision. Dabei gilt es, die relevanten Unternehmensspezifika weiter beizubehalten, auch wenn das einer Standardisierung im Wege steht. Die Unternehmen sollten daher ihre Vergütungssystematik verantwortungsvoll überprüfen und entscheiden, an welchen Stellen die Komplexität Ballast und an welchen Stellen sie tatsächlich nötig ist.

Gleiches gilt für die zu veröffentlichenden Vergütungsberichte. In Einklang mit der ihnen zugrunde liegenden Bezahlung des Managements sind die Berichte unverständlich und damit auch intransparent geworden. Für Aktionäre ist es gleichsam unzumutbar, über Vergütungsberichte abzustimmen, deren Kern sich kaum erschließt. Dabei sollte gelten: Je komplexer das Vergütungssystem, desto klarer sollte der Bericht dazu sein. Hier wäre eine Standardisierung unter den börsennotierten Aktiengesellschaften ebenso wünschenswert wie zielführend. Die Komplexität der Berichte verstellt den Investoren unter anderem den Blick auf die Frage, wie die Vergütung mit der Ergebnisentwicklung des Unternehmens zusammenhängt. Erste Unternehmen bieten hierfür Simulationen an, die die zugrunde liegende Mechanik aufdecken und sichtbar machen. Das halten wir für empfehlenswert. Insbesondere in Fällen, in denen sich die Unternehmensergebnisse in die falsche Richtung bewegen, sollten Aktionäre und Aufsichtsräte über Instrumente verfügen, die sie im Falle eines Konflikts mit dem Management einbringen können. In § 87 Abs. 2 AktG wird bereits die Reduzierung der Vorstandsvergütung im Krisenfall geregelt. Es scheint aber notwendig, die Position des Aufsichtsrats darüber hinaus zu stärken, so dass Vergütungsbestandteile nachträglich zurückgefordert werden können. Möglich

wird das mit Hilfe so genannter Claw-back-Regelungen in den Vorstandsverträgen. Diese sollten die Aufsichtsräte schon aus Gründen des Selbstschutzes in die Verträge einbringen, andernfalls laufen sie Gefahr, sich selbst gegen Haftungsansprüche verteidigen zu müssen.
Und auch die Relevanz von Corporate Social Responsibility sollte in den Vergütungsplänen der Aktiengesellschaften ihren Niederschlag finden. Je stärker Investoren diese Aspekte in ihre Betrachtung eines Unternehmens einbeziehen, desto wichtiger ist es, dass diese Nachhaltigkeitsbelange auch im Top-Management als relevant wahrgenommen werden. Die Marktteilnehmer bekommen damit die Sicherheit, dass ESG-Faktoren an zentraler Stelle verortet sind und im Falle von Verfehlungen die Schuldfrage nicht nach unten wegdelegiert werden kann.

5 Fazit

Der Kreis schließt sich: Mit der wachsenden Relevanz von Nachhaltigkeitsfragen für Unternehmen in der Breite steigt die Notwendigkeit, diese Fragen im Engagement-Prozess proaktiv anzusprechen. Diese Dynamik bekommt Unterstützung von regulatorischer Seite: Die CSR-Richtlinie bewegt Unternehmen dazu, das Thema Corporate Social Responsibility stärker in die Geschäftsprozesse zu integrieren, die EU-Aktionärsrechterichtlinie hingegen verpflichtet die Aktionäre, genauer hinzuschauen. Sie tun das nicht nur, aber auch indem sie die Verankerung von CSR in den Vergütungsplänen des Top-Managements einfordern. Das wiederum erleichtert das Engagement, wenn wir als Investoren wissen, dass ESG-Faktoren im Unternehmen kein Nischenthema mehr sind, sondern in den höchsten Gremien des Konzerns in all ihrer Relevanz ernst genommen werden.

Potenziale der ESG-Integration für ein verbessertes Risikomanagement

Florian Sommer

Union Investment

1	Einführung	245
2	Integration von ESG-Faktoren in die Unternehmensanalyse	246
	2.1 Zukunftsfähige Geschäftsmodelle per ESG-Research identifizieren	246
	2.2 Unternehmensführung im Fokus der Investoren	248
3	Green Bonds als neue Anlageklasse	248
4	Analysedimensionen bei Staatsanleihen	249
	4.1 Alternatives Länderrating von Union Investment	249
	4.2 Krisengefahr als potenzieller Verlustbringer	250
5	Veränderungen im Kundenbedarf	251
	Quellenverzeichnis	253

1 Einführung

Die Kapitalmärkte haben sich in den vergangenen zehn Jahren grundlegend verändert. Digitalisierung und Globalisierung haben auch tief greifende Auswirkungen auf die Börsen. Neue Geschäftsmodelle haben auf ihrem Siegeszug viele alte Namen auf die Plätze verwiesen und neue Asset-Klassen mit Fokus auf Nachhaltigkeit werden von den Investoren verstärkt nachgefragt. Der Trend macht auch nicht vor Staatsanleihen halt: Bei der Analyse von Government bonds werden heute andere Maßstäbe angelegt, als das in früheren Jahren der Fall war. Für Portfoliomanager bedeutet das, dass sie sich auf neue Herausforderungen einstellen müssen, um die Chancen optimal zu nutzen.

Es hat sich ein Wandel in der Beurteilung von Risikoklassen vollzogen. Denn wenn in früheren Jahren ein Aktienkurs überraschend stark fiel, dann gab es dafür in der Regel zwei gängige Erklärungsmuster: eine Änderung der politischen oder makroökonomischen Spielregeln, die die Position des Unternehmens schwächt, und eine Fehlentwicklung im Unternehmen, also etwa eine gescheiterte Übernahme, ein Bestechungsskandal oder der Abgang eines talentierten Managers. Mittlerweile hat sich die Zahl der Ursachen für etwaige plötzliche Kursrücksetzer jedoch vervielfacht. Die jüngere Vergangenheit hat wiederholt gezeigt, dass es eine ganze Reihe von Risikofaktoren für Aktienkurse gibt, die durch die althergebrachten Muster nicht hinreichend erklärt werden können. Dazu gehören Klage-, Regulierungs-, Reputations-, Technologie- und Eventrisiken, wie sie den Investoren und der Öffentlichkeit etwa durch die Katastrophe um BPs Ölplattform Deepwater Horizon, das Korruptionsnetzwerk des brasilianischen Erdölkonzerns Petrobras oder den VW-Abgasskandal vor Augen geführt wurden. Und von jeder dieser fünf Risikoklassen geht eine potenzielle Bedrohung für das Portfolio aus.

Ereignisrisiken	Regulierungsrisiken	Klagerisiken	Reputationsrisiken	Technologierisiken
• TEPCO/Fukushima • BP/Deepwater Horizon • Libor-Skandal • Volkswagen-Skandal	• EU-CO_2-Emissionsziele (z.B. Automobil-, Versorgerbranche) • Kosten der deutschen "Energiewende" • EU-Glühlampenverbot • "Phaseout" des Verbrennungsmotors	• Klagen gegen US-Tabakindustrie (206 Mrd. USD) • Klagen gegen Banken (> 300 Mrd. USD) • Klagen gegen Automobilhersteller	• Glencore: Menschenrechtsverletzungen • Wilmar: Regenwaldabholzung • Hershey: Kinderarbeit	• Elektromotor verdrängt Verbrennungsmotor • LED ersetzt Glühlampe • Erneuerbare Energie ersetzt Kohlestrom

Analysieren

| Vermeiden | Verringern | Verändern |

Abbildung 1:   Nachhaltigkeit liefert ein besseres Verständnis von Risiken

2 Integration von ESG-Faktoren in die Unternehmensanalyse

Die althergebrachte klassische Fundamentalanalyse mit einem starken Fokus auf Bilanz, Gewinn-und-Verlust-Rechnung sowie Kapitalflussrechnung reicht allein nicht mehr aus, um diese Risiken messbar und beherrschbar zu machen. Die Fundamentalanalyse muss um sogenannte „extrafinanzielle" Kriterien – auch als Nachhaltigkeitskriterien bezeichnet – erweitert werden, um die heutige Komplexität einfangen zu können. Auf diese Weise bekommt man eine vertiefte Einsicht in das spezifische Risikoprofil eines Emittenten.
Wer Nachhaltigkeitskriterien, nach den Bereichen Environment, Social Issues und Governance abgekürzt ESG-Kriterien genannt, in seinen Investmentprozess integriert, führt damit also in erster Linie einen zusätzlichen Risikomanagementfilter ein, denn aufkommende Probleme, etwa mit CO_2-Emissionen, mangelhaften Arbeitsbedingungen oder unzureichenden Kontrollmechanismen im Unternehmen, treten nicht unvermittelt auf, sondern kündigen sich an. Eingehende ESG-Analysen als weitere Dimension des Researchs machen sie frühzeitig sichtbar. Das gilt auch für die oben genannten Fälle. Als Teil des integrierten Research-Prozesses arbeiten bei Union Investment Nachhaltigkeitsspezialisten und Portfoliomanager in Tandems eng zusammen, um die fundamentale Wertpapieranalyse mit ESG-Faktoren anzureichern und derartige Risiken bei den Investmententscheidungen zu berücksichtigen. Daraus folgt, dass auch Asset-Manager sich den neuen Bedingungen anpassen und beispielsweise spezielle Schulungen durchlaufen sollten. Überdies ist neben der klassischen fundamentalen Aktienanalyse auch der Umgang mit ESG-Daten und -Analysen von höchster Relevanz. Neben Umsatzkennziffern, Bewertungsdaten und Margenentwicklungen sind etwa auch Governance-Strukturen und CO_2-Emissionen zu betrachten. Um ein tieferes Verständnis zu erlangen, durchliefen unsere Portfoliomanager daher intensive Schulungsmaßnahmen in der internen ESG-Academy. In diesem Programm eigneten sie sich die vielfältigen Implikationen von ESG-Aspekten ebenso an wie den Umgang mit der von Union Investment entwickelten Nachhaltigkeitsplattform SIRIS. Hier sind entsprechende Kennziffern von 13.000 Emittenten und 59.000 Wertpapieren gespeichert. Komplementär dazu wurde Ende 2016 ein ESG-Committee geschaffen, in dem sich Vertreter der verschiedenen Bereiche des Portfoliomanagements treffen, aktuelle Fälle besprechen und gegebenenfalls bindende Signale für das gesamte Portfoliomanagement aussenden. Das Gremium ist zentral für die Festlegung einer nachhaltigen Anlagestrategie verantwortlich. In den Sitzungen, die regelmäßig, bei Bedarf aber auch ad hoc stattfinden, stellt sich konkret die Frage, welche Risiken bei einem Emittenten gesehen werden und ob diese in den Kursen adäquat eingepreist sind oder nicht. Im Falle von Volkswagen kam das Committee zur Einschätzung, dass dies nicht der Fall ist. Die Entscheidungen sind allerdings keinesfalls in Stein gemeißelt: Das Signal kann aufgehoben werden, wenn das Committee zu dem Schluss kommt, dass die Risiken wieder in den Preisen abgebildet sind – sei es durch eine günstigere Bewertung oder eine verbesserte Risikolage.

2.1 Zukunftsfähige Geschäftsmodelle per ESG-Research identifizieren

Es gibt neben der Risikosituation noch einen weiteren wichtigen Grund, warum ESG-Research für das Portfoliomanagement – und damit natürlich auch für die Kunden – von großem Nutzen ist. Wer sich mit Nachhaltigkeitskriterien auseinandersetzt, bekommt ein besseres Gefühl für die Tragfähigkeit von Geschäftsmodellen. Tief gehende Kenntnisse hinsichtlich der künftigen Emissionsstandards erlauben beispielsweise eine fundierte Einschätzung, welche Unternehmen etwa im Transportsektor diesbezüglich führend sein werden. Und wer sich mit dem demographischen Wandel und den damit einhergehenden gesundheitlichen Problemen der Bevölkerung auskennt, kann beispielsweise die künftige Nachfrage nach medizinischen Hilfsmitteln besser einschätzen. Das bedeutet: Immer wenn disruptive Veränderungen einen Sektor oder eine Region bedrohen, stehen die Chancen gut, mithilfe von ESG-Research als Frühindikator anderen Marktteilnehmern einen Schritt voraus zu sein. Das gilt für eine ganze Reihe von Kernthemen, deren Relevanz vor einigen Jahren noch vielen Investoren verborgen geblieben war, z. B. für Energieeffizienz, Wasserfilter in Zeiten knapper Ressourcen, LEDs als einen sparsamen Ersatz für die alte Glühbirne, Elektromobilität und optimierte Batterietechnik. Dies sind nur ein paar Teilbereiche, die zeigen, wie der erkennbare Trend zum Haushalten mit Ressourcen zu neuen, zukunftsträchtigen und oft eben auch hochprofitablen Geschäftsmodellen geführt hat. Die Integration von ESG-Faktoren in den Investmentprozess wirkt sich also dann positiv auf das Anlageergebnis aus, wenn nicht das Management von Risiken im Zentrum steht, sondern die Identifikation von Chancen.

Das Thema ist mittlerweile auch auf höchster Ebene angekommen: Die Vereinten Nationen haben 17 Ziele nachhaltiger Entwicklung definiert, die auch als Sustainable Development Goals (SDGs) bezeichnet werden. Die SDGs der UN sind globaler politischer Konsens, der in die Wirtschaft ausstrahlen und eine Vielzahl von nachhaltigen Wachstumsthemen fördern wird. Hiervon werden die Unternehmen profitieren, deren Geschäftsmodell an den nachhaltigen Wachstumsthemen ausgerichtet ist. Die Folge: Ihre Aktienkurse sollten überproportional steigen und Investitionen dorthin gelenkt werden, wo sie helfen, globale Herausforderungen zu bewältigen. Im modernen Portfoliomanagement müssen diese Unternehmen identifiziert, den Zielen zugeordnet und schließlich auch in der Portfoliokonstruktion berücksichtigt werden. Auch hier gehen Fundamental- und Nachhaltigkeitsanalyse im Rahmen der ESG-Integration Hand in Hand.

Abbildung 2:   *Die Sustainable Development Goals (SDGs) der UN*[1]

---

[1] Vgl. zu den SDGs GENERALVERSAMMLUNG DER VEREINTEN NATIONEN (2015) und GLOBAL POLICY FORUM/TERRE DES HOMMES (2015).

Eine ausgereifte Nachhaltigkeitsstrategie erschöpft sich allerdings nicht im Research und in der Analyse, so unerlässlich diese Disziplinen für den Anlageerfolg auch sind. Mindestens ebenso wichtig ist der konstruktive Dialog mit den Unternehmen. In etwa 4.000 Unternehmensgesprächen pro Jahr setzen sich unsere Portfoliomanager mit dem Stand der Dinge auseinander. Daraus resultieren ein enger Kontakt und ein belastbares Verhältnis zu den Managementteams und dementsprechend die Gelegenheit, Missstände nicht nur, aber auch im Bereich der ESG-Faktoren anzusprechen. Konkret ermöglichen diese Dialoge, etwa auf Risiken in den Zulieferketten oder an bestimmten Produktionsstandorten hinzuweisen. Auch potenzielle Defizite in den Governance-Strukturen müssen Gegenstand der Gespräche sein, etwa im Fall von neu zu besetzenden Aufsichtsratspositionen. Zu den Unternehmensdialogen kommen die Abstimmungen bei mehr als 1.500 Hauptversammlungen pro Jahr, an denen sich Union Investment beteiligt. Ziel ist es auch hier, bei den Unternehmen ein Bewusstsein für die Relevanz von Nachhaltigkeit zu schaffen, die Governance-Strukturen im Konzern zu stärken und damit Risiken sowohl für den Konzern selbst als auch für dessen Aktionäre zu minimieren.

2.2 Unternehmensführung im Fokus der Investoren

Im Zusammenhang mit Hauptversammlungen hat die Frage nach der Unternehmensführung, also dem „G" für Governance, eine Schlüsselfunktion. Es ist Aufgabe aktiver Investoren, bei den Aktionärstreffen auf diesbezügliche Mängel und Missstände in den Konzernen hinzuweisen. Besonderes Konfliktpotenzial birgt dabei das Thema Vergütung, sei es wegen der absoluten Höhe oder wegen unzureichender Transparenz der Vergütungsstrukturen. Oft werden auch Fehlanreize gesetzt, die das Management zu Entscheidungen leiten, die zwar für seine Vergütung kurzfristig positiv, für den langfristigen Unternehmenserfolg aber schädlich sein können. Wohin das führen kann, hat die Finanzkrise im Bankensektor auf schmerzhafte Art und Weise vor Augen geführt. Es gibt weitere Schwachstellen, die die Hauptversammlungssaison zutage fördert. Viele davon sind Dauerbrenner, die aktive Investoren schon seit Jahren kritisieren. Dazu zählt die mangelnde Vielfalt, auch hierzulande oft als Diversity bezeichnet. Um es klar zu sagen: Es ist damit auch, aber keinesfalls nur die eklatante Unterrepräsentanz von Frauen in vielen Aufsichtsgremien gemeint. Zahlreiche, vor allem deutsche Unternehmen – beispielsweise der Gesundheitskonzern Fresenius – zeigen erhebliche Schwächen bei Altersstruktur und Internationalität. Und das trotz der Tatsache, dass eben diese Adressen teils in mehr als 100 Ländern aktiv sind, internationale Anteilseigner und Beschäftigte haben und gerne als Global Player wahrgenommen werden möchten. Hier klafft eine gewaltige Lücke zwischen Anspruch und Wirklichkeit.

3 Green Bonds als neue Anlageklasse

Das Thema ESG ist keinesfalls nur für die Aktieninvestoren relevant, es wird auch für den Anleihebereich immer wichtiger: Im Falle von Green Bonds hat der Wandel sogar zur Entstehung einer neuen nachhaltigen Asset-Klasse geführt. Anders als bei vielen herkömmlichen Papieren wissen die Investoren bei einer solchen Anleihe genau, wofür sie dem Unternehmen Geld leihen. In der Regel sind das grüne Projekte wie Windkraftanlagen, umweltverträgliche Abfallwirtschaft oder nachhaltige Wassernutzung. Die Mittelverwendung wird bis zum Laufzeitende dokumentiert. Die Emittenten sind meist Firmen, die auch „herkömmliche" Anleihen begeben – das Risiko ist bei den Green Bonds identisch mit dem Risiko der übrigen ausstehenden Anleihen. Denn entscheidend ist hier nicht das Projektrisiko, sondern das sogenannte Emittentenrisiko. Es entsteht für die Investoren also kein Nachteil, wenn sie einen Green Bond einer klassischen Anleihe desselben Unternehmens vorziehen. Mittlerweile treten neben Adressen wie etwa der deutschen Förderbank KfW oder der Europäischen Investitionsbank (EIB) auch Banken wie ABN AMRO aus den Niederlanden, der österreichische Versorger Verbund AG oder der US-Technologiekonzern Apple auf. Das Volumen ist in den vergangenen Jahren förmlich explodiert: 2012 lag das neu emittierte Volumen noch unter der Marke von drei Milliarden Euro, 2015 waren es rund 40 Milliarden Euro, 2016 dann 82 Milliarden und 2017 schon über 120 Milliarden Euro. Mittlerweile ist der Markt dementsprechend groß und liquide genug für Fonds, die ausschließlich in Green Bonds investieren und gleichzeitig ausreichend diversifiziert sind. Das ist ein großer Fortschritt.

4 Analysedimensionen bei Staatsanleihen

Auch für herkömmliche Staatsanleihen ist die ESG-Analyse nicht nur denkbar, sondern auch von großem Vorteil. Nicht erst seit der europäischen Staatsschuldenkrise ist bekannt, dass auch Nationen scheitern können und die Anleihegläubiger im Schadensfall die Kosten tragen. Der Einzug des erweiterten Risikobegriffs in das Segment der Staatsanleihen stellt Investoren vor neue Herausforderungen. Aus regulatorischen Erwägungen, aber auch aus Liquiditätsgründen bleiben Staatsanleihen eine unverzichtbare Asset-Klasse, die in der Asset Allocation nicht einfach ausgeblendet werden kann. Die Finanz- und Verschuldungskrise hat jedoch deutlich gemacht, dass die Auswahl solider Staatsanleihen inzwischen alles andere als eine leichte Fingerübung ist. Zudem ist die Erkenntnis gewachsen, dass die traditionellen und etablierten Ratings hierbei nicht mehr uneingeschränkt hilfreich sind. Im Zuge der Finanzkrise hat ihr Ruf gelitten. Der Vorwurf: Die Bewertungen der großen Rating-Häuser erfolgten zu spät, seien nicht transparent genug und fundamental-ökonomisch zu wenig nachvollziehbar. Nachhaltigkeitsfaktoren fehlen oft völlig. Im Ergebnis zeigt sich, dass Anleger gerade in einer Situation, in der es darauf ankommt, noch nicht über die geeigneten Analyseinstrumente verfügen, um die Gefahr einer staatlichen Insolvenz angemessen abschätzen zu können.

Deswegen ist im Risikomanagement für Staatsanleihen die Ergänzung der gängigen Bewertungsmodelle durch neue Ansätze erforderlich. Ziel ist eine umfassende, überwiegend quantitative Analyse nach einer einheitlichen Systematik, die ohne länderspezifische Sonderfaktoren auskommt. Dazu müssen alle Faktoren berücksichtigt werden, die typischerweise zu einem Zahlungsausfall eines Staates führen können. Ein universell anwendbares Rating dieser Art sollte ausschließlich die relevanten Aspekte berücksichtigen. Denn nur die Beschränkung auf Kernaspekte erlaubt die Erarbeitung von transparenten und stets reproduzierbaren Ergebnissen. Gleichzeitig ist darauf zu achten, dass ein neuer Rating-Ansatz nicht durch einen zu hohen Komplexitätsgrad an Trennschärfe verliert und dass durch den Versuch, alle Eventualitäten zu berücksichtigen, die Aussagekraft nicht tangiert wird.

4.1 Alternatives Länderrating von Union Investment

Auf der Grundlage dieser Überlegungen hat Union Investment ein eigenes Modell zur Bewertung der Bonität von Staaten entwickelt, das die gängigen Ratings nicht ersetzt, sondern um einen zusätzlichen Analyseprozess ergänzt. Dieses Modell ruht auf drei Säulen. Das makroökonomische Fundamental-Rating bildet die Basis und bewertet die Rückzahlungsfähigkeit eines Staates, die sich aus dessen wirtschaftlicher Leistungsfähigkeit ableiten lässt. Dieses Fundamental-Rating wird um die Analyse der Zahlungsbereitschaft ergänzt. Darüber hinaus stellt die Implementierung eines Frühwarnsystems sicher, dass Krisenentwicklungen aufgespürt und im Bewertungsprozess berücksichtigt werden können. Dieses Krisenradar bietet den Vorteil, dass Fehlentwicklungen berücksichtigt werden, die auch in fundamental gut bewerteten Ländern auftreten können.

In der ersten Säule wird die grundsätzliche Zahlungsfähigkeit eines Staates ermittelt. Hierzu werden beispielsweise Kennziffern wie das Wirtschaftswachstum, die BIP-Volatilität und das Pro-Kopf-Einkommen zu Rate gezogen. Auch Fiskal- und Verschuldungsdaten werden berücksichtigt.

Die zweite Säule bewertet die Zahlungsbereitschaft, soll also eine Prognose darüber erlauben, ob der Schuldner auch willens ist, ein Darlehen zurückzuzahlen. Denn eine allein auf ökonomischen Fundamentalbetrachtungen beruhende Bewertung der Bonität von Staaten greift zu kurz. Gerade in Krisenzeiten zeigt sich, dass neben wirtschaftlichen Kennzahlen auch die politische Handlungs- sowie die gesellschaftliche Reformfähigkeit eine hohe Relevanz für die Stabilisierung gefährdeter Länder besitzen. Die Wiederherstellung der Wettbewerbsfähigkeit verlangt zumeist schmerzhafte Anpassungsprozesse. In einem weiteren Schritt ist daher zu untersuchen, ob und in welchem Umfang die Bedingungen für entsprechende Maßnahmen in einem Land tatsächlich gegeben sind. Hierbei geht es um die Evaluation der Funktionsfähigkeit des politischen Systems sowie der gesellschaftlichen Stabilität als Voraussetzung für die Zahlungsbereitschaft.

Zur Einschätzung der Zahlungsbereitschaft greift Union Investment in seinem Länder-Rating auf Korruptionsindizes von Transparency International und der Weltbank zurück. Der Grund: Ein historischer Rückblick bis in das Jahr 1970 zeigt für 87 Länder mit verfügbaren Daten einen engen Zusammenhang zwischen Korruption und der Wahrscheinlichkeit eines Staatsbankrotts. Zahlreiche Studien haben sich inzwischen mit diesem Thema befasst. Sie legen nahe, dass ein belastbarer und statistisch signifikanter Zusammenhang besteht. Je höher der Grad an Korruption in einem Land ist, desto größer ist die Wahrscheinlichkeit einer Zahlungsunfähigkeit in naher Zukunft.

4.2 Krisengefahr als potenzieller Verlustbringer

Neben der fundamentalen und sozioökonomischen Bewertung ist eine Analyse der unmittelbaren Krisengefahr als dritte Säule erforderlich, selbst wenn Staaten eine gute wirtschaftliche Entwicklung aufweisen. Aus den Erfahrungen mit Boom-Ländern wie zum Beispiel Irland oder Spanien folgt die Erkenntnis, dass auch prosperierende Länder in Krisen geraten können und dass entsprechende Risiken ebenfalls Eingang in den Rating-Prozess finden müssen. Das Länder-Rating von Union Investment enthält daher ein entsprechendes Krisenradar, dessen Beobachtungen in einer globalen und regelmäßig aktualisierten „Heatmap" zusammengefasst sind. Grundlage des Frühwarnsystems ist ein entsprechendes Modell des Internationalen Währungsfonds, das mithilfe ökonometrischer Testmethoden weiterentwickelt worden ist. Dieses System erlaubt eine binäre Kategorisierung in „krisengefährdete" und „nicht krisengefährdete" Länder. Die besondere Rolle der Auslandsverschuldung in Kombination mit Leistungsbilanzdefiziten, Inflation und fixierten Wechselkursen spiegelt das Verständnis einer Zahlungsbilanzkrise als eines dominanten Krisentreibers wider.

Ob in einem Land gewaltsame Konflikte drohen oder nicht, hat aus Investorensicht erhebliche Auswirkungen auf die Renditeaussichten von Anleihen, Aktien oder Währungen – ganz unabhängig von rein wirtschaftlichen Kennziffern. Politische Risikoprämien stellen also einen wichtigen Faktor bei der Bewertung von Wertpapieren dar, weshalb einem Frühwarnsystem große

Bedeutung zukommt. Allerdings: Die Ermittlung von Eintrittswahrscheinlichkeiten bei sozialen Phänomenen (wie gewaltsamen Konflikten) folgt keinen unmittelbar zutage liegenden Gesetzmäßigkeiten und ist daher mit erheblichen Schwierigkeiten verbunden. Die Identifikation von kapitalmarktrelevanten politischen Länderrisiken zeigte, dass eine entsprechende Analyse äußerst komplex ist. So lassen sich für ein einzelnes Land unzählige spezifische Gründe finden, weshalb es eben gerade dort zum Ausbruch von politischen Unruhen kam. Die Ursachen reichen von ethnischen, religiösen und sozialen Heterogenitäten über ökonomische Fehlentwicklungen und Ungleichgewichte bis hin zu einer ganzen Reihe von institutionellen beziehungsweise Governance-Faktoren. Allerdings konnte Union Investment bei einer vergleichenden Analyse über viele Länder hinweg auch feststellen, dass allgemeingültige Ursachen, die als eine Art Risikoschablone dienen können, nur sehr schwer zu finden sind und stattdessen länderspezifische Faktoren zur jeweiligen Entwicklung vor Ort entscheidend beigetragen haben. Gleichwohl ist es gelungen, eine Reihe von allgemeingültigen Indikatoren zu finden, die die Eintrittswahrscheinlichkeit von Konflikten überraschend gut erklären können. Mithilfe einiger wesentlicher Indikatoren lassen sich politische Risiken, so wie wir sie verstehen, erstaunlich gut ermitteln. In korrupten Staaten, die einen plötzlichen Inflationsschock erleben und sich generell in einem Inflationsregime befinden, bestehen verlässliche Voraussetzungen für das Ausbrechen gewaltsamer Auseinandersetzungen. In solchen Fällen scheint der schwache institutionelle Rahmen (der in den schlechten Korruptionswerten zum Ausdruck kommt) nicht in der Lage zu sein, die sozialen Verwerfungen aufzufangen, die durch die Preisexplosionen ausgelöst werden. Der Blick auf die spezifischen Entwicklungen im Vorfeld des Arabischen Frühlings bestätigte diesen Befund. Auch dort kam es zum Zusammenbruch der korrupten politischen Systeme, nachdem durch die Explosion der Lebensmittelpreise im Jahre 2011 die Inflationsraten stark angestiegen waren.

Anhand dieser Erkenntnisse entwickelte Union Investment abschließend einen Index zur politischen Stabilität eines Landes, der als Frühwarnsystem zur Identifikation von potenziellen politischen Umsturzrisiken herangezogen werden kann. Außerdem sollte er dazu dienen, die kapitalmarktrelevante politische Risikoprämie besser zu erfassen. Der Index findet in der hausinternen Länderrisikoanalyse Berücksichtigung.

Neben diesen eher quantitativ ausgerichteten Analysen bezieht Union Investment auch die Palette der ESG-Faktoren bei der Beurteilung von staatlichen Emittenten in die Erwägungen mit ein. Das sind im Einzelnen Umweltaspekte wie etwa der Energieverbrauch oder der Grad, in dem auf erneuerbare Energien gesetzt wird. Im sozialen Bereich sind der Umgang mit Menschenrechten, Bildungsgrade und politische Freiheiten zu nennen, während in den Bereich Governance die politische Stabilität, die Effizienz der Verwaltung oder aber die Korruption fallen. Denn diese Faktoren sind unverzichtbar, wenn ein Investor ein umfassendes Verständnis von den Risiken eines Emittenten gewinnen möchte.

5 Veränderungen im Kundenbedarf

Die Veränderungen in der Wahrnehmung von ESG-Faktoren im Research-Prozess sind zwar in erster Linie dem Wunsch nach einem erweiterten Risikoverständnis geschuldet. Allerdings ist auch ein verändertes Kundeninteresse, insbesondere unter den institutionellen Investoren, zu beobachten. Dass es im Markt in den vergangenen Jahren immense Wachstumsraten gegeben hat, liegt an der gestiegenen Relevanz des Themas, am breiteren Angebot, aber auch am explizit geäußerten Kundenwunsch. Im Jahr 2012 hatten nachhaltige Investmentfonds und

Mandate in Deutschland, Österreich und der Schweiz noch ein Anlagevolumen von gut 70 Milliarden Euro, im vergangenen Jahr waren es bereits mehr als 240 Milliarden Euro. Das gesamte verwaltete Vermögen in den genannten drei Ländern beläuft sich sogar auf fast 420 Milliarden Euro, mit weiter steigender Tendenz.[2]

Festzustellen ist, dass dieser Zuwachs in erster Linie von professionellen Anlegern getrieben wird. Laut einer Studie von Union Investment berücksichtigen mittlerweile 64 Prozent der institutionellen Investoren Nachhaltigkeitskriterien, das sind 16 Prozentpunkte mehr als noch vor fünf Jahren. Der Investmentansatz scheint zudem überzeugend zu sein. 77 Prozent der befragten Anleger können sich einen Ausstieg aus dem ESG-Ansatz nicht mehr vorstellen.[3]

Dass sich immer mehr institutionelle Investoren nach integrierten ESG-Kriterien gemanagte Strategien wünschen, hat im Wesentlichen zwei Gründe: Erstens hat sich in Zeiten des Klimaabkommens von Paris (COP 21) (trotz des möglichen US-amerikanischen Rückzuges) und von Dieselgate die Wahrnehmung von Nachhaltigkeitsaspekten in der Bevölkerung gewandelt. Ein auf ESG-Faktoren ausgerichtetes Investment verspricht deshalb nicht nur eine möglicherweise höhere Stabilität, da etwa die genannten Risiken enger überwacht werden. Die Integration dieser Kriterien in den Investmentprozess stellt auch sicher, dass Zukunftstechnologien sowie neue und innovative Geschäftsmodelle unmittelbar Berücksichtigung im Portfolio finden. Zweitens dürfte auf die institutionellen Anleger in der Zukunft verstärkter Druck von regulatorischer Seite zukommen. Die neue EU-Aktionärsrechterichtlinie verpflichtet die Investoren beispielsweise dazu, bei Hauptversammlungen von ihrem Stimmrecht Gebrauch zu machen. Da sie sich im Krisenfall für ihr Abstimmungsverhalten rechtfertigen müssen, werden beispielsweise Pensionsfonds gezwungen sein, sich mit Governance-Themen intensiver auseinanderzusetzen. Das führt unter anderem dazu, dass in der oben erwähnten Studie regulatorische Bedingungen für die meisten befragten Investoren der entscheidende Grund sind, sich verstärkt mit Nachhaltigkeitskriterien auseinanderzusetzen.

Ein weiteres Thema sollte an dieser Stelle ebenfalls nicht ausgeklammert werden: Insbesondere für die institutionellen Investoren ist ein Investmentprozess, der ESG-Faktoren berücksichtigt, nicht nur aus Marketinggründen interessant, sondern wird durch die enorme Akzeptanz der Prinzipien für verantwortliches Investieren (PRI) immer mehr zum Industriestandard. Das ändert aber nichts daran, dass dieser Trend auch zu besseren Ergebnissen führt.

Union Investment kann auf eine langjährige Historie beim Thema Nachhaltigkeit zurückblicken. Das Portfoliomanagement hat bereits 1990 damit begonnen, erste Nachhaltigkeitsansätze anzuwenden, und diesen Trend im Rahmen des permanenten Innovationsprozesses konsequent weiterentwickelt. Dazu gehören eine fundierte ESG-Analyse, verschiedene Methoden der CO_2-Analyse und die Analyse von nachhaltigen Geschäftsmodellen und Themen. Ziel ist es, über eine möglichst breite Datenbasis ein umfassendes Bild der jeweiligen Unternehmen oder Länder zu gewinnen, damit einhergehend die Chancen und Risiken möglichst detailliert durchleuchten zu können und auf dieser Basis optimale Investmententscheidungen zu treffen.

---

[2] Vgl. *FNG* (2017).
[3] Vgl. *UNION INVESTMENT* (2017), S. 7.

Quellenverzeichnis

FORUM NACHHALTIGE GELDANLAGEN (2017): Marktbericht 2017, online: https://www.forum-ng.org/de/fng/aktivitaeten/927-marktbericht-nachhaltige-geldanlagen-2017.html, Stand: 05.2017, Abruf: 08.03.2018.

GENERALVERSAMMLUNG DER VEREINTEN NATIONEN (2015): Transformation unserer Welt: die Agenda 2030 für nachhaltige Entwicklung (Dokument A/70/L.1), o. O. 2015.

GLOBAL POLICY FORUM/TERRE DES HOMMES (2015): Die 2030-Agenda. Globale Zukunftsziele für nachhaltige Entwicklung, Bonn/Osnabrück 2015.

UNION INVESTMENT (2017): Ergebnisbericht zur Nachhaltigkeitsstudie 2017, online: https://institutional.union-investment.de/dms/Institutional-NEU/mediathek/download-center/Union Investment_Nachhaltigkeitsbericht2017.pdf, Stand: 26.06.2017, Abruf: 08.03.2018.

2°C-Szenarioanalyse für Firmen – Verortung und Anwendungspotenziale

Jakob Thomä und *Nikolaus Hagedorn*

Conservatoire National des Arts et Métiers und *2° Investing Initiative*

1	Einleitung	257
2	Wieso 2°C-Szenarioanalyse?	258
	2.1 Das Pariser Übereinkommen und Art. 2.1c	258
	2.2 Initiativen aus der Privatwirtschaft	259
	2.3 Politische Dynamik	259
3	Der Szenario-Baukasten	260
	3.1 Finanz- und Wirtschaftsdaten	260
	3.2 Szenario-Daten	260
	3.3 Das Modell	261
4	Anwendung in der Praxis	262
	4.1 Expositionsanalysen	262
	4.2 Wirtschaftsanalysen	263
	4.3 Finanzanalysen	265
5	Ausblick	266
Quellenverzeichnis		268

1 Einleitung

Szenarioanalyse ist eine Übersetzungssoftware, die makroökonomische Risiken und Trends in Implikationen für mikroökonomische Akteure (Firmen, Finanzinstitutionen, Haushalte, Regierungen) übersetzt. Diese Übersetzungssoftware ist ein entscheidendes Instrument, um Risiken und Trends zu verstehen und Maßnahmen zu entwickeln.

Der Klimawandel und die als Reaktion hierauf entwickelten globalen Klimaziele schaffen ein ökonomisches Spannungsfeld, welches sich insbesondere für Szenarioanalyse eignet. Wohl zu keinem anderen Mega-Trend ist derart viel in Modellierung investiert worden wie zu der Frage, welche Auswirkungen der Klimawandel auf den Planeten haben wird und wie man diese Auswirkungen minimieren kann. Dieser Reichtum unterschiedlicher Klima- und Dekarbonisierungsszenarien stellt eine wertvolle Informationsquelle für sowohl politische als auch privatwirtschaftliche Akteure dar. Diese Welt an Szenarien lässt sich in zwei Kategorien aufteilen:

➢ **Klimaszenarien** versuchen eine Antwort auf die Frage zu geben, wie sich das globale Klima entwickelt und welche Folgen damit verbunden sind. Sie modellieren die Treibhausgaseffekte auf das Klima und potenzielle soziale (z. B. Migrationsströme), geophysische (z. B. Veränderung des Golfstroms), geographische (z. B. Veränderung der Landmasse), politische (z. B. Veränderung der politischen Stabilität), und ökonomische (z. B. Veränderung des Bruttosozialprodukts) Implikationen.

➢ **Dekarbonisierungsszenarien** versuchen eine Antwort auf die Frage zu geben, wie eine Reduktion anthropogener Treibhausgase verwirklicht werden kann und welche (insbesondere volkswirtschaftlichen) Folgen damit verbunden sind. Sie bilden die notwendige Veränderung von Volkswirtschaften unter unterschiedlichen Annahmen zum Eindämmen anthropogener Treibhausgase ab. Das *Treibhausgas-Budget*, welches diesen Szenarien unterliegt, orientiert sich an den Ergebnissen der Klimaszenarien.

In diesem breiten Universum an Szenarien hat sich die alte Devise von George Orwell durchgesetzt, dass alle Tiere gleich seien, aber manche gleicher als andere. Zwei Typen von Szenarien stehen besonders im Fokus.

➢ Das erste Szenario dieser Art prognostiziert einen extremen Klimawandel. Dieser Typ wird von der Klimaforschungsgemeinde unter dem Kürzel RCP 8.5 geführt. Eine Untersuchung von Google Scholar zeigt, dass dieser Szenario-Typ häufiger in der akademischen Literatur genannt wird als die beiden gewissermaßen benachbarten Szenarien mit einem jeweils niedrigeren mittleren Temperaturanstieg.

➢ Der zweite Szenario-Typ besteht aus einem Bündel ähnlicher Modelle, die allgemein als ‚2 °C-Szenarien' zusammengefasst werden. Sie modellieren eine volkswirtschaftliche Entwicklung, die mit einer Wahrscheinlichkeit von 50 % oder höher die Erderwärmung auf 2 °C oder weniger (relativ zum vorindustriellen Stand) reduziert. Der Fokus auf diesen Szenario-Typ ist motiviert durch das international im Pariser Übereinkommen definierte Ziel, den Klimawandel auf unter 2 °C zu begrenzen. Dieses Mandat dient als zugleich politisches wie auch volkswirtschaftliches Orientierungspunkt, welches das weitere Handeln anleitet.

Die hier genannte Familie von Szenarien ist bunt, sie besteht sozusagen aus Cousins und Onkeln, die auf den ersten Blick kaum unterschiedlicher ausfallen könnten. Dazu gehören Szenarien mit signifikanten negativen Emissionen in der zweiten Hälfte dieses Jahrhunderts, Szenarien, die das Erreichen des 2°C-Ziels an einen zunehmenden Einsatz von Kernkraft koppeln oder umgekehrt darauf verzichten, Szenarien mit oder aber ohne CO_2-Speicher, etc. Es gibt Szenarien, die die Volkswirtschaften sanft auf einen CO_2-neutralen Pfad lenken, aber auch andere, deren Dynamik eher dem Protokoll einer Herzfrequenzmessung ähnelt.

2°C-Szenarien stehen im Mittelpunkt dieses Bietrags – und zwar insbesondere mit Blick auf die Frage, wie man deren makroökonomische Effekte auf die Volkswirtschaften übersetzen kann. Ziel dieses Beitrags ist es, Optionen für die 2°C-Szenarioanalyse aufzuzeigen, die von Unternehmen und Finanzinstitutionen verwendet werden können, um die Implikationen globaler Risiken und Trends unter einem 2°C-Pfad für ihr Geschäft zu quantifizieren. Unternehmen und Finanzinstitute haben derzeit drei Hauptoptionen in Bezug auf die 2°C-Szenarioanalyse:

1. Quantifizieren der Exposition der Geschäftsfelder bzw. Portfolios zu einem 2°C-Szenario (*Expositionsanalyse*)
2. Messen der Ausrichtung der Geschäfts-, Strategie- und Finanzplanung relativ zu einem 2°C-Szenario (*Wirtschaftsanalyse*)
3. Messen der Auswirkungen eines 2°C-Szenarios auf Finanzindikatoren (z. B. Margen, Einnahmen, Gewinne) (*Finanzanalyse*)

Das Kapitel ist wie folgt strukturiert: Der 2. Teil befasst sich mit der Motivation, die einer Szenarioanalyse zugrunde liegt. Der 3. Teil erläutert den 2°C-Szenarioanalyse Baukasten. Der 4. Teil diskutiert beispielhaft Anwendungen aus der Praxis. Der 5. Teil fasst Herausforderungen für die Zukunft zusammen und die potenzielle Anwendung des Baukastens auf andere Themen.

2 Wieso 2°C-Szenarioanalyse?

Die Relevanz der Szenarioanalyse zur Stärkung der Resilienz von Firmen und Finanzinstitutionen wird durch Entwicklungen sowohl im Privatsektor als auch in der Politik verstärkt.

2.1 Das Pariser Übereinkommen und Art. 2.1c

Das Pariser Übereinkommen von 2015, verabschiedet im Rahmen der internationalen Klimaverhandlungen COP21, hat einen entscheidenden Beitrag zur Fokussierung auf 2°C-Szenarioanalysen geleistet. Zum einen definiert es das 2°C-Ziel als politisches Mandat und legt somit den Fokus auf ambitionierte Dekarbonisierung (Art. 2). Zum anderen richtet Art. 2.1c des Übereinkommens den Fokus auf den Finanzsektor. Es sollen „*die Finanzmittelflüsse in Einklang gebracht werden mit einem Weg hin zu einer hinsichtlich der Treibhausgase emissionsarmen und gegenüber Klimaänderungen widerstandsfähigen Entwicklung*".[1]

---

[1] Vgl. *UNFCCC* (2015).

Diese Zielsetzung schafft politischen Spielraum für regulatorische Initiativen im Finanzmarkt sowie auch einen politischen und ökonomischen Orientierungspunkt, nach dem sich die Szenarioanalyse richten kann. Wenn auch nicht direkt politisch mandatiert, haben im Anschluss sowohl privatwirtschaftliche als auch politische Initiativen zugenommen.

2.2 Initiativen aus der Privatwirtschaft

Die prominenteste Initiative aus der Privatwirtschaft zum Thema 2°C-Szenarioanalyse ist zweifelsohne verbunden mit der vom Finanzstabilitätsrat ins Leben gerufenen *Task Force on Climate-Related Financial Disclosures*, die 2017 eine Serie von Empfehlungen ausgesprochen hat, welche die Klima-Berichtslegung von Unternehmen und Finanzinstitutionen betreffen. Herzstück der Empfehlungen ist ein Abschnitt zur Szenarioanalyse:
„*Die Task Force ist der Ansicht, dass alle Organisationen, die klimabedingten Risiken ausgesetzt sind, folgendes berücksichtigen sollten: (1) die Verwendung von Szenarioanalysen zur Information für ihre strategischen und finanziellen Planungsprozesse und (2) die Offenlegung der potenziellen Auswirkungen und der damit verbundenen organisatorischen Reaktionen.*"[2]
Im Anschluss an die Empfehlungen hat sich eine Reihe internationaler Firmen dazu verpflichtet, sie umzusetzen; dazu gehören ‚große Namen' wie Zurich Insurance und SwissRe.

2.3 Politische Dynamik

Neben den Initiativen, die von der Privatwirtschaft selbst ausgehen, gibt es auch Bewegung im politischen Sektor, womit die Implementierung von Szenarioanalysen im Privatsektor forciert wird. Prominent in diesem Zusammenhang ist die verpflichtende Berichtslegung für französische Finanzinstitutionen zur Klimaziel-Kompatibilität (Art. 173 des französischen Energiewende-Gesetz, 2015), ein Pilotprojekt der Schweizer Regierung zu 2°C-Szenarioanalyse,[3] sowie Forschungsinitiativen von Aufsichtsbehörden.
Gemäß der FSB TCFD besteht die Szenarioanalyse aus einem wiederholten „*Prozess zur Identifizierung und Bewertung einer potenziellen Bandbreite von Ergebnissen zukünftiger Ereignisse unter unterschiedlichen Bedingungen der Unsicherheit*".[4] Die Szenarioanalyse hat somit 4 Charakteristika:

➢ *Zukunftsweisend*: Die Analyse sollte vorausschauend sein und über historische Extrapolationen hinausgehen. Der gewählte Zeitrahmen sollte ausreichen, um sowohl die klimarelevanten Risiken, denen das Unternehmen ausgesetzt ist, als auch die Änderungen in der Strategie und Finanzplanung des Unternehmens zu identifizieren.

➢ *Unsicherheit*: Abgesehen von den in den Szenarien enthaltenen Aussagen zu Umfang und Intensität des globalen Temperaturanstiegs sollten die Unternehmen auch die in jedem Szenario verwendeten spezielleren Annahmen (z. B. geografische / sektorale Emissionsallokation) nachvollziehen können, um zu bestimmen, welches Szenario für die Analyse am besten geeignet ist, und um ein Verständnis für die Unsicherheit innerhalb der Szenarien zu gewinnen.

---

[2] Vgl. *FSB TCFD* (2017).
[3] Vgl. *THOMÄ ET AL.* (2017).
[4] Vgl. *FSB TCFD* (2017).

➢ *Spezifisch*: Unternehmen sollten darauf achten, sich für Szenarien zu entscheiden, in denen die Hauptaktivitäten des Unternehmens berücksichtigt werden; Daher kann eine Differenzierung bis hinunter auf die Länderebene vorgezogen werden.

➢ *Fragestellung-orientiert*: Ergebnisse der Szenarioanalyse sollten gemäß der spezifischen Fragestellung eines Unternehmens kalibriert werden. Je nach Institution und Level der Analyse werden sich diese Fragestellungen unterscheiden.

3   Der Szenario-Baukasten

Um den zuvor beschriebenen Charakteristika gerecht zu werden, muss eine 2°C-Szenarioanalyse aus drei Bausteinen bestehen: Finanz- und Wirtschaftsdaten, Szenario-Daten, und dem Modell selbst.

3.1   Finanz- und Wirtschaftsdaten

Um eine Szenarioanalyse bei einem Unternehmen oder einer Finanzinstitution durchzuführen, bedarf es sowohl Finanz- als auch Wirtschaftsdaten bzw. *Klimadaten*. Diese Daten geben über die Situation des mikroökonomischen Akteurs Auskunft, der im Rahmen einer Szenarioanalyse untersucht wird. Der spezifische Datenbedarf orientiert sich hier an der Granularität der Analyse und der bestimmten Fragestellung, die ihr zugrunde liegt. Bei einem Top-down-Stresstest von Finanzinstitutionen reichen möglicherweise Informationen zur Sektor-Klassifizierung einzelner Finanzinstrumente. Dieses Level von Granularität kann generell das Ausmaß der Exposition für Klimaeffekte einordnen, jedoch nicht spezifisch definieren, denn innerhalb eines Sektors (z. B. des Stromsektors) können sowohl CO_2-arme als auch CO_2-intensive Aktivitäten stattfinden. Um die jeweilige Exposition zu identifizieren und Implikationen sinnvoll zu modellieren, bedarf es dann präziserer Daten zur wirtschaftlichen Aktivität eines Akteurs (z. B. auf der Grundlage von präzisen Daten zu Vermögenswerten – Autofabriken, etc.). Bei Finanzanalysen und Rechnungslegung müssen dann Wirtschaftsdaten mit Finanzdaten kombiniert werden.

3.2   Szenario-Daten

Die Anforderungen für Szenarien hängen vom Anwendungsfall ab. 2°C-Szenario-Expositions- und Wirtschaftsanalysen erfordern Informationen über Produktions- und Kapazitätsprofile, während Finanzrisikoanalysen zusätzlich ein breiteres Spektrum von risikobezogenen Indikatoren in Verbindung mit politischen Kosten und Anreizen sowie Marktpreisen (z. B. Rohstoffpreise usw.) erfordern. Die Ausnahme hierbei sind Top-down-Finanzrisikoanalysen von Finanzportfolios (z. B. Mercer TRIP-Modell), bei denen angesichts des weniger granularen Ansatzes eine Erweiterung der Datenbasis generell nicht notwendig ist.
Die nachstehende Tabelle enthält beispielhaft für die Risikoanalyse relevante Indikatoren, sortiert nach potenziellen Produktions- und Technologie- (P & T), Markt- (MKT) und politischen Indikatoren (POL). Sie zeigt zudem, inwieweit diese derzeit in den klassischen 2°C-Szenarien reflektiert werden. Graue Indikatoren sind solche, die dort nicht vertreten sind, aber notwendig wären, um eine aussagekräftige Risikoanalyse auf Unternehmensebene zu ermöglichen.

Die Ergebnisse deuten darauf hin, dass für die meisten der hier aufgeführten Sektoren eine Analyse der wirtschaftlichen Ausrichtung möglich ist, zumindest in Bezug auf die CO_2-Intensität und/oder Technologieprofile. Die Finanzanalyse ist jedoch komplexer. Eine Verbesserung dieser Szenarien ist aber nicht unmöglich und wird in der Tat bereits von einigen Forschungsinitiativen in Angriff genommen.[5]

Derzeit dürfte jedoch zumindest die finanzielle Risikoanalyse gerade in jenen Sektoren ressourcenintensiver sein, in denen eine Verbesserung bzw. Erweiterung der Szenarien erforderlich ist. Ein erster Schritt könnte daher sein, sich auf eine Analyse der wirtschaftlichen Ausrichtung zu konzentrieren und dann eine gründlichere Analyse durchzuführen.

	Automobilsektor	**Stromsektor**	**Energiesektor**
P&T	Umsatz nach Antriebstechnologie (%)	Produktion nach Technologie	Fossiler Energiebedarf (bbd/Tag) / (bcf/Tag)
MKT	Effizienz (gCO_2/lm) / Batteriekosten ($/kWh)	Stromproduktionskosten	Energiepreise ($/Barrel)
POL	CO_2-Preise ($)	CO_2-Preise ($/$tCO_2$)	Umweltstandards und Regulierung
	Zementsektor	**Stahlsektor**	**Schifffahrtsektor**
P&T	Zementproduktion (Mt) / Zement / Klinker-Verhältnis / CCS (%)	Stahlproduktion (Mt) / CCS (%)	Schifffahrt-Transportbedarf (p/km)
MKT	Strompreise ($/kWh)	Strompreise ($/kWh)	Energiepreise ($)
POL	CO_2-Preis ($/$tCO_2$)	CO_2-Preis ($/$tCO_2$)	CO_2-Preis ($/$tCO_2$)

Abbildung 1: Beispielindikatoren in Szenarien (Eigene Darstellung)

3.3 Das Modell

Trotz der jüngsten Fortschritte in der Szenarioanalyse birgt die aktuelle Modellierung immer noch einige Herausforderungen. Es gibt drei Fragestellungen, die einem Modell im Rahmen einer 2°C-Szenarioanalyse zugrunde liegen könnten. Wie in der Einleitung erwähnt, sind die drei prominentesten Beispiele in diesem Zusammenhang eine Expositionsanalyse, eine Wirtschaftsanalyse und/oder eine Finanzanalyse. Die genaue Anwendung dieser Modelltypen wird in Teil 4 näher aufgeführt. Unabhängig vom spezifischen Analyseansatz gibt es bestimmte Herausforderungen, die alle Ansätze lösen müssen:

Zuweisung von Makroeffekten für Mikroakteure. Eine zentrale Herausforderung für die Modellierung besteht darin, Makrorisiken auf Mikroakteure zu verteilen. Unterschiedliche Ansätze

---

[5] Vgl. THOMÄ ET AL. (2017).

existieren in diesem Zusammenhang. Wirtschaftsanalysen verwenden im Allgemeinen Allokationsregeln, die makroökonomischen Effekte gemäß dem Marktanteil an der Volkswirtschaft verteilen. Wenn eine Firma zum Beispiel einen Anteil von 10 % an erneuerbaren Energien im Markt hat, würde 10 % der global notwendigen Veränderung dieser Firma zugeschrieben. Ein alternativer Ansatz ist die Definition des Marktanteils gemäß dem globalen Strommarkt.

Der Kostenansatz wiederum verteilt die Effekte anhand der Kostenstruktur des Sektors. Dieser Ansatz ist jedoch nur bei Sektoren mit homogenen Produkten anwendbar wie z. B. im Energiesektor.[6] Ein Bottom-up-Ansatz wiederum versucht individuell Effekte auf einzelne Firmen gemäß firmenspezifischer Parameter zu verteilen.[7]

Anpassungskapazität. Die Ergebnisse der ökonomischen Szenarioanalyse können die tatsächlichen Investitions- und Produktionspläne von Unternehmen integrieren. Bei Finanzanalysen ist jedoch in vielen Fällen eine Schätzung der Anpassungskapazität in Bezug auf die dynamischen Fähigkeiten des Unternehmens notwendig – meistens über einen längeren Zeithorizont. Die Annahmen hierzu spielen eine entscheidende Rolle in der Modellierung. Bei der Annahme einer perfekten Anpassungskapazität z. B. ist der Effekt einer Szenarioanalyse null.

Umfang. Im Allgemeinen erfordern die Szenarien, die die meisten energie- und/oder emissionsintensiven Sektoren abdecken, für einige Sektoren (z. B. Arzneimittel, Dienstleistungen) die Entwicklung von maßgeschneiderten Rahmenwerken. Bei Investmentportfolios beschränkt sich der Umfang ebenfalls auf einige Anlageklassen und Sektoren innerhalb dieser Assetklassen. Bei der Frage des Umfangs muss zudem der Zeithorizont der Analyse und die Wahl der Anwendung bestimmter Allokations- und damit verbundenen Rechnungslegungsregeln überlegt werden.[8]

4   Anwendung in der Praxis

Im Allgemeinen sind Expositions- und Wirtschaftsanalysen für Unternehmen und Portfolios von Finanzinstituten zum jetzigen Zeitpunkt stärker im Markt verbreitet. Die Analyse des Finanzszenarios ist komplexer, aufgrund der notwendigen Erweiterung der Szenarien (z. B. die Integration von Kosten für die Politik, Marktpreise usw.). Die notwendige Modellierung der Anpassungskapazität und die Einbindung nichtklimabezogener Modellparameter (z. B. Diskontsatz usw.) machen die Analyse ebenfalls komplizierter.

4.1   Expositionsanalysen

Expositionsanalysen versuchen, die Exposition zu Trends in 2°C-Szenarien abzubilden. Dieser Analysetyp bildet einen simplen Ansatz, die Exposition im Verhältnis zur gesamten Aktivität (z. B. des Unternehmens, der Anlagen im Portfolio) zu quantifizieren. Entsprechend sind die Indikatoren im Allgemeinen als Prozentsätze ausgedrückt.

Expositionsanalysen können sowohl aus einer Risikoperspektive als auch aus der Perspektive des potenziellen Einflusses eines Unternehmens oder Portfolios auf die Erreichung des 2°C-Klimaziels relevant sein. Zur Umsetzung dieser Analysen bedarf es eine Klassifizierung der

---

[6]   Vgl. LEATON ET AL. (2015).
[7]   Vgl. RAYNAUD ET AL. (2018).
[8]   Vgl. THOMÄ ET AL. (2018).

unterschiedlichen Geschäftsfelder auf Firmenebene oder der Finanzanlagen. Dies kann entweder granular gemäß spezifischer Aktivitäten erfolgen oder eine Ebene höher gemäß Klassifizierungen, die unterschiedliche Aktivitäten gruppieren.

Ein Beispiel für die Expositionsanalyse ist eine von Moody's 2016 entwickelte Taxonomie von Risiken für unterschiedliche Finanzanlagen gemäß vier Kategorien: *Kurzfristiges Risiko*, *Absehbares hohes Risiko*, *Absehbares moderates Risiko*, und *Niedriges Risiko*.[9] Die Abbildung unten zeigt beispielhaft die Ergebnisse dieser Klassifizierung für ein Universum an Fonds von Schweizer Pensionskassen und Versicherungen.

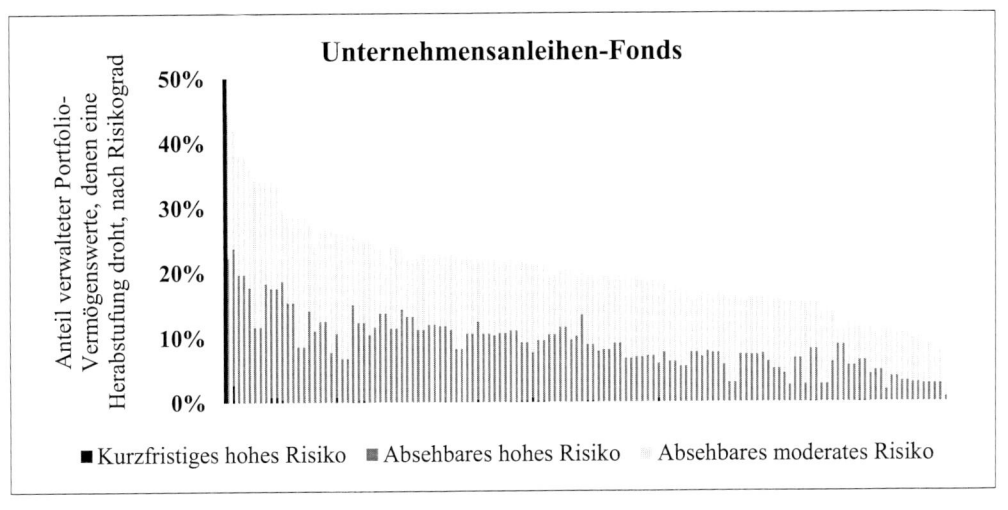

Abbildung 2:   *Analyse der Anleihenfonds-Exposition zu 2°C-Szenariorisiken gemäß des Moody's Sektorrisikomodells*[10]

4.2   Wirtschaftsanalysen

Es gibt zwei Arten von wirtschaftlichen Szenarioanalysen:

➢ Aktivitätsbasierte Analyse des Treibhausgasemissionsprofils beinhaltet einen Vergleich des THG-Emissionsprofils eines Unternehmens mit einem 2°C-Szenario.

➢ Die ökonomische aktivitätsbasierte Szenarioanalyse bezieht sich auf die Messung des Grades der (Fehl-)Ausrichtung eines Unternehmens oder Investitionsportfolios in Bezug auf die ökonomische Aktivität, bezüglich eines 2°C-Szenarios.

---

[9]   Vgl. MOODY'S (2015).
[10]   THOMÄ ET AL. (2017), basierend auf Moody's und Morningstar-Daten.

Die Wahl einer Methode hängt von den folgenden Bedingungen ab:

➢ Art der emissionsrelevanten Emissionen. Unternehmen, die zu Sektoren mit einem hohen relativen Anteil an den Scope-1- und -2-Emissionen gehören, sind wahrscheinlich eher in der Lage, THG-Emissionspfade zu definieren, während Unternehmen, für die Scope-3-Emissionen einen signifikanten Anteil an Emissionen ausmachen, eine auf Technologiepfaden basierende Methodik wählen können.

➢ Sektoren mit spezifischen Technologiepfaden. Wenn Szenarien spezifische Technologiepfade aufweisen (z. B. erneuerbare Energien, fossile Energieerzeugung, Antriebsstrang [z. B. elektrisch / hybrid] für Automobile), sind Technologiebewertungen wahrscheinlich aussagekräftiger, da sie direkt auf einen 2°C-Weg eingehen. Technologie-Assessments können auch einfacher sein, da sie sich auf Daten beziehen, die normalerweise bereits intern von Unternehmen erhoben werden.

➢ Ungewissheit in Bezug auf die Datenqualität Während die technologiebasierte Szenarioanalyse auf der Verfügbarkeit von Daten auf Anlageebene beruht, ist die Szenarioanalyse des THG-Emissionsprofils mit traditionellen Problemen bei der CO_2-Bilanzierung konfrontiert

➢ Motivation einer weiteren Analyse. Die Wahl der Analyse kann zudem von einem potenziellen Interesse motiviert sein, auf der Grundlage einer Wirtschaftsanalyse eine Finanzanalyse durchzuführen. Hier ist eine auf ökonomischer Aktivität basierende Analyse wahrscheinlich zielführender, da diese enger mit Finanzindikatoren (z. B. Umsatz) verknüpft ist.

*Fallstudie: Science-based targets (SBT) Initiative (*Wissenschaftsbasierte Zielsetzungsinitiative) für Nicht-Finanzinstitute (THG Ansatz):

Die im Mai 2015 von CDP, UN Global Compact, WRI und WWF ins Leben gerufene SBT Initiative hat zum Ziel, einen Standardrahmen zu schaffen, mit dem Unternehmen ambitionierte Emissionsminderungsziele im Einklang mit der Klimaforschung definieren und verabschieden können. Stand 2018 haben sich über 300 Unternehmen der Initiative angeschlossen. Mit jetzigem Fokus auf Firmen soll die Initiative bis 2019 auf Finanzinstitutionen erweitert werden.

Fallstudie Finanzinstitutionen: 2°C-Szenarioanalyse für Finanzinstitute (Technologieansatz):

Entwickelt vom Sustainable Energy Investments Konsortium (2° Investing Initiative, WWF Deutschland, WWF EPO, Climate Bonds Initiative, CDP, Kepler-Cheuvreux, CIRED, Universität Zürich und Frankfurt School of Finance) und finanziert vom H2020 Programme der Europäischen Union misst die 2°C-Portfolioanalyse die Kompatibilität von Aktien und Kreditportfolios – bezogen auf Schlüsseltechnologien und Sektoren – mit 2°C-Szenarien. Mehr als 250 Finanzinstitutionen haben das Instrument bisher auf Portfolioebene genutzt, darunter Asset Manager und Asset Owner. Das Tool kann auch von Emittenten in ihrem 2°C-Alignment-Reporting verwendet werden. Es handelt sich um eine Bottom-up-Analyse auf der Grundlage von Vermögenswerten, die den fossilen Brennstoff-, Elektrizitäts- und Automobilsektor umfasst, dazu kommt die geplante Einführung von Rahmenwerken für Luftfahrt, Schifffahrt, Zement und Stahl im 2. Quartal 2017. Die Analyse der 2°C-Ausrichtung oder -Fehlausrichtung kann sowohl auf globaler als auch geografischer Ebene in Prozent, Produktion, Investitionen oder Einnahmen ausgedrückt werden (siehe Abbildung unten).

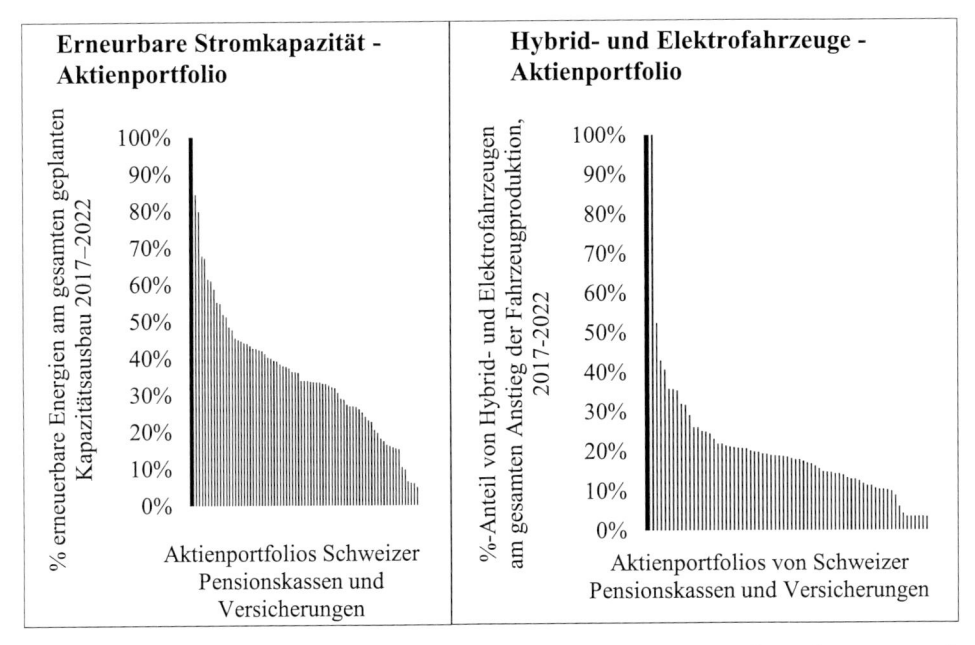

Abbildung 3: Verteilung der Investitionspläne relativ zum 2°C-Ziel von Stromunternehmen in den Aktien und Unternehmensanleihenportfolios von Schweizer Versicherungen und Pensionskassen

4.3 Finanzanalysen

Je nach dem Ziel der Analyse gibt es zwei Arten von 2°C-Szenario-Finanzanalysen:

- Marktpreisanalyse versucht den korrekten bzw. alternativen Marktpreis von Finanzinstrumenten, Firmenwerten oder Investitionsobjekten zu definieren, bei Zugrundelegung von Wahrscheinlichkeiten für unterschiedliche Szenarien;
- Stress-Testing-Analyse versucht die Implikationen für Preise von Finanzinstrumenten, Firmenwerten oder Investitionsobjekten beim Eintritt von Extrem-Ereignissen zu definieren, die in unterschiedlichen Szenarien reflektiert werden.

Im Allgemeinen folgt eine Finanzanalyse drei Schritte:

- *Wählen und erweitern des Szenarios*: Der erste Schritt besteht in der Auswahl und erforderlichenfalls Verbesserung von Szenarien, die die Grundlage für die Bewertung bilden.
- *Wahl der Variable*: Der zweite Schritt ist die Definition der Variablen, die die Ergebnisse der Finanzanalyse bilden sollen (z. B. Margen, Gewinne, Aktienkurs usw.).
- *Definition der Parameter*: Der dritte Schritt umfasst das Definieren der Modellierungsparameter (z. B. Diskontsatz usw.) und dann das Ausführen des Modells.

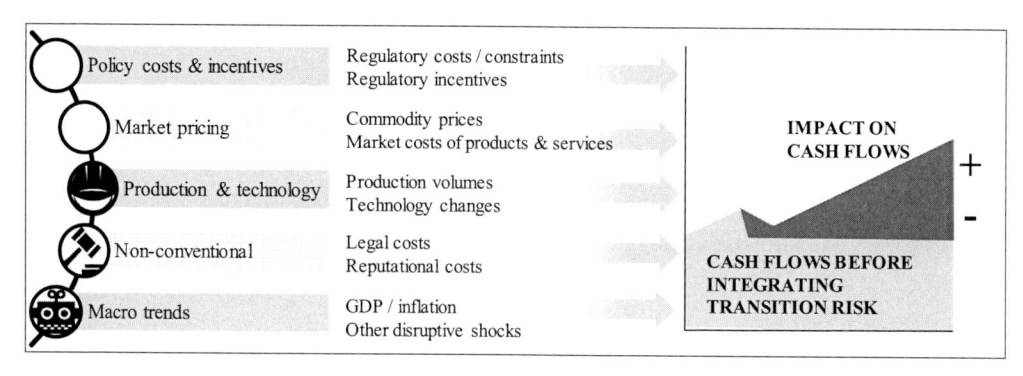

Policy costs & incentives	Regulatory costs / constraints
Market pricing	Regulatory incentives
Production & technology	Commodity prices
Non-conventional	Market costs of products & services
Macro trends	Production volumes
	Technology changes
	Legal costs
	Reputational costs
	GDP / inflation
	Other disruptive shocks

IMPACT ON CASH FLOWS

CASH FLOWS BEFORE INTEGRATING TRANSITION RISK

Abbildung 4:   *Die drei Schritte einer Finanzanalyse*[11]

Top-Down Finanzanalysen auf Anlageklassenebene wurden von dem Investitionsberatungsunternehmen Mercer (2015) entwickelt. Dieser Ansatz misst die Implikationen unterschiedlicher Szenarien für das Risiko-Gewinn-Profil von Anlageklassen und für Aktien und Unternehmensanleihen-Portfolios auf Sektorebene. Das hier beschriebene Modell ist das einzige seiner Art im Markt.

Bottom-up Ansätze wiederum sind prominenter im Markt vertreten, mit einer Reihe von Ansätzen von unterschiedlichen Akteuren.[12] Diese Ansätze werden näher im Detail im nächsten Kapitel eruiert. Darüber hinaus gibt es natürlich eine Reihe von internen Firmen-Modellen, die in den vergangenen Jahren entwickelt wurden.[13]

5   Ausblick

Die 2°C-Szenarioanalyse ist auf einem guten Weg, in die geschäftsrelevanten Entscheidungen von CO_2-intensiven Firmen integriert zu werden. Zur Zeit der Publikation haben bereits über 250 Finanzinstitutionen und mindestens ebenso viele Firmen, sowie mehrere Finanzaufsichtsbehörden und Regierungen 2°C-Szenarioanalysen durchgeführt, die auf dem oben beschriebenen Rahmen basieren.

Trotz dieser rasanten Entwicklung allein seit der Verabschiedung des Pariser Übereinkommens bleiben Herausforderungen, insbesondere bei der Szenario-Anreicherung sowie auf dem Weg zur Vergleichbarkeit sowohl bzgl. der im Baukasten befindlichen Inputs zur Analyse (Daten, Szenarien, Modellparameter) als auch bzgl. der Ergebnisse selbst. Innovative Ansätze, wie diejenigen, die im nächsten Kapitel beschrieben werden, können hierzu einen Beitrag leisten.

Ein interessanter Aspekt in der Diskussion um 2°C-Szenarioanalyse ist die Tauglichkeit dieses Instruments, auch auf andere disruptive Megatrends angewendet zu werden, insbesondere bei Analysen über längere Zeithorizonte. Die Wirtschaft von morgen wird sich von heute unterscheiden. Die Trends, die hierfür verantwortlich sein werden, werden möglicherweise sogar noch größeren Einfluss auf das Handeln von Firmen und Finanzinstitutionen haben als die Dekarbonisierung.

---

[11] THOMÄ ET AL. (2016).
[12] Vgl. BRUNKE ET AL. (2018), HSBC (2012), LEATON ET AT. (2015), und RAYNAUD ET AL. (2018).
[13] Vgl. STATOIL (2017), BHP BILLITON (2017), und TOTAL (2017).

Die Verbindung zwischen diesen Risiken ist sowohl mit Blick auf das allgemeine Ziel der Antizipation langfristiger Risiken wie auch mit Blick auf potenziell störende Risiken für die Finanzmärkte entscheidend. Dabei spielt die enorme Unsicherheit, die mit allen Annahmen über die Zukunft verbunden ist, eine kritische Rolle. Szenarioanalysen, angewandt auf die Implikationen des 2°C-Ziels, können hier eine Lösung darstellen. Gleichzeitig kann der Einsatz von Szenarioanalysen die Resilienz von Unternehmen und Finanzinstitutionen gegenüber Schocks stärken – im Dienste einer sowohl grünen als auch nachhaltigeren und resilienten Volks- und Finanzwirtschaft.

Quellenverzeichnis

BHP BILLITON (2017): Climate Change: Portfolio Analysis, online: https://www.bhp.com/~/media/5874999cef0a41a59403d13e3f8de4ee.ashx, Stand: 29.09.2015, Abruf: 10.03.2018.

BRUNKE, J.-C. ET AL. (2018): Transition risks for electric utilities. Climate scenario compass, climate change & Natural Capital, online: http://et-risk.eu/wp-content/uploads/2018/02/Transition-risks-for-electric-utilities.pdf, Stand: 31.01.2018, Abruf: 12.03.2018.

FSB TCFD (2017): Recommendations of the Task Force on Climate-related Financial Disclosures, online: https://www.fsb-tcfd.org/publications/final-recommendations-report/, Stand: 15.06.2018, Abruf: 12.03.2018.

HSBC (2012): Coal & Carbon, Stranded assets: assessing the risk, online: https://divestum.files.wordpress.com/2013/02/hsbc-coal-report-summary.pdf, Stand: Juni 2012, Abruf: 12.03.2018.

LEATON, J. ET AL. (2015): Carbon supply cost curves: Evaluating financial risk to gas capital expenditures, online: https://www.carbontracker.org/wp-content/uploads/2015/07/CTI-gas-report-Final-WEB.pdf, Stand: Juli 2015, Abruf: 12.03.2018.

MOODY'S (2015): Credit impact from environmental issues varies widely across sectors globally, online: https://www.moodys.com/research/Moodys-Credit-impact-from-environmental-issues-varies-widely-across-sectors--PR_339980, Stand: 30.11.2015, Abruf: 12.03.2018.

STATOIL (2017): Energy Perspectives 2017. Long-term macro and market outlook, online: https://www.statoil.com/content/dam/statoil/documents/energy-perspectives/energy-perspectives-2017.pdf, Stand: 31.05.2017, Abruf: 12.03.2018.

THOMÄ, J. ET AL. (2016): Transition Risk Toolbox. Scenarios, Data, and Models, online: http://2degrees-investing.org/wp-content/uploads/2017/04/Transition-risk-toolbox-scenarios-data-and-models-2017.pdf, Stand: November 2016, Abruf: 12.03.2018.

THOMÄ, J. ET AL. (2017): The Transition Risk-o-Meter. Reference Scenarios for Financial Analysis, online: http://et-risk.eu/the-transition-risk-o-meter/, Stand: 06.06.2017, Abruf: 12.03.2018.

THOMÄ, J/DUPRÉ, S./HAYNE, M. (2018): A Taxonomy of Climate Accounting Principles for Financial Portfolios, Sustainability 2018, 10(2), 328.

TOTAL (2017): Integrating Climate Into Our Strategy, online: https://www.total.com/sites/default/files/atoms/files/integrating_climate_into_our_strategy_va.pdf, Stand: May 2017, Abruf: 12.03.2018.

RAYNAUD ET AL. (2018): Investor primer to transition risk analysis. Climate scenario compass, climate change & Natural Capital, online: http://et-risk.eu/wp-content/uploads/2018/02/Investor-primer-to-transition-risk-analysis.pdf, Stand: 31.01.2018, Abruf: 12.03.2018.

UNFCCC (2015): Paris Agreement, Paris 2015.

Szenarioanalysen und TCFD – ein Beitrag zum Risikomanagement und zur Finanzierungs- bzw. Investitionsstrategie?

Nicole Röttmer

The CO-Firm

1	Ziele des Beitrags	271
2	Warum sind Szenarioanalysen aktuell in aller Munde?	271
	2.1 Die finanziellen Auswirkungen einer Begrenzung der Erderwärmung können für Gebäude, Unternehmen und damit den Finanzsektor materiell sein	271
	2.2 Die Bewertung und Offenlegung derartiger Klimarisken und -chancen wird zunehmend empfohlen bzw. erforderlich	272
	2.3 Szenarioanalysen bieten einen Ansatz, um potenziell unsichere und langfristige Entwicklungen zu bewerten	273
3	Wie können Szenarioanalysen Banken und Investoren unterstützen?	274
4	Welche Schritte braucht es, um Szenarioanalysen durchzuführen?	276
	4.1 Zur Auswahl von Szenarien:	276
	4.2 Bewertung der finanziellen Risiken und Chancen?	276
5	Herausforderungen, Best Practices und weitere Entwicklungen in der Interpretation der Ergebnisse	279
	Quellenverzeichnis	281

1 Ziele des Beitrags

Der Beitrag zielt darauf ab, die folgenden Fragen zu beantworten:

➢ Warum sind Szenarioanalysen aktuell in aller Munde?
➢ Wie können Szenarioanalysen Banken und Investoren unterstützen?
➢ Welche Schritte braucht es, um sie durchzuführen?
➢ Welche Herausforderungen, Best Practices und weitere Entwicklungen bestehen bei der Interpretation der Ergebnisse?

Er ordnet sich damit ein in die Umsetzung der aktuellen Empfehlungen der Task Force on Climate-related Financial Disclosures. Der Beitrag stellt eine erste Übersicht über Szenarioanalysen vor, mit dem Verweis auf weiterführende Literatur, z. B. zu Klimaszenarien[1], ihrer Operationalisierung[2], der Analyse wirtschaftlicher Implikationen nationaler Klimaschutzszenarien[3], aktuellen Modellierungsansätzen[4], der Anpassungsfähigkeit von Unternehmen[5] und der möglichen Abbildung in der Unternehmensbewertung[6] sowie bereits verfügbare Tools, z. B. für Investitionen in Gewerbeimmobilien.[7]

Der Fokus liegt auf Risiken der Klimatransition, also der Risiken, welche sich aus menschlicher Anstrengung zur Einschränkung der Emissionen und damit der Erderwärmung ergeben. Treiber für Transitionsrisiken sind Marktveränderungen, Technologieveränderungen, regulatorische und rechtliche Veränderungen, sowie Reputationsrisiken. Nicht betrachtet werden die physischen Risiken, also Risiken die sich aus der Erderwärmung selbst ergeben, wie z. B. Überschwemmungen.

2 Warum sind Szenarioanalysen aktuell in aller Munde?

2.1 Die finanziellen Auswirkungen einer Begrenzung der Erderwärmung können für Gebäude, Unternehmen und damit den Finanzsektor materiell sein

Die Begrenzung der globalen Erwärmung auf (unter) 2°C über dem vorindustriellen Niveau erfordert eine grundlegende Änderung der Struktur der Wirtschaft, einschließlich der Energie-, Produktions-, Transport- und landwirtschaftlichen Systeme sowie der Gebäudeinfrastruktur. Diese Transformation birgt potenziell Risiken für Unternehmen und ihre

---

[1] TCFD (2017c).
[2] 2° INVESTING INITIATIVE/THE CO-FIRM (2017a).
[3] WWF/THE CO-FIRM (2018).
[4] G20 GREEN FINANCE STUDY GROUP (2017), UNIVERSITY OF CAMBRIDGE INSTITUTE FOR SUSTAINABILITY LEADERSHIP/THE CO-FIRM (2016) und UNIVERSITY OF CAMBRIDGE INSTITUTE FOR SUSTAINABILITY LEADERSHIP (2016).
[5] 2° INVESTING INITIATIVE/THE CO-FIRM (2017b).
[6] KEPLER CHEUVREUX/THE CO-FIRM (2018), THE CO-FIRM/KEPLER CHEUVREUX (2018).
[7] DENEFF (2018).

Finanzierungsgeber, wenn diese nicht ausreichend planen und sich anpassen. So geht beispielsweise Battiston davon aus, dass Investorenportfolios mit Unternehmensaktien i. d. R. zu 45 bis 47 Prozent Risiken gegenüber exponiert sind.[8]

Eine von der BANK OF ENGLAND durchgeführte Szenarioanalyse ergab, dass bei einem Rückgang der Dividenden von Energieaktien um jährlich 5 Prozent (ab 2020) die Aktien der betroffenen Unternehmen um ca. 40 Prozent verlieren würden, was einem Rückgang der weltweiten Aktienmarktkapitalisierung um ca. 11 Prozent entspricht.[9]

Marc Carney, Gouverneur der Bank of England und Vorsitzender des Financial Stability Board (FSB), betonte die Bedeutung dieser Bedrohung für die Kapitalmärkte: *„Die Geschwindigkeit, mit der eine solche Preisanpassung stattfindet, ist ungewiss und könnte für die Finanzstabilität entscheidend sein. Es gibt bereits einige bekannte Beispiele dafür, wie sich die Preise plötzlich aufgrund von Verschiebungen in der Umweltpolitik änderten".*[10]

Zudem lässt der Rückgang der Aktienkurse der europäischen Energieversorger E.ON (- 65 %), RWE (- 77 %) und EnBW (- 40 % jeweils zwischen 2016 und 2011) und die Herausforderungen, die sich aus politischen und technologischen Rückschlägen ergeben, vermuten, dass als langfristig erwartete Herausforderungen früher als erwartet auftreten können.[11]

2.2 Die Bewertung und Offenlegung derartiger Klimarisken und -chancen wird zunehmend empfohlen bzw. erforderlich

Mit der Zeit haben sich neue internationale und nationale Offenlegungspflichten und freiwillige Offenlegungsregelungen zu Transformationsrisiken herausgebildet. Obwohl wir eine Vollständigkeit nicht garantieren können, weisen wir auf einige aktuelle Entwicklungen hin[12]:

➢ Artikel 173 des Französischen Energiewendegesetztes schreibt u. a. vor, dass bestimmte institutionelle Investoren Transformations- und physische Klimawandelrisiken offenlegen müssen, indem sie auf Grundlage von Comply-or-Explain das Einhalten der vorliegenden Regularien zur 2°C Kompatibilität darlegen oder ihre Abweichungen erklären.[13]

➢ Die Schweizer und die deutsche Regierung haben die potenziellen Stabilitätsrisiken untersucht, die sich aus dem Übergang zu einer kohlenstoffarmen Wirtschaft ergeben. Eine, Anfang des Jahres von den schweizerischen Behörden durchgeführte, Umfrage ergab, dass die Portfolios der lokalen Pensionskassen und Versicherer weitestgehend nicht kompatibel mit einem 2°C-Ziel sind.[14]

---

[8] Vgl. BATTISTON ET AL. (2017), S. 12.
[9] Vgl. BARANOVA ET AL. (2017), S. 1 ff.
[10] CARNEY (2015), S. 6.
[11] Vgl. THE CO-FIRM/KEPLER CHEUVREUX (2017), S. 15 f.
[12] Vgl. KEPLER CHEUVREUX/THE CO-FIRM (2018), S. 10.
[13] Vgl. FORUM POUR L'INVESTISSEMENT RESPONSABLE (2016), S. 12.
[14] Vgl. KEPLER CHEUVREUX/ THE CO-FIRM (2018), S. 10.

➢ Die Task Force on Climate-related Financial Disclosure (TCFD), die nach der Rede von Mark Carney bei Lloyds of London im Jahr 2015 gebildet wurde, veröffentlichte im Juni 2017 ihre klimabezogenen Offenlegungsempfehlungen mit den vier Schlüsselbereichen Governance, Strategie, Risikomanagement sowie Kennzahlen und Ziele.[15] Dabei ist zu berücksichtigen, dass die Analyse sich auf potenziell materielle Chancen und Risiken beziehen soll.[16]

2.3 Szenarioanalysen bieten einen Ansatz, um potenziell unsichere und langfristige Entwicklungen zu bewerten

Klimaszenarien beschreiben einen plausiblen und konsistenten Entwicklungspfad, der zu einer spezifischen Ziel-/Kohlenstoffpartikelkonzentration in der Atmosphäre führt und mit einer unterstellten Wahrscheinlichkeit die globale Erderwärmung auf ein bestimmtes Temperaturniveau begrenzt. Häufig unterliegen Entwicklungspfade einem Ansatz, der aus volkswirtschaftlicher Sicht zu den geringsten Gesamtkosten führt.

Die Art und Weise, wie sich ein zukünftiger Pfad entwickelt, wird oft durch zentrale Indikatoren wie das Wirtschafts- und Bevölkerungswachstum, sektor- oder länderspezifische CO_2-Emissionen, Technologiekosten oder Rohstoffpreise über ausgewählte Zeitpunkte bestimmt. Die Zielpfade müssen plausibel, konsistent, transparent über ihre Annahmen und aussagekräftig sein.

Die *TCFD* (2017) beschreibt Szenarioanalyse als einen Weg, eine Reihe von hypothetischen Ergebnissen zu bewerten, indem eine Vielzahl von alternativen plausiblen Zukunftszuständen unter einer Reihe von Annahmen und Einschränkungen betrachtet werden.[17]

Szenarioanalysen bieten sich an, wenn

➢ die Wirkung einer Vielzahl von Effekten, die miteinander in Beziehung stehen und positiv oder negativ miteinander interagieren können, erfasst werden soll

➢ mögliche Ergebnisse sehr unsicher sind, sich mittel- bis langfristig auswirken werden und die potenziellen störenden Auswirkungen beträchtlich sind

➢ historische Trends und Datensätze keine gute Vorhersage für zukünftige Trends sind (z. B. beschleunigte oder störende Veränderungen)

Szenarien und die Ergebnisse der Szenarioanalyse stellen entsprechend keine Prognosen oder Vorhersagen dar und treffen keine Aussage zur Eintrittswahrscheinlichkeit.

---

[15] Vgl. *TCFD* (2017a), S. 14 ff.
[16] Vgl. *TCFD* (2017a). S. 20 f.
[17] Vgl. *TCFD* (2017b). S. 2.

3 Wie können Szenarioanalysen Banken und Investoren unterstützen?

Szenarioanalysen können die bestehenden Risiko- und Finanzierungs-/ Anlageprozesse unterstützen, indem sie folgende Fragen beantworten:

- Wann können sich Klimarisiken manifestieren?
- Wie materiell sind sie, d. h. wie stark wirken sie sich auf die finanzielle Leistungsfähigkeit von Anlagen, Produkten, Unternehmen, Sektoren und Ländern aus?
- Sind Unternehmen, Gebäude o. a. unterschiedlich stark betroffen?
- Sind Portfolios/ Fonds unterschiedlich stark betroffen?
- Welche Risikotreiber werden (zusätzlich) materiell?
- Wie verändern sich Sensitivitäten?
- Können strategische Schritte das Risiko minimieren/ Chancen ergreifen helfen und in welchem Umfang?

Derartige Erkenntnisse lassen sich von verschiedenen Akteursgruppen innerhalb von Banken und Investoren nutzen, um z. B. die Auswahl der Finanzierungs- oder Investitionsobjekte zu unterstützen, die Risikoparameter und -modellierung zu validieren, die Portfolio-/ Fondsallokation anzupassen, das Engagement mit Unternehmen risikogerecht zu fokussieren und das Reporting zu stützen. Tabelle 1 illustriert, welche Art der Analyse für welche Akteursgruppe nutzbar sein kann.

Dabei unterscheidet sich die Art der Ergebnisnutzung nicht von der Nutzung etablierter Methoden der Risikoanalyse. Allerdings gibt es in der Praxis zwei wesentliche Voraussetzungen für eine interne Nutzung der Ergebnisse und ggf. Anpassung von Prozessen und Strategien. Zum einen müssen Chancen und Risiken innerhalb der Risikoperspektive der Organisation liegen. Zum anderen muss dem Szenario eine Bedeutung zugemessen werden. Das bedeutet, dass das Narrativ des Szenarios als glaubwürdig erachtet wird und den Ergebnissen der Analyse entsprechend eine gewisse Wahrscheinlichkeit zugeordnet werden kann. Letzteres ist beispielsweise durch die Auswahl der Szenarien beeinflussbar. Die Anforderungen sowie die insgesamt für eine Szenarioanalyse erforderlichen Schritte werden im Folgenden vorgestellt.

Szenarioanalysen und TCFD

Analyse-ebene	Fragestellung	Illustration	Nutzbar von...			
			Aktien-analysten / Gebäude-managern / Kredit-analysten	Risiko-management / Fonds-management	Portfolio-management / Fonds-management	ESG-/ CSR-Analysten
Unternehmen/ Gebäude	Wann können sich Klimarisiken manifestieren?	Klimazielpfad für Gebäude	✓	(✓)		
	Wie stark wirken Klimarisiken auf die finanzielle Leistungsfähigkeit	EBITDA Energieversorger im 2°C Szenario	✓	(✓)		(✓)
Unternehmens-übergreifend	Sind Unternehmen, Gebäude, u.a. unterschiedlich stark betroffen?	Benchmarking von Energieversorgern im 2°C Szenario	✓	✓	(✓)	(✓)
Fonds/ Sektor	Sind Portfolien/Fonds unterschiedlich stark betroffen?	Benchmarking Investorportfolio			✓	
Alle	Welche Risikotreiber werden zusätzlich materiell?		✓	✓		✓
	Wie verändern sich Sensitivitäten?	EBITDA Sensitivität	✓	✓		
Nutzbar für	Können strategische Schritte das Risiko minimieren/ Chancen ergreifen helfen und in welchem Umfang?		• Aktien-/ Gebäude-auswahl • Engage-ment	• Risiko-model-lierung • Parameter-prüfung	• Portfolio/ Fonds– Allokation	• ESG-Risiko-analyse • Engage-ment • Reporting

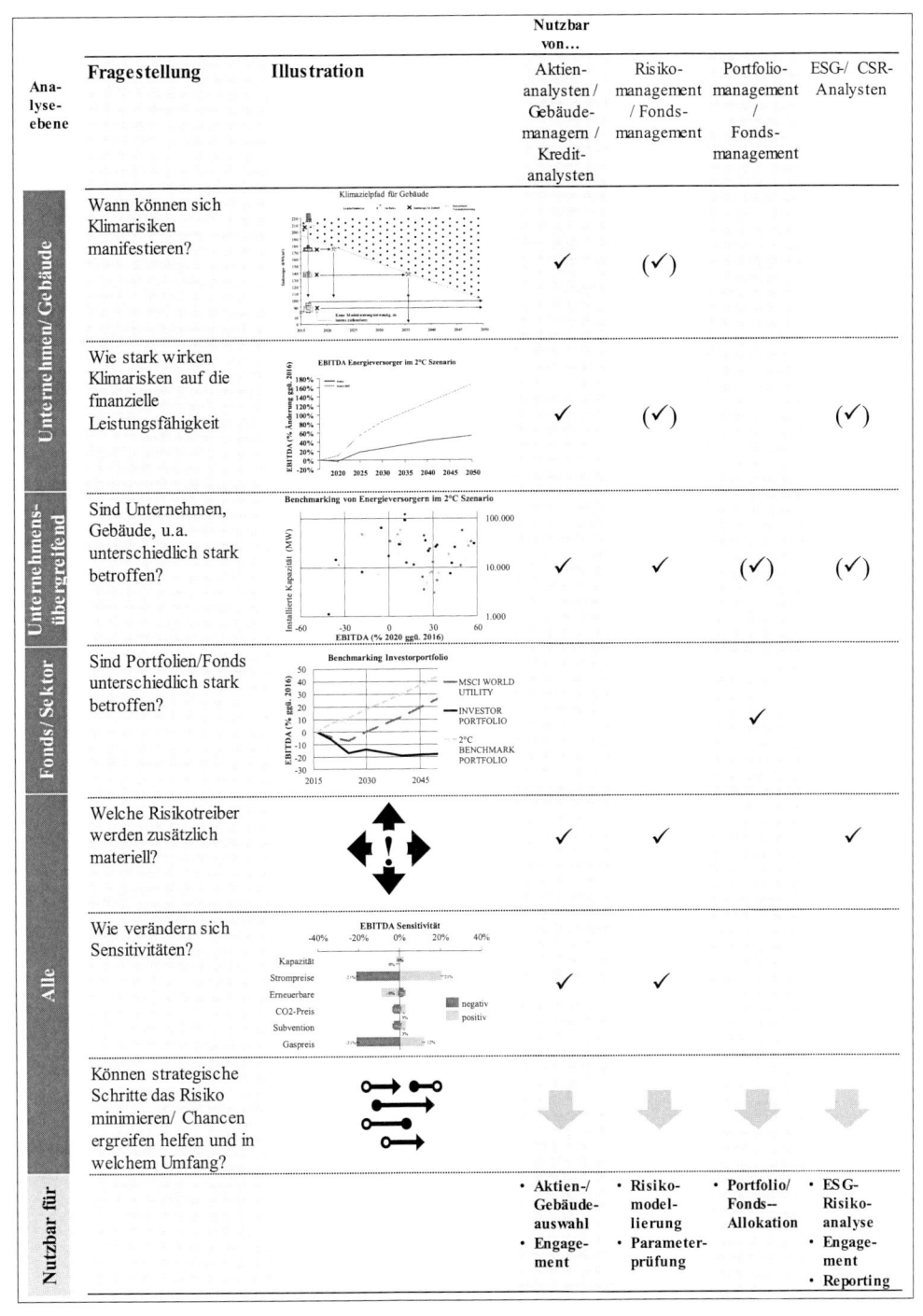

Tabelle 1: Gegenüberstellung mögliche Ergebnisse Szenarioanalyse und Nutzen für die Anwendergruppen

4 Welche Schritte braucht es, um Szenarioanalysen durchzuführen?

4.1 Zur Auswahl von Szenarien:

Ein kritischer Aspekt der Szenarioanalyse ist die Auswahl einer Reihe von Szenarien, die eine angemessene und in sich konsistente Vielfalt an zukünftigen Ergebnissen abdeckt. In diesem Zusammenhang empfiehlt die *TCFD* Organisationen neben einem 2°C- oder <2°C-Szenario zusätzlich zwei oder drei andere relevante Szenarien zu verwenden.[18] Für Sektoren mit hoher Regionalität können auch die *NATIONALLY DETERMINED CONTRIBUTIONS* (NDCs) einzelner Länder besonders nützliche Szenarien für klimabezogenen Szenarioanalysen sein.

Die folgenden Aspekte sind bei der Auswahl von Szenarien zu berücksichtigen:

➢ Ambitionsniveau: Normalerweise orientieren sich Klimaszenarien an Prognosen zur globalen Erwärmung, die von 1,5°C bis 6°C oder mehr reichen. Um aussagekräftig zu sein, rät die TCFD Organisationen, mindestens ein 2°C-Szenario zu wählen, zusätzlich zu anderen Szenarien, die für ihre Situation relevant sind.[19]

➢ Detaillierungsgrad/ Granularität: Szenarien unterscheiden sich in ihrem Granularitätsgrad, z. B. in Bezug auf regionale (globale, regionale, länderspezifische etc.), sektor-spezifische (Verkehr, Industrie, Haushalte etc.) oder sub-sektor-spezifische (Stahlindustrie etc.), zeitliche (2030, 2050 etc.) und technologische Details (Carbon Capture and Storage in der Industrie und Energieerzeugung oder Einsatz von Batterie-Elektrofahrzeugen). Generell sind detailliertere Szenarien vorzuziehen, um differenzierte Aussagen zu ermöglichen.

➢ Konsistenz und Plausibilität: Klimaszenarien umfassen eine Vielzahl von Indikatoren, die in dynamischer Interaktion miteinander stehen (z. B. CO_2-Zertifikatspreise und Strompreise). Konsistenz sollte nicht nur zwischen den Energiesystemen, sondern auch zwischen internationalen und regionalen Effekten bestehen, um Marktdynamiken adäquat abzubilden.

➢ Transparenz: Um nachprüfbar zu sein, sollten die Szenarien für den Klimawandel transparent bzgl. der zugrundeliegenden Annahmen und Narrative sein. Ein hohes Maß an Transparenz wird eine sachkundige Diskussion erleichtern und letztendlich zu glaubwürdigeren Ergebnissen führen.

4.2 Bewertung der finanziellen Risiken und Chancen?

Die *TCFD* empfiehlt, die finanziellen Auswirkungen auf die Gewinn- und Verlustrechnung, die Kapitalflussrechnung und die Bilanz zu analysieren. Illustrativ zeigt die folgende Übersicht, wie in einem Bottom-up-Marktmodell Szenarien zur Analyse finanzieller Chancen und Risiken gestaltet werden können. Das gezeigte Beispiel baut auf dem climateXcellence-Modell auf, da es bislang eines der wenigen, transparenten Modelle ist. Alternative Wege der Risiko- und Chancenmodellierung sind möglich.

---

[18] Vgl. *TCFD* (2017b), S. 2.
[19] Vgl. *TCFD* (2017b), S. 2.

Am Beispiel dieses Bottom-up-Marktmodells erfolgt die Modellierung in sechs zentralen Schritten (s. Abbildung 1).

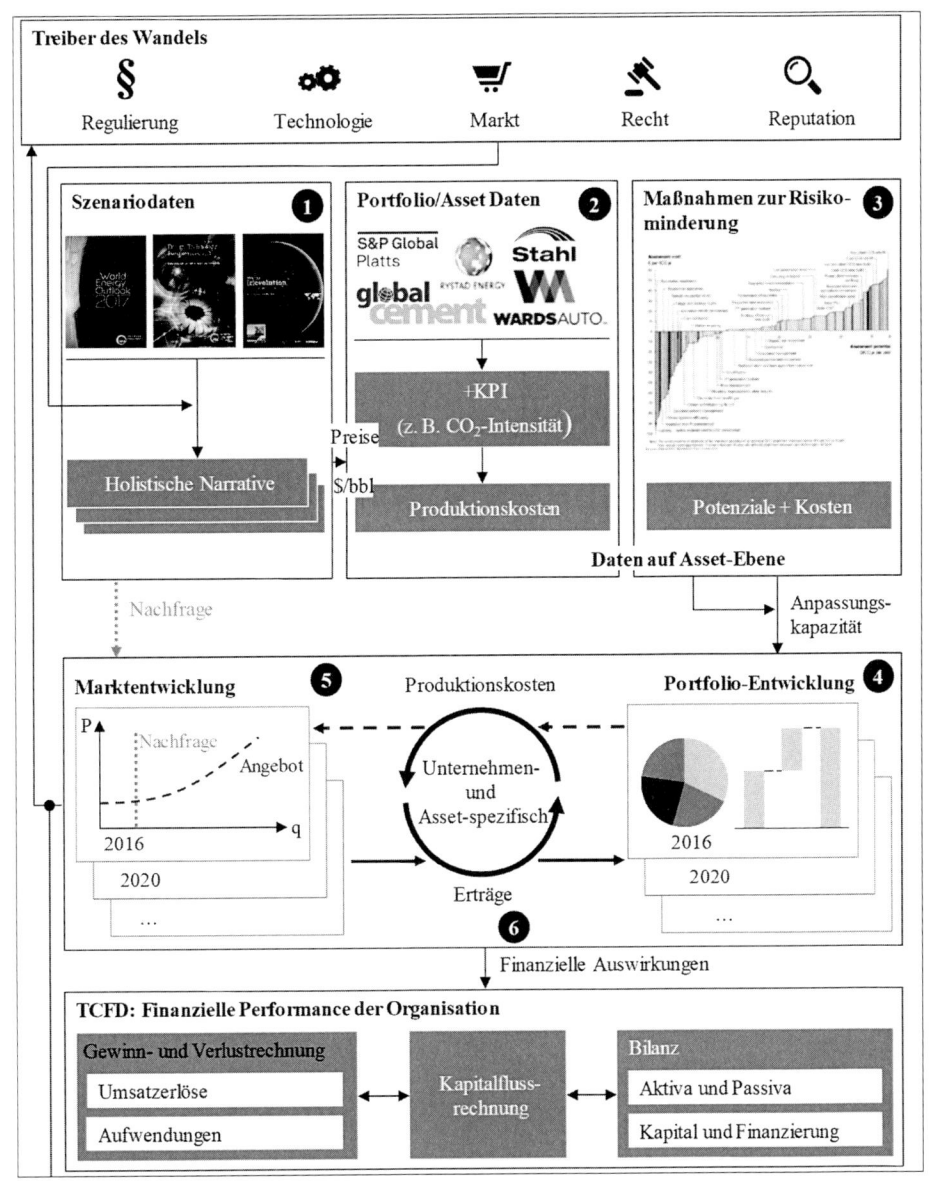

Abbildung 1:   *Konzeptionelle Übersicht: Sechs Bausteine für die Bottom-up-Modellierung von Klimarisiken und -chancen.*[20]

---

[20] KEPLER CHEUVREUX/THE CO-FIRM (2018), S. 32.

Schritt	Warum?	Wie?
1. Ableitung wichtigste Risikotreiber	Szenarien stellen i. d. R. Dekarbonisierungspfade dar, z. B. sich ändernde technologische Trajektorien (Wind, Kohle usw.) oder Nachfrage (z. B. Anstieg bzw. Rückgang der Stromnachfrage). Oft sind sie unspezifisch bezüglich der Treiber (z. B. CO_2-Zertifikatspreise, Technologiekosten und -entwicklungen sowie -diffusionen, usw.) Diese sind abzuleiten.	Rückwärtsinduktion zur Verknüpfung der Punkte zwischen den Transitionstreibern und den Szenariodaten, z. B. welche Batteriepreise für die Kostenparität und für die Umstellung der Verbraucher von fossilen Brennstoffen auf Elektroautos benötigt werden (siehe Schritt 5.).
2. Aufbau Anlagevermögens/Produktdatenbank	Klimarisiken und -chancen treffen verschiedene Anlagevermögen oder Produkte unterschiedlich, auch innerhalb derselben Branche. Entsprechend ist es erforderlich, z. B. Unternehmen Anlagevermögen in einer für die Klimabewertung spezifizierten Form meist länderspezifisch zuzuordnen.	Kommerziell verfügbare Datenbanken mit technischen Informationen wie Kapazität, Anlagentyp und Gründungsjahr können eine tragfähige Grundlage sein, müssen aber um Energie- und Kohlenstoffintensitäten sowie finanziell aussagekräftige Daten erweitert werden.
3. Techno-ökonomische Bewertung der Anpassungsfähigkeiten	Unternehmen können Umweltveränderungen antizipieren und sich in vielen Fällen wirtschaftlich anpassen. Diese Fähigkeit ist bei der Risiko- und Chancenbewertung zu berücksichtigen, da sie Auswirkungen auf die zukünftige Vermögensentwicklung und die finanzielle Leistungsfähigkeit der Unternehmen hat.[21] Ebenso bildet sie die Grundlage für den späteren Unternehmensdialog. Wird sie vernachlässigt, könnten die Klimarisiken überschätzt bzw. die Chancen unterschätzt werden.	Bewertung der finanziellen und Klimawirkung von Anpassungen sowie der z. B. unternehmensindividuellen Anpassungsfähigkeit[22]. Dies umfasst z. B. Produkt-, Geschäfts- und Technologiewechsel oder wirtschaftliche Strategien.[23] Alle Optionen sollten bzgl. des zugrunde liegenden Business Cases geprüft werden.

Tabelle 2: *Sechs zentrale Schritte zum Aufbau von Bottom-up-Modellen.*[24]

---

[21] Vgl. KEPLER CHEUVREUX/ THE CO-FIRM (2018), S. 33 f.
[22] Vgl. Zu Anpassungsfähigkeit KEPLER CHEUVREUX/ THE CO-FIRM (2018).
[23] Vgl. KEPLER CHEUVREUX/ THE CO-FIRM (2018), S. 33 f.
[24] THE CO-FIRM (2018).

4. Prognose der Vermögens- oder Produktportfolio-Entwicklung mit und ohne Anpassungsfähigkeit	Die Klima-Risikoabschätzung erfolgt über lange Zeiträume, in denen Unternehmen Marktanteile, Geschäftsstrategie, Produktportfolio und Produktionstechnologien entwickeln und verändern können. Die geplanten Veränderungen sowie Anpassungsfähigkeiten sind zu berücksichtigen.	Die Entwicklung z. B. des Anlagevermögens bzw. des Produktportfolios ist im Wesentlichen abhängig von der Nachfrageentwicklung (siehe Schritt 1.), dem Umlaufvermögen (siehe Schritt 2.) und der Anpassungsfähigkeit (siehe Schritt 3.).
5. Prognose der Marktentwicklung, Ableitung von Preisen und Erlösen	Die Zukunftswelten der Klimaszenarien führen zu Preis- und Mengeneffekten. Die Modellierung der Produktmärkte erlaubt, die Marktentwicklung in Übereinstimmung mit dem Szenario zu berechnen und die zukünftigen Erträge und Umsätze der Unternehmen unter Berücksichtigung ihrer Wettbewerbsfähigkeit abzuleiten. Ebenso lassen sich fehlende Szenariodaten wie z. B. CO_2-Preise herleiten (siehe Schritt 1.).	Märkte lassen sich oft mittels Angebots- und Nachfragekostenkurven modellieren. Die Basis der Anlagevermögen (siehe Schritt 4.) erlaubt die Herleitung einer Angebotskostenkurve, die Szenariodaten (siehe Schritt 1.) dienen als unelastische Nachfragekurve.
6. Abbildung der finanziellen Auswirkungen von Vermögens-werten/Produkten auf Unternehmen	Um unmittelbar Eingang in die Chancen- und Risikobewertung der Bank/ des Investors finden zu können, ist eine finanzielle Bewertung der Chancen und Risiken erforderlich, welche sich in die traditionelle z. B. Unternehmensbewertung bzw. -analyse eingliedert.	Aus der Veränderung von Märkten, Anlagevermögen und Produkten im Vergleich zur Nachfrage (Schritt 5.) – meist in den spezifischen Ländern – lassen sich Gewinne, Umsätze und Investitionsbedarfe auf Unternehmensebene hochaggregieren.

Tabelle 3:   Sechs zentrale Schritte zum Aufbau von Bottom-up-Modellen.[25]

5   Herausforderungen, Best Practices und weitere Entwicklungen in der Interpretation der Ergebnisse

Die Interpretation der Ergebnisse der Szenarioanalysen steht vor Herausforderungen, z. B. in der Beurteilung der Materialität der ermittelten Risiken bzw. Chancen. Am Beispiel von Unternehmen betrifft dies zum einen die Materialitätsbewertung zu evtl. anderen Industriezweigen oder dem geographischen Gesamtportfolio des Unternehmens. Szenarioanalysen werden i. d. R. für die potenziell am stärksten betroffenen Industriezweige durchgeführt. Diese entsprechen oft aber nicht den Gesamtaktivitäten der Unternehmen. Gleiches gilt für die regionale

---

[25] *THE CO-FIRM* (2018).

Abdeckung. Während eine länderscharfe Bewertung von Chancen und Risiken oft sinnvoll ist, deckt sich dieser Ansatz meist nicht mit der meist globalen oder regionalen Berichterstattung der Unternehmen. Hier erfordert die Prüfung der Materialität für das Gesamtunternehmen weitere Analysen.

Eine weitere Herausforderung für Finanzdienstleister am Beispiel der Unternehmensbewertung ist, dass Unternehmen (und nicht alle) erst beginnen, ihr Reporting auf Basis von Szenarioanalysen durchzuführen. Daraus resultieren Einschränkungen in der Vergleichbarkeit der Szenarien und der berichteten Ergebnisse. Eine unmittelbare Nutzung der Unternehmensberichterstattung für die Berichterstattung von Finanzdienstleistern ist entsprechend erst für die Zukunft zu erwarten. Die *TCFD* arbeitet u. a. daran, Transparenz über entstehende Ansätze der Bewertung und des Reportings zu schaffen, insbesondere im Abgleich der Entwicklung des Unternehmensreportings und der Risikoanalyse der Finanzdienstleister.

Einige der Herausforderungen sind entsprechend noch zu adressieren. Dennoch lassen bereits einige Best Practices für Finanzdienstleister ableiten, die bereits heute eigene Szenarioanalysen outside-in durchführen. Diese sind im Folgenden dargestellt.

➢ Fokussieren der Szenarioanalysen auf die voraussichtlich am stärksten exponierten Bereiche: Szenarioanalysen samt ihrer Einordnung in den Kontext der Veränderung können aufwändig sein. Entsprechend empfiehlt sich eine Fokussierung auf die voraussichtlich am stärksten von Risiken und Chancen betroffenen Bereiche, welche gleichzeitig einen relevanten Teil des Portfolios ausmachen.

➢ Szenarien organisationsintern gemeinsam wählen: Die Auswahl der Szenarien und der ihnen unterliegenden Narrative ist erfolgskritisch für die spätere Glaubwürdigkeit und Einordung der Ergebnisse. Entsprechend sollten sie bereits vor Beginn der Analyse gut verstanden und von den betroffenen Kollegen akzeptiert sein. Dies erlaubt im Anschluss an die Analyse ggf. auch eine gemeinsame Zuordnung von Wahrscheinlichkeiten zu Szenarien.

➢ Ergebnisse im Kontext von Treibern und Strategien interpretieren: Ein materielles finanzielles Risiko bzw. eine materielle Chance ist relevant, um auf Basis dieser Erkenntnisse eventuell gewünschte, organisationsinterne Veränderungen umsetzen zu können. Hierunter fällt beispielsweise die Abbildung neuer Risikotreiber in der Risikobewertung. Gleichermaßen lässt sich z. B. das Unternehmensengagement nur auf Basis eines Verständnisses der Treiber und potenziell wesentlichen strategischen Schritte der Unternehmen gestalten.

➢ Ergebnisse mit den betroffenen Unternehmen diskutieren: Outside-in Analysen können nur unter Zugrundelegung von Annahmen funktionieren. Ggf. planen Unternehmen aber bereits weitreichendere Anlagen- oder Produktportfolioänderungen oder den Eintritt in neue bzw. Austritt aus bestehenden Geschäftsfeldern. Diese wären bei einer Bewertung zu berücksichtigen.

Der Abschlussbericht der G20 Green Finance Study Group schafft einen ersten Überblick über bereits bestehende Ansätze zur Modellierung von Klimarisiken.[26]

---

[26] *G20 GREEN FINANCE STUDY GROUP* (2017).

Quellenverzeichnis

2° INVESTING INITIATIVE/THE CO-FIRM (2017a): The transition risk-o-meter: reference scenarios for financial analysis, online: http://et-risk.eu/the-transition-risk-o-meter/, Stand: 06.2017, Abruf: 14.02.2018.

2° INVESTING INITIATIVE/THE CO-FIRM (2017b): Changing Colors: Adaptive Capacity of Companies in the Context of the Transition to a Low Carbon Economy, online: http://et-risk.eu/adaptive-capacity-cc/, Stand: 02.2018, Abruf: 14.02.2018.

BARANOVA, Y./JUNG, C./NOSS, J. (2017): The tip of the iceberg: the implications of climate change on financial markets. Bank Underground, online: https://bankunderground.co.uk/2017/01/23/the-tip-of-the-iceberg-the-implications-of-climate-change-on-financial-markets/, Stand: 01.2017, Abruf: 14.02.2018.

BATTISTON, S./MANDEL, A./MONASTEROLO, I./SCHUETZE, F./VISENTIN, G. (2016): A Climate Stress-Test of the Financial System, online: https://ssrn.com/abstract=2726076, Stand: 12.2016, Abruf: 14.02.2018.

CARNEY, M. (2015): Breaking the Tragedy of the Horizon – climate change and financial stability, online: http://www.fsb.org/wp-content/uploads/Breaking-the-Tragedy-of-the-Horizon-%E2%80%93-climate-change-and-financial-stability.pdf, Stand: 09.2015, Abruf: 14.02.2018.

DENEFF (2018): Gewerbeimmobilienhalter brauchen Transparenz über wirtschaftliche Risiken des Klimawandels, online: www.finanzforum-energieeffizienz.de/tools-fuer-mehr-klimaschutz-in-gebaeuden/gewerbeimmobilien.html, Stand: 2017, Abruf: 14.02.2018.

EUROPÄISCHE KOMMISSION (2015): Ex-post investigation of cost pass-through in the EU ETS- An analysis for six sectors., online: https://ec.europa.eu/clima/sites/clima/files/ets/revision/docs/cost_pass_through_en.pdf, Stand: 11.2015, Abruf: 14.02.2018.

FORUM POUR L'INVESTISSEMENT RESPONABLE (2016): Article 173-VI: Understanding the French regulation on investor climate reporting. The ESG-Climate approach: from reporting to strategy, a tool for better investing, online: http://www.frenchsif.org/isr-esg/wp-content/uploads/Understanding_article173-French_SIF_Handbook.pdf, Stand: 10.2016, Abruf: 14.02.2018.

G20 GREEN FINANCE STUDY GROUP (2017): G20 green finance synthesis report., online: http://co-firm.com/wp-content/uploads/2017/08/G20-Green-Finance-Synthesis-Report.pdf, Stand: 07.2017, Abruf: 14.02.2018.

KEPLER CHEUVREUX/ THE CO-FIRM (2018): Investor primer to transition risk analysis. ET RISK Project., online: http://et-risk.eu/investor-primer-to-transition-risk-analysis/, Stand: 02.2018, Abruf: 14.02.2018.

RÖTTMER, N. (2011): Innovation Performance and Clusters – A Dynamic Capability Perspective on Regional Technology Clusters. Dissertation, Leiden 2011.

TASK FORCE ON CLIMATE-RELATED FINANCIAL DISCLOSURES (TCFD) (2017a): Recommendations of the Task Force on Climate-related Financial Disclosures., online: www.fsb-tcfd.org/wp-content/uploads/2017/06/FINAL-TCFD-Report-062817.pdf, Stand: 06.2017, Abruf: 14.02.2018.

TASK FORCE ON CLIMATE-RELATED FINANCIAL DISCLOSURES (TCFD) (2017b): The Use of Scenario Analysis in Disclosure of Climate-Related Risks and Opportunities, online: https://www.fsb-tcfd.org/wp-content/uploads/2017/06/FINAL-TCFD-Technical-Supplement-062917.pdf, Stand: 06.2017, Abruf: 14.02.2018.

TASK FORCE ON CLIMATE-RELATED FINANCIAL DISCLOSURES (TCFD) (2017c): Technical Supplement: The Use of Scenario Analysis in Disclosure of Climate-related Risks and Opportunities (June 2017), online: www.fsb-tcfd.org/publications/final-technical-supplement/, Stand: 01.2018, Abruf: 14.02.2018.

THE CO-FIRM/KEPLER (2018): Transition risk for electric utilities. ET RISK Project, online: http://et-risk.eu/electric-utilities/, Stand: 08.2017, Abruf: 14.02.2018.

UNIVERSITY OF CAMBRIDGE INSTITUTE FOR SUSTAINABILITY LEADERSHIP (2016): Environmental risk analysis by financial institutions: a review of global practice, online: http://unepinquiry.org/wp-content/uploads/2016/09/2_Environmental_Risk_Analysis_by_Financial_Institutions.pdf, Stand: 09.2016, Abruf: 14.02.2018.

UNIVERSITY OF CAMBRIDGE INSTITUTE FOR SUSTAINABILITY LEADERSHIP/THE CO-FIRM (2016): Feeling the heat: An investors' guide to measuring business risk from carbon and energy regulation, online: www.cisl.cam.ac.uk/publications/publication-pdfs/carbon-report.pdf, Stand: 2016, Abruf: 14.02.2018.

WILKENS, M./PETKOV, M./D'OLIER-LEES, T. J. (2015): How Environmental And Climate Risks Factor Into Global Corporate Ratings. RatingsDirect. Standard & Poor's Ratings Services, London 2015.

WWF/THE CO-FIRM (2018): Der Weg in die <2 Grad Wirtschaft – Analysewege-Einschätzungen-wirtschaftliche Implikationen, unveröffentlicht.

Umsetzung einer 2-Grad-Strategie im Immobiliensektor

Jan von Mallinckrodt und *Carolin Köllner*

Union Investment Real Estate GmbH

1	Politische und gesellschaftliche Rahmenbedingungen	285
2	Nachhaltigkeit im Immobilienportfolio	286
2.1	Strategische Verankerung von Nachhaltigkeit	287
2.1.1	Transparenz als Grundlage für die Optimierung des Bestands	288
2.1.2	Qualitative Aspekte ergänzen die quantitative Betrachtung	289
2.1.3	Green Leases – gemeinsam für eine nachhaltige Immobiliennutzung	291
2.1.4	Grüne Property-Management-Verträge	291
2.2	Kommunikation und Einbindung von Interessengruppen	291
2.2.1	Austausch in der Branche	292
2.2.2	Austausch mit Stakeholdern	292
2.3	Zwei Grad greifbar machen	294
Quellenverzeichnis		296

1 Politische und gesellschaftliche Rahmenbedingungen

Globale Erwärmung, ansteigende Meeresspiegel und zunehmende Naturkatastrophen sind Schlagwörter, die bereits auf der Weltklimakonferenz in Rio de Janeiro 1992 diskutiert wurden. In der Rio-Deklaration (bestehend aus 27 Grundsätzen) wurde 1992 unter anderem erstmals global das Recht auf nachhaltige Entwicklung (Sustainable Development) verankert.[1]
Seitdem ist Klimaschutz ein fester Bestandteil der politischen Agenda. Im Jahr 2015 wurde im Rahmen der Klimakonferenz (COP 21) in Paris das 2-Grad-Ziel ausgerufen, das konkret bedeutet, die Erderwärmung bis 2050 unter zwei Grad Celsius und so nahe wie möglich an 1,5 Grad zu halten. Dies kann nur durch eine konsequente Treibhausgasreduktion gelingen, mit der Zielsetzung, bis 2050 die Emissionen auf null zu setzen. Nationale Klimaschutzziele werden jedoch von den einzelnen Ländern selbst definiert. Der deutsche Klimaschutzplan konkretisiert die internationale Zielsetzung: Weitgehende Treibhausgasneutralität bis 2050 bedeutet eine Reduktion der Treibhausgasemissionen um 80 bis 95 Prozent.[2]
Die Immobilienwirtschaft spielt dabei eine wichtige Rolle, denn sie ist nicht nur der zweitgrößte Wirtschaftszweig in Deutschland, sondern auch eine Branche mit sehr hohem Ressourcenverbrauch und Emissionspotenzial.[3] 30 bis 40 Prozent der emittierten Treibhausgase werden im weitesten Sinne durch Immobilien verursacht.[4] Dies hat nicht nur in Deutschland regulatorische Auswirkungen, sondern weltweit.

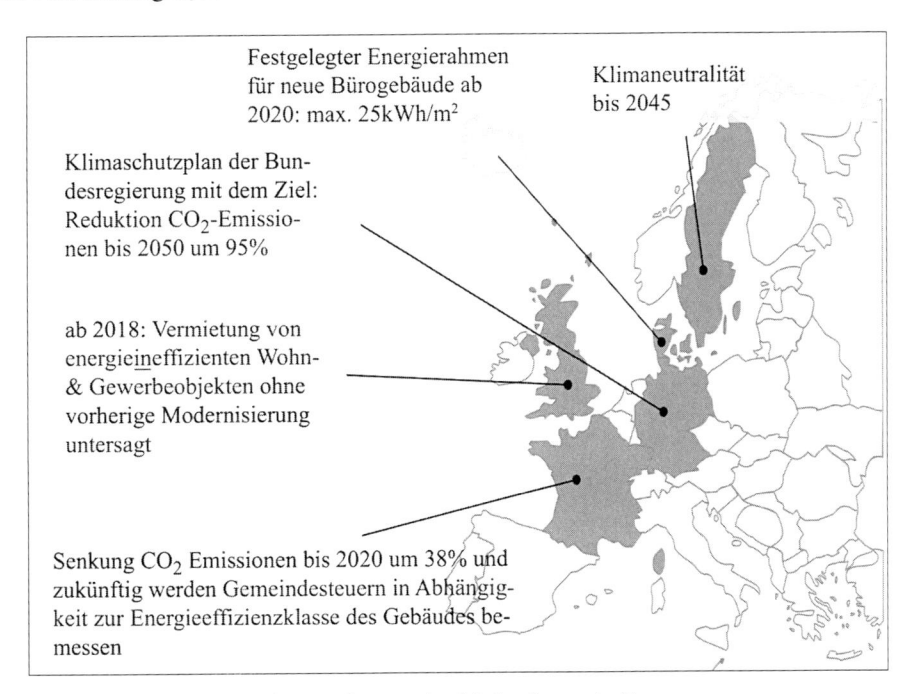

Abbildung 1:   *Beispielhafte regulatorische Maßnahmen in Europa*

Beschriftungen der Karte:
- Festgelegter Energierahmen für neue Bürogebäude ab 2020: max. 25kWh/m²
- Klimaneutralität bis 2045
- Klimaschutzplan der Bundesregierung mit dem Ziel: Reduktion CO$_2$-Emissionen bis 2050 um 95%
- ab 2018: Vermietung von energieineffizienten Wohn- & Gewerbeobjekten ohne vorherige Modernisierung untersagt
- Senkung CO$_2$ Emissionen bis 2020 um 38% und zukünftig werden Gemeindesteuern in Abhängigkeit zur Energieeffizienzklasse des Gebäudes bemessen

---

[1] Vgl. LEXIKON DER NACHHALTIGKEIT (2015).
[2] Vgl. BMUB (2016), S. 7.
[3] Vgl. ZIA (2015), S. 10.
[4] Vgl. BIENERT/GEIGER/CAJIAS (2012), S. 1.

In Deutschland haben sich die politischen Rahmenbedingungen verschärft und auch das Bewusstsein in der Gesellschaft ist gestiegen. Immer mehr Kunden fordern nachhaltige Produkte und Dienstleistungen von Unternehmen. Einen klaren Aufwärtstrend zeigt auch die von Union Investment 2017 veröffentlichte Studie, laut der 64 Prozent der institutionellen Anleger Aspekte der Nachhaltigkeit in ihrer Anlageentscheidung berücksichtigen, während 2013 die Zahl noch bei unter 50 Prozent lag[5].

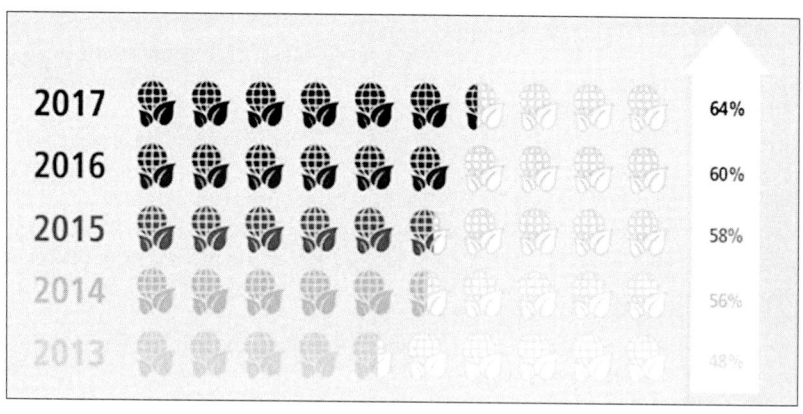

Abbildung 2: Nachhaltiges Vermögensmanagement institutioneller Anleger. Ergebnisbericht zur Nachhaltigkeitsstudie 2017 von Union Investment.

Die steigenden Anforderungen fordern auch die Immobilienbranche auf aktiv zu werden und sich langfristig nachhaltig zu orientieren, denn Nachhaltigkeit ist keine Option, sondern obligatorisch geworden.

2   Nachhaltigkeit im Immobilienportfolio

Indirekte Immobilienanlagen zählen seit jeher zu den langfristig orientierten Formen des Vermögensaufbaus. Ihre Verzinsung wird gespeist aus Mietertrag und Wertentwicklung einer oder mehrerer Immobilien über eine lange Zeit. Die Hauptaufgabe des Managers indirekter Immobilienanlagen besteht darin, als Treuhänder das Vermögen der Anleger verantwortungsbewusst zu verwalten und durch innovative Lösungen und Produkte einen nachhaltigen Mehrwert zu erwirtschaften. Dazu zählt ebenfalls ein etabliertes Risikomanagement, das gesetzliche Änderungen und wachsende gesellschaftliche Anforderungen berücksichtigt. Dieses ist essentiell, um die Weichen für ein erfolgreiches und zukunftsfähiges Geschäftsmodell zu stellen.

Zu den Weichenstellungen gehört ebenfalls die nachhaltige Bewirtschaftung der Immobilienportfolios, denn nur wer nachhaltig wirtschaftet, bleibt zukunftsfähig. Aus diesem Grund ist Nachhaltigkeit keine neue Herausforderung, sondern Teil eines ganzheitlichen Immobilienverständnisses großer Portfoliomanager, wie es die Anbieter offener Immobilienfonds sind.

Bei Union Investment bilden internationale und nationale Standards, die über die gesetzlichen Anforderungen hinausgehen, die Basis des nachhaltigen Immobilienmanagements:

---

[5] Vgl. UNION INVESTMENT/SCHÄFER (2017).

- United Nations Global Compact
- Grundsätze verantwortlichen Investierens der Vereinten Nationen (United Nations Principles for Responsible Investment – UN PRI)
- Wohlverhaltensregeln des Bundesverbands Investment und Asset Management (BVI)
- BVI-Leitlinien für verantwortliches Investieren
- Nachhaltigkeitskodex der Immobilienwirtschaft des Zentralen Immobilien Ausschusses (ZIA)

Die Tätigkeiten von Union Investment sind vom genossenschaftlichen Gedanken geprägt. Das bedeutet, Produkte und Dienstleistungen anzubieten, die die Bedürfnisse der Kunden befriedigen und ebenso einen gesellschaftlichen Beitrag und Nutzen leisten. Nachhaltigkeit gehört somit zum Selbstverständnis der Union Investment und ist fester Bestandteil der Unternehmensprozesse.

2.1 Strategische Verankerung von Nachhaltigkeit

Aktive Asset-Manager sehen einen langfristig positiven Zusammenhang zwischen nachhaltigem Handeln und dem wirtschaftlichen Mehrwert sowie der Zukunftsfähigkeit nachhaltiger Produkte. Nachhaltigkeitsziele integrieren sie idealerweise umfassend und konsequent in ihre Geschäftsstrategie und -prozesse. Was bedeutet dies konkret?

Bei Union Investment werden beispielsweise im Rahmen eines gruppenübergreifend installierten Umweltmanagementsystems (UMS) nachhaltige Prozesse qualitätsgesichert und deren Fortschritt überwacht. Neben dem Unternehmen wurden auch die Immobilienprozesse freiwillig nach ISO 14.001 zertifiziert. Eine Anwendung des UMS auf Immobilienebene wird genauso wie auf Unternehmensebene jährlich zwischengeprüft, um das Zertifikat zu erhalten. Im Immobilienbereich von Union Investment gewährleisten darüber hinaus Nachhaltigkeitsexperten die Einhaltung der selbstgesteckten Nachhaltigkeitsstandards. In den unternehmensinternen „Leitlinien für verantwortliches Investieren" ist zum Beispiel die Einhaltung von Aspekten, wie internationalen Standards – unter anderem dem United Nations Global Compact oder der UN PRI – beschrieben.

Auch politische Themen und Entwicklungen finden bei Union Investment strategische Berücksichtigung: Union Investment hat entschieden, aktiv voranzugehen und gemeinsam mit anderen Marktteilnehmern Lösungsansätze zu erarbeiten.

Ein wesentlicher Aspekt ist die Unterstützung des Top-Managements und die Einbindung der Unternehmensbereiche in die strategische Ausrichtung und Umsetzung des Nachhaltigkeitsmanagements. So organisiert Union Investment zum Beispiel regelmäßige Veranstaltungen mit dem Management sowie Vertretern der verschiedenen Fachbereiche, um aktuelle Herausforderungen, wie beispielsweise die Umsetzung des Klimaschutzplans der Bundesregierung, gemeinsam zu diskutieren und Lösungen zu erarbeiten. Im Ergebnis wurden bereits etablierte Nachhaltigkeitsbestrebungen entlang der gesamten Immobilienwertschöpfungskette weiterentwickelt und um weiterführende Ziele sowie Maßnahmen ergänzt.

Für ein erfolgreiches Nachhaltigkeitsmanagement im Immobilienportfolio ist eine feste Verankerung in den unternehmerischen Prozessen unabdingbar. Nachhaltigkeit ist keine einzelne Maßnahme, die losgelöst vom unternehmerischen Handeln passiert, sondern fester Bestandteil der unternehmerischen Prozesse. Durch bestehende Standards (siehe Branchenverbände wie ZIA und Ratings wie Global Real Estate Sustainability Benchmark [GRESB] und Scope) werden den Investoren bereits viele Instrumente zur Verfügung gestellt. Diese gilt es zu integrieren und durch eigene Erfahrungen und Maßnahmen zu ergänzen, so dass die Unternehmensspezifika abgebildet, bewertet und optimiert werden können. Die durchgängige Integration von Nachhaltigkeit in die Immobilienwertschöpfungskette von Union Investment wird in Abbildung 3 dargestellt.

Marktresearch	Fondsmanagement	Ankauf	Projekt- und Bestandsentwicklung	Bestandsmanagement Vermietung, Steuerung der Fremddienstleister	Verkauf
• Zusammenarbeit z.B. mit ZIA, DGNB • Mitarbeit bei Studien	• Teilnahme an Ratings für Immobilienfonds (z.B. Scope, GRESB) • Nachhaltigkeitsreporting (intern und extern)	• Union Investment "Sustainability Investment Check" (Bewertung Nachhaltigkeit Immobilie) • Prüfung Zertifizierung (DGNB, BREEAM, LEED etc.)	• Durchführung von Green Due Diligences • Jährlicher Sustainable Investment Check	• Verbrauchsdatenanalyse • Grüne Mietverträge • Dienstleistersteuerung • Grüne Property Managementverträge	• Mögliche Wertsteigerung durch nachhaltige Maßnahmen

- Ausrichtung des Nachhaltigkeitsmanagements an den Grundsätzen des verantwortungsvollen Investierens der Vereinten Nationen (UN PRI) sowie dem Nachhaltigkeitskodex der Immobilienwirtschaft (ZIA)
- Steuerung der Nachhaltigkeitsmaßnahmen durch eine Management-Sofware

Abbildung 3:   Nachhaltigkeit innerhalb der Immobilienwertschöpfungskette von Union Investment

2.1.1   Transparenz als Grundlage für die Optimierung des Bestands

Die Erfassung von Verbrauchsdaten ist der erste Schritt, dem Qualitäts- und Nachhaltigkeitsmanagement der Anlageobjekte gerecht zu werden. Ganz im Sinne von „If you can't measure it, you can't manage it"[6]. Dies ist je nach Nutzungsart und Mietvertragsstruktur nicht auf Anhieb möglich. Ausgehend von einem Musterportfolio sollte der Anteil der erfassten Immobilien kontinuierlich ausgebaut werden. Union Investment erfasst die Verbrauchsdaten des global investierten Bestands jährlich und strebt dabei stets eine Quote von mindestens 75 Prozent an.

Mit Hilfe des von Union Investment eigens entwickelten Portfolio Sustainability Managements (PSM) werden alle immobilienspezifischen Verbrauchsdaten erfasst (siehe Abbildung 4). So werden Optimierungspotenziale, etwa beim Energie- oder Wasserverbrauch der Immobilien, erkannt. Maßnahmen zum schonenden Umgang mit Ressourcen und zur Reduzierung der Betriebskosten können entsprechend ab- und eingeleitet werden. Das PSM bildet somit die Grundlage für eine langfristig nachhaltige Ausrichtung des internationalen Immobilienfondsbestands.

---

[6]   KAPLAN/NORTON (1996), S. 21.

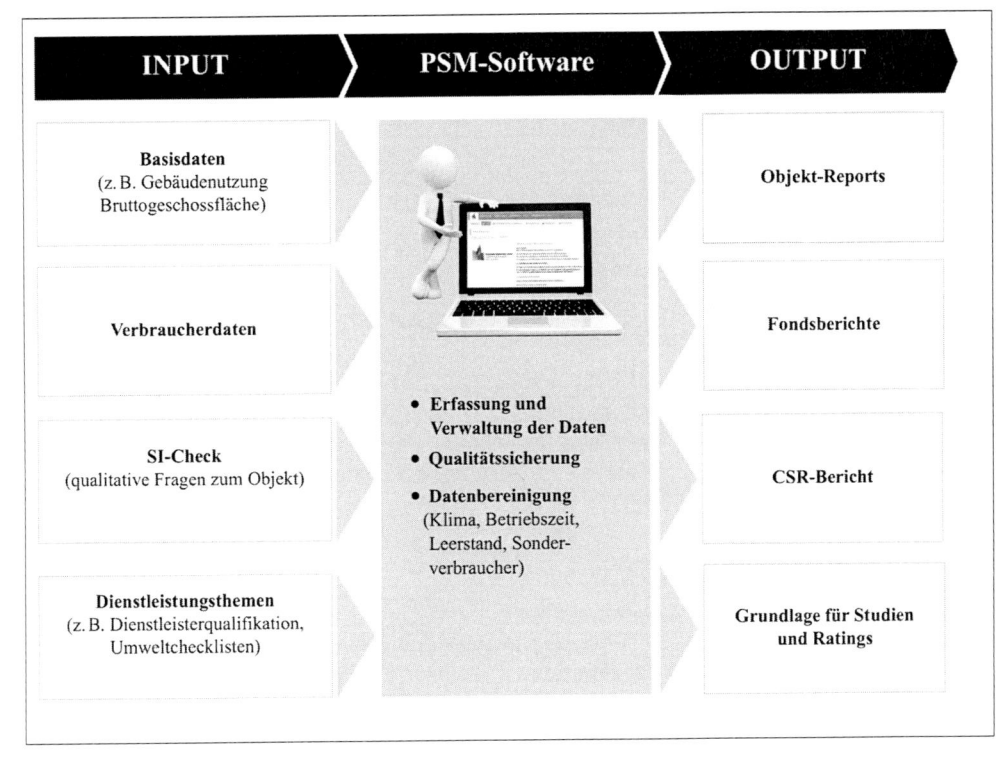

Abbildung 4: *Die Portfolio-Sustainability-Management-(PSM-)Software bildet die Grundlage für eine langfristig nachhaltige Ausrichtung des Immobilienportfolios.*

Ein kurzer Blick hinter die Kulissen: In einem jährlichen Rollout läuft in enger Zusammenarbeit zwischen dem Property- und Asset-Management sowie den Mietern die Erfassung der Verbrauchsdaten geeigneter Objekte mit Hilfe der PSM-Software. Dies ist nicht immer einfach: Die Notwendigkeit dieser detaillierten Aufgabe ist mitunter schwer zu vermitteln und Verantwortlichkeiten und Zuständigkeiten verändern sich fortwährend. Zudem sind die Mieter größtenteils nicht überall dazu verpflichtet, Verbrauchsdaten offenzulegen, so dass man auf aktive Zuarbeit und auf ihren guten Willen angewiesen ist. Je umfassender die analysierten Verbrauchswerte sind, desto mehr Optimierungspotenziale lassen sich ableiten. Eingangs noch als „zusätzliche Aufgabe mit hohem Zeitaufwand" wahrgenommen, gehört die Datenerfassung bei Union Investment nun zur festen Aufgabe des Property- und Asset-Managements, die durch die Erfahrung immer effizienter abgehandelt werden kann. In allen Verträgen mit dem Property-Management ist die Mitarbeit an der Datenerfassung mittlerweile ein festgeschriebenes und somit verpflichtendes Ziel.

2.1.2 Qualitative Aspekte ergänzen die quantitative Betrachtung

Nicht alle Aspekte eines nachhaltigen Gebäudes lassen sich an Verbrauchsdaten ablesen. Nachhaltige Immobilien können eine Vielzahl von weiteren Merkmalen ausweisen. Dazu gehören zum Beispiel Barrierefreiheit, Anpassbarkeit an die Bedürfnisse der Nutzer und gutes Management der laufenden Instandhaltung. Deshalb entwickelte Union Investment bereits 2009 mit dem Sustainable-Investment-Check (SI-Check) ein eigenes Bewertungssystem. Mit seiner

Hilfe werden alle Bestandsobjekte sowohl im Hinblick auf ihren Ist-Zustand als auch im Hinblick auf objektspezifische Potenziale jährlich analysiert. Auch anvisierte Zukäufe durchlaufen verbindlich einen SI-Check. Zu diesem Zweck werden qualitative Kriterien in den Kategorien Energie, Ressourceneinsatz, Wirtschaftlichkeit, Nutzerkomfort, Betrieb und Standort erfasst und mit einem Scoring bewertet. Dabei kann sich Union Investment auf die bewährte PSM-Software stützen.

Die Kombination von SI-Check für die qualitative Bewertung und PSM für die quantitative Analyse gewährleistet eine umfassende jährliche Bilanzierung der Objekt- und Portfoliodaten, von der weitergehende Analysemaßnahmen abgeleitet werden können, wie beispielsweise die Durchführung einer Green Due Diligence.

Eine Green Due Diligence dient zur Ermittlung von konkreten Optimierungsmaßnahmen ausgewählter Bestandsimmobilien hinsichtlich ökonomischer, ökologischer und sozialer Aspekte und umfasst somit mehr als nur eine rein energetische Betrachtung. Durch eine gezielte Auswahl von optimierungsbedürftigen Objekten anhand von Daten aus dem PSM werden durch externe Sachverständige umfangreiche Untersuchungen durchgeführt. Dabei werden objektspezifische Maßnahmen zur Reduzierung von Energie- und Betriebskosten, zur Erhöhung des Nutzerkomforts oder zur Wertsteigerung der Gebäude herausgearbeitet und über Wirtschaftlichkeitsbetrachtungen in Kombination mit Emissions- beziehungsweise Umweltanalysen bewertet. Somit erhält der Immobilienmanager eine fundierte Entscheidungsgrundlage zur Weiterentwicklung des Gebäudes, die eine Maßnahmensimulation, Kosten-Nutzen-Einschätzung und den Return on Investment (ROI) darstellt.

Durch die quantitativen sowie qualitativen Betrachtungen und weiterführenden Analysen wird die Wirkungsweise ergriffener Maßnahmen nachverfolgt und die Erfolgsmessung sukzessive als Standard in die Arbeitsprozesse integriert.

Für die Bewertung einzelner Immobilien können auch Zertifikate ein brauchbares und aussagekräftiges Mittel sein, wobei vorrangig hochwertige Zertifikate ab einem Niveau wie Very Good (BREEAM) oder Gold (DGNB/LEED) für eine echte Differenzierung sorgen. Zu diesem Ergebnis kam eine Studie von IREBS (2016) zum „Payoff von Nachhaltigkeit"[7], die rund 200 Büroimmobilien von Union Investment in Deutschland untersuchte. Ziel der Studie war die Definition erster Anhaltspunkte, inwiefern sich die nachhaltige Gestaltung einer Immobilie auf Mieten und Verkehrswert auswirkt. Ein zentrales Ergebnis: Um Miet- und Verkehrswertaufschläge von fünf bis zehn Prozent zu erreichen, genügt das reine Vorhandensein eines Nachhaltigkeitslabels nicht. Nur hochrangige Platinzertifizierungen von DGNB/LEED machen wirklich noch einen Unterschied. Die IREBS-Forscher fanden außerdem heraus, dass sich die monatliche Miete um fünf Prozent und mehr reduzieren kann, wenn der Energiekennwert einer Immobilie um 100 kWh/m^2 steigt. Der Verkehrswert kann in diesem Fall um mehrere hundert Euro/m^2 sinken. Diese Befunde belegen kausale Zusammenhänge zwischen nachhaltiger Gestaltung und Wertentwicklung.

Für das Management großer Portfolios eignen sich somit Zertifikate eher weniger, da sie keine Vergleichbarkeit, weder für Kunden noch für Immobilienmanager, zwischen unterschiedlichen Objekten herstellen. Für diesen Zweck werden standardisierte Instrumente benötigt, darunter fallen beispielsweise die zuvor beschriebenen Maßnahmen und auch immer mehr externe Ratings. Beispielsweise stellt GRESB eine gute Möglichkeit dar, die Nachhaltigkeitsperformance zu benchmarken. Mit Hilfe von internen Instrumenten und externen Bewertungen werden unterschiedliche Immobilien nicht nur vergleichbarer, sondern bieten darüber hinaus die Grundlage für die kontinuierliche Verbesserung und Optimierung des gesamten Portfolios.

---

[7] Vgl. *IREBS/UNION INVESTMENT* (2016).

2.1.3 Green Leases – gemeinsam für eine nachhaltige Immobiliennutzung

Der Betrieb ist die längste Phase im Lebenszyklus einer Immobilie und stellt somit einen großen Hebel für Nachhaltigkeit in und an einer Immobilie dar. Neben den zuvor genannten Maßnahmen gibt es einen weiteren essentiellen Punkt, ohne den Nachhaltigkeit in einer Immobilie nicht umsetzbar ist: die ressourcenschonende und nachhaltige Nutzung sowie die konstruktive Zusammenarbeit von Nutzer und Eigentümer. Hier kommen grüne Mietverträge, sogenannte „Green Leases", zum Einsatz. Wo sich Standardverträge vorrangig auf Kosten und Rechte fokussieren, berücksichtigt der Green Lease ebenso Nachhaltigkeitsaspekte. Diese vertragliche Grundlage unterstützt und verstärkt die Zusammenarbeit zwischen Mieter und Vermieter bei Nachhaltigkeitsthemen. Bei Union Investment sind bereits in den Standardmietverträgen für die Nutzungsart Büro in mehreren Ländern Nachhaltigkeitsklauseln fester Bestandteil. Hier erklären sich die Parteien bereit, Energieverbrauchswerte zur Verfügung zu stellen, sich regelmäßig über Nachhaltigkeit auszutauschen, umweltschonende Reinigungsverfahren anzuwenden und bauökologische Mindestanforderungen einzuhalten.

„Nachhaltige Klauseln" als Bestandteil des Mietvertrages rufen bei einigen Mietern und auch Marktteilnehmern Skepsis hervor, da sie noch zu den Exoten auf dem Vermietungsmarkt gehören. Doch hier ist kontinuierliche Aufklärung und Weiterentwicklung gefragt, denn nur so können Immobilien langfristig ihre nachhaltigen Potenziale ausschöpfen.

2.1.4 Grüne Property-Management-Verträge

Die nachhaltige Nutzung der Immobilie wird neben der Kollaboration von Nutzer und Eigentümer durch die Arbeit des Property-Managers komplettiert. Bei den grünen Property-Management-Verträgen stehen, wie auch bei den Green Leases, ein regelmäßiger Austausch und eine konstruktive Zusammenarbeit im Vordergrund. Der Property-Manager ist der Unternehmer und Ansprechpartner vor Ort und trägt maßgeblich zur Ausgestaltung und Steuerung der nachhaltigen Gebäudenutzung bei. Zusätzlich hat sich Union Investment durch das UMS dazu verpflichtet, umweltrelevante Aspekte bei der Entwicklung von Produkten und Dienstleistungen sowie bei der Neuvergabe von Aufträgen und der Auswahl von Geschäftspartnern einfließen zu lassen. Im Immobilien-Asset-Management kommt dies bei der Auswahl der Property- und Facility-Manager seit 2014 auch in der Vertragsausgestaltung zum Tragen. Im Vordergrund steht dabei die aktive Zuarbeit des Property-Managers vor Ort durch Nutzung der Nachhaltigkeitsinstrumente von Union Investment. Weitere wesentliche Aspekte sind die Ausrichtung der eigenen Aktivitäten an Nachhaltigkeitsprinzipien und die Vereinbarung dieser auch mit weiteren Geschäftspartnern. Basis liefert hier die regelmäßige Bestätigung des Property-Managers zur Einhaltung der geltenden Umweltrechtspflichten. Des Weiteren wird jährlich die Nachhaltigkeitsqualifikation des Dienstleisters durch einen ausführlichen Fragenkatalog festgestellt. Die Ergebnisse werden in der PSM-Software dokumentiert, analysiert und im Rahmen des UMS geprüft.

2.2 Kommunikation und Einbindung von Interessengruppen

Die Einbeziehung relevanter Stakeholder ist ein unabdingbarer Bestandteil eines erfolgreichen Nachhaltigkeitsmanagements. Nur durch fortlaufende Dialoge können Anforderungen der Stakeholder deutlich gemacht sowie berücksichtigt werden und durch einen offenen Austausch zu Verbesserungen führen. Die etablierten Nachhaltigkeitsmaßnahmen in der gesamten Immobilienwertschöpfungskette und ihre kontinuierliche Weiterentwicklung basieren bei Union Investment auf einem fortlaufenden Stakeholder-Dialog.

2.2.1 Austausch in der Branche

Im Rahmen ihrer Mitwirkung an zahlreichen Initiativen steht Union Investment in regelmäßigem Austausch mit anderen Bestandshaltern, beispielsweise in Form von regelmäßigen Peergroup-Treffen (einem Erfahrungsaustausch der größten Bestandshalter Deutschlands). Seit 1999 ist Union Investment Mitglied im Urban Land Institute (ULI), das sich weltweit für die nachhaltige Entwicklung von Lebensräumen einsetzt. Als Gründungsmitglied der Deutschen Gesellschaft für Nachhaltiges Bauen (DGNB) bringt Union Investment darüber hinaus seit 2007 ihr Wissen und ihre Erfahrung in diverse Arbeits- und Expertengruppen ein. Durch die intensive Begleitung von Pilotzertifizierungen wurde zum Beispiel der Ausbau des DGNB-Zertifizierungssystems unterstützt.

Seit Juni 2008 ist Union Investment Mitglied des Zentralen Immobilien Ausschusses (ZIA) und hat maßgeblich an der Entwicklung des branchenweiten Nachhaltigkeitskodex mitgewirkt. Überdies arbeitete Union Investment wesentlich an der Entwicklung der 2013 erschienenen ZIA-Publikation „Leitfaden zur Einführung von Nachhaltigkeitsmessungen im Immobilienportfolio. Technologisch-ökologische Aspekte"[8] mit. Ziel der Nachhaltigkeitsmessung ist es, wichtige Grundlagen für die große Gruppe der Bestandsimmobilien zu gewinnen, um diese werthaltiger weiterzuentwickeln, indem ökologische, ökonomische und soziale Kriterien einbezogen werden. Weiterhin war Union Investment, zusammen mit anderen großen Bestandshaltern und Institutionen, aktiv an der Entwicklung eines branchenweiten Benchmarkings beteiligt. Der Mitte 2017 veröffentlichte Leitfaden „Nachhaltigkeitsbenchmarking. Was und wie sollte verglichen werden?"[9] fasst die Ergebnisse und Vorschläge zusammen.

In der Arbeitsgruppe „Green Lease" wurde das Ziel verfolgt, mehr konkrete Nachhaltigkeitsklauseln in Mietverträgen zu verankern und einen Branchenstandard zu etablieren. Der Leitfaden wird im ersten Halbjahr 2018 veröffentlicht und bietet sowohl Mietern als auch Vermietern die Möglichkeit, Nachhaltigkeit in die Vertragsgrundlagen sowie in den Immobilientagesbetrieb zu integrieren. Darüber hinaus werden bei der „Task-Force-Energie" die aktuellen Herausforderungen durch den Klimaschutzplan bearbeitet und das Wissen der Branche gebündelt. Als Mitglied des Bundesverbands Investment und Asset Management e. V. (BVI) hat Union Investment an den im Jahr 2016 veröffentlichten „Leitlinien für nachhaltiges Immobilien-Portfoliomanagement"[10] aktiv mitgewirkt. Ziel der Leitlinien ist es, auf Fonds- und Portfolioebene Steuerungsgrößen aufzuzeigen und die Vergleichbarkeit von Immobilienprodukten zu fördern. Die Vielzahl der Arbeitsgruppen zeigt, dass eine kontinuierliche Weiterentwicklung stattfindet und Stillstand keine Option ist. Durch das konsequente Engagement kann Union Investment ihre Expertise einbringen, neue Kenntnisse gewinnen und eine treibende Rolle einnehmen.

2.2.2 Austausch mit Stakeholdern

Ein ganzheitlich nachhaltiges Immobilienmanagement ist nur möglich, wenn alle Beteiligten ihren Beitrag leisten. Deshalb informiert und sensibilisiert Union Investment ihre Mitarbeiter ebenso wie Marktteilnehmer, Kunden und Mietpartner mit unterschiedlichen Medien und Veranstaltungsformaten über die Chancen und Notwendigkeiten, die mit dem Thema Nachhaltigkeit verbunden sind. Dies erfolgt beispielsweise in persönlichen Gesprächen, auf der Unternehmenswebsite, in Broschüren oder über Vorträge auf Fachmessen.

Union Investment bietet zudem ein Internetportal an, das das Ziel verfolgt, Wissen über Aspekte der Nachhaltigkeit in der Immobilienbranche aufzubauen, weiterzuentwickeln und von

---

[8] Vgl. *ZIA* (2013).
[9] Vgl. *ZIA* (2017).
[10] Vgl. *BVI* (2016).

den Erfahrungen der Marktteilnehmer zu lernen. Der aktive Austausch steht hier im Vordergrund. Im Portal werden beispielsweise Gastbeiträge von Branchenteilnehmern veröffentlicht und ein Erfahrungsaustausch ermöglicht.[11]

Nachhaltigkeitsreporting:
Das Interesse der Anleger und Geschäftspartner an Nachhaltigkeit und konkreten Kennzahlen dazu steigt kontinuierlich an. Die Darstellung der Entwicklungen in Nachhaltigkeitsberichten ist für Stakeholder eine gute Möglichkeit, sich ausführlich über das Engagement und die Resultate zu informieren. Als Unterzeichnerin des ZIA-Branchenkodex ist es für Union Investment seit 2011 selbstverständlich, relevante Verbrauchswerte des Immobilienfondsportfolios qualitätsgesichert offenzulegen und über Ziele, durchgeführte Maßnahmen und Branchenengagements zu kommunizieren. Dabei bezieht sich Union Investment auf die ZIA-Reporting-Struktur. Diese beschreibt in 14 Punkten, welche Inhalte grundsätzlich Reporting-Standard für das Nachhaltigkeitsreporting in der Immobilienwirtschaft sein sollten. Dabei beruft sich der ZIA, ebenso wie die UN PRI und GRESB, auf die Leitsätze der Global Reporting Initiative (GRI).
Ebenfalls von Bedeutung ist die ZIA-Publikation „Leitfaden zur Einführung von Nachhaltigkeitsmessungen im Immobilienportfolio. Technologisch-ökologische Aspekte"[12]. Hierin finden sich Empfehlungen für brancheneinheitliche Nachhaltigkeitsmessungen in der Immobilienwirtschaft.

Externe Ratings schaffen Vergleichbarkeit:
Auch im Benchmarking kann sich das Unternehmen von Jahr zu Jahr verbessern. Branchenweite und marktübliche Standards zum Benchmarking auf Fondsebene sind zwar noch wenig etabliert oder entwickeln sich gerade erst, es ist aber unverzichtbar, die Entwicklungen im Blick zu behalten und hinsichtlich der zu erhebenden Verbrauchsdaten „lieferfähig" zu sein.
Zuerst war nur ein internes Benchmarking durch Bildung eigener Portfoliodurchschnittswerte und den Vergleich der Verbräuche mit diesem Wert möglich. Mittlerweile gibt es weitere Alternativen, beispielsweise die Teilnahme an der Global Real Estate Sustainability Benchmark (GRESB). Hier wird die Nachhaltigkeitsperformance von Fonds in einer jährlichen Analyse ermittelt, dabei wird die Integration des Nachhaltigkeitsmanagements inklusive Prozessen sowie Reportings und darüber hinaus die Steuerung der Umweltperformance, zum Beispiel Energieverbräuche und CO_2-Emissionen der Immobilien im Portfolio, bewertet. Das Benchmarking hilft, Leistungen im Bereich Nachhaltigkeit aktiv zu steuern und die Nachhaltigkeitsperformance des Immobilienbestands Schritt für Schritt zu verbessern. Die Ergebnisse werden über ein Scoringmodell dargestellt.
Union Investment hat zum fünften Mal in Folge an der Bewertung teilgenommen. Die sieben partizipierenden Immobilienfonds erreichten die höchste Rating-Stufe „Green Star". Mit den Benchmark-Ergebnissen ergibt sich auch die Möglichkeit, Nachhaltigkeitsziele zu definieren, die eigene Nachhaltigkeitsperformance der Fonds im Vergleich zu anderen Marktteilnehmern und Produkten einzuordnen und die Zielerreichung zu verfolgen. Transparenz ist dabei das übergeordnete Ziel.
Zusätzlich verpflichtet sich Union Investment als Unterzeichnerin der Grundsätze verantwortlichen Investierens der Vereinten Nationen (UN PRI) zu einem jährlichen „Assessment", in dem Union Investment Auskunft über die strategische und operative Umsetzung des verantwortlichen Investierens gibt und mit der Bewertung „A" in allen Modulen (darunter auch Immobilien) ein sehr gutes Ergebnis erzielt.

---

[11] Zu erreichen ist das zweisprachige Portal unter www.nachhaltige-immobilien-investments.de.
[12] Vgl. *ZIA* (2013).

Ein weiteres Rating, an dem Union Investment konsequent teilnimmt, ist das Scope-Rating. Scope bewertet die Risiko- und Renditeprofile von Investmentfonds sowie die Qualität von Asset-Managern.[13] Bei Scope fließen Nachhaltigkeitskriterien bereits seit 2013 in die Bewertung von offenen Immobilienfonds ein und werden mit zehn Prozent am Gesamtergebnis gewichtet. Scope bewertete hier die Nachhaltigkeitsstrategie von Union Investment als ausgereifteste der Branche.

Diese externen Bewertungen bieten Anlegern die Möglichkeit, das komplexe Thema Nachhaltigkeit fassbarer und vergleichbarer zu machen.

2.3 Zwei Grad greifbar machen

Bereits im Jahr 2015 hat Union Investment ihre Klimastrategie „2° sind machbar" verabschiedet. In dieser kommt die Selbstverpflichtung des Unternehmens zum Ausdruck, die langfristigen politischen Ziele der Emissionsverringerung im Unternehmen umzusetzen und aktiv zu unterstützen.

Im Rahmen der Weiterentwicklung der Nachhaltigkeitsstrategie im Bereich Immobilien fand unter anderem eine wissenschaftliche und praxisorientierte Zusammenarbeit mit der Deutschen Unternehmensinitiative Energieeffizienz (DENEFF) statt. Die DENEFF hat im Rahmen der Studie „Klimafreundliche Gewerbeimmobilien"[14] gemeinsam mit Union Investment und Vertretern der Immobilien-, Finanz- und Energiewirtschaft Lösungsansätze erarbeitet. Das Ergebnis: ein praxisorientiertes Arbeitsmittel für Fonds-, Asset- und Investmentmanager. Mit dem Tool zum Risikomanagement von Gewerbeimmobilien können Immobilienbestandshalter ihr Gebäudeportfolio auf etwaige Klimarisiken scannen und den Investitionsbedarf für energetische Modernisierungen ermitteln. Es indiziert konkret, welche Gebäude im Portfolio bis zum Jahr 2050 nicht „klimakonform" sind und Maßnahmen benötigen. Dabei werden in verschiedene Nutzungsarten und Benutzertypen unterschieden. Das Tool ist nun kostenlos auf dem Markt verfügbar.

In diesem Zusammenhang überprüfte Union Investment in einer Testphase rund 170 Gebäude auf ihre Klimakonformität bis 2050. Die Ergebnisse flossen in die Maßnahmenplanung der überarbeiteten Strategie ein. Konkret zu nennen ist beispielsweise die Implementierung eines Energie-Monitorings. Im ersten Schritt wurden zwölf Objekte für eine Pilotierung ausgewählt, um ein Monitoring einzurichten und Einsparpotenziale zu identifizieren. Die dafür notwendige Installation von digitalen Zählern und deren Datenkontrolle erfolgt in Zusammenarbeit mit den Property-Managern vor Ort. Die Möglichkeiten, Gebäude Schritt für Schritt smarter zu machen, werden genau geprüft, denn beim Zusammenspiel von Nachhaltigkeit und Digitalisierung sieht Union Investment große Potenziale.

Neben den Maßnahmen im Bestand steht auch die technische Gebäudeausrüstung (TGA) bei Ankäufen verstärkt im Fokus. Mit einem speziellen TGA-Check wird das verbaute Gebäudeautomationssystem auf seine Zukunftsfähigkeit überprüft. Kommt die Immobilie für einen Ankauf in Betracht, besteht jedoch bezüglich der TGA Modernisierungsbedarf, wird zukünftig hierfür gleich ein Budget einkalkuliert. Die Modernisierung hat dann unter Einhaltung einer festgelegten Frist zu erfolgen.

Nachhaltigkeit, einhergehend mit einer weitgehenden Klimaneutralität, ist für Union Investment machbar und gleichzeitig an Herausforderungen und eine fortdauernde Anpassungsfähigkeit unter sich ändernden Marktbedingungen geknüpft. Durch die strategische Verankerung der

---

[13] Vgl. SCOPE (2018).
[14] Vgl. DEUTSCHE UNTERNEHMENSINITIATIVE ENERGIEEFFIZIENZ E. V. (DENEFF) (2017).

Nachhaltigkeitsmaßnahmen in den Unternehmensprozessen und eine kontinuierliche Anwendung und Weiterentwicklung der beschriebenen Instrumente ist Union Investment bereit die Herausforderungen anzunehmen. Konkrete Zielsetzungen und Maßnahmen sind bis 2030 vorhanden und werden sukzessive umgesetzt. Hierbei ist zu berücksichtigen, dass im Immobiliensektor, bedingt durch die Anforderungen des Klimaschutzplans, Innovationen stattfinden und auch in der zukünftigen Zieldefinition und Planung Berücksichtigung finden werden. Gemeinsam mit weiteren großen Bestandshaltern und Branchenverbänden wird Union Investment weiterhin im Markt an der Gestaltung der nachhaltigen Immobilienwirtschaft maßgeblich mitarbeiten und ihre Erfahrungen einbringen. Basierend auf dem genossenschaftlichen Selbstverständnis ist dies ein wichtiger Beitrag für die zukünftigen Generationen und eine nachhaltige Weiterentwicklung des Immobilienbestands.

Quellenverzeichnis

BIENERT, S./GEIGER, P./CAJIAS, M. (2012): Nachhaltigkeit konkret: Vier Strategien. IREBS Standpunkt, Regensburg 2012.

BMUB (BUNDESMINISTERIUM FÜR UMWELT, NATURSCHUTZ, BAU UND REAKTORSICHERHEIT) (2016): Klimaschutzplan 2050. Klimaschutzpolitische Grundsätze und Ziele der Bundesregierung, Berlin 2016.

BVI (2016): BVI Leitlinien für nachhaltiges Immobilien-Portfoliomanagement, online: https://www.bvi.de/regulierung/selbstregulierung/verantwortliches-investieren/, Stand Juni 2016, Abruf 12.03.2018.

DEUTSCHE UNTERNEHMENSINITIATIVE ENERGIEEFFIZIENZ E. V. (DENEFF) (2017): Klimafreundliche Gewerbeimmobilien: Gebäudeeigentümer, Investitionsprozesse und neue Tools für mehr Investitionen in Klimaschutz, Berlin 2017.

IREBS/UNION INVESTMENT (2016): Empirische Studie zum Pay-Off von Nachhaltigkeit – Untersuchung aus dem Blickwinkel der Union Investment Real Estate GmbH, unveröffentlicht.

KAPLAN, R. S./NORTON, D. P. (1996): The Balanced Scorecard: Translating Strategy into Action, Boston 1996.

LEXIKON DER NACHHALTIGKEIT (2015): Weltgipfel Rio de Janeiro, 1992, online: https://www.nachhaltigkeit.info/artikel/weltgipfel_rio_de_janeiro_1992_539.htm, Stand: 15.09.2015, Abruf: 15.01.2018.

UNION INVESTMENT/SCHÄFER, H. (2017): Stimmungsindex zur nachhaltigen Kapitalanlage, online: https://unternehmen.union-investment.de/startseite-unternehmen/presseservice/pressemitteilungen/alle-pressemitteilungen/2017/Nachhaltige-Kapitalanlage-gewinnt-weiter-an-Bedeutung.html, Stand 31.05.2017, Abruf 12.03.2018.

SCOPE (2018): online: http://www.scope-awards.com/, Stand: 2018, Abruf: 15.01.2018.

ZIA (2013): Leitfaden zur Einführung von Nachhaltigkeitsmessungen im Immobilienportfolio, Berlin 2013.

ZIA (2015): Nachhaltige Unternehmensführung in der Immobilienwirtschaft, Köln 2015.

ZIA (2017): Nachhaltigkeitsbenchmarking. Was und wie sollte verglichen werden?", Berlin 2017.

Nachhaltigkeitskriterien in der Kreditvergabepraxis von Banken am Beispiel der Commerzbank AG

CHRISTOPH OTT und RÜDIGER SENFT

Commerzbank AG

1	Die Rolle des Finanzsektors bei Sustainable Finance	299
	1.1 Die generelle Rolle von Banken und das Wesen eines Kredits	299
	1.2 Unterscheidung zwischen Bank und Vermögensverwalter	300
	1.3 Transparenz bei nicht-finanziellen Aspekten	300
2	Kreditvergabeprozesse einer Geschäftsbank	302
3	Kreditvergabe unter Berücksichtigung von Nachhaltigkeitsrisiken	304
	3.1 ‚Compliance' mit Gesetzen und Richtlinien als Basis unternehmerischer Verantwortung	304
	3.2 Allgemeine Nachhaltigkeitsstandards	304
	3.2.1 Der UN Global Compact	304
	3.2.2 Die OECD Common Approaches mit den IFC Performance Standards	305
	3.2.3 Die Äquator-Prinzipien	305
	3.3 Bankspezifische Umwelt- und Sozial-Richtlinien	306
	3.4 Beispiel für die Anwendung bankspezifischer Richtlinien zum Umgang mit Umwelt- und Sozialrisiken	307
	3.4.1 Identifikation relevanter Themenfelder	307
	3.4.2 Prüfung möglicher Umwelt- und Sozialrisiken	307
	3.4.3 Qualitative Bewertung, Eskalation und Reporting	308
4	Produktinnovationen in der Kreditvergabe	308
	4.1 Positive Incentive Loan	309
	4.2 Green Loan	309
	4.3 Sustainable Trade Finance	309
5	Bewertung und Ausblick	310
	Quellenverzeichnis	311

1 Die Rolle des Finanzsektors bei Sustainable Finance

Es besteht Konsens darüber, dass Banken eine entscheidende Rolle bei der Verwirklichung einer nachhaltigen Entwicklung im Sinne der Sustainable Development Goals (SDG) spielen können. Wie wichtig es für Finanzinstitute ist, Nachhaltigkeit strategisch anzugehen, wird deutlich, wenn man die verschiedenen Interessengruppen (Stakeholder) von Banken und deren jeweilige Interessen betrachtet.

Kunden erwarten von Banken, dass diese mit ihrem Geld integre Ziele verfolgen. Dabei können sich die ethisch-moralischen Vorstellungen der Kunden und die Geschäftspraxis der Banken unterscheiden, was zu unzufriedenen Kunden und Kundenverlusten führen kann.

Bei *Aktionären und Investoren* ist – insbesondere in den letzten Jahren – zu beobachten, dass auch sie ihren Interessenhorizont deutlich in Richtung Nachhaltigkeit geöffnet haben. Kritische Nachfragen von Aktionären zu Umwelt- und Sozialbelangen im Kerngeschäft von Banken sind auf deren Hauptversammlungen keine Seltenheit mehr. Größere Investoren machen Nachhaltigkeitsthemen zunehmend zu einem festen Bestandteil ihrer Investorengespräche und Anlageentscheidungen.

Nichtregierungsorganisationen kritisieren Banken häufig für ihren Umgang mit Umwelt- und Sozialrisiken im Kerngeschäft und finden für entsprechende Veröffentlichungen und Studien in den klassischen und sozialen *Medien* reichweitenstarke Möglichkeiten, die Aufmerksamkeit auf diesen Themen erzeugen oder verstärken.

Auch *Politik und Aufsichtsbehörden* nehmen das Thema Nachhaltigkeit, zuletzt etwa mit der Einführung einer Berichtspflicht oder durch die stärkere Inpflichtnahme bei der Achtung der Menschenrechte, vermehrt auf ihre Agenda.

Und nicht zuletzt spielen die Erwartungen von *Mitarbeitern* eine große Rolle beim Umgang mit dem Thema Nachhaltigkeit. Die Wahrnehmung unternehmerischer Verantwortung ist ein wichtiger Faktor der Attraktivität als Arbeitgeber. Und in einem sich zuspitzenden Wettbewerb um qualifizierte und motivierte Mitarbeiter wird das Nachhaltigkeitsengagement einer Bank damit ebenfalls zu einem ernstzunehmenden Wettbewerbsfaktor.

Die verantwortungsvolle Kreditvergabe ist Teil der unternehmerischen und gesellschaftlichen Verantwortung einer jeden Bank. Als Finanzierer von Unternehmen einer Volkswirtschaft haben Banken über ihre Kreditvergabe in besonderem Maße die Möglichkeit, Verantwortung zu übernehmen, indem sie nicht nur klassische Kreditvergabekriterien berücksichtigen, sondern explizit auch Umwelt- und Sozialkriterien in die Entscheidung mit einbeziehen. Dies ist nicht nur volkswirtschaftlich wünschenswert (Erhalt der Gesundheit von Mensch und Natur durch Vermeidung von Umweltverschmutzung), sondern auch betriebswirtschaftlich (bessere Steuerung von Kredit- und Reputationsrisiken) sinnvoll und im Interesse aller Stakeholder einer Bank.

1.1 Die generelle Rolle von Banken und das Wesen eines Kredits

Kernaufgabe einer Bank und gleichzeitig deren volkswirtschaftliche Funktion ist die Transformation von Fristen, Losgrößen und Risiken zwischen Kapitalgebern und -nehmern. Das bedeutet vereinfacht dargestellt, sie sorgt bei entsprechendem Leitzins dafür, dass viele Kleinsparer ihre Einlagen risikolos verzinst bekommen und diese jederzeit verfügbar sind, während sie Unternehmen und Privathaushalten langfristige Kredite mit einem festen Zinssatz zur Verfügung stellt. Es ist die Aufgabe der Banken, mit einem ausgewogenen Risikomanagement dafür zu sorgen, dass die Interessen beider Seiten – Sicherheit der Spareinlagen und Verfügbarkeit von Krediten – gewährleistet sind.

Das Kreditgeschäft ist also eine der wesentlichen Funktionen und Aufgaben einer Bank. Das zeigt sich auch beim Blick in die Bilanz der Commerzbank. Laut ihrem Geschäftsbericht ist der mit rund 40 Prozent größte Posten auf der Aktivseite der Bilanz die Forderungen an Kunden. Die Commerzbank hatte im Geschäftsjahr 2017 Kredite mit einem Volumen von gut 200 Milliarden Euro an Kunden ausgereicht.

Beim Geschäft mit Privatkunden spielen Immobilienfinanzierungen die größte Rolle. Sie sind in der Regel großvolumig und haben Laufzeiten von fünf Jahren und länger. Daneben spielen Raten- oder Konsumentenkredite, also Kredite mit kleinerem Volumen und eher kurzer Laufzeit von wenigen Monaten bis zu wenigen Jahren eine wichtige Rolle.

Das Geschäft mit Firmenkunden umfasst vor allem Kredite, die den laufenden Betrieb eines Unternehmens finanzieren (Betriebsmittelkredit, Kontokorrentkredit), Handelsaktivitäten absichern (Avale, Akkreditive), Investitionen ermöglichen (Investitionskredite) oder dazu dienen, große Projekte zu finanzieren (Projektfinanzierungen). Den größten Posten im Kreditgeschäft mit Firmenkunden bildet bei der Commerzbank die weitgehend standardisierte Finanzierung mit Betriebsmittel- und Investitionskrediten. Projektfinanzierungen spielen eine zu vernachlässigende Rolle.

Dem Kreditgeschäft haften, neben den quantifizierbaren Kreditrisiken (z. B. Ausfall eines Kreditnehmers) auch nicht-quantifizierbare Risiken, wie beispielsweise das Reputationsrisiko[1] an.

1.2 Unterscheidung zwischen Bank und Vermögensverwalter

Das Geschäft einer Bank unterscheidet sich ganz wesentlich von dem eines Vermögensverwalters (auch Asset Manager). Eine Bank ist ein Kreditinstitut, das Dienstleistungen für den Zahlungs-, Kredit- und Kapitalverkehr anbietet. In Deutschland ist ein Kreditinstitut in § 1 Kreditwesengesetz (KWG) definiert *als ein kaufmännisches Unternehmen, das Bankgeschäfte betreibt*. Die Bezeichnung *Bank* dürfen nach § 39 KWG nur Unternehmen führen, die eine Banklizenz besitzen.[2]

Vermögensverwaltung (auch Asset-Management genannt) ist eine Finanzdienstleistung, die sich mit der Betreuung treuhänderisch überlassener Kundengelder befasst. Der Vermögensverwalter trifft dabei – in einem definierten Rahmen – die Anlageentscheidungen für seine Kunden. Der Begriff genießt in Deutschland keinen gesetzlichen Schutz und wird auch von unregulierten Finanzdienstleistern verwendet.[3] Eine Bank hingegen vergibt vor allem Kredite an ihre Kunden und erhält dafür einen vereinbarten Zins. Dieser Unterschied spielt – wie wir im Folgenden zeigen werden – eine wesentliche Rolle beim Umgang mit dem Thema Nachhaltigkeit.

1.3 Transparenz bei nicht-finanziellen Aspekten

Asset-Manager investieren in Wertpapiere von Unternehmen, die an der Börse gehandelt werden. Solche Unternehmen sind verpflichtet, bestimmte Kennzahlen und Informationen zu veröffentlichen. Neben den klassischen rendite- und wertorientierten *finanziellen* Kennzahlen

---

[1] Unter originären Reputationsrisiken versteht man bei Banken gemeinhin ökologische und soziale Risiken, die aus Kunden- und Geschäftsbeziehungen oder Produkten entstehen bzw. diesen von vornherein anhaften.
[2] DEUTSCHE BUNDESBANK (2017).
[3] SPREMANN, K. (1999).

spielen hierbei zunehmend auch *nicht-finanzielle* Belange aus den Bereichen Umwelt, Soziales und Unternehmensführung eine Rolle (kurz ESG-Belange[4]).

Eine wachsende Zahl von Ratingagenturen hat sich auf die Bewertung dieser Belange spezialisiert. Die vom börsennotierten Unternehmen regelmäßig transparent gemachten Kennzahlen sowie die Analysen der Rating-Agenturen lassen sich vergleichsweise einfach in die Anlageentscheidung eines Asset Managers integrieren.

Im Kreditgeschäft der Banken ist die Informationslage zu ESG-Themen weit weniger ausgebildet. Dies trifft in besonderem Maße auf die mittelständisch geprägte deutsche Wirtschaft zu. Laut Statistischem Bundesamt sind lediglich rund 20% der deutschen Unternehmen Kapitalgesellschaften. Nur ein Bruchteil davon ist börsennotiert. Entsprechend herrscht weniger Transparenz hinsichtlich wichtiger Unternehmenskennzahlen. Der große Teil der mittelständischen Unternehmen wird nicht von ESG-Analysten betrachtet und unterliegt auch nicht den Berichtspflichten, wie beispielsweise der Pflicht aus dem CSR-Richtlinie-Umsetzungsgesetz.[5]

Rechtsformen	Unternehmen nach Mitarbeiterzahl				insgesamt
	0 bis 9	10 bis 49	50 bis 250	250 und mehr	
Einzelunternehmen	2 094 176	63 007	2 446	79	2 159 708
Personengesellschaften (z.B.: OHG, KG)	323 450	52 845	12 610	2 798	391 703
Kapitalgesellschaften (GmbH, AG)	511 172	145 080	40 157	9 381	705 790 (davon rund 1000 börsennotiert)
Sonstige Rechtsformen	182 937	26 561	7 122	2 372	218 992
Insgesamt	3 111 735	287 493	62 335	14 630	3 476 193

Tabelle 1: Unternehmen nach Größe und Rechtsform in Deutschland (Stand: 30.09.2017)[6]

Die unterschiedliche Informationslage zu ESG-Themen bei börsennotierten und nicht-börsennotierten Unternehmen macht es für Banken erforderlich, eigene Prozesse und Systeme zu etablieren, um a) die notwendigen Informationen für die Beurteilung von Umwelt- und Sozialaspekten zu erhalten und b) diese Informationen in den Kreditvergabeprozess zu integrieren.

---

[4] ESG steht als Abkürzung für die Themenblöcke Umwelt („Environment"), Soziales („Social") und Unternehmensführung („Governance").

[5] Gemäß CSR-Richtlinie Umsetzungsgesetz müssen Unternehmen eine sogenannte Nichtfinanzielle Erklärung veröffentlichen, die im Jahresdurchschnitt mehr als 500 Mitarbeiter beschäftigen, kapitalmarktorientiert (i. S. von §264d HGB) und groß (i.S.v. §267 Abs. 3 Satz 1 HGB) sind. Alle drei Kriterien müssen erfüllt sein. Darüber hinaus müssen Banken und Versicherungen auch berichten, wenn Sie das Kriterium der Kapitalmarktorientierung nicht erfüllen. In Deutschland sind derzeit rund 550 Unternehmen berichtspflichtig.

[6] STATISTISCHES BUNDESAMT (2017).

2 Kreditvergabeprozesse einer Geschäftsbank

Den Kreditentscheidungsprozess zu kennen, ist wesentlich, um zu verstehen, wie eine Bank Umwelt- und Sozialrisiken frühzeitig erkennen und effektiv managen kann. Aufgrund der höheren Relevanz dieser Themen bei Firmenkunden ist die Beschreibung im Folgenden auf diese Kundenzielgruppe fokussiert.

Das Kreditgeschäft einer Bank ist unter anderem durch regulatorische Vorgaben bestimmt. Diese regeln, dass Banken bei ihrer Kreditentscheidung eine neutrale Stelle innerhalb der Bank einbeziehen müssen, die selbst nicht von der Kreditvergabe profitiert. Daraus resultiert die funktionale Trennung von Markteinheit (Kundenbetreuer) und Kreditrisiko-Management (Credit Officer).

Der Kreditvergabeprozess startet mit dem Kreditwunsch eines Kunden gegenüber seinem Kundenbetreuer.[7] Aus den regelmäßigen Gesprächen mit der Unternehmensführung kennt der Kundenbetreuer das Geschäft seines Kunden, dessen finanzielle Lage sowie Stärken und Schwächen des Unternehmens, was die Basis für eine fundierte Kundenberatung und bankinterne Diskussion der Kundenwünsche ist. Innerhalb der Bankprozesse ist das Rating des Kunden von großer Bedeutung. Neben der Bewertung der finanziellen Verhältnisse werden auch qualitative Faktoren abgefragt, welche aus dem Kundendialog beantwortet werden können.

Alle hierin festgehaltenen Angaben sind relevant für die Beurteilung der Kreditwürdigkeit (Bonitäts-Rating) des Kunden. Die Bank berechnet auf Basis dieses Ratings die Wahrscheinlichkeit eines Kreditausfalls im Laufe eines Jahres. Der zeitliche Horizont von einem Jahr ist für den größten Teil der Kredite gesetzlich vorgeschrieben. Losgelöst von der Ermittlung der einjährigen Ausfallwahrscheinlichkeit ist – insbesondere bei längerfristigen Krediten – die gegebene Zukunftsfähigkeit des Kunden, basierend auf der Bewertung einer Vielzahl verschiedener Erfolgsdimensionen, bei der Kreditentscheidung von elementarer Bedeutung.

Für die Prüfung der Zukunftsfähigkeit und die Ermittlung des Ratings werden unter anderem die Rahmenbedingungen betrachtet, unter denen der Kunde sein Geschäft tätigt. Dazu gehört beispielsweise das makroökonomische Umfeld und hier unter anderem die Frage, ob soziale (z. B. demografische Entwicklung) oder ökologische Risiken (z. B. Umweltschutzanforderungen) erkennbar sind und/ oder den Erfolg des Unternehmens beeinflussen können. Darüber hinaus werden der Markt und die Wettbewerber, die Wertschöpfung des Kunden selbst, das Management und die gesamte finanzwirtschaftliche Lage des Kunden betrachtet und systematisch erfasst.

Nach einer positiven Erstprüfung unter Einbezug dieser Kriterien stellt der Kundenbetreuer den Kreditantrag. In diesem Prozessschritt geht der Kreditantrag zur Prüfung auch an die Compliance-Abteilung der Bank, wo die Geschäftsbeziehung auf Legalität geprüft wird. Verhindern etwa Sanktionen, Embargos oder rechtliche Beschränkungen ein Geschäft mit dem Kunden? Neben dieser Prüfung wird – je nachdem, ob der Kunde oder das zu finanzierende Produkt/ Objekt einem sensiblen Themenfeld zuzuordnen ist – das Geschäft auch dem Reputationsrisiko-Management vorgestellt. Hier werden systematisch die mit der Kreditvergabe möglicherweise verbundenen Umwelt- und Sozialrisiken erhoben und bewertet.

Gibt es auch im Hinblick auf Umwelt- und Sozialrisiken keine Einwände wird der Kreditantrag unter Kreditrisikogesichtspunkten beurteilt. Der weitere Entscheidungsweg wird nach der Höhe des aggregierten Volumens (All-In) beim KWG-rechtlichen Kundenverbund (grob vereinfacht, die Summe der herausgelegten Kredite aller Einzelunternehmen in einem Konzern) und dem Ergebnis des Bonitäts-Ratings differenziert. Unter bestimmten Voraussetzungen (abhängig von Bonitäts-Rating und Kreditvolumen) kann der Kundenbetreuer die Kreditent-

---

[7] Zur besseren Lesbarkeit wurde im gesamten Artikel auf geschlechtsspezifische Endungen verzichtet.

scheidung bereits mit Hilfe einer Software treffen. In der nächsten Stufe werden Kreditentscheidungen im Kreditrisiko-Management durch einen Credit Officer getroffen. Bei standardisierten Krediten geschieht dies in einem spezialisierten Kreditcenter, bei großen bzw. komplexen Kreditanträgen im jeweiligen Branchen- oder Spezialbereich. Hier analysieren Branchenspezialisten den Kunden und dessen Umfeld sowie die beantragte Kreditstruktur hinsichtlich Risikogesichtspunkten und Zukunftsfähigkeit. Die Finanzkennzahlen des Kunden werden erneut bewertet und bei der Einschätzung das zuvor erstellte Bonitäts-Rating berücksichtigt. Abschließend fällt der Credit Officer (bzw. der definierte Kompetenzträger) gemeinsam mit dem Kundenbetreuer die Kreditentscheidung.[8]

Bei positiver Entscheidung – wobei immer auch die Risk-/ Return-Relation des Kredites zu würdigen ist – wird ein Kreditvertrag mit dem Kunden geschlossen. Die Vertretbarkeit des Kreditengagements ist mindestens jährlich zu überprüfen. Im Zuge der jährlichen Prolongation prüft die Bank, ob sich an der Lage des Kunden etwas verändert hat und ob das Kreditverhältnis daraufhin angepasst werden muss. Außerdem ist auch eine Rating-Überprüfung – regulatorisch vorgegeben alle 365 Tage – erneut durchzuführen. Veränderte soziale oder ökologische Risiken fließen auf diesem Weg ebenfalls in die Betrachtung bestehender Kreditbeziehungen ein.

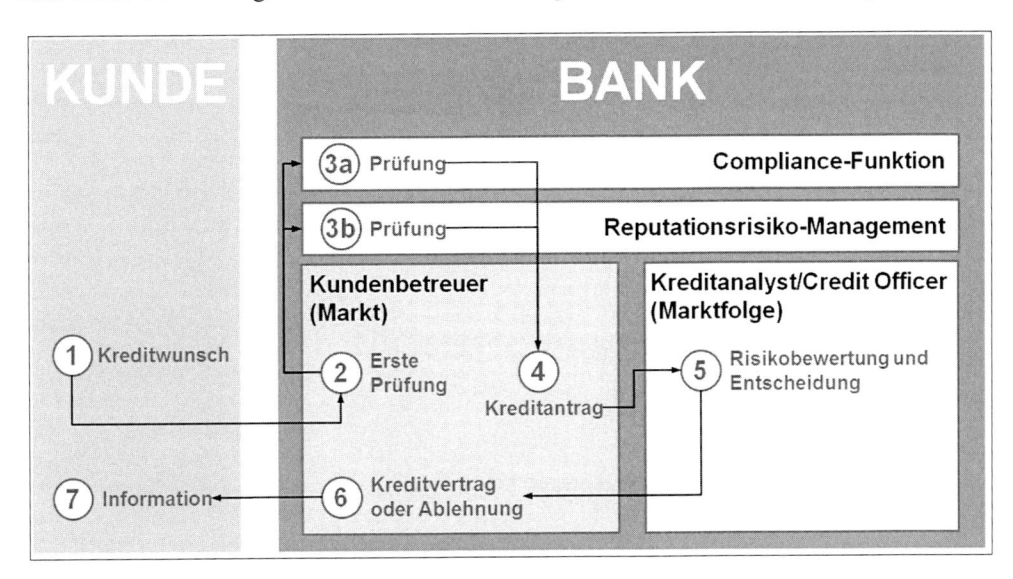

Abbildung 1: *Schematischer Ablauf Kreditprozess*

Die Bearbeitungsdauer bis zur Kreditentscheidung beträgt in der Regel nicht mehr als zwölf Arbeitstage. Diese Zeit beginnt mit dem Vorliegen aller für eine Kreditentscheidung relevanten Informationen und Unterlagen beim Kundenbetreuer. Bei Engagements im Volumen von weniger als fünf Millionen Euro (Gesamtengagement beim Kunden), ist das Ziel, dem Kunden bereits nach drei Tagen die Kreditentscheidung mitzuteilen.

Die Einhaltung der hier beschriebenen Prozesse wird sowohl von der Compliance-Funktion als auch von der bankeigenen Revision regelmäßig überprüft.[9] Darüber hinaus berichtet die Bank

---

[8] Besteht hier ein Dissens, hat der Kundenbetreuer grundsätzlich die Möglichkeit die Kreditentscheidung zu eskalieren und sie von einer höheren Ebene treffen zu lassen.

[9] Sie bilden die dritte „Verteidigungslinie" in diesem Konzept der „Three-Lines-Of-Defense" (1. Kundenbetreuer [Markt], 2. Credit Officer [Marktfolge], 3. Compliance/Audit).

wesentliche Kennzahlen ihres Kreditgeschäfts an die jeweilige Aufsichtsbehörde[10] und stimmt zum Beispiel die internen Rating-Bögen und die ihnen zugrundeliegende Methodik mit den Behörden ab.

3 Kreditvergabe unter Berücksichtigung von Nachhaltigkeitsrisiken

Grundsätzlich entscheiden Banken im Rahmen der gesetzlichen Vorgaben frei darüber, welche Produkte und Dienstleistungen sie anbieten und mit welchen Kunden sie Geschäftsbeziehungen eingehen. Nicht jedes Geschäft oder jede Geschäftsbeziehung, die legal (d. h. rechtskonform) ist, ist im Sinne unternehmerischer Verantwortung auch legitim. Was eine Bank als legitim betrachtet und was nicht, unterscheidet sich dabei von Institut zu Institut.
Anhand der Commerzbank soll die Herleitung und Umsetzung von Nachhaltigkeitskriterien in der Kreditvergabe verdeutlicht werden. Als eine führende, international agierende Geschäftsbank mit Standorten in knapp 50 Ländern wickelt die Commerzbank rund 30 Prozent des deutschen Außenhandels ab.

3.1 ‚Compliance' mit Gesetzen und Richtlinien als Basis unternehmerischer Verantwortung

Gesetzes- und richtlinienkonformes Verhalten ist die Grundlage jeder unternehmerischen Verantwortung. Schwerpunkte der Compliance-Funktion der Commerzbank sind neben der Abwehr von Geldwäsche und Terrorismusfinanzierung auch die Abwehr von Insiderhandel, Betrug, Korruption und anderer krimineller Aktivitäten im Umfeld ihrer Geschäftstätigkeit. Eine besondere Herausforderung gerade für Banken stellt dabei die stetig wachsende Komplexität nationaler wie internationaler Gesetze und Regelungen dar. Die Compliance-Risikosteuerung der Commerzbank wird daher kontinuierlich weiterentwickelt.[11]

3.2 Allgemeine Nachhaltigkeitsstandards

3.2.1 Der UN Global Compact

Als Reaktion auf die zunehmende Globalisierung initiierten die Vereinten Nationen im Jahre 2000 den UN Global Compact (UNGC) als eine freiwillige Initiative für verantwortungsvolle Unternehmensführung. Der UNGC umfasst zehn Prinzipien aus den Bereichen Menschenrechte, Arbeitsnormen, Umwelt und Korruptionsprävention. Mittlerweile haben sich weltweit über 13.000 Unternehmen dem UNGC verpflichtet und berichten jährlich über ihre Fortschritte bei der Umsetzung der zehn Prinzipien.[12] Für 440 Unternehmen in Deutschland, darunter auch die Commerzbank, stellt der UNGC inzwischen einen wichtigen Nachhaltigkeitsstandard dar, der sich auch in den Positionen und Richtlinien der Bank niederschlägt, die im Rahmen der

---

[10] Aufsichtsbehörden für deutsche Banken sind v.a. die Bundesanstalt für Finanzdienstleistungsaufsicht (BaFin), die Bundesbank und die Europäische Zentralbank (EZB).
[11] COMMERZBANK (2018b).
[12] GLOBAL COMPACT NETZWERK DEUTSCHLAND (2018).

Kreditvergabe angewendet werden.[13] Nationale Netzwerke, wie das Deutsche Global Compact Netzwerk (DGCN)[14] dienen daneben dem branchenübergreifenden Erfahrungsaustausch hinsichtlich der Umsetzung der zehn Prinzipien im jeweiligen geschäftlichen Kontext. So wurden die Ergebnisse des intensiven Austauschs mit dem DGCN bspw. bei der Neufassung der Commerzbank Menschenrechts-Position berücksichtigt.

3.2.2 Die OECD Common Approaches mit den IFC Performance Standards

Die Commerzbank wickelt rund 30 Prozent des deutschen Außenhandels ab. Ein wichtiges Instrument zur Förderung von Exporten ins Ausland ist die Absicherung einer Exportfinanzierung durch staatliche Bürgschaften. Diese Rolle übernehmen spezialisierte Kreditversicherer (sogenannte Export Credit Agencies, ECA). Gerade Exporte in risikoreichere Länder, häufig Entwicklungs- und Schwellenländer, werden hierdurch erst möglich. Innerhalb der OECD agieren fast alle 35 Mitgliedsstaaten nach diesem Prinzip.[15]

Zur Prüfung spezifischer Nachhaltigkeitskriterien in Form einer Umwelt- und Sozialverträglichkeitsprüfung werden die 2004 zwischen den OECD-Ländern vereinbarten gemeinsamen Regeln, die sogenannten „Common Approaches" angewendet.[16] Diese umfassen neben der jeweiligen nationalen Gesetzgebung insbesondere die internationalen Nachhaltigkeitsstandards der Weltbankgruppe. Dazu zählen auch die in der internationalen Entwicklungsfinanzierung weit verbreiteten IFC Performance Standards u. a. für die Bereiche Arbeitsbedingungen, Ressourceneffizienz, Gesundheit, Landnahme, Artenvielfalt, Schutz indigener Völker, Bewahrung kultureller Stätten etc.[17]

Aufgrund der Tatsache, dass diese Kriterien erst bei Projekten ab einem Auftragswert von derzeit über 15 Mio. Euro sowie einer Kreditlaufzeit über zwei Jahre angelegt werden, wurden 2016 in Deutschland lediglich 131 Umwelt- und Sozialprüfungen nach den Common Approaches durchgeführt.[18]

3.2.3 Die Äquator-Prinzipien

Die Äquator-Prinzipien (engl. Equator Principles, EP) sind ein freiwilliges Regelwerk für Banken, das Mindeststandards für die Einhaltung von Nachhaltigkeitsaspekten bei Finanzierungen formuliert. Seit 2003 sind dem Netzwerk 92 Banken in 37 Ländern beigetreten. Während der Fokus anfangs rein auf Projektfinanzierungen lag, wurden die Prinzipien mit der dritten Überarbeitung seit 2013 auch auf projektbezogene Unternehmensfinanzierungen ausgedehnt. Teilnehmende Banken geben jährlich Auskunft über die nach den EP geprüften Finanzierungen und deren Ergebnis. Das Regelwerk basiert ebenfalls wie die bereits erwähnten Common Approaches auf den Umwelt- und Sozialstandards der Weltbank-Gruppe und gilt für Projekte ab einem Finanzierungsvolumen von 10 Millionen USD.[19] Besondere Relevanz haben die EP bei der Finanzierung von Projekten in Schwellen- und Entwicklungsländern. Über 70% der Projektfinanzierungen werden dort erst nach Einhaltung der EP finanziert.[20]

Für deutsche Finanzdienstleister spielen die EP dennoch eine untergeordnete Rolle. Lediglich drei deutsche Finanzinstitute haben die Äquator-Prinzipen unterzeichnet: die DeKa Deutsche

---

[13] COMMERZBANK (2018a).
[14] GLOBAL COMPACT (2018).
[15] Ausnahmen sind Chile, Irland und Island gemäß OECD (2018).
[16] OECD (2017).
[17] IFC (2018a).
[18] EULER HERMES (2017).
[19] WIKIPEDIA (2018).
[20] EQUATOR PRINCIPLES (2018a).

Girozentrale, die DZ Bank sowie die KfW IPEX Bank. Alle drei Institute zusammen haben 2016 genau 70 Projektfinanzierungen und zwei projektbezogene Unternehmensfinanzierungen nach den EP geprüft.[21] Unter der Annahme einer funktionierenden Legislative und Jurisdiktion gestatten die EP bei Finanzierungen in vielen Industrieländern[22] gänzlich auf eine ausführliche Umwelt- und Sozialrisikoanalyse zu verzichten. So wurde von den drei deutschen Unterzeichnern 2016 lediglich eine ausführliche EP-Prüfung durchgeführt.[23]

3.3 Bankspezifische Umwelt- und Sozial-Richtlinien

Es wird deutlich, dass für das effektive Risikomanagement von Umwelt- und Sozial-Belangen im Kreditbereich die alleinige Anwendung internationaler Nachhaltigkeitsstandards nicht ausreicht, sondern durch bankspezifische Standards konkretisiert werden muss. Gerade für Geschäfte mit Bezug zu unter Umwelt- und Sozialgesichtspunkten risikoreicheren Sektoren wie Land- und Forstwirtschaft (z. B. Palmöl, Monokulturen), Rüstung, Bergbau, Öl- und Gasförderung (u. a. Fracking) oder Energieversorgung (u. a. Kohlekraft) müssen allgemeine Nachhaltigkeitsstandards konkretisiert und operationalisiert werden.[24] Die Commerzbank identifiziert entsprechend anhand ihrer Kunden, Produkte und Marktregionen die für sie relevanten Risikofelder und steuert die damit verbundenen Risiken mittels interner Vorgaben und Prozesse.[25]

Mit Hilfe dieser Abgrenzung lassen sich systematisch diejenigen Geschäftsbeziehungen und Transaktionen identifizieren, die für die Bank mit Blick auf Nachhaltigkeit von besonderer Bedeutung sind.

Abbildung 2:   Aufeinander aufbauende Standards im Bereich Nachhaltigkeit

---

[21] EQUATOR PRINCIPLES (2018b).

[22] EQUATOR PRINCIPLES (2018c).

[23] Projektfinanzierung der KfW Ipex Bank im Bereich Öl & Gas in der Mongolei gemäß EQUATOR PRINCIPLES (2018d).

[24] Auswahl der Sektoren in Anlehnung an ECOFACT AG (2017). , Quarterly briefing for E&S risk experts, Zürich 2017.

[25] Vgl. COMMERZBANK (2018a) zu Positionen und Richtlinien der Commerzbank.

3.4 Beispiel für die Anwendung bankspezifischer Richtlinien zum Umgang mit Umwelt- und Sozialrisiken

3.4.1 Identifikation relevanter Themenfelder

Am Beispiel der Finanzierung von Turbinen für ein neues Wasserkraftwerk soll verdeutlicht werden, wie in der Commerzbank unternehmensinterne Richtlinien zum Umgang mit Umwelt- und Sozialrisiken bei der Kreditvergabe zur Anwendung kommen.

Die Lieferung von Turbinen an ein Wasserkraftwerk klingt zunächst wenig problematisch, handelt es sich doch bei Wasserkraft um eine umweltfreundliche, regenerative Energieform, die eine Volkswirtschaft stabil mit sauberer Energie versorgen kann. Kraftwerksprojekte haben dennoch in der Regel erhebliche Auswirkungen auf die Umwelt (z. B. Verlust geschützter Regionen, Artenvielfalt etc.) sowie auf die ortsansässige Bevölkerung (Stichwort „Menschenrechte"). Eine differenzierte Analyse der Vor- und Nachteile zur Beurteilung des Projekts bzw. dessen Finanzierung wird notwendig.

Damit sichergestellt ist, dass eine entsprechende Finanzierungsanfrage bereits vom Kundenbetreuer identifiziert und dem vorgesehenen Prüfprozess zugeführt wird, existiert eine Liste der Themen, die aus Sicht der Commerzbank potenzielle Umwelt- und Sozialrisiken bergen („Liste sensibler Themenfelder"). Auf dieser Liste sind die unter 3.3 aufgeführten Risiko-Sektoren weiter ausdifferenziert. Konkretisierende Umschreibungen wie „Energieerzeugung – insbesondere Atom- und Kohlekraftwerke sowie der Bau von Staudämmen und Wasserkraftwerken" versetzen den Kundenbetreuer in die Lage, den seitens der Bank vorgesehenen verbindlichen Umwelt- und Sozial-Risikoprüfprozess anzustoßen.

Trotz der Liste bleibt die regelmäßige Sensibilisierung der Kundenbetreuer für Nachhaltigkeitsthemen eine wichtige Voraussetzung für den funktionierenden Prüfprozess. Innerhalb der Commerzbank finden dafür regelmäßige Präsentationen und Workshops für die Kundenbetreuer im In- und Ausland statt. Digitale Medien innerhalb der Bank sowie ein quartalsweise erscheinender Newsletter informieren zudem hinsichtlich aktueller Themen und kontroverser Projekte. So können auch Veränderungen auf der Themenliste konzernweit kommuniziert werden.

3.4.2 Prüfung möglicher Umwelt- und Sozialrisiken

Nachdem der Kundenbetreuer (Marktseite) die Finanzierungsanfrage des Turbinenherstellers erhalten hat und erkennt, dass ein „sensibles Themenfeld" berührt ist, ist er verpflichtet, die Anfrage dem Reputationsrisiko-Management der Commerzbank zur Prüfung hinsichtlich möglicher Umwelt- und Sozialrisiken zuzuführen.

Das Reputationsrisiko-Management hat die Aufgabe, ökologische, soziale oder ethische Risiken zu identifizieren und zu bewerten, die sich unmittelbar aus Produkten, Geschäften oder Kundenbeziehungen der Bank ergeben. Bezogen auf die Turbinenlieferung werden alle Bausteine des Geschäfts geprüft: vom Lieferanten, über den Empfänger bis hin zum geplanten Einsatzort der Turbine im Kraftwerk. Wie ist die Umweltverträglichkeitsprüfung für das Projekt ausgefallen? Wurde der Bau des Wasserkraftwerks von internationalen Organisationen kofinanziert (z. B. der Weltbank Gruppe unter Anwendung der o. g. IFC Performance Standards)? Liegen Berichte über Menschenrechtsverstöße vor? Welche Auswirkungen auf die lokale Bevölkerung gibt es? Dies sind nur einige der Fragestellungen, die im Reputationsrisiko-Management analysiert und bewertet werden.

Die zur Beantwortung dieser Fragen notwendigen Detailinformationen werden von spezialisierten Anbietern bezogen, die täglich systematisch Informationen aus öffentlich zugänglichen Quellen wie etwa Presse, Internetseiten von Nicht-Regierungsorganisationen und Regierungsstellen auswerten und ihren Kunden in Online-Datenbanken zur Verfügung stellen.[26] Zu spezifischen Fragestellungen werden seitens des Reputationsrisiko-Managements in Einzelfällen weitere Unterlagen von den Beteiligten angefordert, Analysten eingeschaltet oder Nicht-Regierungsorganisationen gehört, um ein umfassendes und ausgewogenes Bild möglicher Umwelt- und Sozialrisiken zu bekommen.

3.4.3 Qualitative Bewertung, Eskalation und Reporting

Die Bewertung der auf diese Weise gesammelten Informationen erfolgt über einen qualitativen Ansatz. Reputationsschäden für die Bank, die möglicherweise aus ES-Risiken entstehen, sind per se nicht quantifizierbar und können entsprechend auch nicht monetär bewertet werden. Bezogen auf das Beispiel kann etwa die Tatsache, dass vor Errichtung des Wasserkraftwerks die dort lebende Bevölkerung gegen ihren Willen umgesiedelt wurde, zu erheblichen Reputationsschäden für alle am Projekt beteiligten Unternehmen führen. Dies schließt den Lieferanten der Turbine (Kunde der Bank) und die finanzierende Bank selbst mit ein. Zu beziffern ist ein solcher Reputationsverlust nicht.

Wenn aus Sicht der Commerzbank Experten ein „erhebliches" Reputationsrisiko besteht, wird u.a. der verantwortliche Bereichsvorstand informiert. Bei „hohen" Reputationsrisiken kann es zu einer Eskalation bis zum Konzernvorstand kommen. Das Reputationsrisiko-Management arbeitet als Teil der Gesamtrisikostrategie der Commerzbank eng mit dem klassischen Risikomanagement der Bank zusammen. Als eine Abteilung des Konzernbereichs Group Communications liegt das Reputationsrisiko-Management im Verantwortungsbereich des Vorstandsvorsitzenden. Vorstand und Aufsichtsrat erhalten einmal pro Quartal einen ausführlichen Bericht über die mit dem Geschäft der Bank verbundenen Reputationsrisiken.

Jedes Jahr werden in der Commerzbank rund 6.000 solcher ES-Prüfungen vorgenommen. Die Höhe des Ertrags aus dem Geschäft ist für die Bewertung möglicher Reputationsrisiken unerheblich. Generell können mögliche Reputationsschäden und geschäftlicher Erfolg einander nicht verlässlich gegenübergestellt werden. Das Reputationsrisiko-Management einer Bank übernimmt damit die (regulatorisch vorgesehene) Funktion zum Schutz der eigenen Reputation. Die Umsetzung des Reputationsrisiko-Managements ist aber auch ein Indiz dafür, wie ernst eine Bank ihre unternehmerische Verantwortung gegenüber Umwelt und Gesellschaft nimmt.

4 Produktinnovationen in der Kreditvergabe

Zur Erreichung der 2015 von der UN Vollversammlung verabschiedeten Sustainable Development Goals sind innovative Finanzprodukte notwendig, bei denen die Berücksichtigung von Nachhaltigkeitsaspekten integraler Bestandteil ist. Anhand von drei Produkten soll dies exemplarisch verdeutlicht werden.

---

[26] Die REPRISK AG (Zürich) beispielsweise erfasst entsprechende Informationen zu über 100.000 börsennotierten und nicht börsennotierten Unternehmen in über 15 Sprachen, übersetzt sie ins Englische und verbindet sie mit Metainformationen (u. a. den Prinzipien des UN Global Compact).

4.1 Positive Incentive Loan

Die Kopplung des Erreichens bestimmter Nachhaltigkeitsziele an die Kreditkonditionen hat eine große Steuerungswirkung. Erste Banken beginnen damit, Kreditkonditionen an Nachhaltigkeitskriterien zu knüpfen. Die Funktionsweise ist denkbar einfach, wie das Beispiel einer 1 Mrd. Euro Kreditfazilität aus dem Jahre 2017 für das niederländische Unternehmen Philips deutlich macht: Je besser sich das unabhängige ESG-Rating des Unternehmens während der Kreditlaufzeit entwickelt, desto geringer fallen die Zinsen aus - und vice versa.[27] Die Nachhaltigkeits-Performance wird von den kreditgebenden Banken anhand des zugrundliegenden ESG-Ratings einmal pro Jahr überprüft. Die Verwendung des Kredits ist für das Unternehmen nicht an einen bestimmten Zweck gebunden.

4.2 Green Loan

Anders als beim Positive Incentive Loan wird die Kreditzusage beim Green Loan nicht an das ESG-Rating eines Unternehmens gekoppelt, sondern ganz auf den Teilbereich Umwelt abgestellt. D. h. der Kreditnehmer muss im Vorfeld offenlegen, wofür das Geld eingesetzt werden soll. Nur für die mit der Bank vereinbarten Zwecke darf das Geld eingesetzt werden. Entsprechend weniger Flexibilität hat der Kreditnehmer. Die Kriterien, welche Umweltvorhaben den Anforderungen eines Green Loans genügen, definiert die Bank selbst. Die britische Barclays Bank beispielsweise ermöglicht diese Finanzierungsmöglichkeit für Projekte aus den Bereichen Energieeffizienz, Erneuerbare Energien, Green Transport, Abfall-Management und Wasser[28] Der Umweltbezug steht dabei bei allen genannten Kategorien im Vordergrund. Die Bank prüft regelmäßig, ob die geplante Verwendung des Geldes den „grünen" Vorgaben entspricht. Dies wird in der Regel von unabhängigen Nachhaltigkeits-Ratingagenturen vorgenommen.

4.3 Sustainable Trade Finance

Betrachtet man die globalen Lieferketten in der heutigen Welt, so wird klar, dass auch der Bereich Handelsfinanzierung einen großen Beitrag zu mehr Nachhaltigkeit in der Welt leistet. Laut einer Studie der Cambridge University werden 80 bis 90 Prozent des globalen Handels durch Banken kurzfristig finanziert.[29] Das entsprach 2016 einem Wert von knapp 14 Billionen USD weltweit.[30] Für den Rohstoff-Bereich wurde das „Nachhaltigkeits-Akkreditiv" (Sustainable Shipment Letter of Credit) entwickelt, das monetäre Anreize schafft, auf einen nachhaltigen Ursprung der gehandelten Ware zu achten. In der durch den Austausch von Dokumenten begleiteten Geschäftsbeziehung zwischen Exporteur und Importeur (sowie deren Banken) spielen Zertifikate eine wichtige Rolle, die die Qualität und auch Nachhaltigkeitsstandards belegen. Beim Handel von Palmöl bspw. hat sich der Nachhaltigkeitsstandard des Roundtable on Sustainable Palmoil (RSPO) etabliert. Dieser umfasst die gesamte Wertschöpfungskette vom Anbau über die Verarbeitung bis zum Händler.[31] Vergünstigte Finanzierungskonditionen der Palmöl-Lieferung hängen direkt vom entsprechenden Nachhaltigkeitsnachweis durch den Kreditnehmer ab. Der Prüfaufwand für Banken ist bei etablierten Zertifizierungsverfahren gering. Anders als bei Palmöl haben sich in vielen Branchen noch keine einheitlichen

---

[27] PHILIPS (2018)
[28] BARCLAYS (2018).
[29] UNIVERSITY OF CAMBRIDGE INSTITUTE FOR SUSTAINABLE LEADERSHIP (2016)
[30] eigene Berechnung auf Basis von WTO (2018).
[31] RSPO (2018).

Standards durchgesetzt. Banken müssen folglich selbst definieren, welche Standards sie von Kundenseite einfordern. Orientierung über die Vielzahl an Standards in verschiedenen Branchen in der Handelsfinanzierung liefern supranationale Organisationen wie das International Trade Center in Genf[32] oder die International Finance Corporation der Weltbank Gruppe.[33]

5 Bewertung und Ausblick

Grundlage für die nachhaltige Kreditvergabe ist die Definition und das Vorliegen von überprüfbaren Nachhaltigkeitskriterien. Während große, oftmals börsennotierte, Unternehmen ihre Nachhaltigkeitsleistung regelmäßig veröffentlichen, ist dies bei kleineren und mittleren Unternehmen in der Regel nicht der Fall. Banken haben jedoch die Möglichkeit, im regelmäßigen Kundendialog mehr zu Nachhaltigkeitsthemen zu erfahren. Die Vorteile für Banken, Nachhaltigkeitskriterien systematisch in die Kreditvergabe einfließen zu lassen, lagen bislang vor allem im Management der eigenen Reputation. Diese rein risikobasierte Sicht weicht zunehmend einer ausgewogenen Sicht von Chancen und Risiken. Chancen liegen für Banken in neuen Produkten und Dienstleistungen mit explizitem Nachhaltigkeitsbezug, und dies nicht nur im Anlage- sondern auch im Kreditbereich. Nachhaltigkeit in der Unternehmensführung ist für immer mehr Kunden ein wichtiges Kriterium bei der Wahl ihrer Bank. Nicht-Regierungsorganisationen vergleichen Banken anhand ihrer Nachhaltigkeitsleistung und fordern dazu auf, zu nachhaltigeren Banken zu wechseln.[34] Institutionelle Investoren und Asset-Manager fragen verstärkt nach der Umsetzung von ESG-Kriterien in Banken. Nicht-finanzielle Informationen zum Geschäftsverlauf sind seit 2018 integraler Bestandteil des jährlichen Geschäftsberichts großer Unternehmen.

Auch auf Seiten des Gesetzgebers gewinnt die Diskussion um mehr Nachhaltigkeit im Finanzsektor an Dynamik. Auf EU-Ebene hat die High-Level Expert Group on Sustainable Finance (HLEG), bestehend aus wichtigen Industrievertretern, Nichtregierungs-Organisationen und Wissenschaftlern Anfang 2018 ihre Empfehlungen ausgesprochen. Auch Regulierungsbehörden beteiligen sich an der Diskussion vor dem Hintergrund einer möglichen Gefahr für die Finanzmarkstabilität durch die Entwertung klimaschädlicher Investitionen (sog. „stranded assets").[35] Auf Ebene der G20[36] werden Empfehlungen für Unternehmen unterschiedlichster Branchen für mehr Transparenz bei Klimarisiken erarbeitet. Aufgrund dieser Dynamik entwickelt sich Sustainable Finance vom Nischenthema zu einem strategisch wichtigen Thema des Bankgeschäfts – auch im Kreditbereich.

---

[32] Die Übersicht des International Trade Center (ITC) umfasst aktuell 230 Standards aus über 80 Industriezweigen in 180 Ländern, vgl. *ITC.* (2018).
[33] Hier bietet die Global Map of environmental and social risks in agro-commodity production (GMAP) einen guten Überblick, vgl. *IFC* (2018b).
[34] *FAIR FINANCE GUIDE* (2018).
[35] *FAZ* (2017).
[36] Gruppe der 20 wirtschaftlich wichtigsten Industrie- und Schwellenländer sowie der EU.

Quellenverzeichnis

BARCLAYS (2018): online: https://www.home.barclays/content/dam/barclayspublic/docs/Citizenship/BAR_GreenProductFramework.p1.p1.pdf, Stand: August 2017, Abruf: 24.01.2018.

COMMERZBANK (2018a): online: https://www.commerzbank.de/de/nachhaltigkeit/nachhaltigkeitsstandards/positionen_und_richtlinien/positionen_und_richtlinien.html, Stand: 01.2018, Abruf: 28.01.2018.

COMMERZBANK (2018b): online: https://www.commerzbank.de/de/hauptnavigation/aktionaere/publikationen_und_veranstaltungen/unternehmensberichterstattung_1/index.html, Stand: 03.2018, Abruf: 26.03.2018.

DEUTSCHE BUNDESBANK (2017) : online : https://www.bundesbank.de/Redaktion/DE/Downloads/Aufgaben/Bankenaufsicht/Gesetze_Verordnungen_Richtlinien/gesetz_ueber_das_kreditwesen_kwg.pdf?__blob=publicationFile, Stand: Januar 2017, Abruf: 08.03.2018.

ECOFACT AG (2017): Quarterly briefing for E&S risk experts, Zürich 2017.

EQUATOR PRINCIPLES (2018a): online: http://equator-principles.com/about/, Stand: 01.2018, Abruf: 28.01.2018.

EQUATOR PRINCIPLES (2018b): online: http://equator-principles.com/members-reporting/, Stand: 01.2018, Abruf: 28.01.2018.

EQUATOR PRINCIPLES (2018c): online: http://www.equator-principles.com/index.php/ep3 /designated-countries, Stand: 01.2018, Abruf: 28.01.2018.

EQUATOR PRINCIPLES (2018d): online: http://www.equator-principles.com/index.php /members/kfw, Stand: 01.2018, Abruf: 28.01.2018.

EULER HERMES (2017) : online: https://www.agaportal.de/_Resources/Persistent/ab8341cd0c7924bec4a62a64caad0b6d02fd66b9/jb_2016.pdf, Stand: 2017, Abruf: 08.03.2018

FAIR FINANCE GUIDE (2018): online: https://www.fairfinanceguide.de/, Abruf: 27.01.2018.

FAZ (2017): Klimawandel zwingt Anleger zum Handeln, online: http://www.faz.net/aktuell/finanzen/geldanlage-trotz-niedrigzinsen/der-klimawandel-zwingt-die-anleger-zum-handeln-14755085.html, Stand: 26.1.2017, Abruf: 08.03.2018.

GLOBAL COMPACT (2018): online: https://www.globalcompact.de/, Stand: 02.2018, Abruf: 21.02.2018.

GLOBAL COMPACT NETZWERK DEUTSCHLAND (2018): online: https://www.globalcompact.de/de/ueber-uns/dgcn-ungc.php, Stand: 01.2018, Abruf: 14.01.2018.

IFC (2018a): online: http://www.ifc.org/wps/wcm/connect/Topics_Ext_Cotent/IFC_External_Corporate_Site/Sustainability-At-IFC/Policies-Standards/Performance-Standards, Stand: 02.2018, Abruf: 21.02.2018.

IFC (2018b): online: http://www.ifc.org/wps/wcm/connect/topics_ext_content/ifc_external_corporate_site/sustainability-at-ifc/company-resources/gmap, Stand: 02.2018, Abruf: 19.02.2018.

ITC (2018): online: http://www.intracen.org/itc/market-info-tools/voluntary-standards/standardsmap/, Stand: 01.2018, Abruf: 25.01.2018.

OECD (2017): online: http://www.oecd.org/trade/xcred/the2012commonapproaches.htm, Stand: 2017, Abruf: 29.12.2017.

OECD (2018): online: http://www.oecd.org/tad/xcred/eca.htm, Stand: 01.2018, Abruf: 13.01.2018.

PHILIPS (2018): online: https://www.philips.com/a-w/about/news/archive/standard/news/press/2017/20170419-philips-couples-sustainability-performance-to-interest-rate-of-its-new-eur-1-billion-revolving-credit-facility.html, stand: 01.2018, Abruf: 24.01.2018.

RSPO (2018): online: https://rspo.org/certification/how-rspo-certification-works, Stand: 01.2018, Abruf: 25.01.2018.

SPREMANN, K. (1999): Vermögensverwaltung, Oldenbourg 1999.

STATISTISCHES BUNDESAMT (2017): online: https://www.destatis.de/DE/ZahlenFakten/GesamtwirtschaftUmwelt/UnternehmenHandwerk/Unternehmensregister/Tabellen/UnternehmenRechtsformenWZ2008.html, Stand: 30.09.2017, Abruf: 08.03.2018.

UNIVERSITY OF CAMBRIDGE INSTITUTE FOR SUSTAINABLE LEADERSHIP (2016): online: https://www.cisl.cam.ac.uk/publications/publication-pdfs/incentivising-the-trade-of-sustainably-produced.pdf, Stand: April 2016, Abruf: 25.01.2018.

WIKIPEDIA (2018): online: https://de.wikipedia.org/wiki/%C3%84quator-Prinzipien, Abruf: 28.01.2018.

WTO (2018): online: https://www.wto.org/english/thewto_e/coher_e/tr_finance_e.htm, Stand: 03.04.2017, Abruf: 25.01.2018.

Vertrieb nachhaltiger Kapitalanlagen im Privatkundengeschäft

Martin Granzow und *Fabienne Naasz*

Nextra Consulting

1	Einleitung	315
2	Herausforderungen des Vertriebs	316
	2.1 Vertrieb von Finanzprodukten im Allgemeinen	316
	2.2 Vertrieb von nachhaltigen Finanzprodukten	318
3	Vertrieb nachhaltiger Kapitalanlagen in der Praxis	319
	3.1 Aufbau der Customer Journey	319
	3.2 Ergebnisse der Touchpoint-Analyse	320
4	Implikationen	324
	4.1 Implikationen für das Marketing	324
	4.2 Implikationen für den Vertrieb	325
5	Fazit	326
Quellenverzeichnis		328

1 Einleitung

Um die „Green Transition" – also den Übergang in eine „grüne", kohlenstoffarme, umweltneutrale Wirtschaft – erfolgreich zu gestalten, ist die Reallokation großer Finanzvolumina notwendig. Die EU Kommission schätzt den zusätzlichen Investitionsbedarf für die Erreichung der Klimaziele bis 2030 nur im EU-Wirtschaftsraum bereits auf eine Höhe von 180 Mrd. Euro jährlich.[1] Auch im Fall des Scheiterns der Green Transition ist jedoch mit drastisch steigenden Kosten zu rechnen, die aus dem voranschreitenden Klimawandel und den durch ihn verursachten Schäden resultieren würden.[2] Eine in signifikantem Umfang stattfindende Reallokation von Kapital wird also erforderlich werden, die Frage ist lediglich, ob damit die Transition der Wirtschaft oder die Adaption an den Klimawandel finanziert werden wird. Vor dem Hintergrund der Dimension dieser Aufgabe wird deutlich, dass diese nicht ausschließlich durch die öffentliche Hand bewältigt werden kann. Investitionen des Privatsektors in nachhaltige Projekte sind notwendig – und das in einem Maß, das den Bereich Green Finance in den nächsten Jahren zu einem Bestandteil des Kerngeschäfts wird werden lassen.

Ein Blick auf den Status Quo im Bereich Green Finance zeigt, dass dieser aktuell laut *FNG* ca. 3 % des Gesamtmarktes gemanagter Kapitalanlagen repräsentiert, von denen wiederum 90 % auf institutionelle Investoren entfallen. Nachhaltige Investments im Privatkundenbereich stellen hingegen derzeit lediglich 10 % der nachhaltigen Investments und 0,3 % des Gesamtmarktes gemanagter Kapitalanlagen dar.[3] Es kann folglich längst nicht davon die Rede sein, dass die breite Bevölkerung die Dringlichkeit der Situation oder gar die Notwendigkeit des eigenen Handelns erkannt hat und dennoch ist unbestritten, dass das Bewusstsein für die Bedeutung von Nachhaltigkeit im Allgemeinen und nachhaltigen Kapitalanlagen im Speziellen in den vergangenen Jahren stetig wuchs. Woran liegt es also, dass, nachhaltige Kapitalanlagen den Sprung aus der Nische noch nicht vollzogen haben? Liegt es am fehlenden Willen der Anleger? Liegt es an fehlenden Finanzprodukten? Oder liegt es vielleicht am Vertrieb?

Eine Studie des *NKI* hat ergeben, dass 4,8 % der befragten Privatpersonen bereits Anlageentscheidungen unter Berücksichtigung sozialer, umweltbezogener und/oder ethischer Kriterien getroffen haben, 40 % der Befragten sich aber grundsätzlich ein Investment unter Berücksichtigung von Nachhaltigkeitskriterien vorstellen könnten.[4] Die Zahlen sind trotz positiver Antwort eines signifikanten Anteils der Befragten vor dem Hintergrund ernüchternd, dass nachhaltige Kapitalanlagen finanziell in der Vergangenheit oft besser, in ihrer Gesamtheit aber sicher nicht schlechter performt haben als konventionelle Anlagen.[5] Die hohe Zufriedenheit unter Nachhaltigkeitsanlegern sowie die hohe Bereitschaft zu weiteren Nachhaltigkeitsanlagen verwundert daher nicht.[6] Die nachhaltige Anlage hätte somit durchaus das Potenzial, einen deutlich größeren Marktanteil zu erschließen. Es bleibt die Frage, warum dies heute noch nicht der Fall ist?

Im Gespräch mit den Banken kommt häufig das Argument auf, dass das Produktangebot nach wie vor nicht ausreichend sei. Zweifelsohne gibt es gerade bei Kapitalanlagemöglichkeiten in

---

[1] DOMBROVSKIS (2017).
[2] STERN schätzt, dass sich die Kosten für den Klimawandel bis 2100 auf etwa 20 % des globalen Bruttosozialprodukts belaufen können, vgl. STERN (2006).
[3] Vgl. *FNG* (2017).
[4] Vgl. *NKI* (2017).
[5] Vgl. für eine ausführliche Betrachtung der finanziellen Performance von nachhaltigen Kapitalanlagen den Beitrag von BUSCH/BASSEN/FRIEDE in diesem Buch sowie FRIEDE/BUSCH/BASSEN (2015).
[6] 77 % der Nachhaltigkeitsanleger würden laut einer Umfrage der UNION INVESTMENT die Nachhaltigkeitsanlage erneut wählen, vgl. UNION INVESTMENT (2017), S. 7.

niedrigen Risikoklassen noch große Defizite auf der Angebotsseite. Die Anzahl verfügbarer nachhaltiger[7] Fonds ist in den letzten Jahren aber rasant angestiegen. Es kann daher zumindest für diesen Bereich keinesfalls davon die Rede sein, dass ein Angebot für nachhaltige Anlagemöglichkeiten fehlen würde.[8]

Wenn sowohl nachfrageseitig als auch angebotsseitig durchaus das Potenzial für einen deutlichen höheren Absatz nachhaltiger Kapitalanlagen besteht, dann rückt der *Point of Sale*[9] in den Fokus, an dem Angebot und Nachfrage zusammenkommen. Auch wenn der Online-Vertrieb in den vergangenen Jahren zunehmende Bedeutung für die Finanzwirtschaft erlangte, so wird in aktuellen Studien gerade in Bezug auf beratungsintensive Produkte die weiterhin hohe Relevanz der persönlichen Beratung in der Filiale herausgestellt.[10] Dieser Beitrag wird sich daher im Folgenden der Frage widmen, wie der Vertrieb nachhaltiger Kapitalanlagen in den Bankfilialen ausgestaltet ist?

Anknüpfend an die Einleitung wird das zweite Kapitel zunächst die Besonderheiten und Charakteristika des Vertriebs nachhaltiger Kapitalanlagen im Retail-Bereich beleuchten, bevor im dritten Kapitel die Ergebnisse eines Mystery Shoppings vorgestellt werden. Abschließend werden auf Basis der gewonnenen Erkenntnisse Handlungsempfehlungen für eine verbesserte Ausgestaltung des Marketings und des Vertriebs formuliert.

2 Herausforderungen des Vertriebs

2.1 Vertrieb von Finanzprodukten im Allgemeinen

Die Herausforderungen des Bankensektors sind vielfältig. Das schon seit einigen Jahren anhaltende Niedrigzinsumfeld und die damit verbundene Geldschwemme sorgt für sinkende Erträge bei Banken und trifft gleichzeitig die Privatkunden, die für ihre Einlagen kaum noch Zinsen erhalten.[11] Die seit der Finanzkrise eingeführten Regulierungen (gerade auch im Vertrieb) verursachen erheblichen Anpassungsbedarf und damit verbundene Kosten auf Seiten der Banken.[12] Neue Wettbewerber z. B. FinTechs, Mobilfunkanbieter, Internetkonzerne aber auch Direktbanken drängen mit neuen oder kostengünstigeren Finanzprodukten auf den Markt.[13] Gleichzeitig ändert sich durch die voranschreitende Digitalisierung auch das Konsumentenverhalten. Die Kunden sind informierter. Sie haben deutlich verbesserte Vergleichsmöglichkeiten. Der Wechsel von einer zur anderen Bank ist heute weit weniger aufwendig und viele Services lassen sich bequem vom eigenen Rechner aus erledigen.[14] So überrascht es kaum, dass in den vergangenen Jahren zahlreiche Bankfilialen schließen mussten.[15] Trotz des sich ändernden Wettbewerbsumfelds ist jedoch nicht davon auszugehen, dass die persönliche Beratung

---

[7] Nicht im Fokus steht hier die Debatte um die Qualität vermeintlich nachhaltiger Kapitalanlagen.
[8] Nicht diskutiert wird hier die Nachhaltigkeit nachhaltiger Finanzprodukte auch wenn dies zweifelsohne eine hochrelevante Fragestellung ist.
[9] Vgl. zur Relevanz des Point-of-Sale im Kaufprozess u. a. NEUHAUS (2014).
[10] Eine Studie der *GfK* ergab, dass Kunden bei der Geldanlage zwar intensiv auf online-basierte Webrecherche setzen, ab 60 % der Befragten dennoch offline in der Filiale den Kauf tätigen, vgl. GFK (2017).
[11] Vgl. zu Auswirkungen des Niedrigzinsumfelds DOMBRET (2015).
[12] Vgl. DOMBRET (2017).
[13] Vgl. GRÖNKE/KALBHENN (2017).
[14] Vgl. EVERLING/LEMPKA (2016).
[15] Zum Rückbau der Bankfilialen, vgl. KFW (2017).

zukünftig irrelevant werden wird. Es kommt stattdessen zu einer Verzahnung der Informationskanäle bei der die Kunden online zu Finanzprodukten recherchieren und diese Informationen in die Kaufentscheidung einfließen lassen, die nach wie vor häufig offline in den Bankfilialen umgesetzt wird.[16]

Es kommt erschwerend hinzu, dass gerade die deutschen Privatanleger ein eher verhaltenes Interesse an Finanzprodukten zeigen. So ergab eine Studie von *NEXUM/MANUFACTS*, dass lediglich 26 % der befragten Privatpersonen Medienberichte über Banken und Finanzdienstleister mit großem Interesse verfolgen.[17] Gerade in Deutschland scheint nach wie vor ein gewisser Verdruss im Umgang mit Finanzinstituten zu herrschen, der möglicherweise eine Spätfolge der Finanzkrise und der langanhaltenden i. d. R. negativen Berichterstattung in den Medien ist. Unterstützung findet die These auch in Ergebnissen einer Umfrage des *CFA INSTITUTE* aus dem Jahr 2016, die ergab, dass nur 40 % der Deutschen ihrem Finanzberater vertrauen, wohingegen der Anteil in einigen asiatischen Ländern bei etwa 90 % liegt.[18] Der Vertrieb von Finanzprodukten hat also zumindest in Deutschland offensichtlich ein Imageproblem.[19]

Den Vertrieb beratungsintensiver Finanzprodukte belastet ein solches Misstrauen sehr. Ursache hierfür ist die Beschaffenheit der Finanzprodukte. Sie sind zu einem bedeutenden Anteil durch sogenannte Erfahrungs- und Vertrauenseigenschaften[20] gekennzeichnet. Erfahrungseigenschaften zeichnen sich dadurch aus, dass sie für den Kunden erst während der Nutzung des Produktes sichtbar werden. Hierunter fällt bspw. die Wertentwicklung des Finanzproduktes. Vertrauenseigenschaften hingegen lassen sich durch den Kunden gar nicht überprüfen. Sie müssen schlichtweg *geglaubt* werden.[21] Bei der Bewertung der Kompetenz und Glaubwürdigkeit einer Informationsquelle nutzen Kunden gerade im Vertrieb wiederum häufig Heuristiken.[22] Konkret bedeutet dies, sie ziehen das bei ihnen bestehende Image des Finanzberaters heran und prüfen anhand verfügbarer Informationen, inwieweit die sie beratende Person diesem Image entspricht.[23] Verfügbare Informationen am *Point of Sale* sind bspw. eloquente Wortwahl des Beraters, Kleidung und Aussehen, Ausgestaltung des physischen Umfelds[24]. Passen die verfügbaren Informationen nicht zum kundenseitig bestehenden Image eines Finanzberaters, so kommt es zu einer Neubewertung der Person und damit einhergehend auch ihrer Glaubwürdigkeit. Das Ziel des Bankberaters muss es also sein, sich positiv vom negativen Image abzuheben, um das Vertrauen des Kunden zu erlangen. Nachhaltige Kapitalanlagen können hierzu einen erheblichen Beitrag leisten – sie können eine Chance für Finanzdienstleister sein, weil die Argumentation über Werte wie Klimaschutz, Menschenrechte etc. nicht mit dem Bild des ausschließlich gewinnorientierten Beraters übereinstimmen.

---

[16] Die Sprache ist auch vom RoPo(Research online/Purchase offline)-Effekt. Vgl. hierzu bspw. *BAIN* (2012) und *GfK* (2017).

[17] Vgl. *NEXUM/MANUFACTS* (2017).

[18] Vgl. *CFA* (2016).

[19] Vgl. zum Imageproblem des Vertriebs bspw. *GRANZOW/KEUPER* (2011).

[20] Vgl. hierzu bspw. *DARBI/KARNI* (1973).

[21] Dies trifft teilweise auf die Nachhaltigkeitsperformance von Finanzprodukten zu. Gerade bei komplexen Produkten, die in mehrere hundert oder gar tausend Unternehmen investieren lässt sich die Nachhaltigkeitsperformance kundenseitig kaum mit zu rechtfertigendem Aufwand prüfen.

[22] Vgl. hierzu und zu Heuristiken der Entscheidungsfindung *KROEBER-RIEL/WEINBERG/GRÖPPEL-KLEIN* (2009).

[23] Vgl. zur Bedeutung des Images auch *GRANZOW/KEUPER* (2011) und *GRANZOW* (2014).

[24] Z. B. professionelle, gepflegte Umgebung, Zertifikate an der Wand, repräsentative Lage der Filiale etc. Vgl. hierzu auch *NEUHAUS* (2014).

2.2 Vertrieb von nachhaltigen Finanzprodukten

Grundsätzlich ist der Vertrieb nachhaltiger Finanzprodukte für Banken als Chance zu verstehen, weil er zum aktuellen Zeitpunkt ein Differenzierungsmerkmal[25] gegenüber dem Wettbewerb darstellt. Zumindest für Teile der Kundschaft kann zudem durch Nachhaltigkeit ein Zusatznutzen der Kapitalanlage geschaffen werden. Vorreiter des Vertriebs nachhaltiger Kapitalanlagen haben folglich einerseits die Möglichkeit Marktanteile vom Wettbewerb hinzuzugewinnen, andererseits ist es aber auch vorstellbar, dass neue Kundensegmente durch die Hervorhebung des Nachhaltigkeitscharakters angesprochen werden, die nun zusätzlich Kapital investieren. Unzweifelhaft bestehen für Vorreiter beim Vertrieb nachhaltiger Kapitalanlagen sowohl Wachstumschancen als auch Imagevorteile.

Mit dem Geschäftsfeld verbunden sind jedoch auch zahlreiche Herausforderungen für den Vertrieb. So besteht in diesem noch jungen Geschäftsfeld aktuell ein Definitionsdefizit, das zu einer Vielzahl teils synonym verwendeter Begrifflichkeiten wie bspw. *Grünes Geld, Social Investment, Ethisches Investment, Ethische Geldanlage, Sustainable Investment oder Social Responsible Investment* führte.[26] Darüber hinaus existieren auch kaum Standards, die klären, wann eine Kapitalanlage als *nachhaltig* bzw. *grün* bezeichnet werden kann.[27] Das bestehende Definitionsdefizit lädt Emittenten von Kapitalanlagen zum *Green Washing* ein, für das sich im Falle des Bekanntwerdens der Bankberater gegenüber dem Kunden rechtfertigen muss. Bankberater müssen somit dem Emittenten der Kapitalanlage bzw. der Einschätzung des eigenen Bankhauses vertrauen, oder selbst eine Bewertung der Nachhaltigkeit des Produktes vornehmen, um potenzielle Rufschädigungen zu vermeiden.

Will der Bankberater den Kunden kompetent zu nachhaltigen Kapitalanlagen beraten, so ist jedoch ohnehin ein tiefergehendes Verständnis der Beschaffenheit der nachhaltigen Produkte erforderlich. Die Vermittlung dieses Wissens ist aktuell allerdings kein Bestandteil der (Standard-)Ausbildung eines Bankberaters. Zusätzliche Weiterbildungen sind erforderlich, die zeitlichen und finanziellen Aufwand verursachen.

Eine weitere Herausforderung des Vertriebs nachhaltiger Kapitalanlagen besteht darin, dass zu nachhaltigen Investments oft deutlich weniger Informationen bezüglich ihrer langfristigen finanziellen Performance vorliegen, da es sich zumeist um noch junge Anlageprodukte handelt. Fehlende Informationen zur Performance nähren allerdings die Sorge (und das Vorurteil) der Kunden, dass mit der Anlage möglicherweise ein schlechteres Rendite-Risiko-Verhältnis verbunden sein könnte – zumindest entkräften sie die Annahme nicht.

Zusammenfassend ist festzuhalten, dass der Vertrieb nachhaltiger Kapitalanlagen bei allen bestehenden Chancen durchaus auch mit einigen strukturellen Herausforderungen behaftet ist. Die Lösung dieser Herausforderungen liegt nicht immer im Aufgabenfeld der einzelnen Bank oder des Bankberaters. Durch Schaffung von Transparenz können Marketing und Vertrieb aber durchaus auch heute schon ein Umfeld schaffen, in dem Kunden guten Gewissens in nachhaltige Kapitalanlagen investieren können.

---

[25] Vgl. *BRUHNS/CURRLE/STACHEL* (2017), S. 253 ff. zu Nachhaltigkeit als Differenzierungsmerkmal.

[26] Vgl. den Beitrag von *STAPELFELDT* in diesem Buch zur Abgrenzung von Begrifflichkeiten.

[27] Die *EU HIGH-LEVEL EXPERT GROUP ON SUSTAINABLE FINANCE* hat dieses Defizit in ihrem Abschlussbericht benannt, vgl. *HLEG* (2018). Die EU Kommission schlägt in ihrem Aktionsplan die Entwicklung einer Taxonomie sowie geeigneter Standards und Label vor, vgl. *EU KOMMISSION* (2018).

3 Vertrieb nachhaltiger Kapitalanlagen in der Praxis

Nachdem die Chancen und die mit dem Vertrieb nachhaltiger Kapitalanlagen im Privatkundengeschäft verbundenen Herausforderungen reflektiert wurden, scheint ein Blick auf die heutige Vertriebspraxis lohnenswert, um besser zu verstehen, weshalb nachhaltige Kapitalanlagen den Schritt ins Kerngeschäft bisher noch nicht vollzogen haben. Hierzu wird zunächst die idealtypische Customer Journey[28] des potenziellen Kunden definiert. In einem zweiten Schritt wird auf Basis eines Mystery-Shopping-Ansatzes eine Touchpoint-Analyse durchgeführt, die Aufschluss über die bankenseitige Kommunikation entlang der Customer Journey gibt und somit sowohl Rückschlüsse auf den Status Quo der Marketing-Aktivitäten sowie der Vertriebsaktivitäten mit Bezug zu nachhaltigen Kapitalanlagen zulässt.

3.1 Aufbau der Customer Journey

Die Customer Journey im Privatkundengeschäft lässt sich idealisiert in 8 grundlegende Schritte untergliedern. Nach einem Anlass/Auslöser[29] beginnt die kundenseitige Auseinandersetzung mit nachhaltigen Kapitalanlagen. Informationen zur nachhaltigen Kapitalanlage werden zunächst eigenständig recherchiert. Auf Basis dieser Informationen findet im zweiten Schritt die kundenseitige Intentionsbildung zur Führung eines Beratungsgesprächs in einer Bankfiliale statt. Zur Umsetzung der Intention wird während des dritten Schrittes, der Gesprächsanbahnung, die Bank kontaktiert und ein Termin vereinbart.[30] Im vierten Schritt kommt es zum Erstberatungsgespräch in der Bankfiliale. Die Dauer dieses Gesprächs beläuft sich i. d. R. auf ca. 1,5–2 Stunden. Bestandteil des Erstberatungsgesprächs ist eine Prüfung der Risikoaffinität des potenziellen Kunden sowie eine erste Vorstellung verfügbarer Anlageklassen und -produkte. Die Erstgespräche enden im Allgemeinen mit einer Anlageempfehlung. Der potenzielle Kunde erhält am Ende des Gesprächs:

> das *Beratungsprotokoll*: Informationen zur Risikoaffinität des Kunden und zu während des Gesprächs empfohlenen Anlageprodukten werden dokumentiert

> die *Basisinformationen über Wertpapiere und weitere Kapitalanlagen*: Diese umfassende Broschüre vermittelt Grundlagen zu Anlagestrategien, Chancen und Risiken der Kapitalanlage und zu wirtschaftlichen Zusammenhängen.

> *Werbebroschüren zu Anlageprodukten*: Diese Broschüren fassen überblicksartig Informationen zu einzelnen Anlageprodukten zusammen und bewerben diese.

Im fünften Schritt der Customer Journey werden die Empfehlungen des Beraters auf Basis der von Seiten der Bank ausgehändigten Unterlagen sowie ergänzend recherchierter Informationen geprüft und ggf. auch Informationen zu alternativen Produkten gesammelt.[31] Nach Abschluss der Informationssuche bildet der potenzielle Kunde im sechsten Schritt eine Kaufentscheidung

---

[28] Die Customer Journey umfasst die verschiedenen „Stationen" des Kunden entlang des Kaufprozesses auf dem Weg zum Erwerb eines nachhaltigen Finanzproduktes.
[29] Der Anlass weckt die Aufmerksamkeit für das Produkt (z. B. Rat eines Freundes, Zeitungsartikel zum Thema etc.).
[30] Im Rahmen der Feldstudie fand diese Kontaktaufnahme telefonisch, über einen online-Kalender sowie über einen Chat statt. Unabhängig vom gewählten Kanal gab es in allen Fällen einen Rückruf durch den Bankberater zur Terminbestätigung.
[31] In diesem Schritt der Customer Journey werden auch Gespräche mit anderen Banken geführt, um alternative Anlagemöglichkeiten zu identifizieren.

aus, vereinbart im siebten Schritt analog zu Schritt 2 das Kaufabschlussgespräch und setzt seine Anlageentscheidung im achten Schritt während des Kaufabschlussgesprächs in der Bankfiliale gemeinsam mit dem ihn betreuenden Bankberater um. Die nachfolgende Abbildung 1 stellt die beschriebene idealtypische Customer Journey noch einmal im Überblick dar.

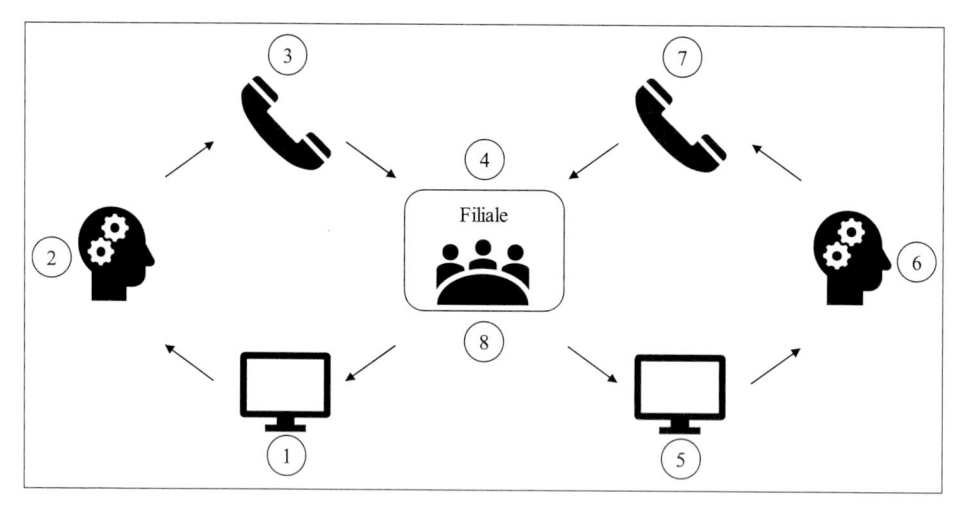

Abbildung 1:   Idealtypische Customer Journey eines Privatanlegers (Eigene Darstellung)

3.2   Ergebnisse der Touchpoint-Analyse

Die Touchpoint-Analyse betrachtet entlang der zuvor beschriebenen Schritte der Customer Journey die direkten Kontaktpunkte des Kunden mit der bankenseitigen Kommunikation. Sie umfasst dabei sowohl die Marketing-Aktivitäten als auch die vertriebsseitige auf den Kunden gerichtete Kommunikation. Um ein möglichst realistisches Bild der vertriebsseitigen Kommunikation zu erhalten wurde auf einen Mystery-Shopping-Ansatz zurückgegriffen. Es wurden Beratungsgespräche in fünf Filialen unterschiedlicher Banken – durchgeführt. Es wurden vor allem Banken mit großem Bekanntheitsgrad in der Region sowie eine explizit nachhaltig ausgerichtete Bank in die Untersuchung einbezogen, um Gemeinsamkeiten und Unterschiede in der Kundenansprache zu identifizieren. Ergänzt wurde das Mystery Shopping um eine Analyse der Bankenwebsite, da diese für den Kunden bei der Kaufentscheidung ggf. als Informationsmedium herangezogen werden könnte.

Die Ergebnisse werden nachfolgend entlang ausgewählter Touchpoints vorgestellt:

Banken-Website:
Eine Analyse der Websites der analysierten Banken ergab, dass bei keiner der herkömmlichen Banken das Themenfeld „Nachhaltigkeit" eine markante Position (bspw. als Element der Startseite oder auch als Punkt im Hauptmenü) einnahm. Eine der Banken hatte einige Unterseiten zur „nachhaltigen Kapitalanlage" angelegt und stellte auf diesen Seiten Basisinformationen zur Verfügung. Zwei Banken-Websites verwiesen auf das Nachhaltigkeitsmanagement der Bank, das jedoch nicht unmittelbar Bezug zu nachhaltigen Kapitalanlagen aufweist. Auf einer Website fanden sich gar keine Hinweise auf das Themenfeld Nachhaltigkeit. Im Gegensatz dazu war – erwartungsgemäß – der Website-Auftritt der Nachhaltigkeitsbank vollständig auf das Thema ausgerichtet. Ohne an dieser Stelle auf die Details einer im Sinne der Absatzförderung optimal

ausgestalteten Website eingehen zu wollen, zeigt die Analyse, dass potenzielle Kunden der analysierten konventionellen Banken Informationen zu nachhaltigen Kapitalanlagemöglichkeiten größtenteils über eine ausgedehnte Web-Recherche jenseits der Banken-Websites suchen müssen. Dies ist insbesondere deshalb problematisch, weil bei Betrachtung der Customer Journey die Hinzuziehung der Website jeweils unmittelbar vor Herausbildung einer Handlungsintention (Wunsch nach Beratungsgespräch, Wunsch nach Produktkauf) stattfindet. Die Gefahr ist also groß, dass Bestandskunden der konventionellen Banken in Schritt 1 bei einer erweiterten Suche auf Informationen anderer Banken stoßen und dann auch in diesen Konkurrenzbanken Beratungsgespräche vereinbaren, oder aber nach einer Erstberatung zu nachhaltigen Kapitalanlagen in Schritt 5 der Customer Journey keine zum Beratungsgespräch konsistenten Informationen auf der Banken-Website finden. Eine schlechte Verzahnung der Kommunikationskanäle führt dann wiederum zur Verunsicherung des Kunden und beeinträchtigt die Kaufentscheidung.

Gesprächsanbahnung:
Die Gesprächsanbahnung besteht aus der Kontaktaufnahme des Kunden mit der Bank sowie aus der Terminbestätigung durch die Bank. Dieser Touchpoint ist deshalb für den Vertrieb von Kapitalanlagen im Allgemeinen von hoher Bedeutung, weil er aus verkaufspsychologischer Sicht die erste direkte Kommunikation zwischen Kunde und Bankberater abdeckt. Mit Bezug zum Vertrieb von nachhaltigen Kapitalanlagen kommt diesem Touchpoint jedoch eine große Bedeutung zu, weil während der telefonischen Terminbestätigung für den Bankberater die Möglichkeit einer kurzen Vorabqualifizierung des Kunden besteht. Unter der Annahme, das derzeit nur ein kleiner Teil der Privatkundenberater bzgl. nachhaltiger Kapitalanlagen geschult ist, wäre eine solche Qualifizierung sehr wichtig, um sicherzustellen, dass eine kompetente Beratung zum Thema bei vorliegendem kundenseitigen Interesse auch möglich ist. Diese fand allerdings in keinem der initialen Telefonate zur Vereinbarung eines Termins statt. Zwei der fünf Bankberater erfragten lediglich, ob es sich beim Beratungswunsch um das Thema der Kapitalanlage handele.[32]

Physischer Point of Sale:
Die Ausgestaltung des physischen Point of Sale – also der Filiale – ist für den Absatz nachhaltiger Kapitalanlagen in vielerlei Hinsicht relevant. Bspw. signalisiert die Bank mit der Schaufenstergestaltung (Plakate) oder durch die ausliegenden Werbebroschüren, welche Themen aus ihrer Sicht derzeit für den Kunden bedeutsam sind und führt diese zu bestimmten Themen hin. Die Filialgestaltung ist aber auch deshalb von zentraler Bedeutung, weil sie die Markenidentität der Bank reflektieren sollte. Steckt Nachhaltigkeit im Markenkern einer Bank, dann sollte sie diese auch in der Ausgestaltung der Filialen glaubhaft kommunizieren.[33] Für den Vertrieb nachhaltiger Kapitalanlagen ist die auf Nachhaltigkeit ausgerichtete Filialgestaltung deshalb wichtig, weil Finanzprodukte stark durch Erfahrungs- und Vertrauenseigenschaften geprägt sind, die kundenseitig schwer überprüfbar sind.[34] Eigenschaften des Point of Sale werden daher verstärkt herangezogen, um die Glaubwürdigkeit der Informationsquelle zu bewerten. Wenn Bankberater also zu nachhaltigen Kapitalanlagen beraten, dann wäre es absatzfördernd, wenn auch die übrige non-verbale Kommunikation am Point of Sale konsistent zur verbalen Kommunikation ist.

---

[32] Für die Nachhaltigkeitsbank ist dieser Schritt deshalb weniger relevant, weil Kunden ohnehin und ausschließlich zu nachhaltigen Produkten beraten werden.
[33] Z. B. durch Verwendung von Naturbaustoffen aber auch durch kleine Details wie Recycling-Papier, Energiesparlampen, Fair-trade-Kaffee, Bio-Milch etc.
[34] Vgl. zur Beschaffenheit von Kapitalanlagen auch Kapitel 2.

Gemäß den Ergebnissen des Mystery Shoppings war dies allerdings nur in einer Filiale gegeben. In der Nachhaltigkeitsbank waren sowohl die Schaufenstergestaltung, die ausliegenden Werbematerialien als auch die komplette Filialgestaltung auf Nachhaltigkeit ausgerichtet. Im Kontrast dazu, fanden sich in den vier übrigen Banken gar keine Elemente, die auf das Thema verwiesen – weder im Bereich der Schaufenster, noch im Bereich der ausliegenden Printwerbemittel oder der Innenraumgestaltung. Die Ausstattung der Nachhaltigkeitsbank kann sicher nicht als Maßstab für das für konventionelle Banken zu definierende Optimum gelten,[35] dass allerdings gar keine Kommunikation mit Bezug zum Thema in den vier Banken stattfand, erscheint unter Absatzoptimierungsgesichtspunkten im Bereich der nachhaltigen Kapitalanlage nicht optimal.

Persönliches Beratungsgespräch:
Das persönliche Beratungsgespräch ist das zentrale Element der in Kapitel 3.1 beschriebenen Customer Journey. Der Gesprächsverlauf eines Erstgesprächs lässt sich in verschiedene Phasen untergliedern.[36] Nach der Begrüßung erfolgt eine Qualifizierungsphase, in der der Verkäufer Fragen an den Kunden richtet, um die Beratung anschließend dem Kundenbedarf entsprechend durchzuführen. Hierzu zählt auch die Prüfung der Risikoaffinität[37] und des kundenseitig bereits bestehenden Hintergrundwissens zu Kapitalanlagen. In den Gesprächen bei konventionellen Banken hätte hier auch die Frage nach dem Interesse an nachhaltigen Kapitalanlagen erfolgen müssen.[38] Dies geschah lediglich in einem der vier Gespräche. In der Nachhaltigkeitsbank hingegen stand nicht die Frage des „*Ob?*" sondern die Frage nach den Motiven im Vordergrund: *„Was wollen Sie denn mit Ihrer Anlage erreichen? Welche Aspekte in Bezug auf Nachhaltigkeit sind Ihnen besonders wichtig?"*
Da schon die Qualifizierung überwiegend nicht auf nachhaltige Kapitalanlagen einging, verliefen die Gespräche in der sich anschließenden Angebotsphase, in der der Bankberater die Kapitalanlagemöglichkeiten vorstellt, überwiegend in Richtung konventioneller Finanzprodukte. Um eine Prüfung der Beratungsqualität zu nachhaltigen Finanzprodukten vornehmen zu können, wurde das Thema während der Angebotsphase kundenseitig aktiv angesprochen: *„Ich würde gern sicherstellen, dass mein Geld nicht in Kohle oder Waffen fließt. Gibt es die Möglichkeit, dass Geld nachhaltig anzulegen?"* Die Beratung in den konventionellen Banken verlief nun sehr unterschiedlich:

➢ Bank 1: *„Wir bieten unterschiedliche Fonds mit Schwerpunkt auf Nachhaltigkeit an, z. B. den Fonds […], wenn wir hier in das Produktinformationsblatt schauen, dann sehen Sie, wie der Fonds Nachhaltigkeit umsetzt."*

➢ Bank 2: *„Wir haben hier eine Auswahl von 100 Fonds für Sie bereitgestellt, einer dieser Fonds ist meines Wissens nach nachhaltig investiert. Lassen Sie mich kurz prüfen, welcher*

---

[35] Z. B. Zertifikate oder Urkunden, Aufhänger, oder auch Bilder die auf eine möglicherweise nachhaltige Ausrichtung der Bank hinweisen könnten.

[36] Vgl. zu Phasenmodellen des Vertriebs auch GRANZOW (2014).

[37] Während des Mystery Shoppings wurde darauf geachtet, dass eine Risikoaffinität im Bereich der Risikoklassen 3 und 4 erreicht wurde, weil in dieser Risikokategorie jedem Berater verschiedene nachhaltigen Fondsprodukte zur Verfügung stünden zu denen er theoretisch hätte beraten können. Bei anderen Risikoklassen ist das Produktangebot aktuell noch geringer.

[38] Das beraterseitige aktive Adressieren nachhaltiger Kapitalanlagen ist insbesondere deshalb wichtig, weil gemäß *NKI* (2017) lediglich jeder vierte Kunde die nachhaltige Kapitalanlage bereits kennt. Darüber hinaus wurden während der Qualifizierung, z. B. bei der Nennung des Berufs „*Beratung im Bereich Nachhaltigkeit*" Signale gesendet, die das Gespräch auf nachhaltige Kapitalanlagen lenken sollten.

das ist. *Genauere Informationen zu dem Fonds finden Sie sonst aber auch auf unserer Website im Kundenbereich.*"

➢ Bank 3: „*Einen explizit nachhaltigen Fonds haben wir nicht, aber der Fonds […] investiert in Megatrends wie Robotik oder Digitalisierung und ein Trend ist dort auch die saubere Energie.*"

➢ Bank 4: „*Klar können wir Ihnen nachhaltige Fonds anbieten, aber ich kann Ihnen davon nur abraten. Da haben sie immer Performance-Verluste. Gerade mit Tabak und Alkohol lässt sich nämlich richtig Geld verdienen und die Bereiche schließen Sie dann ja aus.*"

Die Ausführungen zeigen, dass in keinem der vier Gespräche eine unter Qualitätsgesichtspunkten zufriedenstellende Beratung zu nachhaltigen Kapitalanlagen stattfand. Keiner der Berater konnte selbständig Informationen zur nachhaltigen Kapitalanlage wiedergeben. In zwei Fällen wurde auch auf Nachfrage keine nachhaltigen Finanzprodukte angeboten.

In der Nachhaltigkeitsbank wurden hingegen ausschließlich nachhaltige Kapitalanlagen angeboten. Die Beraterin erklärte ausführlich, wie die Bank die Nachhaltigkeit der Finanzprodukte sicherstellt. Auffällig war das hohe Maß an Transparenz, dass bzgl. der Anlagestrategie und des Anlageuniversums bei einzelnen Fonds hergestellt wurde. Es fiel jedoch auch auf, dass bei gleicher Risikoklasse die Renditen der angebotenen Fondsprodukte in der Nachhaltigkeitsbank deutlich unterhalb der Renditen von Fonds in den konventionellen Banken lagen. Dies darf nicht als Indiz dafür missinterpretiert werden, dass Nachhaltigkeitsfonds finanziell schlechter performen als herkömmliche Anlagen. Im betrachteten Fall handelte es sich um Fondsprodukte mit sehr stark auf explizit (dunkel-)grüne Unternehmen zugeschnittenen Anlageuniversen. Um nachhaltige Kapitalanlagen in das Kerngeschäft zu überführen ist es allerdings wichtig, dass Kunden die Möglichkeit eines grünen (oder zumindest nicht braunen[39]) Investments erhalten, ohne dabei auf finanzielle Performance verzichten zu müssen. Der Zugang zu dieser Art Kapitalanlage erscheint nach Abschluss des Mystery Shoppings aus Kundensicht über den Filialvertrieb kaum möglich zu sein.

Print-Materialien
Print-Materialien können entlang der beschriebenen Customer Journey an unterschiedlichen Stellen sowohl vor als auch nach dem Erstgespräch als Touchpoint fungieren. Ihre Berücksichtigung ist deshalb wichtig, weil die kundenseitige Ausbildung einer Kaufintention in Abwesenheit des Beraters stattfindet. Print-Materialien sind daher neben der Banken-Website ein Touchpoint der während der kundenseitigen Kaufintentionsbildung besteht.

Keine der angesprochenen Banken hat vor dem Erstgespräch Print-Werbematerialien versendet. Dies erscheint deshalb schlüssig, weil eine gezielte Ansprache des Kunden mit potenziell interessanten Materialien zu diesem Zeitpunkt nur schwer möglich erscheint und zudem nicht in allen Fällen auch die rechtlichen Rahmenbedingungen vorlagen, um den potenziellen Kunden postalisch zu kontaktieren. Print-Materialien wurden aber am Ende des Erstgesprächs in allen Banken ausgehändigt. Hierzu zählen die im Kapitel 3.1 beschriebenen Beratungsprotokolle, Basisinformationen über Wertpapiere und Werbebroschüren zu Anlageprodukten. Eine Kurzanalyse der ausgehändigten Materialien ergab, dass Informationen zu nachhaltigen Kapitalanlagen trotz des expliziten Kundenwunsches in sehr geringem Umfang enthalten waren. Die Beratungsprotokolle enthielten bis auf den Namen der angebotenen nachhaltigen Finanzprodukte keine für die Kaufentscheidung relevanten Informationen. Die Basisinformationen, ein ca. 170 Seiten umfassendes Glossar, enthalten ebenfalls keinen Absatz zu nachhaltigen Kapitalanlagen. Bei den konventionellen Banken war es lediglich ein einzelnes Produktinforma-

---

[39] „Braun" wird hier als Synonym für „nicht-nachhaltig" verwendet.

tionsblatt zu einem nachhaltigen Fondsprodukt, dass für eine Kaufentscheidung relevante Informationen mit Bezug zum Thema enthielt. Im Gegensatz dazu händigte die Nachhaltigkeitsbank während des Gesprächs 6 Broschüren aus, die das nachhaltige Handeln der Bank im Allgemeinen sowie Informationen zur Nachhaltigkeit der angebotenen Finanzprodukte im Speziellen enthielten. Keine der Banken nutzte nach Abschluss des Erstgesprächs die Möglichkeit der postalischen Zusendung von Print-Materialien mit Bezug zu nachhaltigen Finanzprodukten.

Die Ergebnisse der Touchpoint-Analyse zeigen, dass der kundenseitige Zugang zu nachhaltigen Kapitalanlagen zumindest in den während des Mystery Shoppings analysierten Bankfilialen stark eingeschränkt ist. In den vier konventionell ausgerichteten Bankfilialen ist die Beratung zu nachhaltigen Kapitalanlagen scheinbar noch immer die große Ausnahme. Auch über die marketingseitig zu adressierenden Touchpoints findet bislang kaum den Vertrieb unterstützende kundengerichtete Kommunikation mit Nachhaltigkeitsbezug statt. Die eingangs geforderte, über die verschiedenen Touchpoints hinweg konsistente Kommunikation kann den analysierten Banken folglich zweifelsfrei attestiert werden – nachhaltige Kapitalanlagen spielen dabei zumindest derzeit aber keine Rolle.

4 Implikationen

Die im dritten Kapitel aufgezeigten bestehenden Defizite des operativen Vertriebs nachhaltiger Finanzprodukte müssen durch den strategischen Vertrieb bzw. das Marketing adressiert werden, sollen die heute bereits existierenden Absatzpotenziale nachhaltiger Kapitalanlagen ausgeschöpft werden. Darüber hinaus stellt sich die Frage, welche Maßnahmen im Vertrieb ergriffen werden können, um nachhaltige Finanzprodukte auf lange Sicht aus der Nische in den Mainstream zu befördern.

4.1 Implikationen für das Marketing

Wie schon im vorangehenden Kapitel ausgeführt, waren die Marketing-Aktivitäten - sowohl im Bereich der "Filialgestaltung" als auch in den Bereichen "Print-Materialien" und der "Banken-Website" zumeist nicht auf die Förderung des Absatzes nachhaltiger Finanzprodukte ausgerichtet. Dies ist insbesondere deshalb kritisch, weil Kunden beim Kauf komplexer Produkte, die durch Erfahrungs- und Vertrauenseigenschaften charakterisiert sind, Heuristiken anwenden, um eine Kaufentscheidung zu treffen. Konkret bedeutet dies, dass sie bspw. anhand des Umfeldes, in dem sie sich befinden, Rückschlüsse auf die Kompetenz und Glaubwürdigkeit des Beraters ziehen. Ausliegende Informationsmaterialien am Point of Sale, ein Zertifikat des Beraters mit Bezug zu nachhaltigen Kapitalanlagen an der Wand, oder ein Plakat zum Thema Nachhaltigkeit im Schaufenster können solche Heuristiken bereits positiv beeinflussen. Je nach Ambitionslevel des Finanzinstituts kann dieses Instrument der Einflussnahme bis zur vollständig unter Nachhaltigkeitsgesichtspunkten designten Filiale erweitert werden.
Des Weiteren basierte der Vertrieb komplexer Finanzprodukte zumindest im Rahmen unserer Feldstudie nicht ausschließlich auf einem einzelnen Gespräch. In der Regel wurden uns am Ende des initialen Beratungsgesprächs Basisinformationen, Präsentationen und andere Werbematerialien ausgehändigt. Aus entscheidungstheoretischer Sicht kommt der Phase zwischen dem initialen Beratungsgespräch und dem Abschluss-/Folgegespräch eine große Bedeutung zu: Dem potenziellen Kunden ist bewusst, dass er im Rahmen des Folgegesprächs voraussichtlich

eine Kaufentscheidung wird treffen und umsetzen müssen. Eine Absage vor Ort in Anwesenheit des Finanzberaters verursacht bei vielen Personen aufgrund wahrgenommenen sozialen Drucks negative Emotionen.[40] Der potenzielle Kunde wird daher versuchen, bereits vor Terminierung des Folgegesprächs einen möglichst hohen Grad an Sicherheit bzgl. der Richtigkeit einer im Gespräch zu treffenden Kaufentscheidung zu erlangen. Hierzu zieht er bspw. die von dem Finanzinstitut zur Verfügung gestellten Informationen sowie weitere Informationen von "unabhängigen" Quellen heran. Es ist daher im Interesse des Finanzinstituts, den Kunden während dieser Phase mit Informationen zu versorgen, die ihn in seiner Entscheidungsfindung unterstützen. Diese sollten möglichst konsistent zu den während des initialen Gesprächs geteilten Informationen sein, um Dissonanzen und Verunsicherung bzgl. der Glaubwürdigkeit des Beraters zu vermeiden. Konkret bedeutet dies, dass ausgehändigte Werbe- bzw. Informationsmaterialien auch den Bereich nachhaltiger Kapitalanlagen abdecken sollten, wenn hierzu beraten wurde. Die Glaubwürdigkeit wird zudem gefördert, wenn auch der Besuch des Webauftritts des Finanzinstituts konsistente Informationen zum Thema nachhaltige Kapitalanlagen liefert. Im besten Fall wird dieses konsistente Bild durch Informationen unabhängiger Quellen gestützt.

4.2 Implikationen für den Vertrieb

Die während der Feldstudie festgestellten Schwächen des operativen Vertriebs bei der Beratung zu nachhaltigen Kapitalanlagen sind in Teilen darauf zurückzuführen, dass der strategische Vertrieb bislang offensichtlich keinen besonderen Fokus auf diese Produktkategorie legt. Unzureichende oder falsche Beratung sind entweder auf fehlende Schulungen der Vertriebsmitarbeiter oder auf fehlende Motivation zurückzuführen. Es ist daher von höchster Bedeutung, die richtigen Bedingungen für den operativen Vertrieb zu schaffen, um nachhaltige Kapitalanlagen zum Mainstream werden zu lassen und die bestehenden Absatzpotenziale auch ausschöpfen zu können.
Die für einen möglichst effektiven Vertrieb nachhaltiger Kapitalanlagen notwendige Weiterbildung der Vertriebsmitarbeiter gestaltet sich zumindest in Deutschland aktuell schwierig. Es existieren nur wenige Angebote, die zudem auf eine geringe Nachfrage stoßen. Die Aufgabe des strategischen Vertriebs ist es, die beraterseitige Nachfrage zu erzeugen. Das Angebot wird sich daraufhin automatisch erweitern.
Eine Maßnahme zur Steigerung des Interesses der Finanzberater am Vertrieb nachhaltiger Kapitalanlagen besteht auch in der Incentivierung. Die monetäre Incentivierung ist eine Möglichkeit, die insb. bei Vertrieblern, sicher einen großen Effekt hätte. Eine zumindest vorübergehende Anhebung der Provisionen hätte zur Folge, dass Finanzberater sich stärker auf nachhaltige Kapitalanlagen fokussieren würden und damit einhergehend auch ihr Wissen rund um die Produktkategorie erweitern würden.
Ein ähnlicher Effekt ließe sich vermutlich auch dann erzeugen, wenn der Absatz nachhaltiger Finanzprodukte je Finanzberater erfasst und als Performance-Indikator für die Vertriebssteuerung genutzt werden würde.

---

[40] Vgl. *AJZEN* (1991).

5 Fazit

Nachhaltige Kapitalanlagen werden zukünftig einen signifikanten Anteil des Gesamtmarktes darstellen müssen, wenn eine umfassende Transition im Sinne der international formulierten Nachhaltigkeitszielsetzungen Realität werden soll. Gerade im Privatkundengeschäft wird derzeit sehr deutlich, dass die nachhaltigen Kapitalanlagen noch immer tief in der Nische stecken, dabei deuten der nach wie vor bestehende Trend zur Nachhaltigkeit als auch das stetig wachsende Angebot an nachhaltigen Finanzprodukten darauf hin, dass deutlich steigende Absatzzahlen im Bereich der nachhaltigen Kapitalanlage möglich sein müssten.

Eine auf einem Mystery-Shopping-Ansatz basierende Analyse der Customer Journey in Filialen von fünf verschiedenen Banken zeigte, dass der Vertrieb nachhaltiger Kapitalanlagen derzeit nur sehr rudimentär in die Marketing- und Vertriebsprozesse der analysierten konventionellen Banken integriert ist. In zwei von vier konventionellen Bankfilialen wurde selbst auf expliziten Wunsch hin keine nachhaltige Kapitalanlage angeboten. In zwei weiteren Bankfilialen wurden zwar Produkte genannt, eine qualitativ hochwertige Beratung zu nachhaltigen Kapitalanlagen erfolgte jedoch auch in diesen Filialen nicht. Lediglich in der Nachhaltigkeitsbank wurde eine umfassende Beratung zu verschiedenen Finanzprodukten angeboten. Ein kongruentes Bild stellte sich auch im Hinblick auf die Ausgestaltung der Banken-Websites, des physischen Point of Sale und der verkaufsbegleitenden Print-Materialien dar. Zusammenfassend liefert die qualitative Analyse ein recht eindeutiges Ergebnis: Der Vertrieb nachhaltiger Kapitalanlagen steckt noch immer in den Kinderschuhen.[41] Die konventionellen Banken haben ihre Marketing- und Vertriebsprozesse noch nicht dahingehend optimiert, dass die Absatzpotenziale im Bereich nachhaltiger Kapitalanlagen gehoben werden können. Hierfür mag es zahlreiche Ursachen geben, in Zeiten hoher und zunehmender Wettbewerbsintensität bei einem sich gleichzeitig konsolidierenden Bankensektor stellen die nachhaltigen Kapitalanlagen jedoch ein Differenzierungsmerkmal dar, das gerade in diesem nach wie vor mit einem Imageproblem behafteten Bereich neben zusätzlichen Absatzpotenzialen auch Vorteile für die Positionierung der eigenen Marke mit sich bringt.

Zur weiteren Förderung des Absatzes nachhaltiger Kapitalanlagen im Privatkundengeschäft sind jedoch nicht nur das Marketing und der Vertrieb einzelner Banken gefragt. Voraussetzungen zur Überwindung struktureller Herausforderungen müssen bankenübergreifend oder ggf. auch von Seiten der Politik geschaffen werden. Initiativen sind hier bereits auf den Weg gebracht. So plant die EU Kommission bspw. den Bankberater per Gesetz dazu zu verpflichten, die Nachhaltigkeitspräferenzen des Kunden in die Eignungsbeurteilung (Ein Bestandteil der Qualifizierungsphase) zu integrieren.[42] Auch die Gefahr des Green Washings hat die EU Kommission erkannt und in ihren Aktionsplan adressiert.[43] Ob allerdings eine länderübergreifende Implementierung eines Labels[44] den erwünschten Effekt hat, hängt sehr stark von der Umsetzung ab. Es ist unstritten, dass eine Kennzeichnung nachhaltiger Finanzprodukte erforderlich ist, die vor allem eine hohe Bekanntheit und das Vertrauen der Kunden genießt. Sollen nachhaltige Kapitalanlagen allerdings Bestandteil des Kerngeschäfts werden, dann muss es für unterschiedliche Kundenpräferenzen auch unterschiedlich nachhaltige Produkte geben. Einen Anknüpfungspunkt könnte bspw. die Bewertung der Beschaffenheit von Gebäuden über den

---

[41] KLEIN/WINS/ZWERGEL (2014) stellten in einer Umfrage unter Privatanlegern fest, dass fehlende Informationen als häufigster Grund dafür genannt wurden, dass diese Anleger noch nicht investierten.
[42] Vgl. hierzu EU KOMMISSION (2018), S. 8.
[43] Vgl. EU KOMMISSION (2018), S. 6 zu geplanten Aktivitäten im Bereich der Standardsetzung und zur Implementierung eines EU-Labels für bestimmte Finanzprodukte.
[44] Vgl. zur Bedeutung von Labels auch GUTSCHE/KLEIN/ZWERGEL (2017).

Energieausweis bieten. Eine weitere politische Maßnahme bestünde sicher auch darin, die Bevölkerung hinsichtlich der Wirkung ihres Geldes wesentlich stärker zu bilden. Erreicht werden kann dies, indem das Thema „Nachhaltige Kapitalanlage" auf die Lehrpläne der Schulen und Universitäten gesetzt wird. So ließe sich der geringe Bekanntheitsgrad rasch korrigieren, doch derzeit ist selbst die konventionelle Kapitalanlage kein Bestandteil der schulischen Bildung. Dies mag auch ein Grund dafür sein, dass die Deutschen im internationalen Vergleich eher geringes Interesse am Thema haben und ihr Geld häufig (schlecht verzinst) auf dem Girokonto belassen.

Steigendes Interesse von Kundenseite, zunehmendes Produktangebot und politische Initiativen deuten darauf hin, dass der Markt nachhaltiger Kapitalanlagen zukünftig weiterwachsen wird. Es liegt im Interesse der Banken, die Marketing- und Vertriebsaktivitäten schnellstmöglich so weiterzuentwickeln, dass eine qualitativ hochwertige Beratung in den Filialen möglich wird, um die be- und entstehenden Absatzpotenziale zu heben.

Quellenverzeichnis

AJZEN, I. (1991): The Theory of Planned Behavior, in: Organizational Behavior and Human Decision Processes, 50. Jg. (1991), Nr. 2, S. 179–211.

BAIN & COMPANY (2012): Was Kunden wirklich wollen, online: http://www.bain.de/Images/Studie_Banking_ES.pdf, Stand: 2012, Abruf: 12.03.2018.

BRUHNS, M./CURRLE, M./STACHEL, A. (2017): RECARO goes green: Wettbewerbsvorteile durch Nachhaltigkeit, in: WUNDER, T. (Hrsg.), CSR und Strategisches Management, Berlin 2017, S. 253–258.

CFA INSTITUTE (2016): From Trust to Loyalty: What Investors really want, online: https://www.cfainstitute.org/learning/future/getinvolved/Documents/trust_to_loyalty_executive_summary.pdf, Stand: 2016, Abruf: 12.03.2018.

DARBI, M./KARNI, E. (1973): Free competition and the optimal amount of fraud, in: Journal of Law and Economics, Jg. 16 (1973), S. 67–88.

DOMBRET, A. (2015): Die Auswirkungen niedriger Zinsen – Ergebnisse einer Umfrage unter deutschen Banken, online: https://www.bundesbank.de/Redaktion/DE/Reden/2015/2015_09_18_dombret.html, Stand: 18.09.2015, Abruf: 12.03.2018.

DOMBRET, A. (2017): Aktuelle Herausforderungen für den deutschen Bankensektor, online: https://www.bundesbank.de/Redaktion/DE/Reden/2017/2017_03_06_dombret.html, Stand: 06.03.2017, Abruf: 12.03.2018.

DOMBROVSKIS, V. (2017): Greening finance for sustainable business, Rede gehalten am 12.12.2017 in Paris.

EU HIGH-LEVEL EXPERT GROUP ON SUSTAINABLE FINANCE (2018): Financing a Sustainable European Economy, online: https://ec.europa.eu/info/sites/info/files/180131-sustainable-finance-final-report_en.pdf, Stand: 31.01.2018, Abruf: 12.03.2018.

EU KOMMISSION (2018): Aktionsplan: Finanzierung nachhaltigen Wachstums, online: http://eur-lex.europa.eu/legal-content/DE/TXT/PDF/?uri=CELEX:52018DC0097&from=EN, Stand: 08.03.2018, Abruf: 13.03.2018.

EVERLING, O./LEMPKA, R. (2016): Finanzdienstleister der nächsten Generation. Megatrend Digitalisierung: Strategien und Geschäftsmodelle, Frankfurt 2016.

FORUM NACHHALTIGE GELDANLAGEN (2017): Marktbericht 2017, online: https://www.forum-ng.org/de/fng/aktivitaeten/927-marktbericht-nachhaltige-geldanlagen-2017.html, Stand: 05.2017, Abruf: 08.03.2018

FRIEDE, G./BUSCH, T./BASSEN, A. (2015). ESG and financial performance: Aggregated evidence from more than 2000 empirical studies, in: Journal of Sustainable Finance & Investment, 2015, Nr. 5(4), S. 210–233.

GFK (2017): Customer Journey Banking, online: file:///C:/Users/marti/AppData/Local/Temp/postbank_customer_journey_banking_2017_92098.pdf, Stand: 02.2017, Abruf: 13.03.2018.

GRANZOW, M./KEUPER, F. (2011):Direktvertrieb als Kundenbindungsinstrument, in: KEUPER, F./MEHL, R. (Hrsg.) Customer Management – Vertriebs und Service-Konzepte der Zukunft, Wiesbaden 2011, S. 223–244.

GRANZOW, M. (2014): Wirkungsparamater persuasiver Kommunikation, Berlin 2014.

GRÖNKE, O./KALBHENN, R. (2017): Auf dem Weg zur Bank 4.0, online: https://www.bearingpoint.com/files/Auf_dem_Weg_zur_Bank_4_0.pdf&download=0&itemId=383997, Stand: 13.03.2017, Abruf: 12.03.2018.

GUTSCHE, G./KLEIN, C./ZWERGEL, B. (2017): Characterizing German (Sustainable) Investors, in: Corporate Finance, 2017, Nr. 3-4, S. 77–81.

KFW (2017): Rückbau der Bankfilialen in Deutschland schreitet voran, online: https://www.kfw.de/KfW-Konzern/Newsroom/Aktuelles/Pressemitteilungen/Pressemitteilungen-Details_436032.html, Stand: 08.10.2017, Abruf: 12.03.2018.

KLEIN, C./WINS, A./ZWERGEL, B. (2014): Wer interessiert sich (nicht) für nachhaltige Anlageprodukte? Eine Kundenklassifizierung, in: FAUST, M./SCHOLZ, S. (Hrsg.), Nachhaltige Geldanlagen -- Produkte, Strategien und Beratungskonzepte, Frankfurt 2014, S 627–642.

KROEBER-RIEL, W./WEINBERG, P./GRÖPPEL-KLEIN, A. (2009): Konsumentenverhalten, München 2009.

NEUHAUS, S. (2014): Point-of-sale-Qualität, Berlin 2014.

NEXUM/MANUFACTS (2017) Die Bank der Zukunft, Köln 2017.

NKI (2017): Nachhaltige Kapitalanlage bei Privatanlegern, online: http://nk-institut.de/wp-content/uploads/2017/10/NKI-Research-06-2017-Privatanleger-Befragung.pdf, Stand: 10.2017, Abruf: 13.03.2017.

STERN, N (2006): The Stern Review: The Economics of Climate Change, Cambridge 2006.

UNION INVESTMENT (2017): Ergebnisbericht zur Nachhaltigkeitsstudie 2017, online: https://institutional.union-investment.de/dms/Institutional-NEU/mediathek/download-center/Union Investment_Nachhaltigkeitsbericht2017.pdf, Stand: 26.06.2017, Abruf: 08.03.2018.

Autorenverzeichnis

BACKMANN, JULIA: Dr. rer. pol., Rechtsanwältin, geb. 1972, Abteilungsdirektorin beim BVI. Zuvor Rechtsanwältin in internationalen U.S.-amerikanischen Großkanzleien. Promotion an der Betriebswirtschaftlichen Fakultät der Universität Eichstätt-Ingolstadt, Master of Laws am King's College in London. Jurastudium und Referendariat in München und Frankfurt. Arbeitsgebiete: Investmentrecht, Gesellschaftsrecht, Finanzmarktregulierung.

BARKAWI, ALEXANDER: Dr. oec., geb. 1972, Gründer und Direktor des Council on Economic Policies (CEP) – ein internationaler wirtschaftspolitischer Think Tank für Nachhaltigkeit mit Fokus auf Fiskal-, Geld- und Handelspolitik. Zuvor als Geschäftsführer von SAM Indexes verantwortlich für die Entwicklung der Dow Jones Sustainability Indexes zu einem weltweiten Referenzpunkt für Sustainability Investing. Präsident des Stiftungsrats von oikos, einer internationalen Studierendenorganisation zur Integration von Nachhaltigkeitsthemen in die Wirtschaftswissenschaften.

BARRETT, CHRIS: geb. 1969, Executive Director, Finance and Economics bei der European Climate Foundation in Berlin. Zuvor Botschafter Australiens bei der OECD, Paris, sowie Stabschef im Finanzministerium (Treasury) des Commonwealth of Australia. Früher Unternehmensberater bei der Boston Consulting Group. Arbeitsgebiete: Klima- und Finanzpolitik.

BASSEN, ALEXANDER: seit 2003 Inhaber der Professur für Betriebswirtschaftslehre, insbesondere Kapitalmärkte und Unternehmensführung an der Universität Hamburg. *PROF. DR. BASSEN* ist u. a. Mitglied im Rat für Nachhaltige Entwicklung der Bundesregierung, Honorary Research Associate an der Smith School (University of Oxford), Leitender Wissenschaftler (PI) beim Excellenzcluster "Integrated Climate System Analysis and Prediction" (CliSAP)" im Rahmen der Exzellenzinitiative des Bundes und der Länder, Leiter des Kompetenzzentrums nachhaltige Universität (KNU), sowie Mitglied in zahlreichen Beiräten in Wissenschaft und Praxis. Seine Forschungsschwerpunkte liegen in den Bereichen Environment, Social und Governance (ESG) aus Kapitalmarktperspektive.

BAUCKLOH, TOBIAS: M. Sc., geb. 1989, wissenschaftlicher Mitarbeiter und Doktorand am Lehrstuhl für Unternehmensfinanzierung der Universität Kassel beschäftigt sich in seiner Promotion unter anderem mit Green Bonds. Zuvor hat er Wirtschaftsingenieurswesen an der Universität Kassel mit den Schwerpunkten: Finanzmärkte und Kunststofftechnik studiert.

BUSCH, TIMO: Professor für Betriebswirtschaftslehre an der Fakultät Wirtschafts- und Sozialwissenschaften der Universität Hamburg, Senior Fellow an dem Center for Sustainable Finance and Private Wealth der Universität Zürich. Ferner hat er einen Lehrauftrag an der Eidgenössischen Technischen Hochschule (ETH) Zürich und an der Duisenberg School of Finance (Niederlande) unterrichtet. PROF. DR. BUSCH hatte verschiedene Forschungsaufenthalte, unter anderem an der John Molson School of Business (Kanada), Nan-yang Business School (Singapur) und der Amsterdam Business School (Niederlande). Auf der Rio +20 Conference on Sustainable Development war er Delegierter der Vereinten Nationen. Bevor er an die Universität Hamburg berufen wurde, war er Dozent an der ETH Zürich und Projektleiter am Wuppertal Institut für Klima, Umwelt, und Energie. Seine Forschungsarbeiten fokussieren auf die Themen Klimawandel, Öko-effizienz, Business Case von Nachhaltigkeit sowie nachhaltiger Finanzmarkt.

DOMBRET, ANDREAS: Dr. rer. pol., geb. 1960, bis April 2018 als Mitglied des Vorstands der Deutschen Bundesbank verantwortlich für die Bereiche Banken und Finanzaufsicht, Ökonomische Bildung, Hochschule und Technische Zentralbank-Kooperation, Risiko-Controlling sowie die Repräsentanzen und Repräsentanten. In dieser Funktion außerdem u. a. Stellvertreter der Deutschen Bundesbank beim IWF, Mitglied im SSM Supervisory Board, Mitglied der Deutschen Bundesbank im Basler Ausschuss für Bankenaufsicht und Mitglied des Verwaltungsrats bei der Bank für Internationalen Zahlungsausgleich in Basel. 2009 wurde er als Honorarprofessor an die European Business School berufen.

EMMRICH, JULIE: Bachelorabschluss in International Business mit Schwerpunkt auf Finance and Financial Management (BBA), geb. 1992. Derzeit absolviert sie ihren Master in Environmental Science, Policy & Management (MESPOM) im Rahmen des Erasmus Mundus Programms an der Central European University (Ungarn), der Universität der Ägäis (Griechenland) und der Lund Universität (Schweden), mit einem Schwerpunkt auf Umweltpolitik und Energiewende. Sie hat ihren Bachelor in International Business mit Schwerpunkt auf Finance and Financial Management an der Arcada UAS (Finnland) absolviert. Des Weiteren hat sie in verschiedenen europäischen Städten in der Finanz- sowie Energieindustrie gearbeitet.

FRANK, RALF: geb. 1963, seit 2002 bei der DVFA, dem Berufsverband von Investment Professionals in Deutschland, seit 2004 als Geschäftsführer, seit 2011 als Generalsekretär. Zuvor Unternehmensberater sowie Senior Manager Business Development und Sales Finance bei einem globalen Investitionsgüterhersteller. Studium MA Kommunikationswissenschaft, Anglistik und Politologie in Essen, Brüssel, Manchester, und Business Administration mit Abschluss MBA an der Sheffield Hallam University. Autor zahlreicher Fachartikel und Sprecher/Moderator im In- und Ausland. Arbeitsgebiete: Investment Decision-Making, Behavioral Finance, Financial Data Science, Sustainable Finance.

FRIEDE, GUNNAR: Director und Senior Fund Manager bei Deutsche Asset Management. Er managt globale Multi Asset-Fonds und gestaltet seit 2006 die ESG-Strategie von DWS bzw. Deutsche Asset Management im Fondsmanagement mit. Er ist Mitglied der DVFA Kommission Responsible Investing und Co-Autor des Programmes Certified ESG Analyst des europäischen Analystenverbandes EFFAS. Der Bankkaufmann hat International Management und Finance an der HTW Berlin studiert und dort sein Diplom in Betriebswirtschaftslehre erworben. Er ist Certified European Financial Analyst (CEFA) sowie Certified International Investment Analyst (CIIA). Verschiedene Fonds, die er managt, haben in den letzten Jahren zahlreiche Preise gewonnen. Derzeit forscht er zusammen mit der Universität Hamburg über den Zusammenhang von ESG-Faktoren und Finanzperformance.

GRANZOW, MARTIN: Dr. rer. oec., Dipl.-Ing. oec., geb. 1984, Inhaber der Nextra Consulting, einer Beratung, die ihre Kunden bei der Umsetzung der Green Transition unterstützt (www.next-transformation.com). Zuvor Unternehmensberater u. a. bei Accenture Strategy sowie selbständiger Unternehmensberater mit Schwerpunkt im Strategischen Management. Promotion an der Steinbeis-Hochschule Berlin am Lehrstuhl für Betriebswirtschaftslehre, insbesondere Konvergenzmanagement und Strategisches Management. Arbeitsgebiete: Strategisches Management, Nachhaltigkeitsmanagement, Marketing und Vertrieb.

HÄßLER, ROLF D.: Dipl. Ökonom, geb. 1964, geschäftsführender Gesellschafter des NKI – Institut für nachhaltige Kapitalanlagen in München, das institutionelle Investoren sowie Asset Manager und Banken bei der Umsetzung nachhaltiger Anlagestrategien bzw. der Entwicklung von nachhaltigen Anlagelösungen unterstützt. Zuvor u. a. bei der Nachhaltigkeits-Ratingagentur oekom research, der imug Beratungsgesellschaft sowie der Münchener Rückversicherung tätig. Arbeitsgebiete: Nachhaltige Kapitalanlagen, Green / Sustainable Finance, CSR-Management & -Kommunikation.

HAGEDORN, NIKOLAUS: M.A., geb. 1986, seit 2016 Analyst bei der 2° Investing Initiative. Zuvor Wissenschaftlicher Mitarbeiter bei Bosch Solar Energy und Fraunhofer-Institut für Solare Energiesysteme ISE. Bachelorabschluss in Physik der RWTH Aachen sowie Masterabschluss in Renewable Energy Management der Albert-Ludwigs-Universität Freiburg.

JUERGENS, INGMAR: Master in Environmental Science/Studies (Schwerpunkt Umwelt- und Entwicklungsökonomik), geb. 1974. Seit März 2017 für eine mehrjährige Forschungstätigkeit am Deutschen Institut für Wirtschaftsforschung (diw.de) von der Europäischen Kommission beurlaubt, für die er seit 2007 tätig ist, u. a. als *Senior Economic Advisor* der Europäischen Kommission in Deutschland (2013–2017), Koordinator der EU-Anpassungsstrategie bei der GD CLIMA (2010–2012) und als Analyst bei der Generaldirektion Unternehmen zu Wettbewerbsfähigkeit und Klimapolitik (2007–2010). Seit 2002 arbeitete er außerdem zu Klimafinanzierung und Erneuerbaren Energien für die FAO der Vereinten Nationen (FAO) und die OECD. Von 2012–2013 verbrachte er ein „Sabbatical" als Associate Director des CPI-Büros in Berlin und beriet 2013 das Interim-Sekretariat des Green Climate Fund. Arbeitsgebiete: Klima und Energiepolitik und -finanzierung. Auswirkung von Politik- und Finanzierungsinstrumenten auf (klima-freundliche) Investitionsentscheidungen.

KLEIN, CHRISTIAN: Prof. Dr. rer. pol., Diplomkaufmann, geb. 1972, ist Professor für Corporate Finance an der Universität Kassel und beschäftigt sich in seiner Forschung ausschließlich mit Fragestellungen im Themengebiet „Sustainable Finance". Ein Forschungsschwerpunkt liegt hier in der Motivation von Investoren mit nachhaltigem Ansatz. Nach seinem Studium in Augsburg und Swansea/Großbritannien promovierte er an der Universität Augsburg über „irrationale Verhaltensweisen auf Kapitalmärkten". Seine Habilitation zu dem Thema „Neue Kapitalmarktanomalien und Disappearing Anomalies" erstellte er in Hohenheim, Stuttgart. Er ist Autor von mehr als 25 Fachveröffentlichungen in internationalen renommierten wissenschaftlichen Journals.

KÖLLNER, CAROLIN: geb. 1987, Managerin Unternehmensentwicklung, Schwerpunkt Nachhaltigkeit Immobilien bei Union Investment Real Estate GmbH. Zuvor als Senior Consultant Corporate Social Responsibility bei Lidl Stiftung & Co. KG international tätig. Bachelor of Engineering (Wirtschaftsingenieurwesen, Fachrichtung Facility-Management).

KOPP, MATTHIAS: Dipl.-Ing./Wirtschaftsingenieur, geb. 1973, Head Sustainable Finance, WWF Deutschland seit 2005 (2001–2005 PwC), verantwortlich für die Arbeit des WWF zum nachhaltigen Finanzsystem, Finanzmarktregulierung, Zusammenarbeit mit Akteuren und Institutionen aus Kapital- und Finanzmarktumfeld; u. a. Mitglied im Beirat der Klimaschutzunternehmen e.V., des Global Challenges Index (Börse Hannover) und Vorstand des 2° Investing Initiative e.V.

LÖFFLER, KARSTEN: Dipl.-Kfm., geb. 1967, Co-Head Frankfurt School – UNEP Collaborating Centre for Climate & Sustainable Energy Finance (das Centre) an der Frankfurt School of Finance & Management sowie Leiter der Geschäftsstelle des Green Finance Cluster Frankfurt e.V. (das Cluster). Das Centre ist eine Kombination aus Denkfabrik und Praktikern zu klimabezogenen Finanzierungskonzepten, das Cluster ein Zusammenschluss von Finanzinstituten mit dem Ziel, die Klimaagenda am Finanzplatz Frankfurt praktisch zu befördern. Zuvor Geschäftsführer bei Allianz Climate Solutions GmbH (ACS), verantwortlich für die Klimastrategie der Allianz Gruppe, davor Leiter des Produktmanagements bei Allianz Global Investors. Derzeit Advisor des OECD Centres on Green Finance and Investment und Mitglied des Lenkungskreises Wissenschaftsplattform Nachhaltigkeit 2030. Darüber hinaus stellv. Vorsitzender des Aufsichtsrats von Oikocredit, Ecumenical Development Cooperative Society U.A. War Chair der UNEP Finance Initiative Climate Change Advisory Group und Mitglied des UNEP FI Global Steering Committees, des Management Committees von ClimateWise und der Extreme Events + Climate Risk Working Group der Geneva Association.

VON MALLINCKRODT, JAN: geb. 1976, Leitung Segmententwicklung Immobilien und Head of Sustainability bei Union Investment Real Estate GmbH. Davor verschiedene (leitende) Positionen im Bankensektor des Corporate und Investmentbanking; gelernter Bankkaufmann und Studium „International Management" (Wirtschaftswissenschaften) mit Abschluss Master of Business Administration.

MÜLLER-DEBUS, ANNA: Dr. rer. pol., MSc., B.A., geb. 1980, Senior Associate, Strategy, Finance and Economics bei der European Climate Foundation in Berlin, zuvor zuständig für Strategie bei der Stiftung Mercator, davor Beraterin für den öffentlichen und den privaten Sektor bei Deloitte & Touche GmbH und Wissenschaftlerin am Europäischen Hochschulinstitut in Florenz.

NAASZ, FABIENNE: M. Sc., geb. 1990, Mitarbeiterin der Nextra Consulting, einer Beratung, die ihre Kunden bei der Umsetzung der Green Transition unterstützt (www.next-transformation.com). Zuvor tätig im Nachhaltigkeitsmanagement der Commerzbank AG. Der Master of Science in Risikobewertung und Nachhaltigkeitsmanagement wurde am Management Center Innsbruck, der Hochschule Darmstadt und der Universität Reykjavik erworben.

NIEWIERRA, DIETER: Magister Artium, geb. 1972, Media & Communications Lead bei bei ISS-oekom, wo er für die nationale und internationale Kommunikation des Unternehmens tätig ist. Verfügt über fast 20 Jahre Berufserfahrung im Medien- und Public Relations-Bereich. Vor seinem Einstieg bei oekom research 2015 war er bei verschiedenen PR- und Kommunikationsagenturen in München beschäftigt. Studium der Germanistik, Geschichte und Politikwissenschaften an der Universität Regensburg sowie Arizona State University in Tempe/USA.

NOVIKOVA, ALEKSANDRA: Promotion und Master in Umweltwissenschaften und Umweltpolitik, Bachelorabschluss im Bereich Mathematische Methoden in den Wirtschaftswissenschaften, geb. 1981, Gegenwärtig ist sie als Wissenschaftliche Referentin am Institut für Klimaschutz, Energie und Mobilität (IKEM) (www.ikem.de) tätig. Sie hat Forschungsprojekte für Organisationen wie das Entwicklungsprogramm der Vereinten Nationen (UNDP), für die Europäische Kommission, Regierungen in Europa, Amerika und Asien, die Climate Policy Initiative sowie für andere nationale und internationale Organisationen durchgeführt. Arbeitsgebiete: Modellierung von Energiesystemen; Evaluierung nationaler und globaler Politikansätze im Bereich der Energieeffizienz und Klimapolitik; Klimafinanzierung sowie Internationale Zusammenarbeit.

OTT, CHRISTOPH: Dipl.-Politologe., geb. 1980, Senior Spezialist Corporate Responsibility bei der Commerzbank AG in Frankfurt am Main, Zuvor als Spezialist in verschiedenen Kommunikationsbereichen der Commerzbank tätig, unter anderem im Change Management während der Integration der Dresdner Bank. Studierte Politikwissenschaft und Rechtswissenschaften an der Johann-Wolfgang-Goethe-Universität in Frankfurt am Main mit einer Spezialisierung auf internationalen Beziehungen und Völkerrecht. Heutige Arbeitsgebiete in der Commerzbank umfassen neben der Erarbeitung der Nachhaltigkeitsstrategie und des Nachhaltigkeitsprogramms der Commerzbank, den Kontakt mit ESG-Analysten, Ratingagenturen und NGOs.

PETERKA, FELIX: Dual Degree in Management und Public Policy der HEC Paris und Freien Universität Berlin, Bachelorabschluss der Politikwissenschaft, geb. 1993. Gegenwärtig als Praktikant am Institut für Klimaschutz, Energie und Mobilität (IKEM) (www.ikem.de) beschäftigt. Er hat sich unter anderem im Rahmen seines Studiums aus wirtschafts- wie politikwissenschaftlicher Sicht mit Fragen der Energiewende, Dezentralisierung der Energieversorgung und deren Finanzierungsmöglichkeiten befasst. Arbeitsgebiete: Klimafinanzierung; Energieeffizienz; Klimapolitik.

PEX, SABINE: Diplom-Kauffrau und Master of Arts, geb. 1973, zuständig für Public Affairs bei ISS-oekom (bis März bekannt als oekom research). Verfügt über 20 Jahre Erfahrung in der Finanzbranche, u. a. als Ansprechpartnerin für Nachhaltige Geldanlage bei der HypoVereinsbank. Sie ist seit 2007 auch Mitglied des Vorstands im Forum Nachhaltige Geldanlagen (FNG) und leitete die Entwicklung des FNG-Siegels für nachhaltige Publikumsfonds. Sie studierte Betriebswirtschaft sowie Öffentliches und Betriebliches Umweltmanagement in München und Berlin.

PONTZEN, HENRIK: Dr., geb. 1980, seit 2009 in verschiedenen Rollen bei HSBC in Deutschland, derzeit als Head of Institutional Client Group Germany zuständig für die produktübergreifende Betreuung deutscher Asset Manager. Zuvor Unternehmensberater im Themengebiet Capital Markets, Vorstandsmitglied des DVFA, Verband der Investment Professionals und Mitglied des DVFA Ethikpanels, Lehrbeauftragter an den Universitäten Köln, Regensburg (IREBS), Witten-Herdecke, LMU München sowie bei der DVFA mit Fokus auf die Themen Risikomanagement und Ethik des Kapitalmarkts, Promotion im Fach Philosophie zum Thema „Risikoethik. Zum klugen Umgang mit moralisch relevanten Risiken". Studium der Volkswirtschaftslehre, Geschichte und Philosophie in Bonn und Kopenhagen.

RÖTTMER, NICOLE: Dr., CEO, The CO-Firm. Fr. Dr. Röttmer treibt seit vielen Jahren die Entwicklung und den praktischen Einsatz von Klimarisikomodellen voran, unter anderem mit Partnern wie Allianz Climate Solutions, Allianz Global Investors, WWF Deutschland, und der Investment Leaders Group der Universität Cambridge, sowie mit namhaften Real Estate Investoren wie Union Investment. Als Co-CEO baute sie Lumics GmbH & Co. KG auf, ein Joint Venture von Lufthansa Technik und McKinsey & Company. Zuvor unterstützte sie für fast acht Jahre McKinsey & Company und schuf unter anderem den Bereich „Energieeffizienz in der Produktion" mit. Als Experte unterstützt sie u. a., die Europäische Kommission, UNEP FI und die Nationale Klimaschutzinitiative. Sie ist Mitglied des Vorstands der 2° investing initiative Deutschland und Research Affiliate des Oxford Sustainable Finance Programmes.

SCHNEEWEISS, ANTJE: Magister der Philosophie und Anglistik, wissenschaftliche Mitarbeiterin für den Fachbereich „Nachhaltige Geldanlagen" bei SÜDWIND, Institut für Ökonomie und Ökumene, Bonn, zahlreiche Veröffentlichungen zum Thema, wie „Kursbuch Ethische Geldanlagen" Fischer Taschenbuch 2002, „Klassenziel erreicht? Der Beitrag von „Best-in-Class"-Ratings zur Einhaltung von Menschenrechten im Verantwortungsbereich von Unternehmen", SÜDWIND 2014, und „Green Bonds –Black Box mit grünem Etikett?" SÜDWIND 2016, sowie Mitglied in zahlreichen Gremien wie dem Anlageausschuss der GLS-Bank und beratend beim Arbeitskreis Kirchliche Investoren (AKI).

SENFT, RÜDIGER: Dipl.-Kaufmann., geb. 1969, Leiter Corporate Responsibility bei der Commerzbank AG in Frankfurt am Main, Zuvor als Inhouse-Consultant und Vertriebsmitarbeiter im Privat- und Firmenkundengeschäft der Commerzbank und der Volkswagen Bank (Braunschweig) tätig. Danach u. a. am globalen Auf- und Ausbau des Reputationsrisiko-Managements der Commerzbank beteiligt. Absolvierte vor seinem Studium der Wirtschaftswissenschaften an den Universitäten Gießen und Paris-Nanterre eine Lehre zum Industriekaufmann. Heute verantwortet er u. a. das Nachhaltigkeits-Management und das Gesellschaftliche Engagement der Commerzbank.

SOMMER, FLORIAN: leitet das nachhaltige Investmentresearch im Portfoliomanagement von Union Investment und ist seit 2010 bei Union Investment tätig. Er hat mehr als 15 Jahre berufliche Erfahrung als Investor und Berater. Im Asset Management leitete er zuvor das nachhaltige Investmentresearch von Fortis Investments und später von BNP Paribas Investment Partners. Davor beriet er multinationale Konzerne zum Thema Nachhaltigkeit bei Forum for the Future in London. Zuvor war er bei der New Economics Foundation tätig und beriet Ministerien und öffentliche Einrichtungen zur Integration von Nachhaltigkeit in Politik und Wirtschaft. Er studierte Umweltökonomie (MSc) an der London School of Economics und erwarb 2007 das Investment Management Certificate (IMC).

SPEICH, INGO: CFA, Dipl.-Kfm., MBA, geb. 1976, Leiter Nachhaltigkeit & Engagement bei Union Investment. Seit 2004 im Portfoliomanagement bei Union Investment tätig, als Leiter Nachhaltigkeit und Engagement für nachhaltige Investments, Corporate Governance und aktives Aktionärstum zuständig, Redner auf Hauptversammlungen, Autor zahlreicher Fachartikel, regelmäßig Kolumnen für mehrere Print- und Onlinemedien. Nach der Ausbildung zum Bankkaufmann bei der Dresdner Bank, Studium der Betriebswirtschaftslehre an der Universität Trier, an der Boston University/USA, European Business School Oestrich-Winkel und der Durham University/England.

STAPELFELDT, MATTHIAS: geb. 1960, Leiter Nachhaltigkeitsmanagement Union Asset Management Holding AG, zuvor in leitender Funktion in den Bereichen Marketing, Kommunikation und Unternehmensstrategie bei Union Investment tätig, bis 1992 bei der Commerzbank und Dresdner Bank im Private Banking beschäftigt. Diplombankfachwirt. Vorstandsmitglied im Forum Nachhaltige Geldanlagen seit 2014 sowie im VfU Verein für Umweltmanagement und Nachhaltigkeit in Finanzinstituten e.V.

STELMAKH, KATERYNA: Master in Wirtschaftswissenschaften, Bachelor of Arts in Wirtschaftswissenschaften und Betriebswirtschaft, geb. 1984, Sie ist als Wissenschaftliche Mitarbeiterin am Institut für Klimaschutz, Energie und Mobilität (IKEM) (www.ikem.de) tätig. Ihre Tätigkeit am IKEM umfasst die Bewertung von Energie- und Klimapolitiken sowie Finanzierungsmöglichkeiten für Klimaschutz- und Vorsorgemaßnahmen. Bevor sie ihre Tätigkeit am IKEM aufnahm, war sie mehrere Jahre als Projektleiterin bei adelphi und als Analyst bei der Climate Policy Initiative (CPI) tätig. Sie verfügt über umfangreiche Erfahrung in internationalen Forschungs- und Beratungsprojekten sowie bei der Entwicklung und Betreuung von Projekten zum Aufbau institutioneller Kapazitäten sowie dem Wissensaustausch. Arbeitsgebiete: Evaluierung nationaler und globaler Politikansätze im Bereich der Energie und Klimapolitik; Klimafinanzierung sowie Internationale Zusammenarbeit.

THOMÄ, JAKOB: M.A., geb. 1989, Geschäftsführer der 2° Investing Initiative (2°ii) seit 2016. Co-Autor einer Reihe von Studien für 2°ii, inkl. zu 2 °C Portfolio Methodologien, Benchmark Index Investing, 2 °C Szenarioanalyse, Fintech-Lösungen für Nachhaltigkeitsthemen, sowie Finanzregulierung. Masterabschluss Cum Laude der Sciences Po Paris sowie der Universität Peking, derzeitig Promotion an der Conservatoire National des Arts et Métiers über die Auswirkungen des globalen Klimawandels auf Finanzportfolios.

WULSDORF, HELGE: Dr. theol., Diplomtheologe, Bankkaufmann, geb. 1968, seit 2003 Leiter des Bereichs Nachhaltige Geldanlagen bei der Bank für Kirche und Caritas eG in Paderborn (www.bkc-paderborn.de), Vorstandsmitglied im Forum Nachhaltige Geldanlagen e. V. und Dozent an der EBS Business School. Zuvor Presseredakteur im Erzbistum Paderborn sowie wissenschaftlicher Mitarbeiter und Assistent in Münster und Paderborn. Zahlreiche Fachpublikationen zu wirtschaftsethischen Fragen und Nachhaltigkeitsthemen.